NATURA

Biologie für Gymnasien

bearbeitet von

Horst Bickel
Bernhard Knauer
Inge Kronberg

Ökologie

Ernst Klett Schulbuchverlage
Stuttgart • Leipzig

1. Auflage

1 5 4 3 2 1 | 2009 2008 2007 2006

Alle Drucke dieser Auflage sind unverändert und können im Unterricht nebeneinander verwendet werden. Die letzte Zahl bezeichnet das Jahr des Druckes.

Internetadresse: www.klett.de

Autoren
Dr. Horst Bickel, Bernhard Knauer, Dr. Inge Kronberg

unter Mitarbeit von
Dr. Irmtraud Beyer, Prof. Dr. Harald Gropengießer, Prof. Dr. Siegfried Kluge, Hans-Peter Krull, Hans-Dieter Lichtner, Dr. Horst Schneeweiß, Gerhard Ströhla, Dr. Wolfgang Tischer

Redaktion
Detlef Eckebrecht

Mediengestaltung
Andrea Lang

Layoutkonzeption und Gestaltung
Prof. Jürgen Wirth, Visuelle Kommunikation, Dreieich
unter Mitarbeit von Eveline Junqueira, Matthias Balonier und Nora Wirth

Umschlaggestaltung
normal Industriedesign, Schwäbisch Gmünd; unter Verwendung eines Fotos von Bildagentur Mauritius (age fotostock), Mittenwald

Reproduktion
Meyle + Müller, Medien-Management, Pforzheim

Druck
Aprinta, Wemding

Printed in Germany

ISBN-13: 978-3-12-045340-6
ISBN-10: 3-12-045340-4

Gefahrensymbole und Experimente im Unterricht

Experimente im Unterricht

Eine Naturwissenschaft wie Biologie ist ohne Experimente nicht denkbar. Auch in Natura Oberstufe findet sich eine Reihe von Versuchen. Experimentieren mit Chemikalien ist jedoch nie völlig gefahrlos. Deswegen ist es wichtig, vor jedem Versuch mit dem Lehrer die möglichen Gefahrenquellen zu besprechen. Insbesondere müssen immer wieder die im Labor selbstverständlichen Verhaltensregeln beachtet werden. Die Vorsichtsmaßnahmen richten sich nach der Gefahr durch die jeweils verwendeten Stoffe. Daher sind in jeder Versuchsanleitung die verwendeten Chemikalien mit den Symbolen der Gefahrenbezeichnung gekennzeichnet, die ebenfalls auf den Etiketten der Vorratsflaschen angegeben sind. Dabei bedeuten:

C = ätzend, *corrosive:*
Lebendes Gewebe und Material, das mit diesen Stoffen in Berührung kommt, wird an der betroffenen Stelle zerstört.

F = leicht entzündlich, *flammable:*
Stoffe, die durch das kurze Einwirken einer Zündquelle entzündet werden können.

Xi = reizend, *irritating*
(X für Andreaskreuz):
Stoffe, die reizend auf Haut, Augen oder Atemorgane wirken können.

Xn = gesundheitsschädlich, *noxius* (schädlich):
Stoffe, die bei Einatmen, Verschlucken oder Hautkontakt Gesundheitsschäden hervorrufen können.

Inhaltsverzeichnis

1 Lebewesen und Umwelt 6
Vom Flaschengarten zur Biosphäre 6
Einfluss der Temperatur 8
Material: Energie und Lebensweise 9
Ökologische Potenz: Toleranz sichert das Überleben 10
Material: Präferenz und Toleranz 11
Der Einfluss von Sauerstoff 12
Impulse: Licht setzt Impulse 14
Der Einfluss von Feuchtigkeit 16
Material: Leben mit wenig Wasser 18
Zeigerarten 20
Lexikon: Boden 21

2 Ökologische Nische 22
Das Konzept der ökologischen Nische 22
Material: Die ökologische Nische von Strudelwürmern 24
Praktikum: Untersuchungen zur ökologischen Nische 25
Tiergeografische Regeln 26
Material: Höhenzonierung in den Alpen 27
Ressourcen und Umweltfaktoren 28

3 Populationsökologie 30
Wachsende Populationen 30
Populationsgrößen verändern sich 32
Arten konkurrieren 34
Material: Eichhörnchen und Grauhörnchen 35
Räuber und Beute 36
Modelle zur Räuber-Beute-Beziehung 38
Mehrartensysteme: Beutewechsel des Luchses 40
Material: Rebhuhn-Dichte 41
Umgang mit begrenzten Ressourcen 42
Parasitismus: Fressen ohne sofort zu töten 44
Symbiose: Beidseitige Vorteile im Zusammenleben 46
Ernährungsstrategien: Spezialisten und Generalisten 47
Impulse: Pilzsymbiosen 48
Populationsökologie und Pflanzenschutz 50

4 Synökologie 52
Gestufte Systeme 52
Primärproduktion 54
Stoffabbau durch Destruenten 55
Stoffkreislauf und Energiefluss 56
Lexikon: Energie und Leben 58
Impulse: Strukturen von Ökosystemen 60
Sukzessionen 62
Diversität und Stabilität 64
Globale Biodiversität: Schutz der lebendigen Vielfalt 66
Praktikum: Diversität berechnen 67

5 Ökosystem Wald 68
Der Wald als Lebensraum 68
Praktikum: Wald 70
Trophiestufen im Wald 72
Verhaltensökologie: Habitatwahl und Reviere 74
Material: Waldstreu 76
Material: Der Wald im Wandel 77
Gefährdung des Waldes 78
Der tropische Regenwald 80
Lexikon: Tiere des Regenwaldes 82
Praktikum: Pflanzen des Regenwaldes 83

6 Ökosystem See 84
Stehende Gewässer 84
Der See im Jahresverlauf 86
Praktikum: Freilandökologie an Gewässern 88
Der oligotrophe See 90
Der eutrophe See 91
Mineralstoffe im See 92
Material: Daphnien im See 94
Niedermoor und Hochmoor 96

7 Ökosystem Fließgewässer 98
Bäche und Flüsse als Lebensraum 98
Praktikum: Fließgewässer 100
Energiefluss im Nahrungsnetz eines Fließgewässers 102
Material: Das Sediment — ein Langzeitgedächtnis 103
Selbstreinigung und Abwasserbelastung 104
Abwasserreinigung durch Kläranlagen 106
Material: Die Erft: ein Fluss im Industriegebiet 107
Flussauen als Rückzugsraum 108
Renaturierung von Fließgewässern 109

8 Ökosystem Meer 110
Meere als Lebensraum 110
Leben im Salzwasser 112
Nordsee und Ostsee 114
Material: Brackwasser-Regeln 115
Biosphärenreservat Wattenmeer 116
Impulse: Küstenzonen 118

9 Agrar- und Stadtökosysteme 120
Von der Urlandschaft zur Agrarsteppe 120
Ökologie und Ökonomie in der industriellen Landwirtschaft 122
Praktikum: Wiesen und Weiden 124
Viel Ertrag — gesunde Nahrung? 125
Biologische Anreicherung 126
Lexikon: Integrierter Pflanzenschutz 127
Ökologische Bewirtschaftung — eine Alternative? 128
Lebensraum Stadt 130
Material: Biomüllkompostierung 132
Praktikum: Mauern und Fassaden 133
Luftqualität in Städten 134
Praktikum: Stadtklima-Messungen 135

10 Mensch und Umwelt 136
Wachstum der Weltbevölkerung 136
Versorgung der Weltbevölkerung 138
Material: Welternährung 139
Luft und Atmosphäre 140
Impulse: Schutzschild der Erde 142
Wasser — eine begrenzte Ressource 144
Bewässerung: Umverteilung der Wasservorräte 146
Nationaler und internationaler Naturschutz 148
Umweltschutz — unsere Verantwortung? 150
Material: Ökobilanzen 151
Arten- und Biotopschutz 152
Material: Schutz von Watvögeln 153
Impulse: Nachhaltige Entwicklung 154

Basiskonzepte: Steuerung und Regelung 156
Basiskonzepte: Stoff- und Energieumwandlung 158
Basiskonzepte: Variabilität und Angepasstheit 160
Basiskonzepte: Geschichte und Verwandtschaft 162

Glossar 164
Register 173
Bildnachweis 175

Ökologie

Die hohe Komplexität des Lebens auf der Erde erfordert verschiedene Perspektiven, aus deren Warte biologische Phänomene betrachtet werden. Cytologie, Physiologie und Molekularbiologie beschäftigen sich mit der Struktur und Funktionsweise eines Individuums sowie seiner Organe.

Alle Individuen stehen jedoch auch in enger Beziehung zu ihrer Umwelt — das ist alles, was außerhalb des einzelnen Individuums existiert. Diese Beziehungen sind Thema der *Ökologie*. Auch hier sind unterschiedliche Sichtweisen und Perspektiven möglich.

Die Beziehungen des einzelnen Individuums zu seiner Umwelt sind das zentrale Thema der *Autökologie*. Autökologische Untersuchungen brauchen die enge Verknüpfung vor allem zur Physiologie.

Zur Umwelt eines Individuums gehören natürlich auch Artgenossen und Individuen anderer Arten. Die *Populationsökologie* stellt diese Perspektive in den Mittelpunkt.

Die zwischenartlichen Beziehungen der Lebewesen können sehr unterschiedlich sein: So können Individuen anderer Arten die eigene Vitalität fördern, aber auch hemmen. Diese Wechselbeziehungen der verschiedenen Arten untereinander sind das Thema der *Synökologie*. Sie hat viele Anknüpfungen an die *Populationsökologie*.

Autökologie

Populationsökologie

Synökologie

Die Populationen verschiedener Arten wiederum stehen in enger Beziehung zu ihrer spezifischen Umwelt, die sie formen und von der sie geformt werden. Lebewesen und Umwelt bilden ein Ökosystem, in dem Stoffe zirkulieren und Energie fließt. Mit diesem komplexen Zusammenspiel beschäftigt sich die *Ökosystemforschung*.

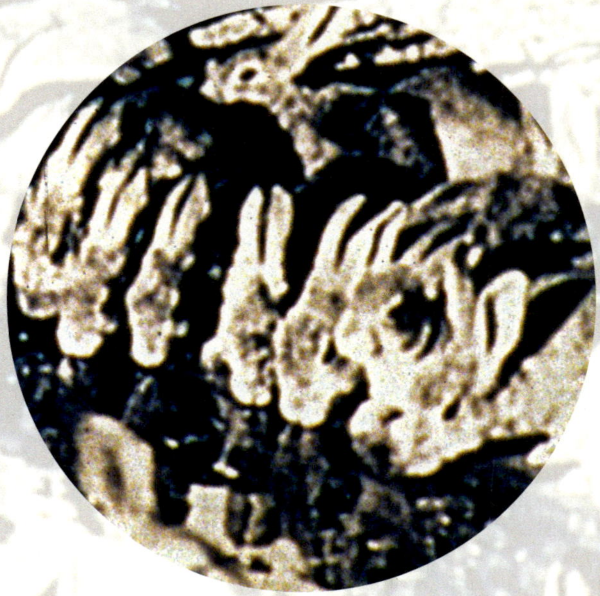

Syn- und Populationsökologie zeigen auch enge Verknüpfungen zu anderen Disziplinen der Biologie. Vor allem verhaltensbiologische Aspekte verzahnen eng mit den ökologischen Fragestellungen *(Verhaltensökologie)*. Alle Teilbereiche wiederum sind letztendlich nur aus der Evolutionsgeschichte der Populationen verständlich. So zeigt sich, dass die verschiedenen Perspektiven zwar zum einen sinnvoll sind, um die Übersicht zu behalten, zum anderen aber erst die Vernetzung aller Teilbereiche zu einem Gesamtverständnis ökologischer Phänomene beiträgt. Deshalb werden die gleichen Phänomene aus unterschiedlichen Blickwinkeln betrachtet.

Auch der Mensch ist in seine Umwelt eingebunden und von ihr in vielfältiger Weise abhängig. Viel mehr als andere Lebewesen greift er jedoch auch selbst in diese Umwelt ein und verändert sie. Umweltkatastrophen sind nur die auffälligsten Auswirkungen. Häufiger als bei allen anderen Lebewesen geht diese Beeinflussung so weit, dass die Existenz anderer Arten durch den Menschen gefährdet ist. Diese Wechselbeziehung ist zwar nicht allein für den Menschen typisch. Wegen ihrer herausragenden Bedeutung für uns selbst und für die gesamten Ökosysteme widmet sich die *Humanökologie* den speziellen Bedingungen dieser Beziehungen.

Vom Flaschengarten zur Biosphäre

Ökologie
Wissenschaft, die sich mit den Wechselbeziehungen befasst, die die Verbreitung und das Vorkommen der Organismen bestimmen
(KREBS, 1985)

Wer sucht Seesterne im Bach, wer versucht, im Winter Erdbeeren zu ernten oder bei Tageslicht Fledermäuse zu beobachten? Ganz offenbar erwartet man bestimmte Tiere und Pflanzen nur an ganz bestimmten Orten und zu festgesetzten Tages- und Jahreszeiten. Lebewesen sind in einem bestimmten zeitlichen und räumlichen Muster auf der Erde verbreitet. Das ergibt sich aus den mehr oder minder deutlichen Beziehungen der Lebewesen untereinander und zu ihrer Umwelt. Ökologen haben sich zum Ziel gesetzt, diese Beziehungen zu untersuchen und Gesetzmäßigkeiten herauszuarbeiten.

Biotop
Lebensraum

Biozönose
Lebensgemeinschaft

Der Begriff *Ökologie* wurde 1866 von ERNST HAECKEL (1834—1919) geprägt, als Lehre vom Haushalt der Natur. Das „Haus" entspricht dem *Lebensraum* oder *Biotop* der Organismen, die „Bewohner des Hauses" bilden eine *Lebensgemeinschaft* oder *Biozönose*, *„Haushalt" knüpft an die Versorgung mit Energie und Ressourcen an.*

Ökologische Erkenntnisse lassen sich bereits an kleinen Biozönosen gewinnen: Betrachtet man ein Moospolster mithilfe einer Lupe, so erblickt man zwischen den Moosblättchen eine Lebensgemeinschaft aus sehr kleinen, spezialisierten Tieren. Moos und Moosfauna gedeihen lange Zeit, wenn man sie in einem verschlossenen, ausreichend beleuchteten Glasgefäß hält (s. Zettelkasten).

In so einem Flaschengarten bildet das Moos fotosynthetisch organisches Material, welches teilweise von den Moostieren verbraucht wird. Abgestorbenes oder ausgeschiedenes Material wird von Bakterien und Pilzen im Boden umgewandelt, sodass die darin enthaltenen Mineralstoffe den Pflanzen wieder zur Verfügung stehen. Bei der Fotosynthese entsteht Sauerstoff, den die Moostiere und Mikroorganismen zur Atmung nutzen. Dabei wird wiederum Kohlenstoffdioxid für die Fotosynthese frei.

Zettelkasten

Der Flaschengarten

Füllen Sie in ein großes Glas von mindestens 3 Litern Inhalt so viel Holzkohle ein, dass der Boden gut bedeckt ist. Darauf kommt käufliche Blumenerde, bis das Glas $^1/_4$ gefüllt ist. Bepflanzen Sie das Glas mit Moosen, Farnen oder anderen feuchtigkeitsliebenden, langsam wachsenden Pflanzen. Als Pflanzhilfe kann man sich lange Miniaturharken und -schaufeln aus Essbesteck selbst herstellen. Benutzen Sie beim Einfüllen der Erde einen Trichter aus gedrehtem Papier, damit die Glaswände weniger leicht verschmutzen. Gießen Sie nun den Flaschengarten gut an und verschließen Sie ihn mit durchsichtiger Folie und Gummiband. Nur wenn die Glaswände beschlagen, sollte man die Flasche eine Weile öffnen. Das Glas muss hell stehen, aber nicht in der prallen Sonne. Die Pflanzen gedeihen jetzt viele Monate ohne weitere pflegende Eingriffe.

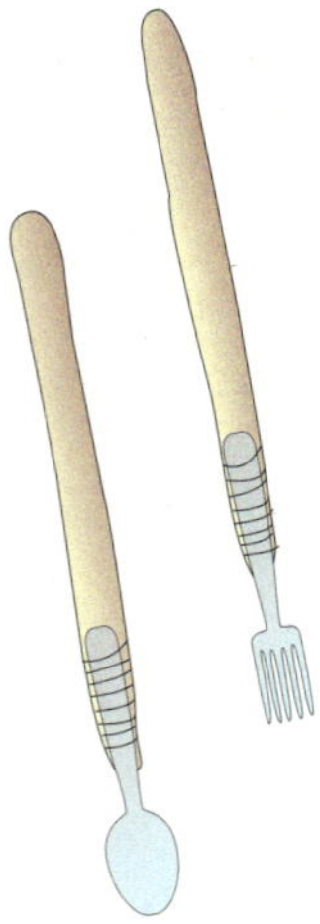

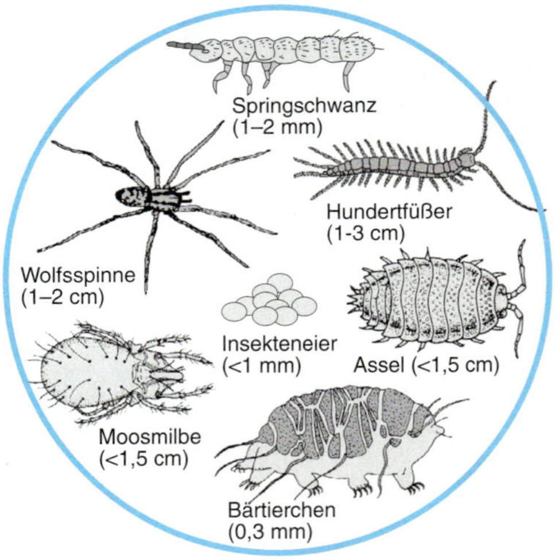

Primärproduzenten (Erzeuger), *Konsumenten* (Verbraucher) und *Destruenten* (Zersetzer) sind also auf vielfältige Weise voneinander abhängig.

Für das Leben der Moostiere ist die Frische und die Anzahl der Moosblättchen von großer Bedeutung, aber auch das Vorkommen räuberischer Milben. Das Gedeihen der Moospflänzchen wird von der Dichte der Pflanzen fressenden Tiere beeinflusst. Lebensbedingungen, die auf die belebte Umwelt zurückzuführen sind, werden als *biotische Faktoren* bezeichnet.

Mit geeigneten Messinstrumenten kann man im Flaschengarten Luftfeuchte, Lichtintensität, Temperatur oder pH-Wert messen. Solche physikalischen Bedingungen werden als *abiotische Umweltfaktoren* bezeichnet. Verdunstung, Abschattung und Stoffwechselaktivität der Moosgemeinschaft können die abiotischen Faktoren deutlich verändern, umgekehrt wirken sich veränderte abiotische Faktoren auf die biotischen Faktoren aus. Umweltfaktoren können sich also gegenseitig direkt oder indirekt beeinflussen und verändern.

Ökosystem
Wirkungsgefüge aus Biotop und Biozönose

Das Moos ist sowohl Lebensraum als auch Lebenspartner für die Moostiere. Biotop und Biozönose bilden ein nicht trennbares Wirkungsgefüge, das man als *Ökosystem* bezeichnet. In einem Ökosystem zirkulieren Stoffe und es fließt Energie. Viele Erkenntnisse, die sich an so einfachen Ökosystemen wie dem Flaschengarten gewinnen lassen, halten einer Überprüfung an komplexeren Systemen stand, andere müssen verfeinert werden. Der Flaschengarten kann daher bis zu einem gewissen Grade als *Modell* für andere Ökosysteme gelten.

Modell
vereinfachte Darstellung von Strukturen, Funktionen und Wechselwirkungen

Die Ökosysteme auf der Erde sind ungeheuer vielfältig: Es gibt Meeresökosysteme, wie das Wattenmeer oder die Ostsee, Süßwasserökosysteme, wie Flüsse, Bäche und Seen, außerdem Landökosysteme, wie Wälder, Wiesen und Wüsten.

Biosphäre
Gesamtheit der Ökosysteme der Erde

Die Gesamtheit der Ökosysteme der Erde bildet die *Biosphäre*. Viele Ökosysteme sind scheinbar deutlich voneinander abgegrenzt: Gewässer besitzen eine Uferlinie, Meere eine Küstenlinie. Diese Linien können aber von vielen Organismen überschritten werden. Libellen und Eintagsflügler verlassen als Erwachsene den Lebensraum der Larven, Meeresvögel ziehen weit landeinwärts. Für die Sonnenenergie und Stoffe, bilden diese Linien wie Wasser oder Luft ohnehin keine Grenzen. Man bezeichnet Ökosysteme deshalb als *offene Systeme*.

1 Planet Erde

Der Gedankenschritt, die Biosphäre selbst als überdimensionalen Flaschengarten aufzufassen, ist nicht mehr groß: Die Erde ist von der Atmosphäre wie von einer durchsichtigen Kugelhülle umgeben und wird durch ein Wirkungsgefüge aus Lebewesen bewohnt (Abb. 1). Die klimatischen Umweltfaktoren werden durch Lebewesen verändert und das Klima beeinflusst seinerseits die Lebewesen.

Veränderungen der Umwelt stellen immer wieder Anforderungen an die Anpassungsfähigkeit der Arten. Lebewesen müssen nicht nur in ihrem individuellen Leben mit Veränderungen im Tages- und Jahresverlauf zurechtkommen, sondern auch in erdgeschichtlichen Zeiträumen. Dabei stellen die Umweltfaktoren Selektionsfaktoren dar und sind dadurch der Motor für die Evolution der Arten. Ein ökologisches Verständnis des Lebens auf der Erde ist daher untrennbar mit Kenntnissen von der Evolution des Lebens auf der Erde verbunden.

Aufgaben

① Stellt auch der Flaschengarten ein offenes Ökosystem dar?

② Inwieweit sind die Konsumenten in einem Flaschengarten verzichtbar für das Gedeihen der Pflanzen?

③ Nennen Sie Beispiele für die Umgestaltung eines Lebensraums durch seine Besiedler.

Einfluss der Temperatur

Eine zentrale Aufgabe der Ökologie ist es, die Wechselbeziehungen zwischen einem Lebewesen und seiner Umwelt zu verstehen. Physikalisch-chemische Faktoren, wie Temperatur, pH-Wert, Wasser oder Salzgehalt, wirken als abiotische Einflüsse.

Lebewesen sind an ihren artspezifischen Lebensraum, das *Habitat,* angepasst, d.h. sie zeigen Merkmale, die ein Überleben unter den dort herrschenden Umweltbedingungen ermöglichen. Einen wichtigen Einfluss stellt die *Temperatur* dar. Auf der Erde gibt es Lebensräume mit höchst unterschiedlichen Temperaturen – und alle werden von Lebewesen besiedelt. So können Pinguine in der Antarktis –60 °C ertragen, während bestimmte Mikroorganismen heiße vulkanische Quellen bis zu 90 °C (Abb. 2), in der Tiefsee sogar bis 120 °C besiedeln. Niedrige Körpertemperaturen senken die Stoffwechselrate aufgrund der Temperaturabhängigkeit enzymatischer Reaktionen *(RGT-Regel)*, während Hitze zu einer Denaturierung der Enzyme führen kann. (→ 158/159)

RGT-Regel
Die Reaktionsgeschwindigkeit einer chemischen Reaktion steigt bei einer Temperaturerhöhung um 10 °C auf das Doppelte bis Dreifache.

Konformer
Lebewesen, bei denen das innere Milieu mit wechselnden Umweltbedingungen übereinstimmt

Regulierer
Lebewesen, bei denen trotz wechselnder Umweltbedingungen das innere Milieu weitgehend konstant bleibt

Homoiotherme (gleichwarme) Organismen wie Vögel und Säugetiere können bei schwankenden Luft- oder Wassertemperaturen ihre Körpertemperatur unabhängig von der Außentemperatur innerhalb des physiologisch optimalen Bereichs von ca. 36 °C bis 40 °C halten, indem sie ihren Energiehaushalt und damit die Wärmebildung steigern oder ihre Wärmeabgabe an die Umgebung kontrollieren. Durch Erhöhung der Stoffwechselrate können sie schnell chemisch gebundene Energie in Wärmeenergie umwandeln. Isolationsstrukturen wie Federn, Fell oder Unterhautfettgewebe verringern die Wärmeabgabe an die Umgebung. Eine spezielle Anordnung der Blutgefäße im äußeren Gewebe ermöglicht es, die Durchblutung und damit die Wärmeabgabe an die Umgebung zu steuern. Dadurch können Pinguine und andere Bewohner der Polargebiete die Wärmeabgabe gering halten. Kleine Tiere haben im Verhältnis zu ihrem Körpervolumen eine relativ große Körperoberfläche. Die dadurch bedingte relativ hohe Wärmeabgabe ermöglicht daher keine Verbreitung in kalten Lebensräumen. (→ 156/157)

Poikilotherme (wechselwarme) Lebewesen können ihre Körpertemperatur nicht selbst über die Stoffwechselrate und Isoliermechanismen regulieren; sie sind mehr oder weniger der Umgebungstemperatur angepasst *(Konformer)*. Die Stoffwechselrate eines ruhenden Poikilothermen beträgt höchstens ein Fünftel der eines Homoiothermen. Der Energiebedarf und damit die Nahrungsmenge ist dementsprechend geringer. Die Poikilothermen besitzen hitzestabile Proteine oder Enzyme, die schon bei niedrigen Temperaturen ihr Optimum erreichen, wie bei Fischen im Eismeer. Diese Enzyme ermöglichen es den Tieren, ohne den hohen Energieaufwand der Homoiothermen in kalten Regionen zu überleben. Eine Eisbildung im Blut und in der Gewebsflüssigkeit verhindern Poikilotherme durch Glykoproteine, die als Frostschutzmittel die Temperatur erniedrigen, bei der die Eiskristalle wachsen.

1 Kaiserpinguine in der Antarktis

2 Bakterien in heißen Quellen

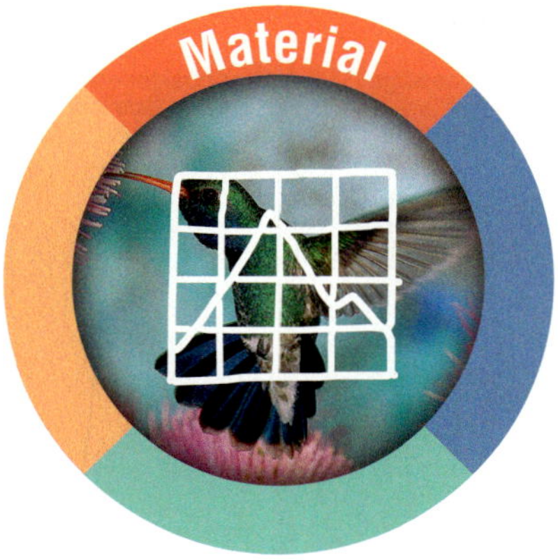

Energie und Lebensweise

Tiere benötigen die chemisch gebundene Energie der Nährstoffmoleküle oder der gespeicherten Fettmoleküle für ihre Energie verbrauchenden Vorgänge im Körper. Je besser Tiere ihren Energiehaushalt optimieren, desto besser sind ihre Überlebenschancen.

Seehunde — ein kaltes Leben?

Ein Seehund kommt gerade aus dem kalten Wasser. Eine Thermofotografie des Seehundes zeigt dann eine Außentemperatur des Körpers von unter 10 °C, obwohl die Körperkerntemperatur bei ca. 37 °C liegt.

Aufgaben

③ Erklären Sie anhand der Abbildungen und der Werte zur Wärmeleitfähigkeit, wie es zu der geringen Außentemperatur des Seehundkörpers kommt.

④ Beurteilen Sie, ob ein Fell bei dem Seehund den gleichen Effekt zeigen würde.

Wärmeleitfähigkeit verschiedener Materialien (in kJ pro cm²)
Luft: 0,23; Wasser: 5,85; Neuschnee: 1,05; Federn: 0,24; Fell: 0,25; Fettgewebe: 1,67; Muskulatur: 4,60

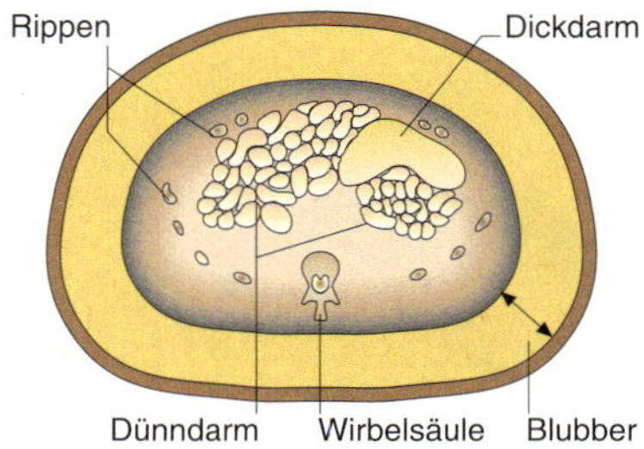

Querschnitt durch einen Seehund

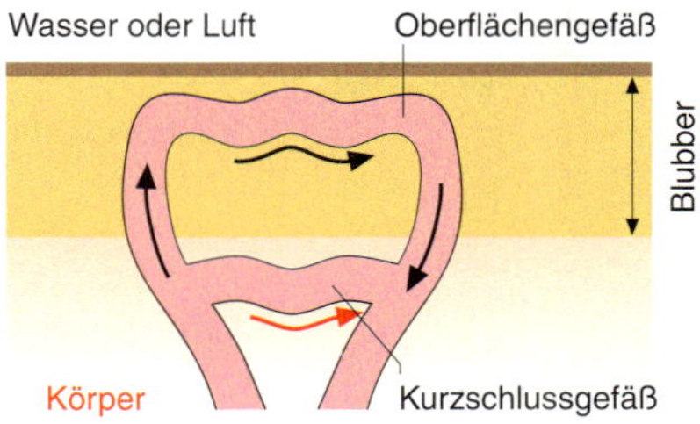

Kolibris — Torpor

Kolibris sind mit 5,8 bis 21 cm sehr kleine Vögel mit einem geringen Körpergewicht von 2 — 20 g. Sie leben im tropischen Regenwald und ernähren sich im ständigen Fluge von Blütennektar sowie kleinen weichhäutigen Insekten und Spinnen. Kolibris können in einen dem Winterschlaf ähnlichen Zustand, den *Torpor* fallen. Hierbei sinkt nachts die Körpertemperatur von 39,5 °C auf die Umgebungstemperatur ab. Der Torpor ist unabhängig von der Jahreszeit und dauert höchstens einige Stunden.

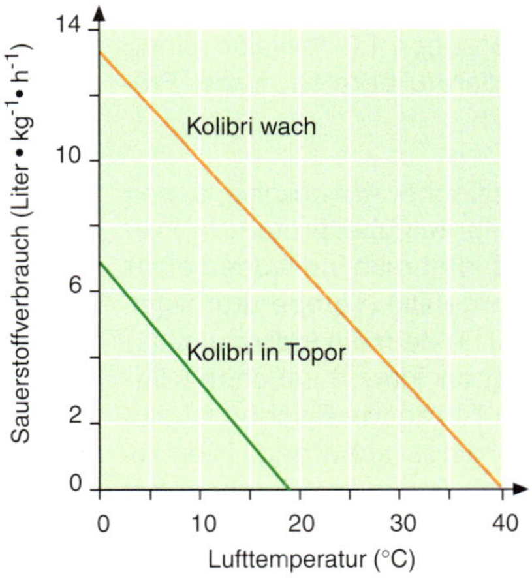

Aufgaben

① Beschreiben Sie die Materialien zum Energiehaushalt der Kolibris.

② Erklären Sie anhand der Materialien die Bedeutung des Torpor für Kolibris.

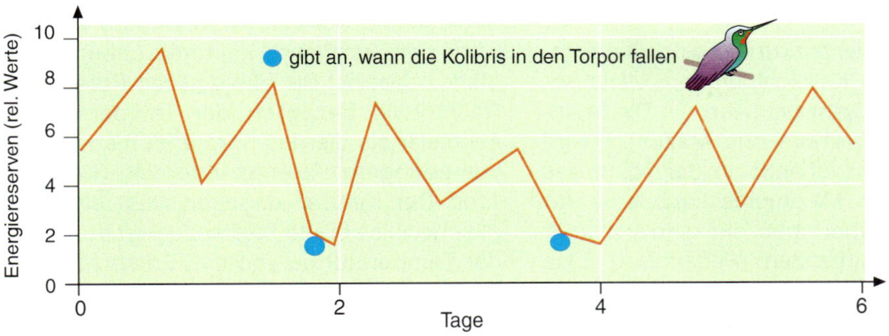

Maus und Echse

Mäuse sind homoiotherm, Eidechsen poikilotherm. Eidechsen liegen an warmen Tagen in der Sonne, an kalten Tagen bleiben sie in Felsspalten oder Höhlen.

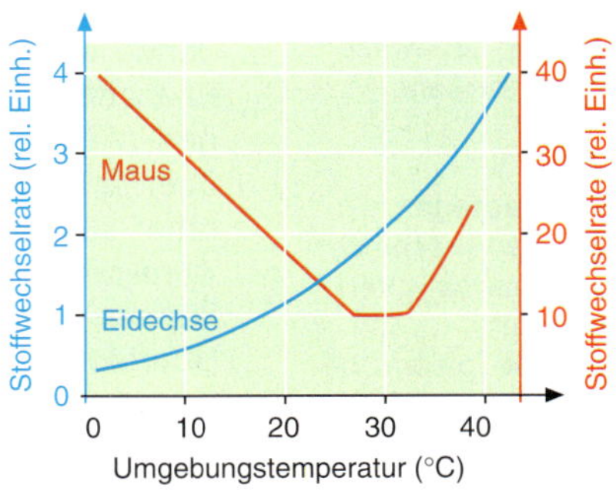

Aufgaben

⑤ Beschreiben Sie das Diagramm und vergleichen Sie die Daten zur Maus und zur Zauneidechse.

⑥ Beurteilen Sie anhand der Daten die Vor- und Nachteile der Homoiothermen und Poikilothermen in verschiedenen Lebensräumen.

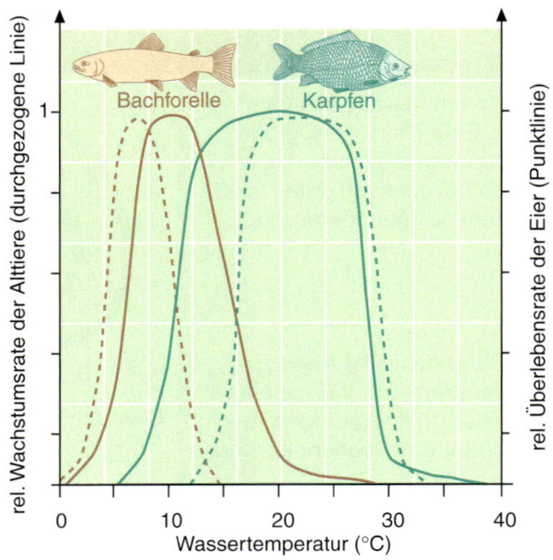

1 Ökologische Potenz von Bachforelle und Karpfen

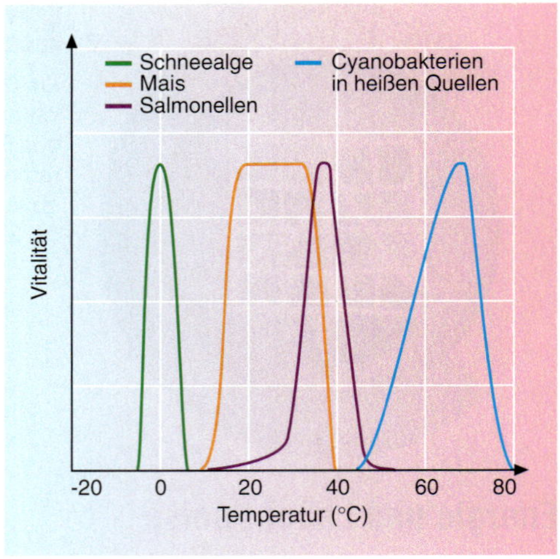

2 Schematische Toleranzkurve

Ökologische Potenz: Toleranz sichert das Überleben

Ökologische Potenz (= Toleranz)
Fähigkeit von Organismen, ihre Vitalität in einem bestimmten Bereich von Umweltfaktoren zu entfalten (Reaktionsbreite gegenüber einem Umweltfaktor)

Präferenzbereich
Umweltbereich, den ein Lebewesen in freier Wahl bevorzugt

Toleranzbereich
Umweltbereich, in dem ein Lebewesen existieren kann

Stenopotenz
(gr. *sten* = schmal lat. *potentia* = Vermögen)
geringe Toleranz bezüglich eines Umweltfaktors

Eurypotenz
(gr. eurus = breit)
breite Toleranz

Bachforellen besiedeln den Oberlauf kalter Gebirgsbäche, sie laichen im November und Dezember. Karpfen leben dagegen in warmen, stehenden oder nur träge fließenden Gewässern, Laichzeit ist Mai bis Juni. Je nach Art bevorzugen Fische also einen bestimmten Temperaturbereich, ihren *Präferenzbereich*.

Derartige artspezifische Ansprüche lassen sich auch experimentell überprüfen: In Präferenzversuchen bietet man Individuen einer Art ein Temperaturgefälle (Temperaturorgel, s. Seite 11 und 25), in dem die Individuen aktiv ihren bevorzugten Platz aufsuchen können. Bei größeren Tieren wie Fischen ist das in der Praxis allerdings schwierig. Hier arbeitet man eher mit Toleranzversuchen, bei denen untersucht wird, wie gut Tiere oder Pflanzen bestimmte Temperaturen vertragen (Abb. 1). Die Lebewesen werden z. B. über längere Zeit einer bestimmten Temperatur ausgesetzt und ihre Lebenstätigkeit *(Vitalität)* bestimmt. Als Maß für die Vitalität können Wachstumsraten oder Sterbe- bzw. Überlebensraten dienen.

Die meisten Toleranzkurven sind Glockenkurven mit den Kardinalpunkten *Minimum, Maximum* und *Optimum* (Abb. 2). Die Spanne zwischen Minimum und Maximum wird *Toleranzbereich* genannt. In der Nähe des Minimums bzw. Maximums kann eine Art vielleicht noch überleben, sie kann sich aber nicht mehr fortpflanzen *(Pessimum)*. Eine Population kann unter solchen Umweltbedingungen langfristig nicht überleben.

Aufgrund genetischer Unterschiede können die ökologischen Potenzen einzelner Individuen in einer Population variieren. Daher ist der Toleranzbereich einer ganzen Population größer als der eines einzelnen Individuums. Das ist wichtig für die Anpassungsfähigkeit einer Population unter wechselnden Umweltbedingungen: Im Freiland werden im Allgemeinen zumindest einige Individuen der Population optimale Bedingungen vorfinden und sich vermehren. Der Bestand der Population bleibt dadurch insgesamt gesichert.

Ökologische Toleranzen lassen sich nicht nur für die Temperatur, sondern auch für viele andere abiotische Umweltfaktoren bestimmen, sie stellen eine charakteristische Fähigkeit der Art dar, sich mit der Umwelt auseinanderzusetzen. Man spricht von der *ökologischen Potenz* oder kurz von der Toleranz der Art.

Die Vitalität von Fischen lässt sich als Überlebensrate der Eier oder als Wachstum der Alttiere messen. Die Vitalitätskurve charakterisiert die ökologische Potenz. Eine breite ökologische Potenz ist besonders wichtig, wenn der betreffende Faktor im Lebensraum stark schwankt Die ökologische Potenz der Bachforelle bezüglich der Temperatur ist schmaler als die des Karpfens; man spricht von geringerer Toleranz oder von *Stenopotenz.* Der Karpfen dagegen zeigt eine vergleichsweise breite Toleranz; er ist bezüglich der Temperatur eurypotent. Entsprechende Aussagen lassen sich auch für andere Umweltfaktoren machen.

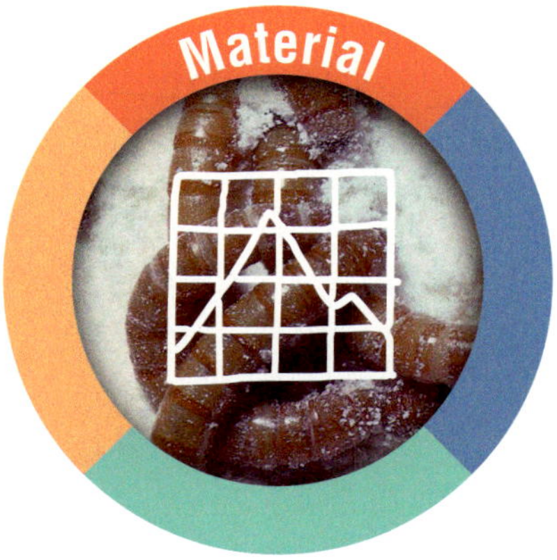

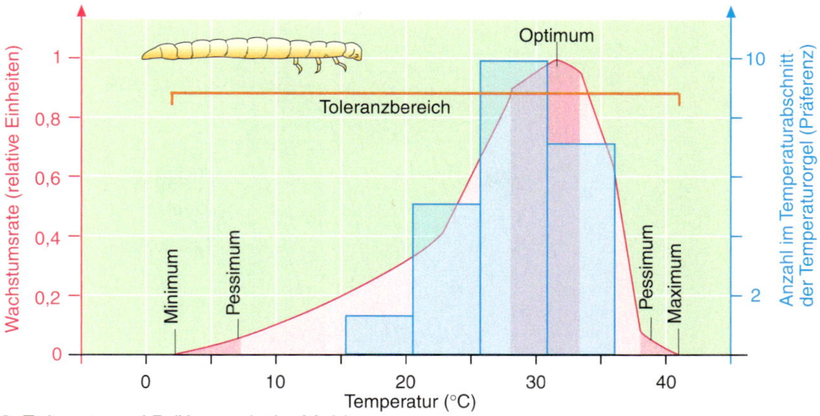

3 Toleranz und Präferenz beim Mehlwurm

Präferenz und Toleranz

Der Präferenzbereich einer Art lässt sich experimentell in einer Temperaturorgel bestimmen (s. Seite 25). Dabei wird eine längliche Metallplatte an einem Ende erwärmt und am anderen gekühlt. Nach einiger Zeit stellt sich ein Temperaturgefälle ein. Tiere suchen hier den jeweils bevorzugten Temperaturbereich auf.

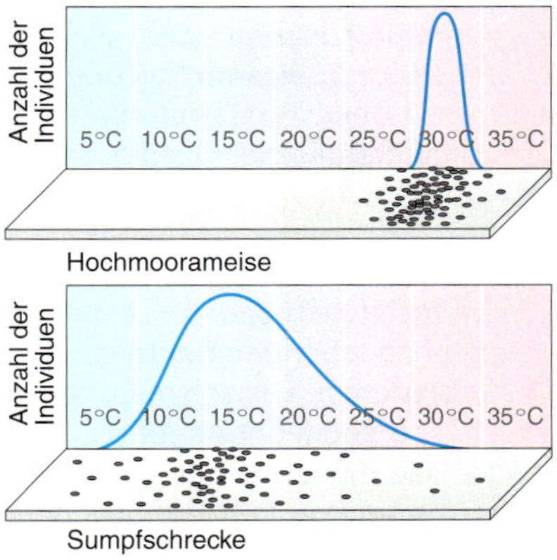

1 Temperaturorgel

Dieser Präferenzbereich ist meistens etwas schmaler als der Toleranzbereich. Unter dem Einfluss weiterer Umweltfaktoren können sich Toleranzbereiche beträchtlich verschieben. In grafischen Darstellungen werden die Faktoren auf den Achsen abgetragen, die Vitalität (z. B. Schlüpferfolg) erscheint als so genannte Isolinie. Diese ist mit der Höhenlinie eines Berges vergleichbar: Entlang einer Isolinie ist die Vitalität gleich groß.

Aufgaben

① Vergleichen sie den Präferenzbereich von Hochmoorameise und Sumpfschrecke (Abb. 1). Inwieweit lassen sich diese Laborergebnisse auf das Freiland übertragen?

② Wie lässt sich der Versuch abwandeln, um zu klären, ob es individuelle Unterschiede in der Präferenz gibt oder ob die Tiere nur einen bestimmten Abstand zueinander einhalten?

③ Die Larven des Mehlkäfers (umgangssprachlich: „Mehlwürmer“) lassen sich in Zoohandlungen als Futtertiere beziehen, treten aber auch als Vorratsschädlinge auf. Stellen Sie ihre Toleranzkurve (Abb. 3) in Bezug zur temperaturabhängigen Enzymaktivität (Abb. 4).

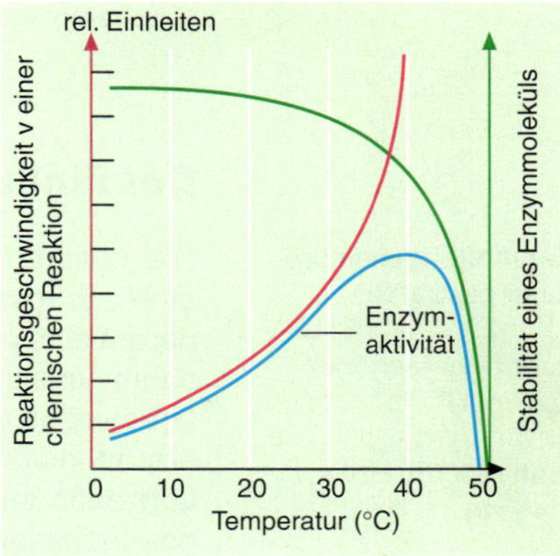

4 RGT-Regel

④ Die weiblichen Falter des Kiefernspinners legen im August Eier ab, aus denen zwei bis drei Wochen später junge Raupen schlüpfen. Wie groß ist der Schlüpferfolg bei einer Luftfeuchtigkeit von 20 % und einer Temperatur von 20 °C? Verwenden Sie Abb. 2.

⑤ Zeichnen Sie, unter Verwendung von Abb. 2 die Luftfeuchte-Toleranzkurve für eine Temperatur von 10 °C entsprechend der Vorlage in Abb. 5.

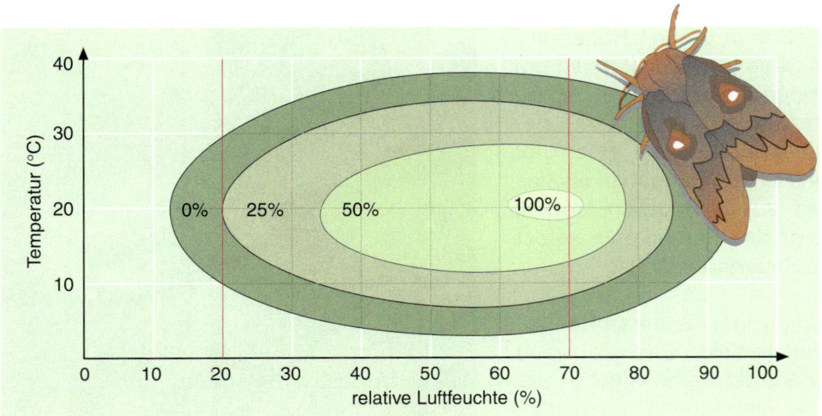

2 Temperatur- und Luftfeuchtetoleranz des Kiefernspinners

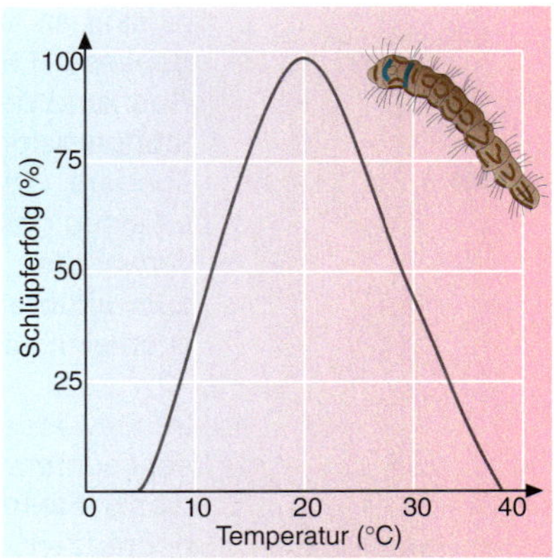

5 Temperaturtoleranz Kiefernspinner

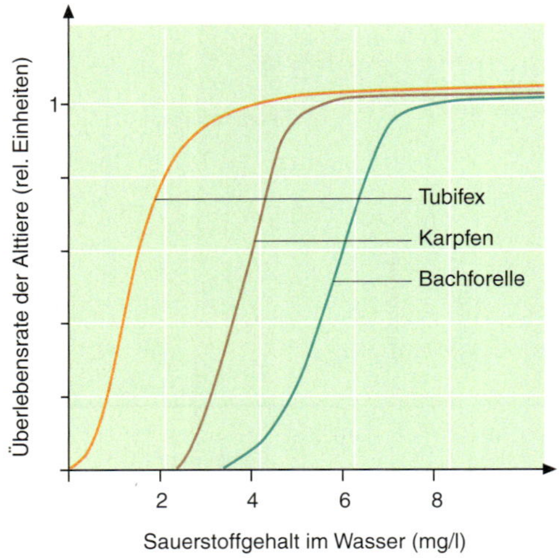

1 Sauerstoffbedarf

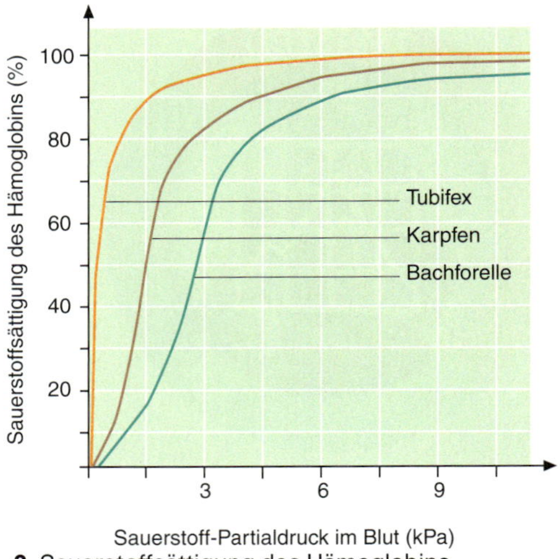

2 Sauerstoffsättigung des Hämoglobins

Der Einfluss von Sauerstoff

Sauerstoffgehalt pro Liter bei 20 °C:

Luft (Meereshöhe)
273 mg/l

Luft (5000 m Höhe)
145 mg/l

Meerwasser
0 – 5 mg/l

Die meisten Lebewesen benötigen Sauerstoff zur Energiebereitstellung, Sauerstoff ist darum eine notwendige Ressource. Mit Ausnahme anaerober Mikroorganismen schadet Lebewesen ein zu geringes Angebot an Sauerstoff, nicht aber ein hohes (Abb. 1). In der Luft befindet sich mit 21 Vol. % in der Regel genug Sauerstoff, Mangel kann bei starker Belastung auftreten (funktionsbedingte *Anaerobiose)*, wenn der Bedarf groß, der Nachschub aber begrenzt ist. Vögel, die während des Fliegens sehr viel Energie benötigen, verfügen dafür über ein sehr leistungsfähiges Organsystem zur Atmung: Luftsäcke, die mit der Lunge verbunden sind, ermöglichen eine höhere Sauerstoffaufnahme. Dadurch sind Vögel an starke Belastungen angepasst.

In bestimmten Lebensräumen kann es ebenfalls zu Sauerstoffmangel kommen. Einige auf dem Land lebende homoiotherme Tiere sind an das Leben in großen Höhen angepasst. Lamas leben beispielsweise im Hochland der Anden bei geringeren Sauerstoffpartialdrücken. Ihr Blut zeigt hierfür besondere *Angepasstheiten.* Zum einen hat es einen höheren Hämoglobingehalt als das verwandter Arten aus geringeren Höhen, zum anderen zeigt das Hämoglobin selbst auch eine höhere Sauerstoffaffinität.

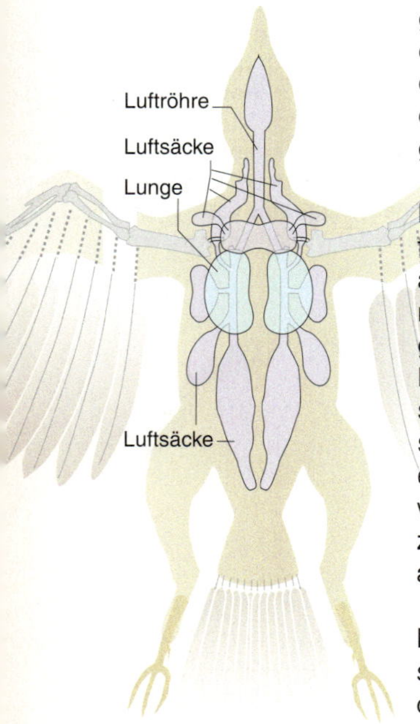

Vogellunge mit Luftsäcken

In Gewässern kann der Sauerstoffgehalt sehr unterschiedlich sein. Deshalb spielt dieser Faktor gerade dort eine wichtige, da begrenzende Rolle. Der Sauerstoffgehalt eines Gewässers ist zudem vom Umweltfaktor Temperatur abhängig. Da der Sauerstoffbedarf bei wechselwarmen Tieren mit steigender Temperatur zunimmt *(RGT-Regel)*, wirkt die Temperatur in diesem Fall doppelt begrenzend: Bei hohen Temperaturen sinkt das Sauerstoffangebot, gleichzeitig steigt der Bedarf.

In Bodensedimenten nährstoffreicher Gewässer kommt meist kein Sauerstoff vor, da die dort massenhaft lebenden Bakterien den Sauerstoff aufbrauchen. Organismen, die in solchen Gewässersedimenten leben, besitzen oft spezielle Einrichtungen, die ihnen dennoch das Atmen von Luft ermöglichen. Viele Muscheln im Wattenmeer leben einge-

3 Muschel im Wattboden

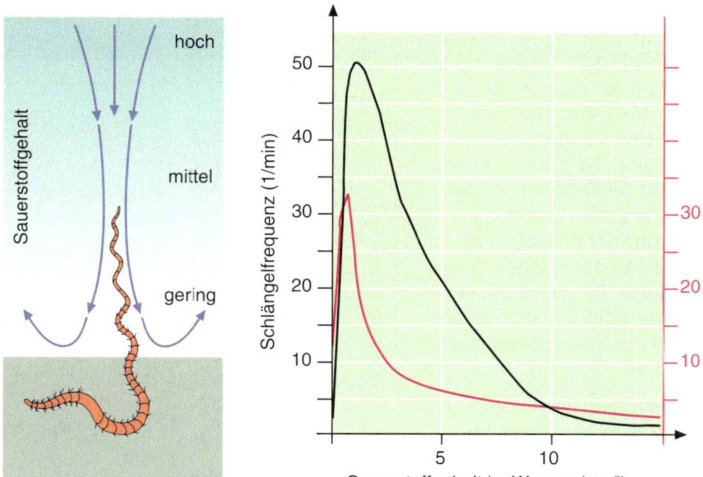

1 Tubifex

2 Mangroven, Luftwurzeln

graben im Sand oder Schlick. Sie strecken lange Siphonen bis an die Sedimentoberfläche, durch die sie Sauerstoff und Nahrungspartikel erhalten können (Abb. 12.3).

Auch bei Pflanzen findet man dieses Prinzip: Mangroven besitzen Luftwurzeln, durch die sie Sauerstoff zu den Pflanzenteilen leiten können, die im sauerstofffreien Sediment stecken (Abb. 2). Das Wurzelstocksystem von Schilf erfüllt eine ähnliche Funktion (s. Seite 84). Tiere und Pflanzen zeigen also unter gleichen Bedingungen ähnliche Formen der Angepasstheit. (→160/161)

Daneben existieren in solchen sauerstofffreien Sedimenten Spezialisten, wie zum Beispiel der Schlammröhrenwurm *Tubifex*.

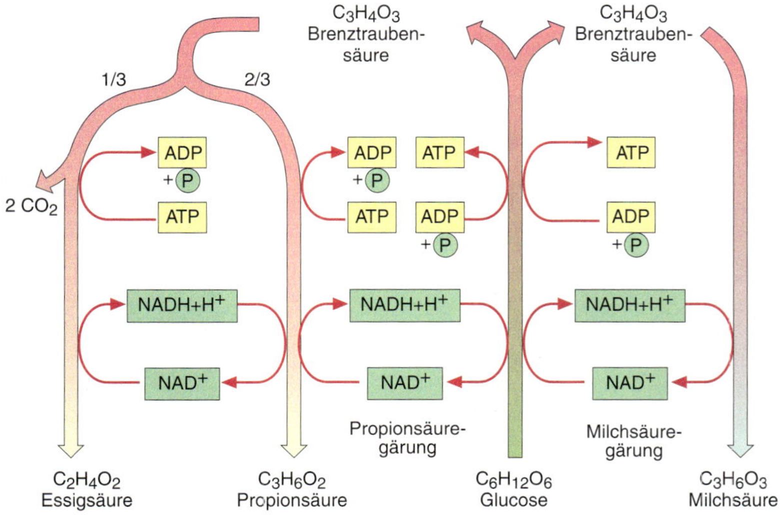

3 Gärungsformen, vereinfacht

Dieser Regenwurmverwandte ernährt sich dort von den reichlich vorkommenden organischen Stoffen und Bakterien. Wie bei manchen anderen wirbellosen Schmutzwasserbewohnern enthält sein Blut *Hämoglobin* in gelöster Form. Dieser Hautatmer zeigt ein auffälliges Verhalten: Je niedriger der Sauerstoffgehalt ist, desto weiter kriecht er aus dem Untergrund und desto mehr schlängelt er (Abb. 1). Auf diese Weise wird frisches Wasser an die Haut geführt.

Bei sehr niedrigem Sauerstoffgehalt schlängelt Tubifex allerdings nicht mehr, der Energiebedarf wird nun durch die Propionsäuregärung gedeckt (Abb. 3). Bei dieser besonderen Form der Gärung entstehen pro Glucosemolekül im Mittel 5 bis 6 ATP, das sind mehr als doppelt so viele wie bei der Milchsäuregärung, bei der nur 2 ATP entstehen. Insgesamt ist Tubifex damit an sehr unterschiedliche Sauerstoffgehalte angepasst; er ist *eurypotent* in Bezug auf Sauerstoff.

Aufgaben

① Stellen Sie in einer Tabelle die Anpassungsmechanismen von Tubifex an unterschiedliche Sauerstoffgehalte des Wassers zusammen. Begründen Sie die hohe Überlebensrate von Tubifex bei geringem Sauerstoffgehalt des Wassers (Abb. 12.1 und 12.2).

② Der Raubfisch Forelle hat einen größeren Sauerstoffbedarf als der Friedfisch Karpfen (0,39 bzw. 0,12 mg O_2/kg Körpermasse). Stellen Sie einen Bezug zu den Untersuchungsergebnissen in Abbildung 12.1 und 12. 2 her.

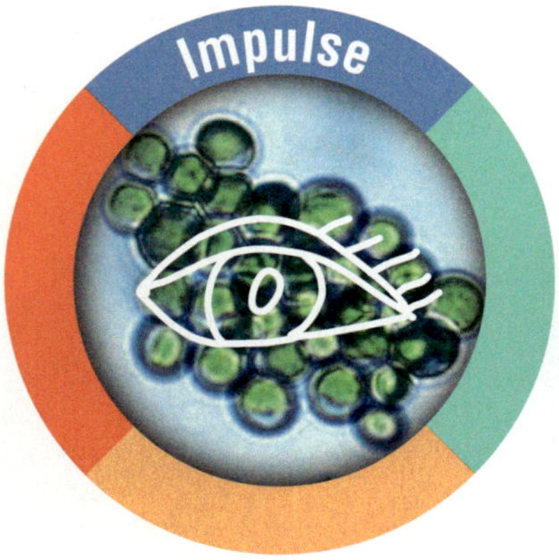

Licht setzt Impulse

Phototaxis

Die *Phototaxis* ist eine durch Licht induzierte Ortsbewegung ein- oder wenigzelliger Organismen. Meist erfolgt sie in Richtung einer Lichtquelle, so auch bei Algen. Diese phototaktische Reaktion wird häufig durch kurzwelliges Licht induziert. Wie jedoch wird das Lichtsignal in einen Bewegungsablauf umgesetzt und wie orientieren sich die Algen?

Suchen Sie in der Fachliteratur nach Antworten und fassen Sie diese in Form eines wissenschaftlichen Artikels in einer Tageszeitung zusammen.

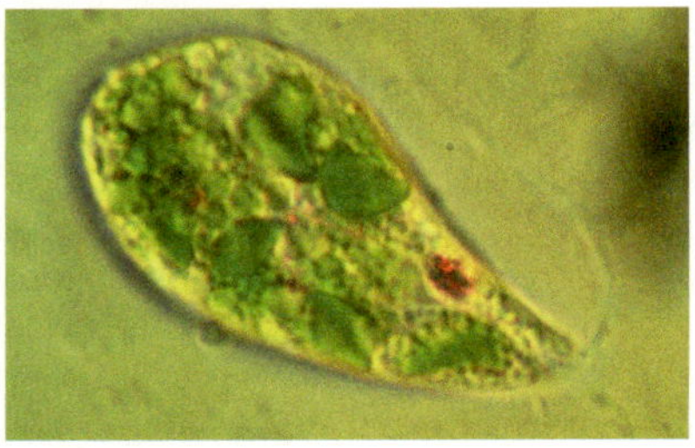

Photoperiodismus

Die Photoperiodismusforschung begann vor ca. 60 Jahren. Viele Beobachtungen belegen, dass es *Kurztag-* und *Langtagpflanzen* gibt. Die Experimente zeigten, dass nicht die Tageslänge (die Lichtphase), sondern die Dunkelphase für die innere Uhr der Pflanzen und eine Blühinduktion entscheidend ist. Sie bewiesen auch, dass die Dunkelphase sowohl einen fördernden als auch einen hemmenden Einfluss auf die Blütenbildung ausüben kann.

Sehr schnell suchte man nach dem Stoff, der diese Zusammenhänge steuern sollte, dem *Florigen*, einem Blühhormon.

Suchen Sie im Internet oder der botanischen Fachliteratur nach Versuchen, welche die Zusammenhänge aufklärten und erstellen Sie wissenschaftliche Poster.
Erarbeiten Sie auch den Aspekt der biologischen Bedeutung des Photoperiodismus.

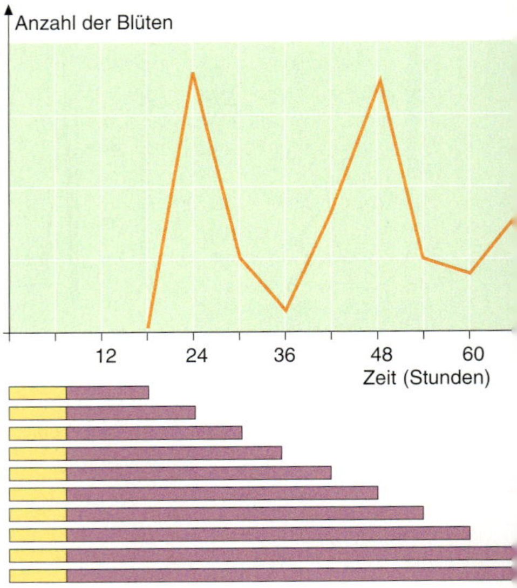

Dauer der Licht-Dunkel-Zyklen (Stunden)

Licht

Licht ist nur ein kleiner Ausschnitt der elektromagnetischen Strahlung, die uns umgibt. Das Spektrum der fotosynthetisch aktiven Strahlung entspricht fast dem vom Menschen wahrgenommenen Spektrum.

Fassen Sie aus Physikbüchern die für diese Sachverhalte relevanten Fakten zusammen.

Lichtintensität und Pflanzenwachstum

Mit einem Belichtungsmesser kann man im Unterholz eines Waldes sehr unterschiedliche Lichtintensitäten messen. Je nach Lichtintensität kann sich die Form oder Farbe von Blättern verändern. Deutlich sieht man dies z. B. beim Waldsauerklee. Diesen Effekt kennt man auch, wenn Pflanzen unter Steinen herauswachsen oder im Keller standen. Die Sprosse werden gelb und wachsen in die Länge. Diese so genannte *Vergeilung* ist eine Form der *Fotomorphogenese*.

Planen Sie Experimente, mit denen man diesen Effekt aufzeigen kann und führen Sie diese durch. Dokumentieren Sie Ihre Ergebnisse mit einem fundierten wissenschaftlichen Background.

Sonnen- und Schattenblätter

Das Licht ist ein entscheidender abiotischer Faktor, denn unter der Nutzung der Sonnenenergie bauen Pflanzen energiereiche chemische Verbindungen auf, die dann auch den Tieren als Nahrung dienen. Wird das Sonnenlicht jedoch nicht absorbiert, wenn es auf ein Blatt trifft, ist es für die Fotosynthese verloren.

Pflanzen sind an die verschiedenen Lichtverhältnisse optimal angepasst, selbst im Schatten der Bäume nutzen Pflanzen das restliche Sonnenlicht. Es gibt sowohl physiologische als auch morphologische Angepasstheiten an die verschiedenen Standorte. Ein typisches Beispiel sind die *Sonnenblätter* und *Schattenblätter*.

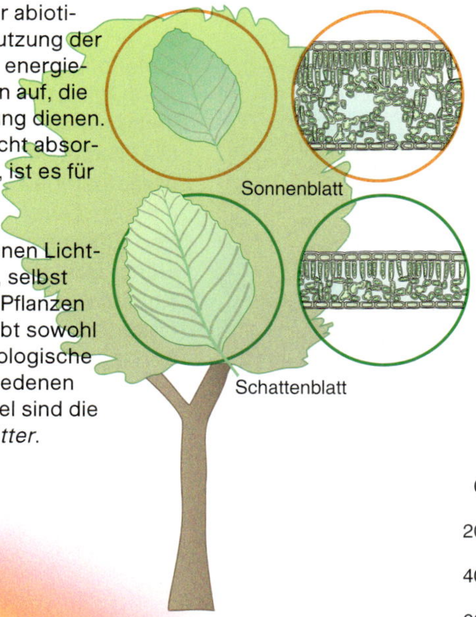

Farbstoffe als Lichtfänger

Nicht alle Algen sind grün, sondern es gibt auch rote und braune. An den Küsten ist eine gewisse Abfolge der Arten gegeben. Diese hängt von vielen Faktoren, wie den Gezeiten, der Brandung und vom Licht ab. Das Licht in Gewässern zeigt nicht nur Unterschiede in der Intensität, sondern auch in der spektralen Zusammensetzung.

Erklären Sie anhand der Spektraldaten des Lichtes in den verschiedenen Wassertiefen die Bedeutung der verschiedenen Farbstoffe in den Algen. Planen Sie die Darstellung als wissenschaftlichen Vortrag.

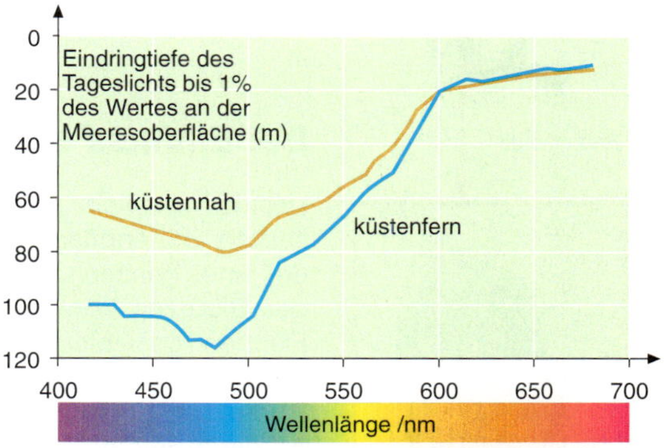

Phototropismus

Pflanzen wachsen immer zum Licht hin. Dieser *Phototropismus* wird ausgelöst durch den Helligkeitsunterschied zwischen Licht- und Schattenseite an einer Pflanze. Hierbei spielt das Phytochromsystem eine entscheidende Rolle. Untersuchungen an der Koleoptile keimender Getreidesamen konnten hierbei den Zusammenhang zum Pflanzenhormon *IES* deutlich machen.

Informieren Sie sich in der Fachliteratur und im Internet über die Experimente und machen Sie daran den Weg der Erkenntnisgewinnung deutlich. Erstellen Sie dazu auch eine Zeitleiste.

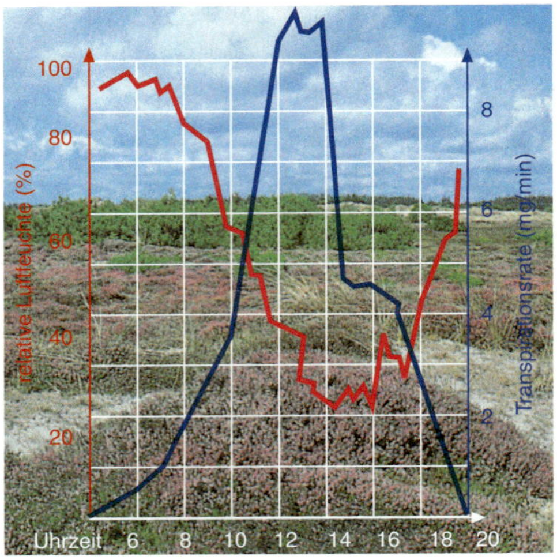

1 Heidelandschaft: Luftfeuchte und Transpiration

Der Einfluss von Feuchtigkeit

„Heide" ist nicht nur der Name einer beliebten Blütenpflanze, sondern gleichzeitig der eines ganzen Landschaftstyps: Während der Blütezeit können Heidepflanzen große Flächen rosaviolett färben. Die meisten Heidestandorte zeichnen sich durch sandige Böden und geringe Luftfeuchte aus (Abb. 1). An diese Bedingungen ist der Wasserhaushalt der Heidepflanzen angepasst.

Eine häufige Heideart unserer Breiten ist die von Juli bis September blühende *Besenheide*. Sie hat besonders fein verzweigte Wurzeln, sodass sie auch geringe Wassermengen erschließen kann. Die saftarmen, stark verholzten Sprosse ermöglichen selbst bei starker Trockenheit eine aufrechte Haltung der 20–30 cm hohen, mehrjährigen Zwergsträucher. Die Blättchen sind klein und immergrün. Dadurch wird ihre verdunstende Oberfläche verringert und eine ganzjährige Fotosynthese möglich. Die spaltöffnungsfreie Blattoberseite ist so stark vergrößert, dass sie die Blattunterseite umwölbt und deren Spaltöffnungen in einen von Epidermishaaren durchwachsenen Hohlraum versenkt. In diesen Stilllufträumen erfolgt der Gasaustausch ohne große Transpirationsverluste (s. Randspalte).

Auch bei anderen Pflanzen bestimmt die Wasserversorgung auffallend Gestalt und Bau, denn Stoffwechselprozesse finden in wässriger Lösung statt – Wasser ist für alle Organismen lebenswichtig. Bei Moosen und Flechten folgt der Wasserhaushalt konform zu den äußeren Feuchtigkeitsbedingungen, sie sind *poikilohydrisch* (wechselfeucht) und können nur an feuchten Standorten überleben.

Gefäßpflanzen sind dagegen *homoiohydrisch* (gleichfeucht), sie regulieren ihre Wasserbilanz über Wurzel, Spross und Blätter. Die Wurzel sorgt im Allgemeinen für die Wasseraufnahme und der Spross für die Weiterleitung. Durch die Wasserverdunstung an den Blättern wird der Wassertransport in Gang gehalten. Die wasserundurchlässige Kutikula der Blätter vermindert die unkontrollierte Transpiration, während Spaltöffnungen auf der Blattunterseite Wasserabgabe und Gasaustausch regulieren. (→ 156/157)

An trockenen Standorten muss sparsam mit Wasser umgegangen werden. Das kann geschehen, indem die Transpiration durch verdickte Kutikula, versenkte Spaltöffnungen oder verkleinerte Blätter eingeschränkt wird oder indem die Wasseraufnahme durch ein feines Wurzelnetz gesteigert wird. Die Besenheide ist eine hartblättrige *Trockenpflanze*, sie überlebt an trockenen Standorten, indem sie die Wasserverdunstung einschränkt und die Wasseraufnahme steigert. Eine andere Möglichkeit besteht darin, Wasser zu speichern. Dazu dienen große Zellen in Wurzel, Spross oder Blättern, die der Pflanze ein dickfleischiges Aussehen verleihen. Solche *Sukkulenten* gibt es in den Wüsten Amerikas (Kakteen, Abb. 2 links) und Afrikas (Wolfsmilchgewächse, Abb. 2 rechts). An trockenen, heißen Standorten können die Spaltöffnungen mittags vorübergehend geschlossen werden, um zu große Wasserverluste zu vermeiden.

2 Sukkulenten

Guttation beim Frauenmantel

Auf nassem Boden und in feuchter Luft wachsen *Feuchtpflanzen*. Ihre Festigkeit verdanken sie dem osmotischen Druck der Zellen, zahlreiche exponierte Spaltöffnungen steigern den Transpirationssog. Sie haben wenig Festigungsgewebe und schwach verzweigte Wurzeln.

Wasserpflanzen wie die Seerose besitzen große Schwimmblätter mit Spaltöffnungen an der Blattoberseite, also der Luft zugewandte Blattflächen. Wurzeln sind nur schwach ausgebildet oder fehlen, das Wasser kann direkt über Spross und Blätter aufgenommen werden.

Aufgabe

① Erklären Sie die Bedeutung der beschriebenen Pflanzengestalt für den Wasserhaushalt und ordnen Sie die Pflanzen einem Standorttyp zu:

a) Bei der Schwertlilie sind die Blätter so gefaltet, dass die Blattoberseiten verdeckt und die Blattunterseiten mit den Spaltöffnungen nach außen gekehrt sind.

b) Der Frauenmantel und einige tropische Pflanzen besitzen Drüsen, über die sie aktiv Wasser in Tropfenform ausscheiden (siehe Randspalte).

Beispiel

Standort	Gewässer	nasser Boden, feuchte Luft (Flachmoor, Ufer)	periodisch trocken oder winterkalt	trocken (Wüste, Steppe, Trockenrasen)	trocken (Wüste, Halbwüste)
Vorherrschender Gestaltstyp	Hydrophyten Wasserpflanzen	Hygrophyten Feuchtpflanzen	Mesophyten	Xerophyten, Trockenpflanzen hartblättrig	sukkulent
Blätter	große Schwimmblätter, große Interzellularen; Spaltöffnungen nur auf der Blattoberseite (1) Unterwasserblätter feinzipfelig oder bandartig, Kutikula fehlend, Blätter wenigschichtig oder reich an Interzellularen. Spaltöffnungen oft fehlend (2)	große, oft dünne, Laubblätter, Spaltöffnungen oft herausgehoben, große Interzellularen (transpirationsfördernde Einrichtungen)	meist weiche Blätter, Blattabwurf in Trockenzeit (z.B. Winter); Spaltöffnungen an der Oberfläche der Blattunterseite	Blattabwurf oder kleine, überdauernde, harte Blätter; viele schnell schließende, oft versenkte Spaltöffnungen, verdickte Epidermis und Kutikula (transpirationseinschränkende Einrichtungen)	dicke, Wasser speichernde Blätter (Blattsukkulenz); Blätter als Dornen umgebildet, oft versenkte Spaltöffnungen

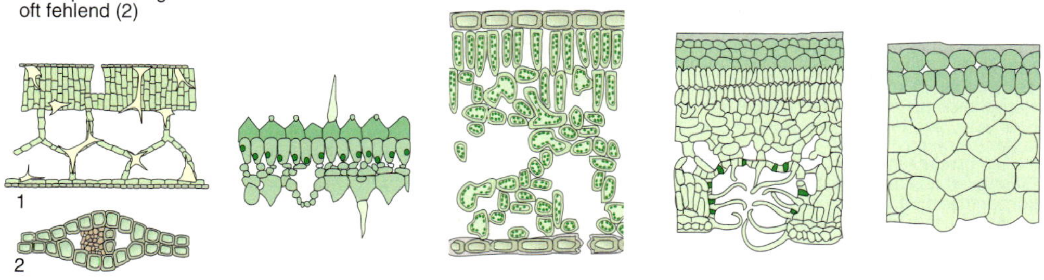

Spaltöffnungen pro Flächeneinheit	wenige	viele	mäßig viele	sehr viele	sehr wenige
Sprossachse/ Leitbündel	zart, Reduktion der Leitgefäße, Luftkanäle	zarte, oft hohle Stängel, weite zarte Gefäße	derb; mit verdickter Rinde, wenn überdauernd; starke Leitbündel	fest, mit gut ausgebildeten Leitbündeln, starke Gefäße	Wasser speichernde Sprossachse (Stammsukkulenz) bei Formen mit reduzierten Blättern
Leitbündel pro Flächeneinheit	wenige	wenige	mäßig viele	sehr viele	wenige
Wurzelsystem	schwach oder fehlend	schwach ausgebildet, niedrige osmotische Werte	stark ausgebildet, oft auch Speicherorgan (z.B. Wurzelstock)	sehr gut entwickelt, hohe osmotische Werte	weit ausladend, flachgründig, zuweilen Wasser speichernd (Wurzelsukkulenz), hohe osmotische Werte

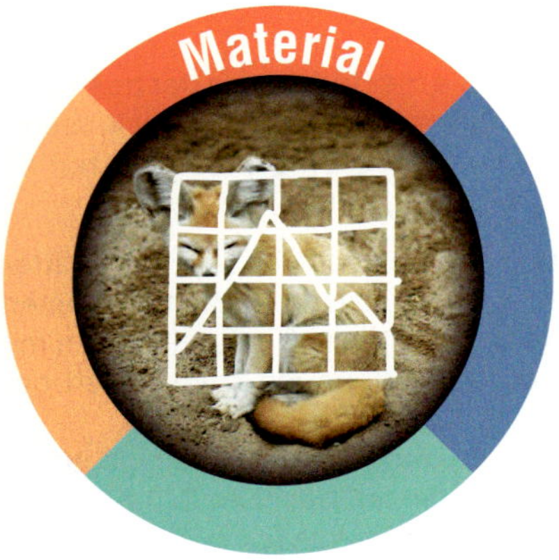

Leben mit wenig Wasser

In Hitzewüsten können nur Tiere überleben, die in besonderer Weise an den Wassermangel angepasst sind.

Hitzewüste als Lebensraum

Wüstengebiete umfassen etwa ein Drittel der Landoberfläche der Erde. Kennzeichnend für diese Gebiete sind hohe Temperaturen und Niederschlagsmengen deutlich unter 200 mm pro Jahr, welche oft in kurzen Güssen niedergehen. Durch Verdunstung konzentrieren sich oft Salze in den oberen Bodenschichten.

Sand, Kies und Geröll werden tagsüber bis zu 80 °C heiß, nachts sinken die Temperaturen zuweilen unter den Gefrierpunkt. Solche starken Temperaturgegensätze, verbunden mit extrem niedriger Luftfeuchte, hoher Strahlungsintensität, Sandstürmen und Bodenbewegungen, prägen die abiotischen Lebensbedingungen der Hitzewüsten. (→ 160/161)

Aufgaben

① Die Sahara Afrikas ist die größte Wüste der Erde. Nennen Sie Merkmale im Körperbau, Stoffwechsel und Verhalten der Wüstentiere, die sich auf den Wärmehaushalt auswirken. Stellen Sie dabei tabellarisch gleichwarme und wechselwarme Lebewesen gegenüber.

② Nennen Sie Merkmale im Körperbau, Stoffwechsel und Verhalten der Wüstentiere, die die Wasserverdunstung bei Wüstentieren einschränken.

③ Erläutern Sie die Bedeutung von Kleinlebensräumen in der Wüste für die Fauna.

④ Welche Merkmale der Wüstentiere stellen einen Vorteil für das Leben im Sand dar?

⑤ Welche Trockenlebensräume gibt es in unseren Breiten?

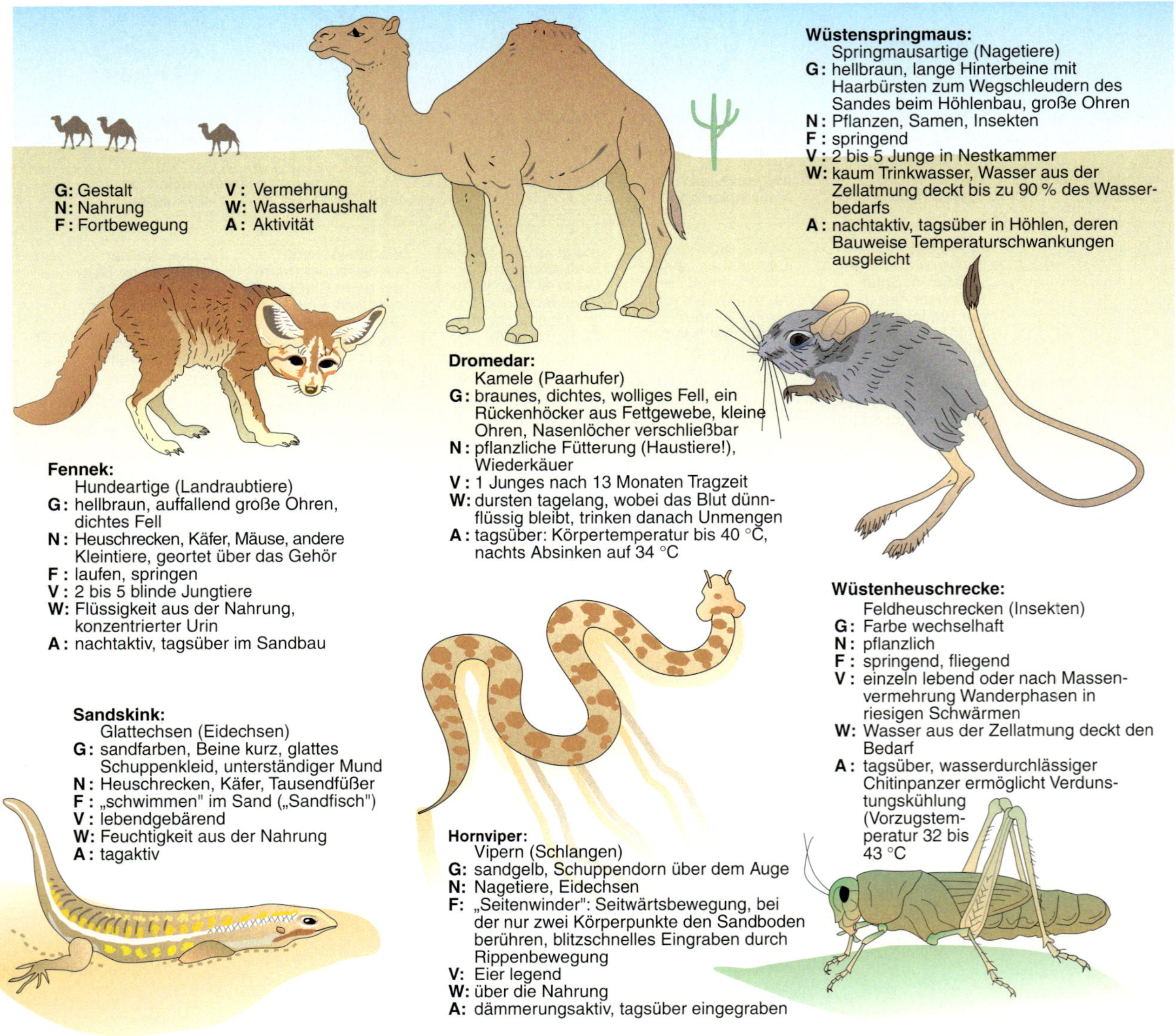

Die Kängururatte

Die *Kängururatte Dipodomys merriami* aus Arizona (USA) ist ein Säugetier, das an den Wassermangel der Wüste angepasst ist.

Lebensraum und Verhalten

Dieses 24 cm lange Tier ernährt sich von trockenen, aber fettreichen Samen. Wie viele *Wüstenbewohner* bewegt es sich springend vorwärts. Diese Fortbewegungsweise ist eine Angepasstheit an offene Lebensräume. Bei vergleichsweise niedrigem Energieaufwand kann es sich sehr schnell fortbewegen und große Strecken zurücklegen. Das ist auch vorteilhaft, da die Nahrung weit verstreut ist. In dichter Bodenvegetation wäre Springen ungünstig.

Die durchschnittliche Feuchtigkeit der Luft im Verbreitungsgebiet der Kängururatte schwankt zwischen 3 % und 50 % (Durchschnitt: 25 %). Niederschläge sind selten, sodass den größten Teil des Jahres kein Wasser zum Trinken zur Verfügung steht. Tagsüber hält sich die Kängururatte in bis 1 m tiefen Erdhöhlen auf.

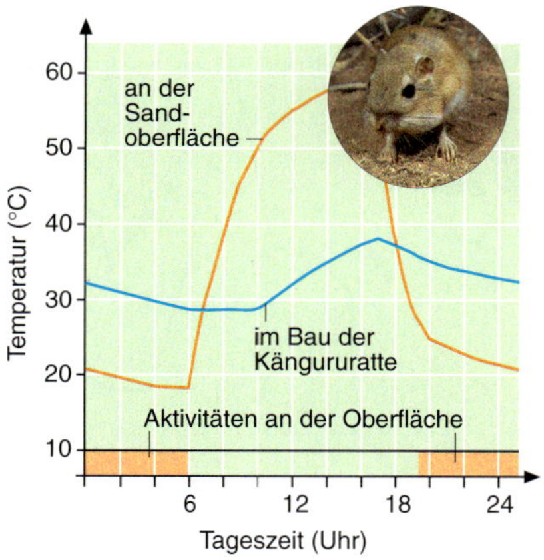

Aufgabe

① Interpretieren Sie die Abbildung unter Verwendung des Textes.

Struktur der Nase

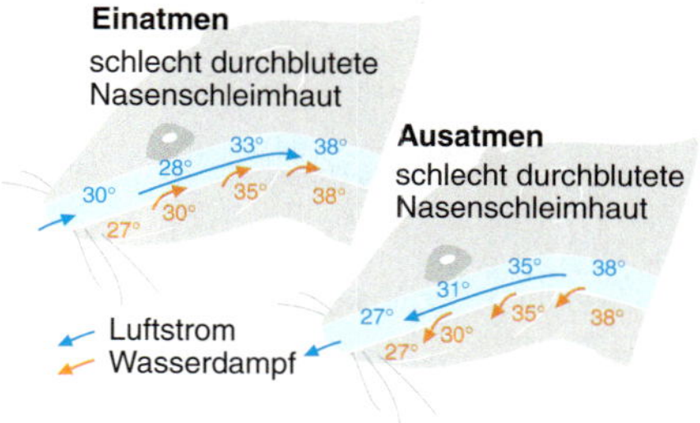

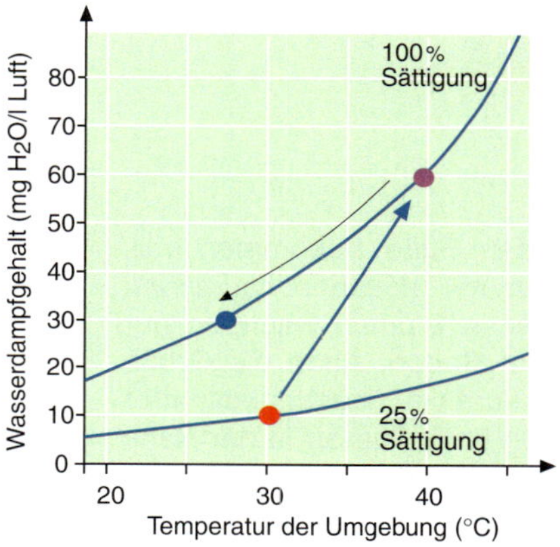

● ausgeatmete Luft: rel. Feuchtigkeit = 100%
● Wasserdampfgesättigte Luft Lunge = 38°C
● eingeatmete Luft: rel. Feuchtigkeit = 25%

Im Vergleich zu anderen etwa gleich großen Säugetierarten ist die Temperatur in den Nasengängen der Kängururatte auffallend niedrig. Der Atemweg, vor allem die Nasenwand, ist sehr schlecht durchblutet. Die Schleimhaut kann im Gegensatz zu der anderer Tierarten sehr große Mengen Wasser aufnehmen; im trockenen Zustand ist sie *hygroskopisch* (Wasser anziehend).

Aufgaben

② Beschreiben und erklären Sie die Veränderung der Luft beim Ein- und Ausatmen der Kängururatte. Bedenken Sie dabei, dass Wasserverdunstung mit Abkühlung verbunden ist.

③ Die Nasenschleimhaut der Wanderratte ist besser durchblutet. Ihre Abkühlung durch die eingeatmete Luft wird rasch durch Wärme aus dem Blut ausgeglichen.
Stellen Sie eine Hypothese über die Auswirkung dieser Unterschiede zur Kängururatte auf.

④ Welche Konsequenzen hat dieser Unterschied für den Wasserverlust beim Ausatmen?

Stoffwechsel und Exkretion

Den größten Teil des Jahres stehen der Kängururatte nur Samen als Nahrung zur Verfügung. Diese sind sehr fettreich, aber wasserarm. Allerdings liefern auch die chemischen Reaktionen der Zellatmung Wasser (s. Seite 59).

Wassergewinn durch Zellatmung aus 100 g Nährstoff:

Kohlenhydrate:	60 g
Fett:	109 g
Protein:	44 g

Aufgaben

⑤ Nennen Sie Möglichkeiten, wie ein Säugetier seine Wasserbilanz bei knappen Wasserressourcen verbessern kann.

⑥ Vergleichen Sie die Wasserbilanz von Känguru- und Wanderratte und erklären Sie die Unterschiede mithilfe aller Materialien.

⑦ Listen Sie alle aus den Materialien ersichtlichen Eigenschaften auf, durch die die Kängururatte an das Leben in der Trockenwüste angepasst ist.

		Kängururatte		Wanderratte	
Zusammensetzung der Nahrung		Protein	12 %	Protein	22 %
		verwertbare Kohlenhydrate	8 %	verwertbare Kohlenhydrate	50 %
		Fett	40 %	Fett	4 %
Wasserbilanz je 100 g Nahrung	Aufnahme	Nahrung	6 g	Trinken	25 g
		Oxidationswasser	54 g	Nahrung	12 g
				Oxidationswasser	46 g
			60 g		**83 g**
	Abgabe	Atmung und Verdunstung	44 g	Atmung und Verdunstung	50 g
		Harn	13,5 g	Harn	25 g
		Kot	2,5 g	Kot	8 g
			60 g		**83 g**

1 Feuchtwiese mit Wiesenschaumkraut

Zeigerpflanzen für den Boden-pH-Wert

Zeigerarten

Wer keine nassen Füße bekommen will, wird Grünflächen mit *Wiesenschaumkraut* meiden, denn diese Blumen wachsen nur auf feuchtnassem Boden. Auch die Große *Brennnessel* braucht viel Feuchtigkeit, aber keine Nässe. Man findet sie oft in der Nähe von Komposthaufen oder Entwässerungsgräben, also auf stickstoffreichen Böden. *Mauerpfeffer* wächst dagegen auf stickstoffarmem Boden.

Pflanzen sind an ganz bestimmte Umweltbedingungen angepasst, man kann daher oft von ihrem Vorkommen auf die Umweltbedingungen des betreffenden Standortes schließen. Das gilt ganz besonders, wenn die Pflanze nur in einem begrenzten Umweltbereich gedeihen kann, also stenök bezüglich dieses Umweltfaktors ist. Solche Arten bezeichnet man als *Zeigerarten*.

Es gibt nicht nur für den Feuchtigkeits- und Stickstoffgehalt des Bodens Zeigerarten, sondern auch für den pH-Wert: *Alpenrosen* sind typische Pflanzen in den Gebirgsregionen oberhalb der Waldgrenze. Die behaarte Alpenrose findet man auf Kalkgesteinsboden, die rostrote Alpenrose dagegen auf Silikatgestein. Die Standorte unterscheiden sich deutlich im pH-Wert, der im Gebirge vor allem durch den Kalkgehalt des Bodens verändert wird (Abb. 2). Kalkhaltige Böden sind gut gegen Versauerung abgepuffert, da sie Humussäuren neutralisieren. Durch Ausflockung der Bodentone wird der Boden krümelig, gut durchlüftet und kann Mineralstoffe besser binden. Auf solchen Böden haben viele Pflanzen Wachstumsmöglichkeiten. In sauren Böden fehlt die Krümelbildung, Mineralstoffe sind weniger fest gebunden und werden daher bei Regen leichter ausgewaschen. Saure Böden sind daher mineralstoffarm. Hier gedeihen oft nur Standortspezialisten wie die Heidepflanzen (s. Randspalte). Die pH-Werte landwirtschaftlich genutzter Flächen liegen zwischen 5,5 und 8,0, denn das entspricht den Vorzugsbedingungen der meisten Kulturpflanzen.

Zeigerarten werden in der Land- und Forstwirtschaft zur Ermittlung von Umweltfaktoren genutzt, sie geben Aufschluss über Bodenfeuchtigkeit, Stickstoffgehalt, pH-Wert oder Salzgehalt des untersuchten Bodens, über Licht, Wärme oder Luftverschmutzung. Damit ergänzen sie aufwändige chemische und physikalische Analysemethoden. Zeigerarten, die vor allem auf Umweltbelastungen durch menschliche Aktivitäten reagieren, bezeichnet man im engeren Sinne auch als *Indikatorarten* oder *Bioindikatoren*. Sie erweitern die Möglichkeiten der ökologischen Umweltüberwachung. Den Grad der organischen Verschmutzung von Fließgewässern misst man z. B. anhand von Vorkommen und Häufigkeit bestimmter Wirbelloser (*Saprobiensystem*, s. Seite 101).

Aufgaben

① Erklären Sie, warum nur stenöke Arten als Zeigerarten in Frage kommen.

② Inwieweit wirken sich unterschiedliche Toleranzbereiche auch auf das gemeinsame Vorkommen von Arten aus (Abbildung 2)?

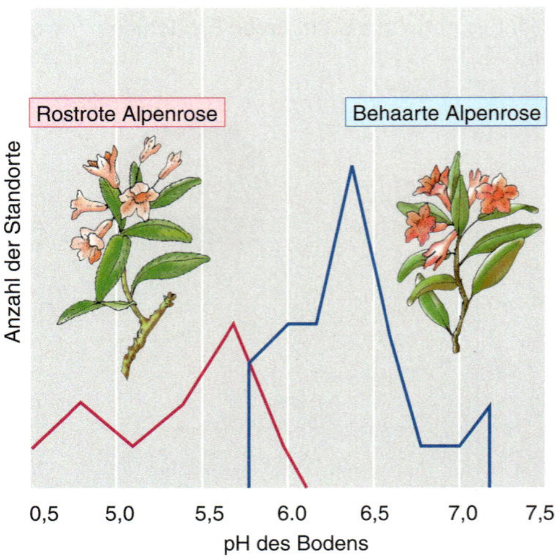

2 Alpenrosen und Boden-pH

Boden

Als „Boden“ bezeichnet man den lockeren, von der Erdoberfläche bis zum Gestein reichenden Teil der Erdkruste. Er wird durch Verwitterung und Humusbildung ständig umgestaltet. Boden besteht aus mineralischen und organischen Bestandteilen sowie aus Wasser und Luft.

Außerdem leben in einem Liter „Muttererde“ bis zu einer Milliarde Organismen, wie Bakterien, Pilze, Würmer, Spinnentiere und Insekten. Der Boden ist Rohstoffspeicher, er filtert, puffert und speichert das Wasser, er liefert Mineralstoffe für die Produzenten und beeinflusst den Wärmehaushalt der Erde.

Bodenschichtung

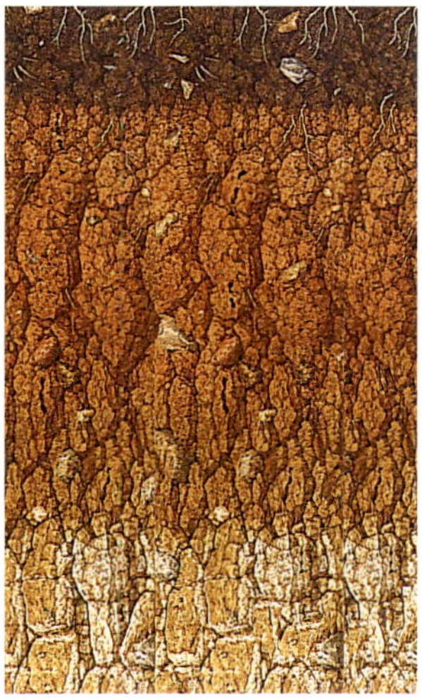

Der Boden ist von einer lockeren Streuschicht aus unterschiedlich stark zersetzten, abgestorbenen Pflanzenresten bedeckt. Der Oberboden *(A-Horizont)* unter der Streuschicht ist durch Humusstoffe dunkel gefärbt, Wurzeln durchziehen vor allem diesen Bereich. Ausgewaschene Stoffe reichern sich im humusfreien Unterboden *(B-Horizont)* an. Der Untergrund *(C-Horizont)* besteht aus wenig verwittertem, kaum durchwurzeltem Gestein.)

Bodenbildung

Ausgangspunkt für die anorganische Bodenbildung sind die Mineralien der Gesteine, die durch Verwitterung (z. B. Frost- oder Salzsprengung, Oxidation, Lösung) mehr oder minder zerlegt oder gelöst werden. Das Stoffgemisch der organischen Bodenbestandteile bezeichnet man als *Humus*. Dieser wird durch die lebenden Bodenorganismen gebildet.

Zuerst erfolgt ein stufenweiser Abbau der pflanzlichen und tierischen Substanz bis zu den anorganischen Endprodukten, dann der Aufbau von Huminstoffen und eine Durchmischung mit den Mineralstoffen. Diese Verrottung findet nur bei guter Luftversorgung statt, bei Sauerstoffmangel führen dagegen anaerobe Prozesse zur Fäulnis.

Bodenart

Die anorganischen Verwitterungsbestandteile werden je nach Korngröße in Ton (0,002 – 0,02 mm), Schluff (0,02 – 0,6 mm), Sand (0,6 – 2 mm) und Kies (2 – 60 mm) unterteilt, ihre prozentualen Anteile am Unterboden bestimmen die Bodenart. Je kleiner die Bodenpartikel sind, desto kleiner sind auch die Zwischenräume (Poren), desto fester wird das Bodenwasser gehalten und desto schlechter ist die Durchlüftung. Lehm ist z. B. ein sehr wasserstauender, tonhaltiger Boden mit Schluffbeimengungen.

Bodenwasser

Wasser gelangt mit den Niederschlägen oder durch Uferfiltration in den Boden. Das *Sickerwasser* fließt durch die lockeren Bodenschichten zum Grundwasser, es kann nur bei gehemmtem Abfluss als Stauwasser wieder höhere Bodenschichten erreichen. Das *Haftwasser* wird von vornherein entgegen der Schwerkraft an der Oberfläche der Bodenpartikel *(Absorptionswasser)* oder in den feinen Bodenporen (als *Kapillarwasser)* festgehalten. Das Bodenwasser versorgt die Pflanzen mit Wasser und transportiert die Mineralstoffe.

Bodenluft

Bodenluft steuert die im Boden ablaufenden Oxidationsprozesse, ermöglicht die Atmung der Pflanzenwurzel und der aeroben Mikroorganismen und Zersetzer. Weil die fotosynthetische Aktivität im Boden gering ist, ist Bodenluft anders als atmosphärische Luft zusammengesetzt:

(Vol%)	O_2	CO_2	N_2
Atmos. Luft	20,95	0,03	79,0
Boden-luft	$<$ 20,6	$>$ 0,2	um 79,0

Bodengefüge und Krümelbildung

Gibt man gelöschten Kalk zu einer Wasser-Tonsuspension, so bilden die positiven Ca^{2+}-Ionen mit den negativ geladenen Tonteilchen Aggregate. Die verklebten Tonteilchen flocken aus und sinken. Im Boden führt das zur Bildung von 1 mm bis 1 cm großen Bodenkrümeln, die aus locker verklebten mineralischen und organischen Bestandteilen bestehen und Luft- und Wasserporen umschließen. Krümeliger Boden ermöglicht wegen der guten Durchlüftung und Wasserbindung eine gute Durchwurzelung, die Bedingungen für die Humusbildung durch Bodenorganismen sind optimal. Daher finden Pflanzen auf krümeligem Boden ideale Wachstumsbedingungen vor. Humusarmen Sand- und Schluffböden fehlt dagegen diese biologische Hohlraumbildung. Reine Tonböden neigen zur Verfestigung und zum Wasserstau, bei Trockenheit treten Risse auf.

Austauschkapazität

Tonminerale und Humusstoffe tragen negative Ladungen, die Kationen (z. B. NH^{4+}, K^+, Ca^{2+}, Mg^{2+}) locker binden können. Sie können von den Wurzelhaaren der Pflanze gegen H^+ oder H_3O^+ ausgetauscht werden. Die Austauschkapazität des Bodens ist eine wichtige Voraussetzung für seine Fruchtbarkeit.

Kieselalgen

Das Konzept der ökologischen Nische

Die ungefähr 1 cm große *Flussschwimmschnecke* war früher in den Fließgewässern Mitteleuropas weit verbreitet. Sie stellt eigentlich recht geringe Ansprüche an ihre Umwelt. Temperatur und pH-Wert können stark variieren, auch bezüglich des Salzgehaltes ist sie eurypotent, sodass sie sogar im Brackwasserbereich der großen Flüsse vorkam. Sie ernährt sich von Kieselalgen, die mit der rauen Zunge *(Radula)* vom Untergrund abgeschabt werden. Viele dieser Algenarten mit ihrer harten Schale sind weit verbreitet, d. h. die Schnecken sollten eigentlich genügend Nahrung finden. So war lange unverständlich, weshalb sie seltener wurden.

ökologische Nische
Gesamtheit der Ansprüche einer Art an ihre biotische und abiotische Umwelt

Der Biologe DIETRICH NEUMANN ging dieser Frage nach. Dazu setzte er Flussschwimmschnecken in ein nur mit Wasser gefülltes Aquarium, in dem er Kieselalgen als Nahrung anbot. Die Algen besiedelten das freie Wasser und die Glaswände. Die Schnecken magerten innerhalb kurzer Zeit ab, obwohl sich in ihren Mägen Kieselalgen befanden, die jedoch unzerbrochen waren und so nicht verdaut werden konnten. Erst als NEUMANN raue Steine in das Aquarium gab, zerbrachen die Kieselalgenschalen beim Abschaben. Im Freiland hat in den letzten Jahrzehnten durch menschliche Einflüsse der Bewuchs mit Grünalgen auf den Steinen in den Flüssen zugenommen. Auf diesem glatten Untergrund sind Kieselalgen für die Schnecken als Nahrung wertlos.

Wirkungsgesetz der Umweltfaktoren
Für das Überleben und die Häufigkeit einer Art ist der Umweltfaktor maßgeblich, der am weitesten vom Optimum entfernt ist.

Die Gesamtheit der Ansprüche der Schnecke an ihre Umwelt bezeichnet man als ihre *ökologische Nische*. Dieser Begriff stellt nicht nur einen Raum dar; der spezifische Lebensraum der Schnecke – Gewässer mit Steingrund – ist ihr *Habitat*. Zwar gehört das Habitat auch zur ökologischen Nische, zusätzlich umfasst diese aber auch die Ansprüche bezüglich Sauerstoffgehalt, Temperatur, pH-Wert usw. Die ökologische Nische lässt sich in verschiedene Teilbereiche aufgliedern. So benötigt die Schnecke für die Ernährung Kieselalgen und auch einen rauen Untergrund *(Nahrungsnische)*. Andere Teilbereiche der Nische können z. B. Ansprüche einer Art bezüglich spezieller Brutplätze in einem Revier *(Brutnische)* oder Versteckmöglichkeiten *(Schutznische)* sein.

Das Beispiel der Flussschwimmschnecke zeigt, dass die Umwelteinflüsse für ein Lebewesen unterschiedlich bedeutsam sind. So ist die *Strömungsgeschwindigkeit* für diese Art weniger wichtig, da sie fest auf Steinen haften kann und wenig Strömungswiderstand bietet. Bezüglich dieses Faktors ist die Schnecke also eurypotent (s. Seite 10). Ein einziger Anspruch dagegen, im Beispiel die rauen Steine, kann für das Vorkommen einer Art entscheidend sein. Das *Wirkungsgesetz der Umweltfaktoren* besagt: Für das Überleben und die Häufigkeit einer Art ist der Umweltfaktor maßgeblich, der am weitesten vom Optimum entfernt ist.

1 Flussschwimmschnecke

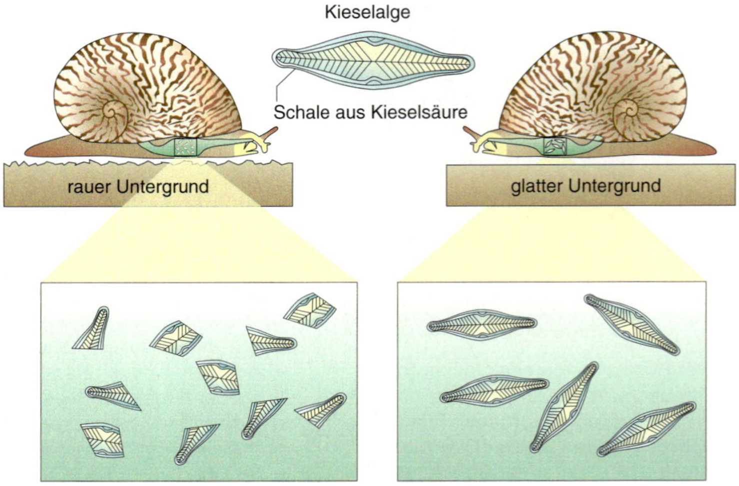

2 Kieselalgen als Nahrung der Flussschwimmschnecke

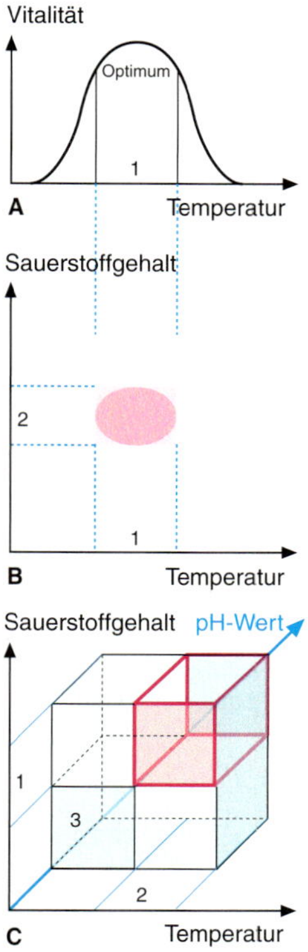

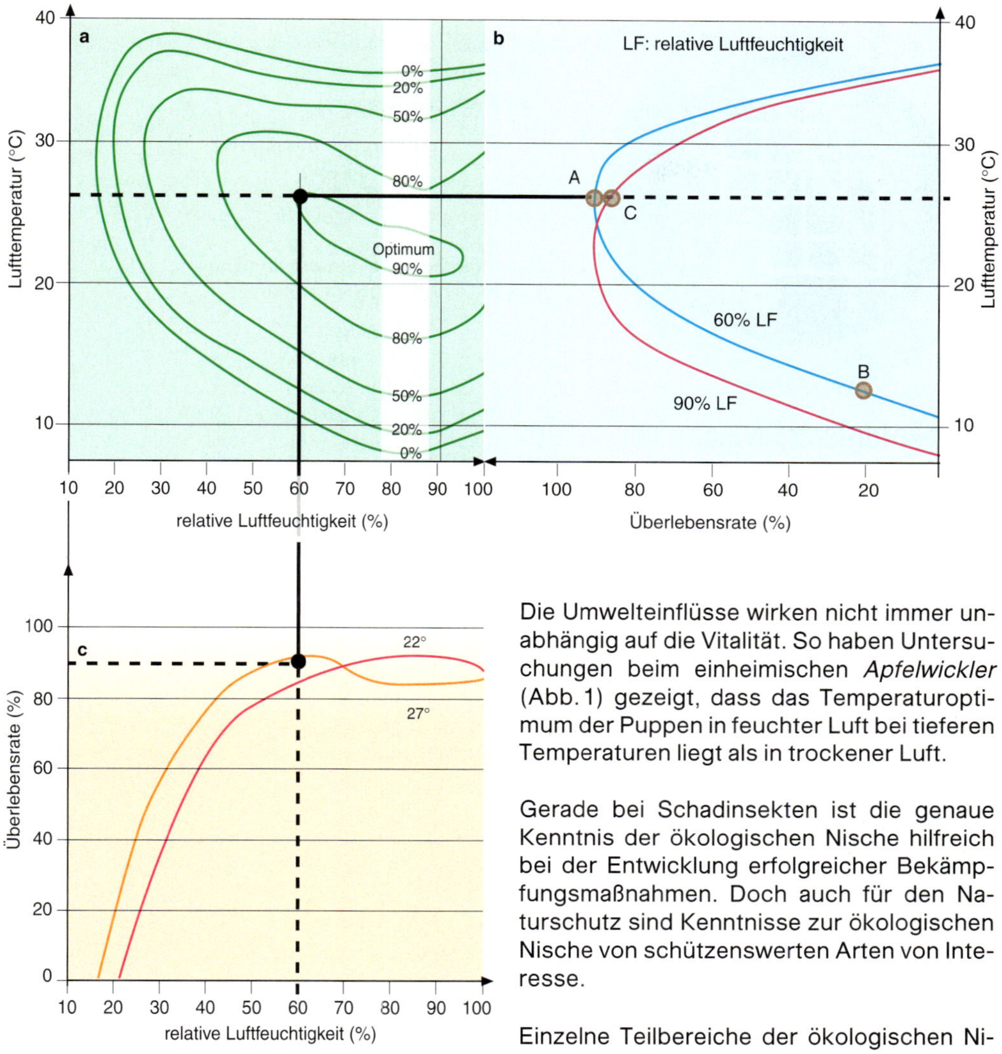

1 Kombination zweier Faktoren beim Apfelwickler

Maulwurf
(Überfamilie Spitzmausartige)

Goldmull
(Überfamilie Goldmullartige)

Beutelmull
(Unterklasse Beuteltiere)

In der Landwirtschaft ist dies als *Liebig'sches Minimumgesetz* bekannt. Fehlt bei der Düngung nur ein einziger wichtiger Mineralstoff, dann können die Pflanzen nicht optimal gedeihen. Allein die Ergänzung dieses einen Stoffes erhöht maßgeblich den Ernteerfolg.

Manche Ansprüche lassen sich nur qualitativ beschreiben. Viele andere Elemente, wie Temperatur-, pH-Wert- und Feuchtigkeitsansprüche, sind aber auch quantitativ als ökologische Potenzen zu erfassen. Bis zu drei Potenzen lassen sich in einer Grafik darstellen (s. Randspalte). Die gemeinsame Schnittmenge beschreibt die Ansprüche einer Art bezüglich dieser drei Faktoren. Die Gesamtheit aller ökologischen Potenzen beschreibt die ökologische Nische quantitativ, sie ist grafisch aber nicht darstellbar.

Die Umwelteinflüsse wirken nicht immer unabhängig auf die Vitalität. So haben Untersuchungen beim einheimischen *Apfelwickler* (Abb. 1) gezeigt, dass das Temperaturoptimum der Puppen in feuchter Luft bei tieferen Temperaturen liegt als in trockener Luft.

Gerade bei Schadinsekten ist die genaue Kenntnis der ökologischen Nische hilfreich bei der Entwicklung erfolgreicher Bekämpfungsmaßnahmen. Doch auch für den Naturschutz sind Kenntnisse zur ökologischen Nische von schützenswerten Arten von Interesse.

Einzelne Teilbereiche der ökologischen Nische, insbesondere die ökologische Nahrungsnische, können in unterschiedlichen Regionen der Erde sehr ähnlich sein. In diesen Fällen spricht man von einer ähnlichen *ökologischen Planstelle (Stellenäquivalenz)*. So gibt es z. B. auf allen Kontinenten kleine Säugetiere, die wie die einheimischen Maulwürfe weitgehend unterirdisch leben und dort auch ihre Nahrung finden. Nicht verwandte Arten, wie *Sternmull* (Nordamerika), *Beutelmull* (Australien) und *Goldmull* (Südafrika) weisen große Ähnlichkeit auf (s. Randspalte), da sie in ähnlichen Lebensräumen leben. (→ 160/161)

Aufgaben

① Leiten Sie die Punkte A, B und C in Abbildung 1b aus der Abbildung 1a ab.

② Vergleichen Sie die unterschiedlichen Temperaturoptima des Apfelwicklers bei verschiedener Luftfeuchte mit den Lebensbedingungen der Puppe (Internet).

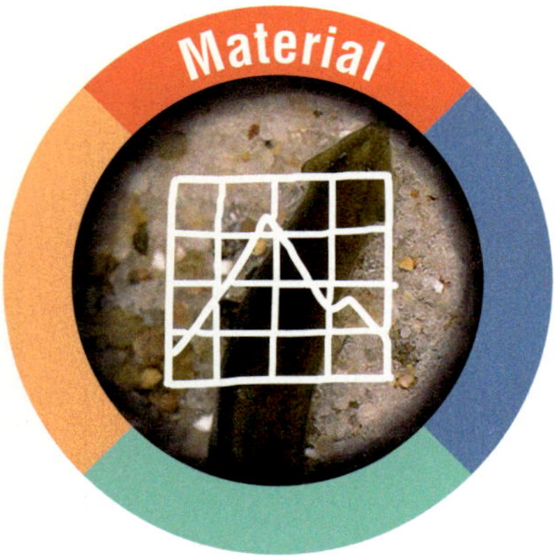

Die ökologische Nische von Strudelwürmern

Bei Strudelwürmern lässt sich ein Zusammenhang zwischen Umweltansprüchen und Verbreitung erkennen. Die hier betrachteten Arten sind bis 2 cm lang und bewohnen vor allem Fließgewässer, über deren steinigen Untergrund sie sich kriechend fortbewegen. Sie sind lichtscheu und können sehr gut riechen. Ihre Nahrung sind Aas und kleine Wirbellose, über die sie ihren Körper stülpen, sodass die Beute unter das Mundfeld am Bauch des Strudelwurms gelangt. Der Fangerfolg hängt wesentlich von der Beweglichkeit des Strudelwurms ab. Die Tiere haben keinen Blutkreislauf. Die abgeplattete Form hält die Gasdiffusionswege im Körper kurz.

Bachsystem A

In einem Bachsystem eines deutschen Mittelgebirges fanden Biologen drei Arten von Strudelwürmern. Die Kartierung (Abb. 1) ergab, dass die drei Arten unterschiedliche Abschnitte des Bachsystems besiedelten.

In Laborexperimenten wurde der Sauerstoffverbrauch der Tiere in Ruhe (Abb. 2) sowie die maximale Kriechgeschwindigkeit bestimmt (Abb. 3).

Aufgaben

① Stellen Sie fest, in welchen Temperaturgrenzen die drei Arten jeweils im deutschen Bachsystem vorkommen.

② Stellen Sie den Zusammenhang zwischen Sauerstoffverbrauch (Abb. 2), Kriechgeschwindigkeit (Abb. 3) und Temperatur in einem Pfeildiagramm dar (Symbolik wie Seite 28).

③ Welche Konsequenzen sind bezüglich der Temperaturtoleranz der drei Arten zu erwarten?

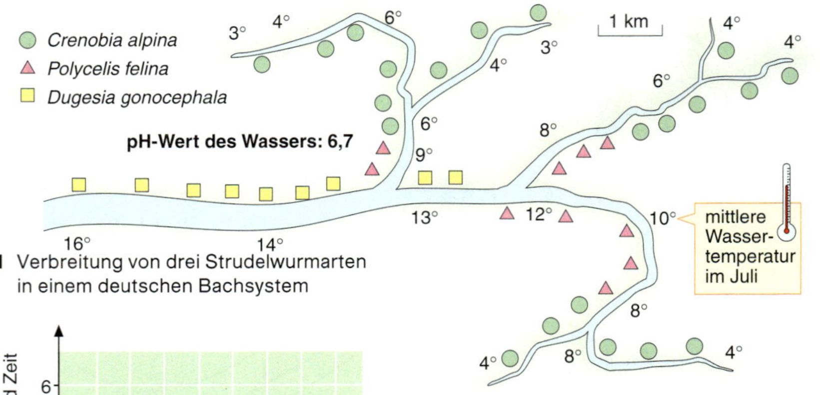

1 Verbreitung von drei Strudelwurmarten in einem deutschen Bachsystem

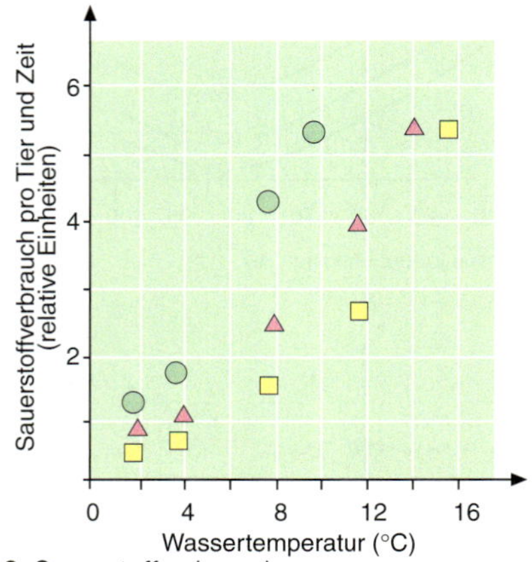

2 Sauerstoffverbrauch

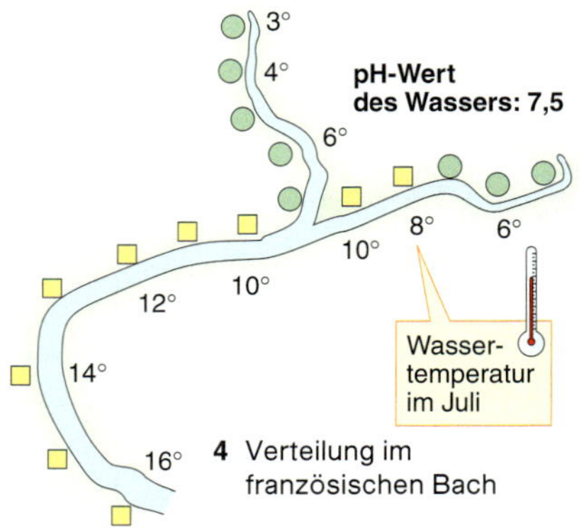

4 Verteilung im französischen Bach

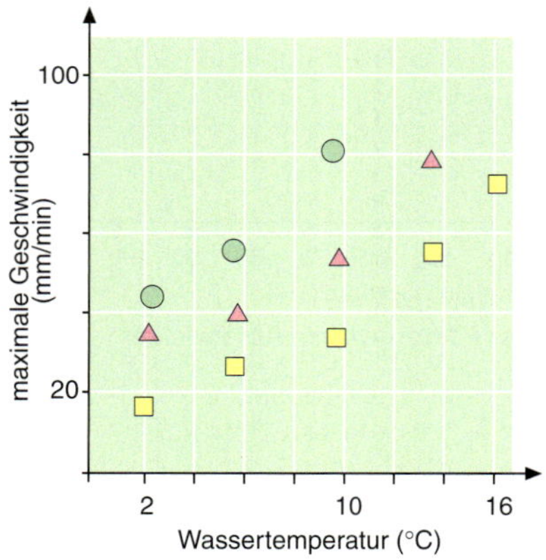

3 Maximale Kriechgeschwindigkeit

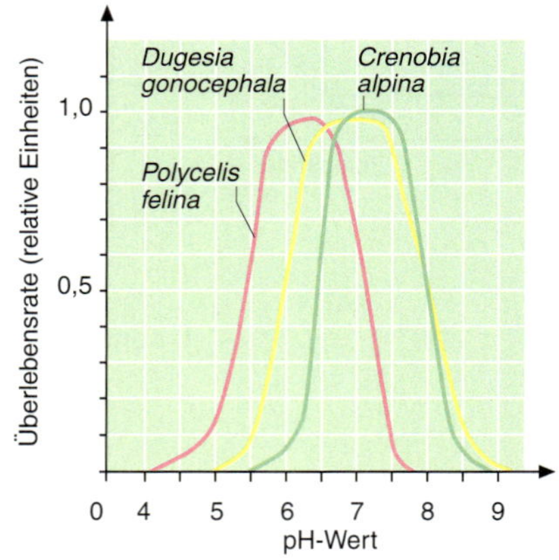

5 pH-Toleranz der drei Arten

④ Stellen Sie eine begründete Hypothese zur Verbreitung der drei Arten im deutschen Bachsystem auf.

Bachsystem B

Untersuchungen in einem strukturell ähnlichen Bachsystem in Frankreich brachten eine Überraschung: In diesem Gebiet fehlt *Polycelis felina* und doch ist der gesamte Bachverlauf von Strudelwürmern besiedelt. Ein Vergleich mit dem deutschen Gewässer zeigte einen Unterschied im pH-Wert (Abb. 4).

Aufgaben

⑤ Nennen Sie mögliche Gründe für das Fehlen von *Polycelis felina* in Frankreich.

⑥ Vergleichen Sie die Verbreitung der Arten in den beiden Bachsystemen und nennen Sie eine mögliche Erklärung für die Unterschiede.

⑦ Entwickeln Sie Überprüfungsexperimente für Ihre Hypothesen (Aufg. 6).

⑧ „Bei konkurrenzstarken Arten gleicht die Fundamentalnische weitgehend der Realnische." Überprüfen Sie, inwieweit diese Regel im vorliegenden Fall zutrifft.

Untersuchungen zur ökologischen Nische

Licht- und Temperaturansprüche von Wirbellosen lassen sich im Freiland und im Labor untersuchen. Da nur vergleichende Untersuchungen aussagekräftig sind, sollten mindestens zwei verwandte Arten untersucht werden. Besonders geeignet sind *Schnecken.* Sinnvoll ist ein Vergleich der Ansprüche von *Nacktschnecken* und Gehäuseschnecken.

Freilanduntersuchung

Untersuchungsobjekte

Wählen Sie zwei Arten aus, die im Untersuchungsgebiet häufig sind. (Sie brauchen mindestens 10, besser 20 Individuen pro Art.)

Untersuchungsort

Zwei nahe gelegene offene Standorte, die sich bezüglich der Temperatur unterscheiden, etwa

- Hecke: Süd- und Nordseite mit Wildkrautbesatz oder
- Waldrand besonnt – unbesonnt.

Die Größe des Gebietes ist so zu wählen, dass dort genügend Individuen jeder Art zu finden sind.

Material

- Thermometer (möglichst digital)
- Luxmeter
- mindestens 30 kleine Sammelgefäße für Tiere (durchnummeriert, mit Schriftfeld)

Durchführung

a) Stellen Sie von beiden Untersuchungsgebieten eine maßstabsgetreue Skizze her. Zeichnen Sie herausgehobene Punkte wie Bäume und Büsche ein.

b) Suchen Sie in beiden Untersuchungsgebieten Individuen der gewählten Arten. Bestimmen Sie an jedem Standort
   - die Temperatur
   - die Beleuchtungsstärke.

c) Geben Sie die Tiere in die Sammelgefäße und beschriften Sie das Schriftfeld mit den Messdaten. Tragen Sie die Nummer des Sammelgefäßes in die Kartenskizze ein.

Aufgaben

① Erstellen Sie jeweils für jedes Untersuchungsgebiet und für jede Art folgendes Raster bzw. Diagramm:
   - senkrecht Beleuchtungsstärke, waagerecht Temperatur (Punkt pro Fund)
   - Häufigkeitsverteilung der Arten in Abhängigkeit von der Beleuchtungsstärke.

② Vergleichen Sie die Umweltansprüche beider Arten.

Laboruntersuchung

Die *Temperaturorgel* wird mindestens eine Stunde, besser drei Stunden vor Versuchsbeginn angesetzt (Kochsalz/Eis-Kältemischung, kochendes Wasser) und die Temperatur an mindestens 4 Punkten bestimmt. Optimal ist ein linearer Gradient zwischen 5 °C und 45 °C. Die Temperaturorgel wird mit einer Glasscheibe abgedeckt.

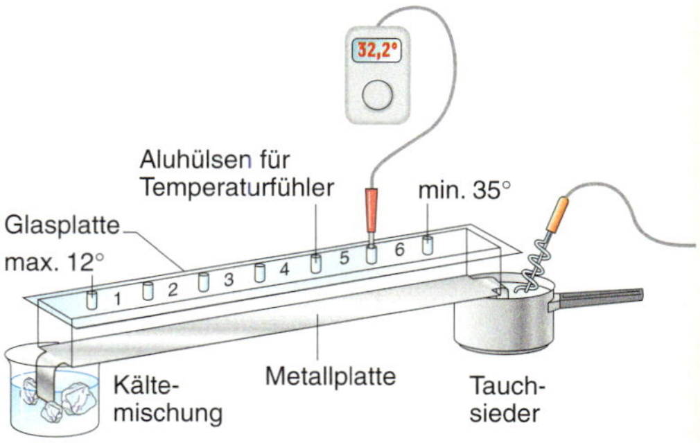

Tiere beider Arten werden im Temperaturbereich von 20 bis 30 °C auf die Rinne gesetzt. Inaktive Tiere tauchen Sie ca. 30 s in lauwarmes Wasser.

Aufgaben

③ Bestimmen Sie alle 15 Minuten die Verteilung der Individuen auf der Temperaturorgel. Verändert sich die Verteilung nicht mehr wesentlich, tragen Sie diese Ergebnisse als Häufigkeitsverteilung grafisch auf.

④ Berechnen Sie die Temperaturmittelwerte für beide Arten.

⑤ Vergleichen Sie diese Ergebnisse mit Ihren Freilandergebnissen.

⑥ Bevorzugen die Arten eher Licht oder Schatten? Entwickeln Sie dazu ein einfaches Experiment und führen Sie es durch.

Untersuchungen mit Asseln

Auch andere Wirbellose wie Asseln lassen sich vergleichend untersuchen.

Aufgabe

⑦ Wandeln Sie die oben beschriebenen Untersuchungen so ab, dass Sie die ökologischen Ansprüche und Präferenzen verschiedener Asselarten bezüglich Temperatur und Luftfeuchtigkeit untersuchen können.

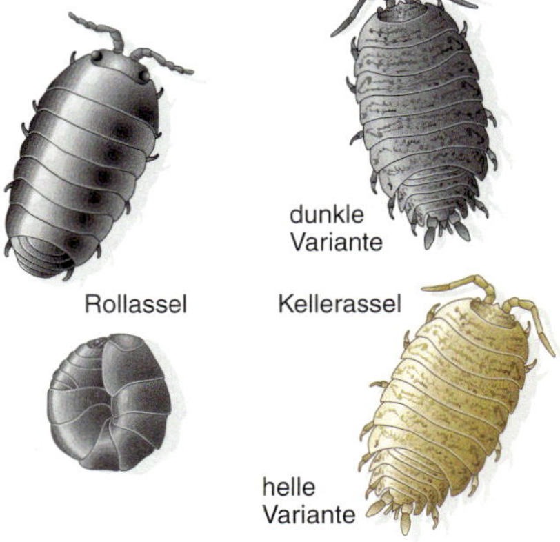

Unterart	Körpermasse in kg *	Körperlänge in cm*
Sibirischer Tiger	250 kg	300 cm
Bengal-Tiger	235 kg	290 cm
Südchines. Tiger	150 kg	250 cm
Indochines. Tiger	170 kg	270 cm
Sumatra-Tiger	120 kg	230 cm
Bali-Tiger (†)	95 kg	225 cm

* (ausgewachsenes männliches Tier)

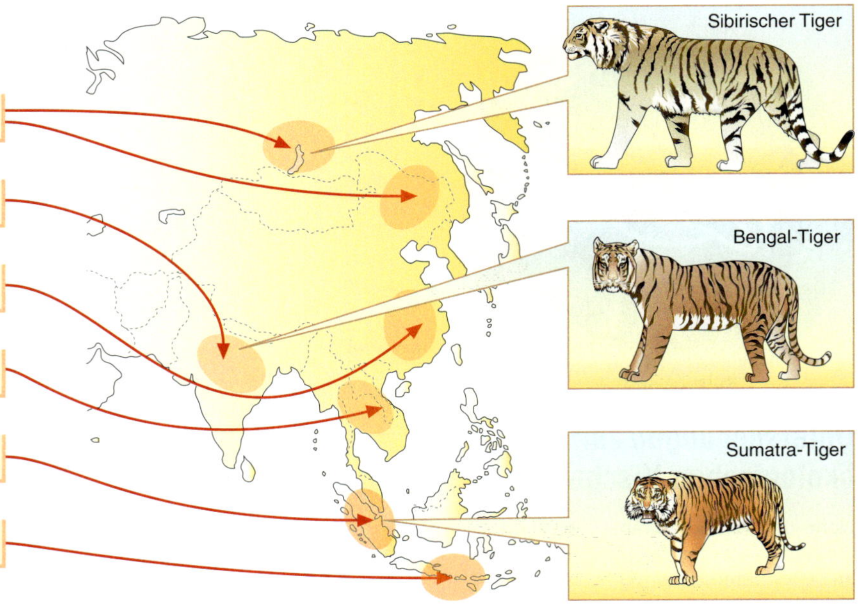

1 Verbreitung und Merkmale verschiedener geografischer Varianten (Unterarten) des Tigers

Tiergeografische Regeln

„Jack rabbit" nennen die Amerikaner den *Eselhasen*, der wegen seiner selbst für Hasen großen Ohren auffällt. Eselhasen besiedeln die großen Ebenen und Wüsten im Südwesten der USA und in Mexiko. Der amerikanische Biologe J. A. ALLEN (1838 – 1921) konnte nachweisen, dass ihre langen, gut durchbluteten Ohren zur Wärmeregulation beitragen: Sobald die Umgebungstemperatur nur wenig geringer als die Körpertemperatur ist, stellen die Hasen ihre Ohren auf und können über erweiterte Blutgefäße in der Haut Wärme abgeben. (→ 160/161)

Umgekehrt haben nahe verwandte Arten in kalten Klimaten wie der Schneehase vergleichsweise kleine Ohren und kürzere Beine. Durch die entsprechend geringe relative Oberfläche werden Wärmeverluste minimiert. Diese tiergeografische Beobachtung wurde zur *Allen-Regel* erweitert: Abstehende Körperteile wie Ohren und Schwänze verwandter gleichwarmer Tiere sind bei den in kalten Gebieten lebenden Formen meist kleiner als in wärmeren Klimazonen.

Allerdings muss man sich vor zu vereinfachenden Erklärungsmustern hüten, denn große Ohren haben bei dämmerungsaktiven Wüstenbewohnern wie dem *Fennek* (Wüstenfuchs) auch den Vorteil, dass Feinde bzw. Beutetiere gut geortet werden können. Tagsüber leben viele Wüstenbewohner wie der Fennek in unterirdischen Bauten, sodass die Wärmeregulation häufig wohl nur eine untergeordnete Rolle spielt.

Neben den Körperanhängen bestimmt auch die Körpergröße die relative Oberfläche. Kleine gleichwarme Tiere haben im Vergleich zu großen Vertretern mit gleichem Körperbau eine größere relative Oberfläche als diese und kühlen daher schneller aus. Sie sind in kalten Regionen benachteiligt. Diese Beobachtung findet eine Verallgemeinerung in der *Bergmann-Regel*: Bei gleichwarmen Tieren nimmt die Größe nahe verwandter Arten oder Unterarten von den warmen Zonen zu den Polen zu. Ein Beispiel dafür sind die Unterarten des Tigers, die von der nordasiatischen Kältesteppe bis in den tropischen Dschungel Südasiens völlig unterschiedliche Klimazonen und Lebensräume besiedeln.

Doch auch hier bestimmen neben dem *Wärmehaushalt* weitere Faktoren die Körpergröße. Kleine Tiere können sich in den dichten Urwäldern des Südens besser fortbewegen als große. In den relativ nahrungsarmen Gebieten Nordasiens mit langen schneereichen Wintern können große Tiere wegen ihrer größeren Fettreserven längere Zeit ohne Nahrung überdauern. Außerdem können große Tiger auch größere Beutetiere erlegen.

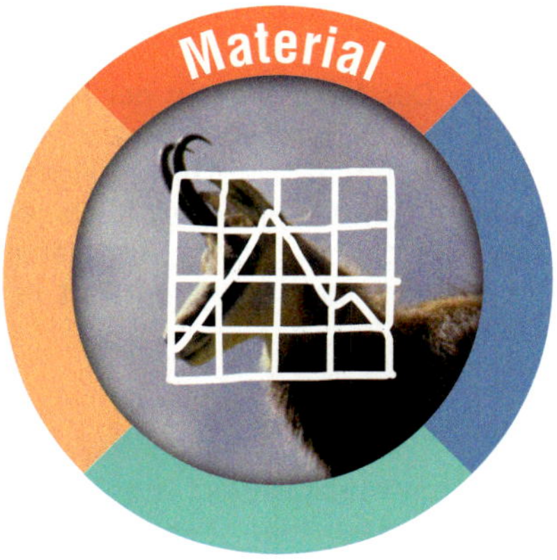

Höhenzonierung in den Alpen

Mit 1100 km Länge und 150 – 200 km Breite sind die Alpen das größte Gebirge Europas. Faltungen und Überschiebungen in Kreide und Tertiär (vor 130 – 70 Millionen Jahren) bestimmten die Struktur- und Gesteinsvielfalt. Die Gletscherströme der Eiszeit weiteten und vertieften Täler und Pässe und hinterließen am Alpenrand tiefe Talseen. Steigt man bis zur Gebirgsspitze hinauf, spürt man, dass es allmählich kälter, feuchter, sonniger und windiger wird. Alle 1000 m fällt die Temperatur um ca. 5 – 7 °C, die jährliche Niederschlagsmenge steigt um ca. 700 mm und die UV-Strahlung ist in 3000 m Höhe 50 % stärker als im Tal. Für die Pflanzen verkürzt sich die jährliche Wachstumszeit je 100 m um ein bis zwei Wochen. Die Vegetation verwandelt sich langsam und lässt charakteristische Stufen oder Zonen erkennen, die von Pflanzen und Tieren bewohnt werden, die bestens an die Umweltbedingungen angepasst und teilweise typisch für die Alpenlandschaft sind. Wegen ihrer Beweglichkeit ist die Bindung der Tiere an bestimmte Zonen aber nicht so eng wie die der Pflanzen.

Aufgaben

① Fertigen Sie eine Tabelle an, in der die abiotischen Faktoren (Temperatur, Niederschlagsmenge, jährliche Wachstumsperiode) den einzelnen Vegetationszonen zugeordnet sind. Gehen Sie dabei von 15 °C, 600 mm Niederschlag und 250 Tagen Wachstumsperiode in 0 m Höhe aus.

② Inwieweit sind die Tiere an die abiotischen Bedingungen angepasst? Kann man sie bestimmten Zonen zuordnen?

Gletscherfloh:
Springschwanz (Urinsekt), 2,5 mm
N: vor allem verwehter Pollen von der Schneeoberfläche
F: sprungfähig durch Sprunggabel am Hinterleib
Ü: noch bei 0 °C aktiv, kann in Eis einfrieren und unbeschadet wieder auftauen, bevorzugte Temperatur 1–2 °C
V: schnelle Generationenfolge, mehrere hundert Nachkommen

Alpendohle:
Rabenartige (Singvogel), 40 cm
N: Allesfresser, auch Küchenabfälle
F: fliegt vom Gipfel bis in die Täler
Ü: zieht talwärts
V: brütet gesellig in Ritzen von Felswänden und Gebäuden

Gämse:
Hornträger (Paarhufer), 1,25 m
N: Gras, Flechten, Moose, Zweige
F: klettern, Hinterläufe länger als Vorderläufe, paarige Haupthufe mit gummiartigen Sohlen und harten Kanten, gegeneinander verstellbar
Ü: winteraktiv, dunkles, langes Winterfell mit feiner Unterwolle
V: 1 Kitz im Mai/Juni, immer eng bei der Geiß

Murmeltier:
Hörnchenartige (Nagetier), 50–60 cm
N: Kräuter, Gräser
F: laufen, graben
Ü: über 6 Monate Winterschlaf. Wohnkessel 1,5 m tief in der Erde
V: 2–7 nackte Junge, Aufzucht im heugepolsterten Wohnkessel der Kolonie

Apollo:
Ritterfalter (Schmetterling), 65–75 mm
N: z.B. Hauswurz (Raupe), Distel (Falter)
F: langsamer Flug
Ü: Eier überwintern
V: eine Generation jährlich, Falter schlüpfen von Juli – September

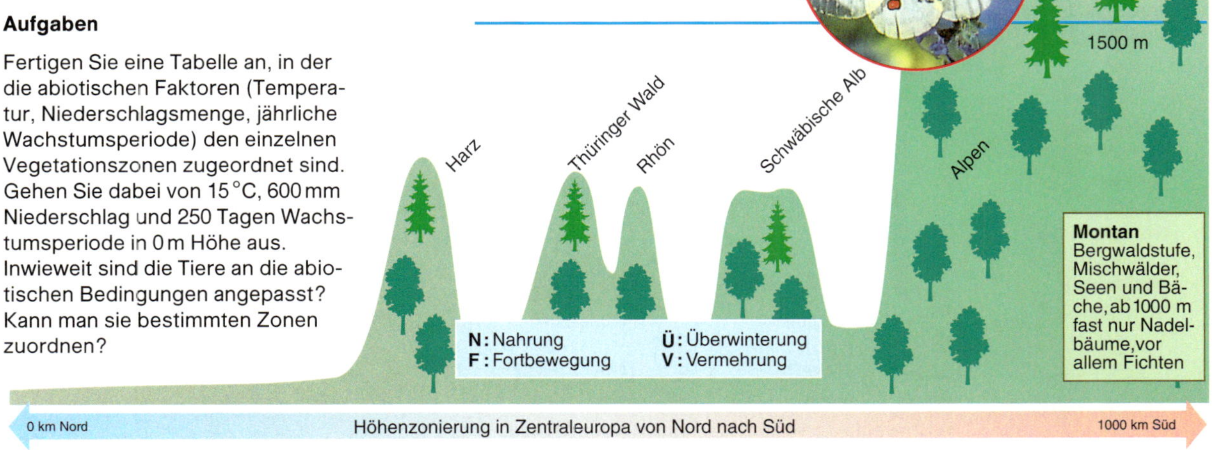

Ressourcen und Umweltfaktoren

Mäusebussarde haben vielfältige Ansprüche an ihre Umwelt. Sie brauchen offenes Gelände mit einer hohen Mäusedichte und Ansitzwarten, von denen aus sie ihren kreisenden Jagdflug starten. Hohe Bäume benötigen sie als Horststandort. Aber auch Klimafaktoren sind für sie von Bedeutung: Im Frühjahr erhöht nasskaltes Wetter die Jungensterblichkeit, im Winter macht eine hohe Schneelage die Jagd auf Mäuse unmöglich. Solche einseitig auf den Bussard wirkenden Einflüsse wie Temperatur und Schneelage nennt man *Ökofaktoren*. Die Nahrung der Mäuse dagegen steht in wechselseitiger Beziehung zum Bussard. Indem er sie fängt, dezimiert er ihre Zahl. Der Bussard beeinflusst also diesen Faktor, er verbraucht ihn. Solche Elemente der ökologischen Nische nennt man *Ressourcen*. Manche Einflüsse können eine Doppelfunktion haben. So ist für Wasserorganismen Wasser als Medium, in dem sie leben, ein Umweltfaktor, andererseits ist es, wenn es aufgenommen wird, eine Ressource, die sie verbrauchen.

Für Fleischfresser wie den Bussard ist die Nahrung eine besonders wichtige, da die Population begrenzende Ressource. Steht Nahrung dagegen in großer Menge zur Verfügung, können andere Ressourcen begrenzend wirken, etwa die Schutzräume zur Aufzucht der Jungen. Ein bekanntes Beispiel dafür sind die *Meeresvögel*, die an den Steilküsten brüten. Das Meer stellt in der Regel ausreichende Nahrungsressourcen zur Verfügung, zumal die Vögel mit relativ geringem Energieaufwand weit fliegen können. Dagegen ist die Zahl der möglichen Brutplätze an den Felsvorsprüngen sehr begrenzt (s. Randspalte).

Innerartliche Konkurrenz

Wenn Ressourcen knapp sind, stehen die sie nutzenden Organismen in Konkurrenz zueinander. Das gilt insbesondere für Artgenossen. Diese *innerartliche Konkurrenz* führt bei Tieren häufig zur *Revierbildung*. Dann verteidigen Artgenossen gegeneinander ein bestimmtes Areal, das ihnen den benötigten Anteil der begrenzten Ressourcen sichert. Da Revierverteidigung hohe Energiekosten bereitet, weisen Reviere nur die Größe auf, die den Ressourcenbedarf gerade sichert. So ist die Reviergröße von Bussarden bei hoher Beutetierdichte deutlich kleiner als bei geringerer Beutedichte. Häufig werden Reviere auch nur eine begrenzte Zeit im Jahr verteidigt. Da die Nahrung für Meeresvögel keine begrenzende Ressource darstellt, wäre eine Revierbildung auf dem Meer – abgesehen vom Problem der Grenzfixierung – biologisch nicht sinnvoll. Diese Arten verteidigen aber mit großem Einsatz einen kleinen Felsabschnitt, der ihre knappe Ressource Brutplatz sichert.

Wirkungspfeile

gleichsinnige Beeinflussung

A –⊕→ B

je mehr A, desto mehr B

je weniger A, desto weniger B

gegensinnige Beeinflussung

A –⊖→ B

je mehr A, desto weniger B

je weniger A, desto mehr B

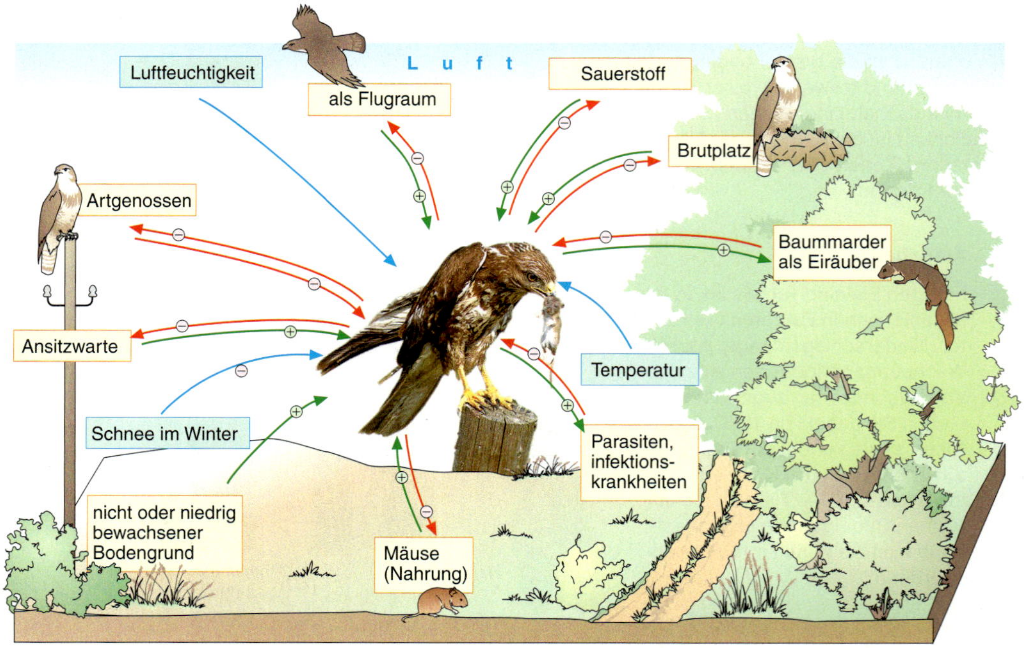

1 Umweltfaktoren und Ressourcen des Mäusebussards

1 Drüsiges Springkraut

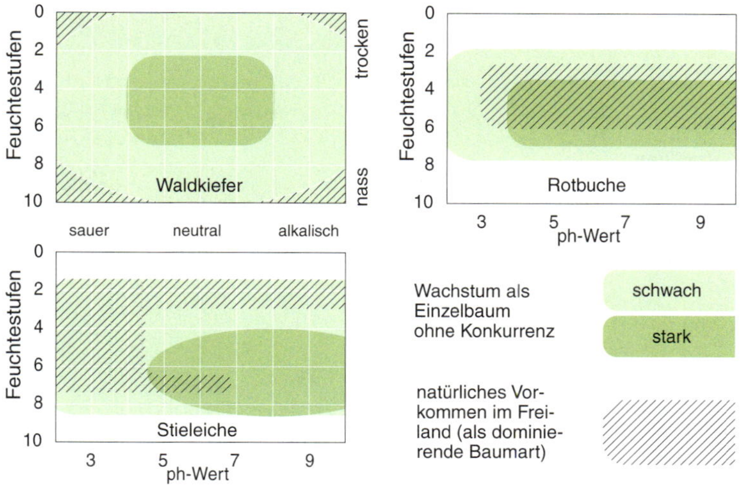

2 Waldbäume: Fundamental- und Realnische

Zwischenartliche Konkurrenz

Im 19. Jahrhundert war es eine attraktive Gartenpflanze, heute ist das *Drüsige Springkraut* vielerorts eine Plage: Vor allem an Gewässerufern hat sich dieses ca. 2 m hohe Gewächs aus dem Himalaya stark ausgebreitet und verdrängt dort einheimische Pflanzen. Das ist möglich, da das Drüsige Springkraut sehr konkurrenzstark ist. Es ist sehr schnellwüchsig und überwuchert andere Pflanzen. Neben der optimalen Nutzung der Ressourcen Licht und Wurzelraum ist es vor allem die starke Produktion von hochwertigem Nektar, die die *Konkurrenzstärke* dieser Pflanze ausmacht. Bienen und Hummeln lernen schnell, dass Springkrautblüten mehr Nektar bergen als die Blüten einheimischer Pflanzen. Die Bevorzugung bei der Bestäubung begünstigt eine schnelle Ausbreitung der Pflanzen. Für die Gewässerufer stellt das Springkraut eine besondere Gefährdung dar: Die Pflanzen sterben im Herbst vollständig ab, das fehlende Wurzelwerk fördert die Erosion im Winterhalbjahr.

Konkurrenzstarke Einwanderer wie das Springkraut belegen eine wichtige ökologische Regel, das *Konkurrenzausschlussprinzip*. Verschiedene Arten eines Lebensraums können auf Dauer nicht nebeneinander koexistieren, wenn sich ihre ökologischen Nischen bezüglich der knappen Ressourcen gleichen. Die positive Umkehrung der Regel *(Konkurrenzvermeidung)* zeigt das Beispiel der *Meeresvögel* (s. Randspalte Seite 28). Die verschiedenen Arten unterscheiden sich gerade bezüglich der begrenzenden Ressource *Brutnische*. Die *Gryllteiste* brütet am Fuß der Felsen nahe der Wasserkante, die *Trottellumme* legt ihre Eier auf Felsvorsprünge, die *Krähenscharbe* nutzt größere Felsplateaus. Die unterschiedliche Ressourcennutzung erlaubt also *Koexistenz*.

Fundamental- und Realnische

Auch bei *Waldbäumen* ist die Bedeutung der Konkurrenzstärke zu erkennen. Die *Rotbuche* zeigt die beste Nutzung der Ressource Licht und bildet sehr lichtdichte Kronen. Konkurrenten anderer Arten können dort nicht leben, wohl aber die eigenen jungen Artgenossen. Die tolerantere, aber konkurrenzschwache Waldkiefer dagegen existiert im Freiland nur in nichtoptimalen Bereichen bezüglich pH-Wert und Feuchte, die von anderen Baumarten nicht besiedelt werden können. Das Vorkommen im Freiland beschreibt die ökologische *Realnische*. Sie ist bei konkurrenzschwachen Arten deutlich eingeschränkter als die *Fundamentalnische*, die die Ansprüche einer Art unter Laborbedingungen ohne Einfluss von biotischen Faktoren wie Konkurrenz oder Räuber beschreibt. Sie wird von physiologischen Faktoren bestimmt, die Realnische dagegen auch von Wechselbeziehungen zu anderen Arten.

Aufgaben

① Untersuchen Sie mithilfe der Abbildung 28.1, inwieweit alle Faktoren mit wechselseitiger Beeinflussung als Ressourcen bezeichnet werden können.

② Vergleichen Sie die Fundamental- und die Realnische der Waldbäume (Abb. 2 und Randspalte) und erklären Sie die Unterschiede.

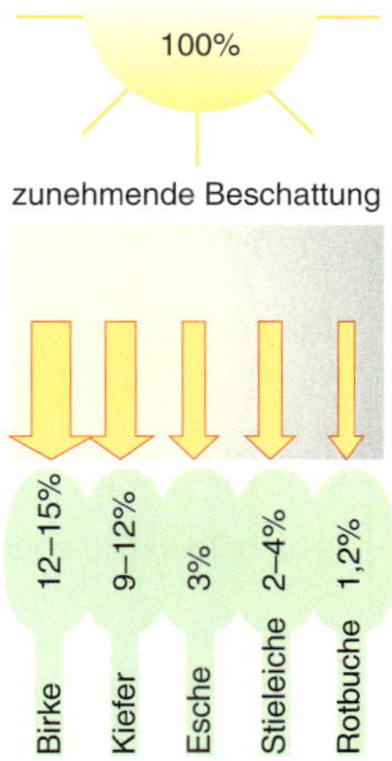

minimaler Lichtbedarf von Jungbäumchen

Lichteinfall am Boden (Juli) im dichten
Rotbuchenwald: **ca. 1,6%**
Eichenwald: **ca. 4,0%**

Konkurrenzausschlussprinzip
Verschiedene Arten eines Lebensraumes können nicht auf Dauer nebeneinander koexistieren, wenn sich ihre ökologischen Nischen bezüglich der knappen Ressourcen zu ähnlich sind.

Land	1998		1999		2000
Brasilien					
Einwohnerzahl (Millionen)	164,47		167,27		170,12
absolute Zunahme pro Jahr (Millionen)		2,80		2,85	
Wachstumsrate pro Jahr		0,017 (1,7%)		0,017 (1,7%)	
Kongo					
Einwohnerzahl (Millionen)	48,26		49,80		51,39
absolute Zunahme pro Jahr (Millionen)		1,54		1,59	
Wachstumsrate pro Jahr		0,032 (3,2%)		0,032 (3,2%)	

1 Bevölkerungsentwicklung zweier Länder

Zettelkasten

Modell zum exponentiellen Wachstum

Die mathematische Beschreibung des Wachstums von Populationen arbeitet mit folgenden Definitionen:

N_t = Populationsgröße (Individuenanzahl) nach t Zeitschritten
r = Wachstumsrate, anteiliger Zuwachs der Population pro Zeitschritt
Die Wachstumsrate ist die Differenz zwischen der Geburtenrate (b, „birth") und der Sterberate (d, „death"): $r = b - d$

Die neue Populationsgröße (N_1) ergibt sich aus alter Größe (N_0) und Zuwachs (bzw. Veränderung): $N_1 = N_0 + \text{Zuwachs}_0$

Der Zuwachs ist relativ zur bestehenden Anzahl: $\text{Zuwachs}_0 = N_0 \cdot r$

Aus beiden Gleichungen folgt damit: $N_1 = N_0 + N_0 \cdot r = N_0 \cdot (1 + r)$

Für die nächsten Zeitpunkte bedeutet dies:
$N_2 = N_1 \cdot (1+r) = N_0 \cdot (1+r) \cdot (1+r) = N_0 \cdot (1+r)^2$
$N_3 = N_2 \cdot (1+r) = N_0 \cdot (1+r)^2 \cdot (1+r) = N_0 \cdot (1+r)^3$

Allgemein gilt dann: $N_t = N_0 \cdot (1+r)^t$

Dies ist eine Gleichung für das exponentielle Wachstum.

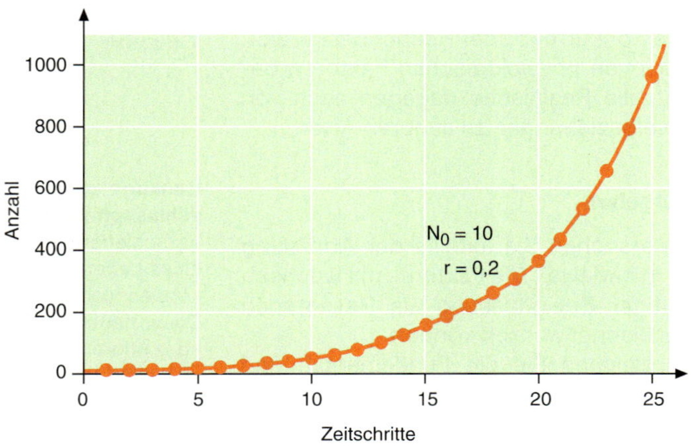

Wachsende Populationen

In jeder Population verändern sich die Individuenzahlen ständig durch Geburten und Sterbefälle sowie durch zuwandernde und abwandernde Individuen. Die Populationen wachsen dadurch oder werden kleiner. Ein unbegrenztes Wachstum ist aufgrund endlicher Ressourcen offensichtlich unmöglich. Dies gilt auch für Menschen. Für alle Länder ist es aber wichtig, die Bevölkerungsentwicklung einschätzen zu können, um Maßnahmen für die zukünftige Versorgung ihrer Einwohner treffen zu können.

Vergleicht man die Veränderungen zweier Populationen im Laufe mehrerer Jahre, so zeigt sich ein unterschiedlicher Zuwachs. Die absoluten Veränderungen sind jedoch wenig aussagekräftig, denn sie beziehen sich auf verschiedene Ausgangswerte. Besser geeignet sind daher Werte der relativen Veränderungen. Sie werden *Wachstumsraten* genannt (Abb. 1). In vielen Ländern weist die menschliche Bevölkerung Wachstumsraten zwischen 0,01 (1%) und 0,03 (3%) auf, in manchen Ländern, wie z. B. in Deutschland, ist die Wachstumsrate negativ, die Bevölkerung nimmt ab.

Exponentielles Wachstum

Um die zukünftige Bevölkerungsentwicklung berechenbar zu machen, konstruiert man aus derartigen Daten ein mathematisches Modell, das die dahinter stehenden Gesetzmäßigkeiten erfasst. Eine erste Näherung stellt das Modell des *exponentiellen Wachstums* dar. Zuwanderung und Abwanderung werden aus Gründen der Vereinfachung im Modell nicht berücksichtigt. Es nimmt außerdem unbegrenztes Wachstum an und verwendet konstante Geburten- und Sterberaten und damit eine unveränderliche Wachstumsrate. Das exponentielle Wachstum stellt das einfachste Modell für Populationsentwicklungen dar.

Bei Mehlkäfern kann man beobachten, dass unter Laborbedingungen das Populationswachstum mit der Verknappung der Ressourcen zum Stillstand kommt, die Anzahl bzw. die *Dichte* (Anzahl Individuen pro Fläche) nimmt nicht weiter zu (Abb. 31.1). Dies entspricht nicht dem exponentiellen Wachstum, das sehr vereinfachend unbegrenztes Wachstum annimmt. Das Modell des expo-

1 Wachstum einer Mehlkäferpopulation im Labor

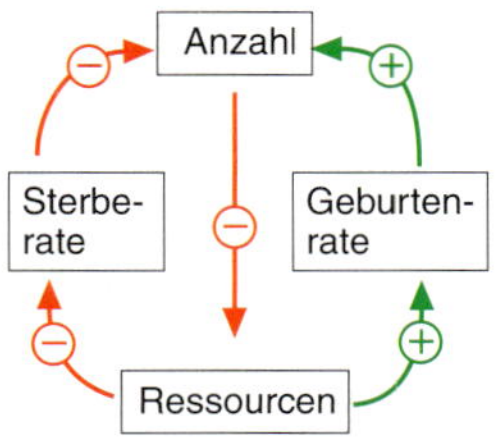

nentiellen Wachstums wird daher durch ein entsprechend weiterentwickeltes Modell ersetzt.

Logistisches Wachstum

Die Wachstumsrate wird beim exponentiellen Wachstum als konstant angesehen. Sie muss aber veränderlich sein und mit zunehmender Populationsgröße abnehmen, wie der Mehlkäfer-Versuch verdeutlicht. Beobachtungen an realen Populationen zeigen, dass die Wachstumsrate im Wesentlichen von der Versorgung mit Ressourcen abhängt. Allgemein gilt, dass mit zunehmender Populationsgröße der Ressourcenanteil für jedes einzelne Individuum abnimmt. Dann lässt sich eine geringere Fruchtbarkeit feststellen. Dadurch nimmt die Geburtenrate ab, während gleichzeitig die Sterberate zunimmt. Eine Population wächst, solange die Geburtenrate größer ist als die Sterberate. Bei einer bestimmten Individuenanzahl jedoch werden beide gleich groß: Das Populationswachstum kommt zum Stillstand. Diese Anzahl wird *Umweltkapazität* (K) genannt; sie gibt an, wie viele Individuen in einem Lebensraum maximal leben können. Ist die Geburtenrate kleiner als die Sterberate, nimmt die Population ab. Diese Annahmen enthält das Modell des *logistischen Wachstums*.

Aufgabe

① Berechnen Sie die Bevölkerungen der beiden Länder (Abb. 30.1) für die Jahre 2015 und 2020. Gehen Sie vom aktuellen Jahr aus und nehmen Sie vereinfachend exponentielles Wachstum an.

Zettelkasten

Modell des logistischen Wachstums

Die Annahme einer konstanten Wachstumsrate wie beim exponentiellen Wachstum erweist sich als unrealistisch, denn Geburtenrate und Sterberate und damit die Wachstumsrate sind von der Anzahl (N) abhängig. Im Modell müssen sie entsprechend beschrieben werden:

Je größer die Populationsgröße (N) ist, desto kleiner ist die Geburtenrate (b) und desto größer ist die Sterberate (d). Dieses lässt sich vereinfachend mithilfe von Geradengleichungen erfassen (m beschreibt die Steigung der Geraden):
$b = b_0 + m_b \cdot N$ sowie $d = d_0 + m_d \cdot N$

(1) Nun kann man den Schnittpunkt der Geraden berechnen (bei $b = d$). Die Individuenanzahl am Schnittpunkt stellt die Umweltkapazität (K) des Lebensraums dar:
$b_0 + m_b \cdot N = d_0 + m_d \cdot N$ (auflösen nach N)
$(m_d - m_b)\, N = b_0 - d_0$
Umformen (mit $r_0 = b_0 - d_0$) führt zu
$K = r_0 : (m_d - m_b)$ bzw. $m_d - m_b = r_0 : K$

(2) Die aktuelle Wachstumsrate (r_t) ist abhängig von der aktuellen Anzahl (N_t):
$r_t = b - d = (b_0 + m_b \cdot N_t) - (d_0 + m_d \cdot N_t)$
Umgeformt: $r_t = b_0 - d_0 - (m_d - m_b) \cdot N_t$
Nach (1) lässt sich $(b_0 - d_0)$ durch r_0 sowie $(m_d - m_b)$ durch $r_0 : K$ ersetzen; Umformen führt dann zu
$r_t = r_0 \cdot (1 - N_t : K)$

(3) Ersetzt man nun r in der Gleichung des exponentiellen Wachstums ($N_{t+1} = N_t \cdot r$) durch den Ausdruck für r_t, erhält man die Gleichung für das *logistische Wachstum*:
$N_{t+1} = N_t + N_t \cdot r_0 \cdot (1 - N_t : K)$

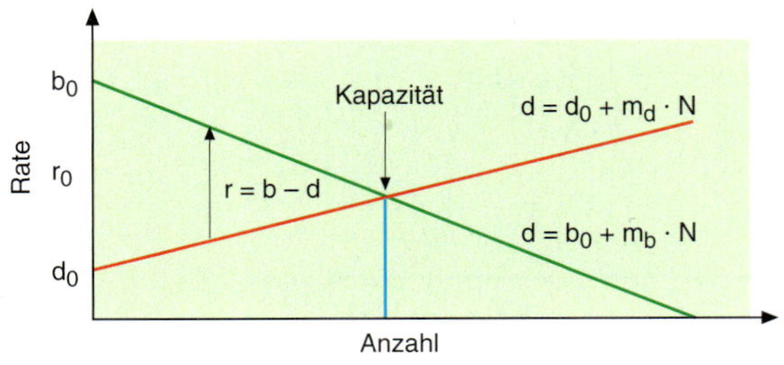

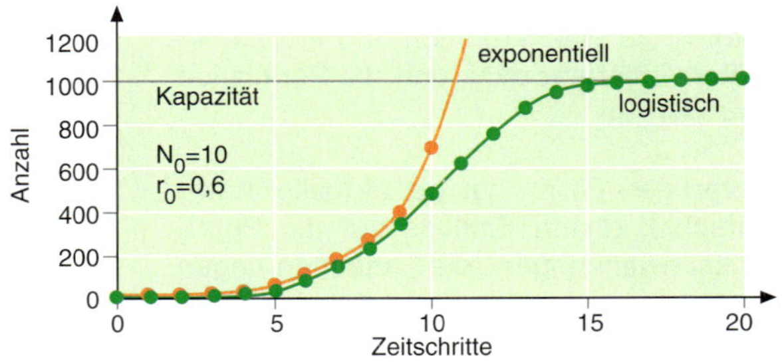

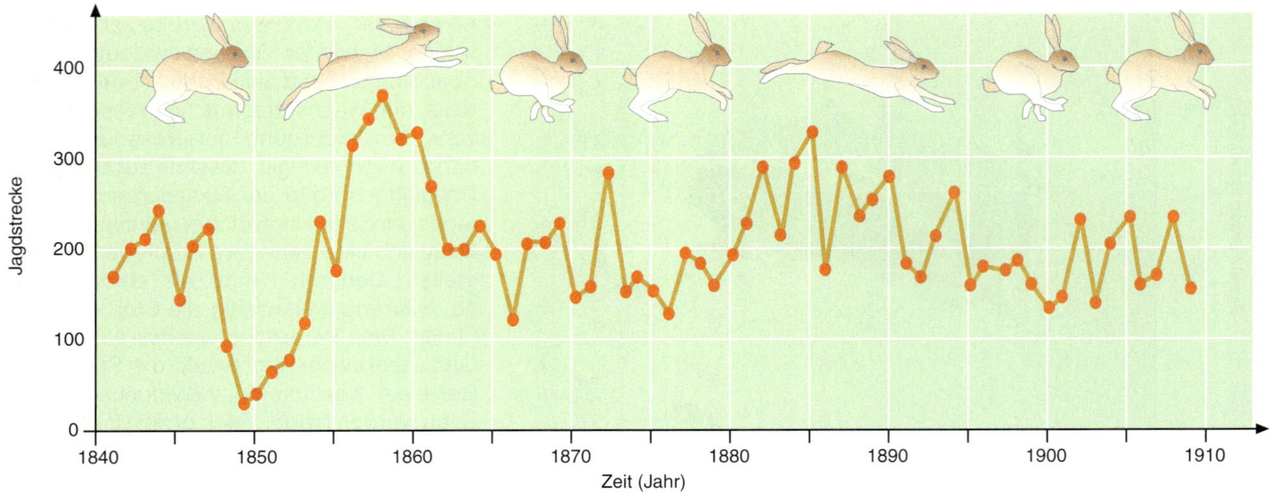

1 Hasenpopulation in Liechtenstein, gemessen als jährliche Jagdstrecke

Populationsgrößen verändern sich

Verfolgt man die Individuenzahlen in einer Population, wie z. B. bei Hasen (s. Abb. 1), über mehrere Jahre, so kann man deutliche Schwankungen feststellen. Populationsgrößen sind allgemein nicht konstant. Die ursächlichen Faktoren für diese Schwankungen lassen sich im Wesentlichen in zwei Gruppen einteilen, in *dichteunabhängige* und *dichteabhängige Faktoren.*

Dichteunabhängige Faktoren

Zum einen kann es sich dabei um Katastrophen oder ungünstige Bedingungen handeln, die viele Individuen nicht überleben. Kühle und feuchte Witterungsbedingungen im Frühjahr lassen zum Beispiel viele Jungtiere der Hasen erfrieren und bedingen zusätzlich ein schlechtes Wachstum ihrer Nahrungsressourcen, sodass die Versorgung aller Individuen abnimmt. Unter solchen Bedingungen wächst die Population nicht oder nimmt sogar ab. Andererseits können in feuchten und warmen Sommern besonders gute Bedingungen vorhanden sein, sodass viele Ressourcen vorhanden sind und eine gute Versorgung gegeben ist. Ein größerer Anteil der Nachkommen und erwachsenen Tiere überlebt dann und die Population nimmt stark zu.

In derartigen Fällen hat die aktuelle Individuendichte keinen Einfluss auf die Populationsschwankungen, die Ursachen liegen außerhalb der Population. Diese dichteunabhängigen Schwankungen der Populationsgröße werden *Fluktuationen* genannt.

Dichteabhängige Faktoren

Bei anderen regelmäßigen Schwankungen besteht ein Zusammenhang mit der Größe der eigenen oder anderer Populationen (Abb. 2). Solche regelmäßigen Schwankungen werden *Oszillationen* genannt. Verschiedene Ursachen können ihnen zugrunde liegen.

Die Individuen einer Population können beispielsweise ihre Ressourcen aufbrauchen. In der Zeit, die zu deren Regeneration erforderlich ist, bricht die Population zusammen. Nach Erneuerung der Ressourcen kann die nun kleine Population erneut anwachsen und der Ablauf wiederholt sich regelmäßig.

Oszillationen
regelmäßige Dichteschwankungen

Fluktuationen
unregelmäßige Dichteschwankungen

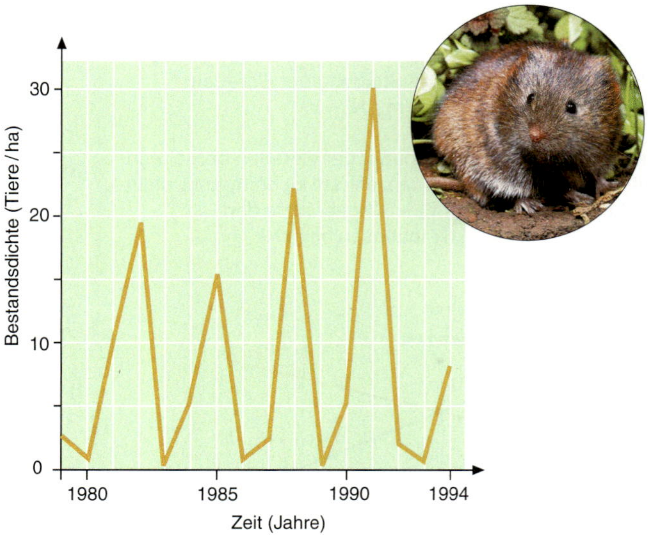

2 Oszillierende Wühlmauspopulation

Entscheidend für die Zykluslängen ist dabei einerseits, wie gut eine Population mit knappen Ressourcen überleben kann, und andererseits, wie schnell sich die Ressourcen erneuern. Nahrung oder Trinkwasser sind z. B. dichtebestimmende Ressourcen, sie werden bei großen Populationsdichten nicht nur knapper, sondern sind durch Kot und Urin oft verschmutzt und dadurch unbrauchbar oder toxisch.

Auch Infektionskrankheiten können Dichteschwankungen verursachen. Mit zunehmender Populationsdichte wird eine Ansteckung immer wahrscheinlicher, Infektions- und Sterberate steigen, die Populationsdichte sinkt. Besonders bei Wirbeltieren verursacht eine hohe Populationsdichte und gedrängtes Zusammenleben psychischen Stress und kann zu Aggressivität und Unfruchtbarkeit führen.

Analysiert man die Schwankungen natürlicher Populationen, so zeigt sich, dass in allen Fällen dichteunabhängige und dichteabhängige Faktoren gleichzeitig und in unterschiedlicher Stärke wirksam sind.

Dichteeinflüsse mit Zeitverzögerung

Nicht jede Ressourcenverknappung wirkt sich sofort auf die Geburten- und Sterberate aus. Die Dichte einer Art, die wie die Wühlmaus Nahrungsvorräte anlegt, also Ressourcen speichert, wird erst mit einer zeitlichen Verzögerung sinken. Auch bei Insekten mit vollkommener Metamorphose lässt sich diese Zeitverzögerung beobachten: Fehlt die Wirtspflanze einer Raupe, wird sich das auf die Dichte der Falter zunächst nicht auswirken, denn sie ernähren sich von Nektar. Erst die in der nächsten Saison schlüpfenden Raupen sind betroffen.

Zettelkasten

Ursachen von Oszillationen: Experimente mit dem Großen Wasserfloh

Populationen des *Großen Wasserflohs (Daphnia magna)* wurden in 50 ml Wasser gehalten und regelmäßig mit gleicher Futtermenge versorgt. Die täglichen Geburten und Sterbefälle wurden ausgewertet und jeweils die aktuelle Populationsgröße ermittelt. Zwei Populationen wurden im Experiment bei verschiedenen Temperaturen gehalten (18 °C und 25 °C). Im Ergebnis zeigten sich deutliche Unterschiede zwischen den Versuchsansätzen.

Die bei niedrigen Temperaturen gehaltene Population erreichte nach einer Wachstumsphase eine etwa gleich bleibende Populationsgröße (ca. 120 Individuen). Der Wachstumsverlauf entsprach annähernd logistischem Wachstum. Bei höheren Temperaturen zeigten sich unter ansonsten gleichen Bedingungen deutliche Schwankungen. Aus den ebenfalls ausgezählten Geburtenzahlen und Sterbefällen ergeben sich mögliche Erklärungen für die beobachteten Unterschiede.

Im kühleren Gefäß verlaufen Stoffwechselprozesse langsamer (RGT-Regel, s. Seite 8). Verbrauch und Verwertung der Ressourcen erstrecken sich über einen längeren Zeitraum und so verlaufen Geburten und Sterbefälle weitgehend gleichmäßig und parallel; die Population bleibt annähernd konstant.

Im wärmeren Gefäß verlaufen dagegen alle Prozesse schneller. Rasche Ressourcenaufnahme steigert kurzzeitig die Geburtenrate und senkt die Sterberate, die beide damit nicht mehr gleich verlaufen. Es kommt zu einer Wachstumsphase, die zu höherem Verbrauch führt und letztlich in einer Knappheit endet. Die Geburten nehmen daraufhin ab, die Sterbefälle nehmen zu und die Population wird wieder kleiner. Im Experiment scheint sich eine dritte Phase anzuschließen, in der möglicherweise der bakterielle Abbau der toten Daphnien und damit eine Selbstreinigung erfolgt, bis ein erneutes Wachstum einsetzen kann.

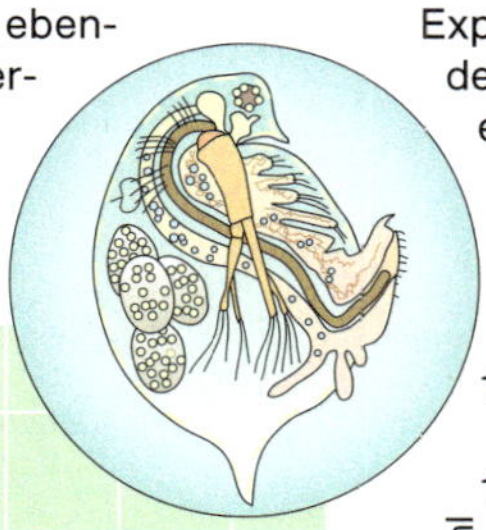

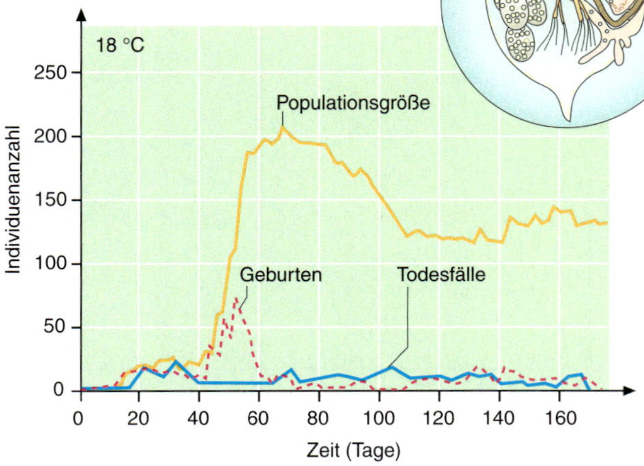

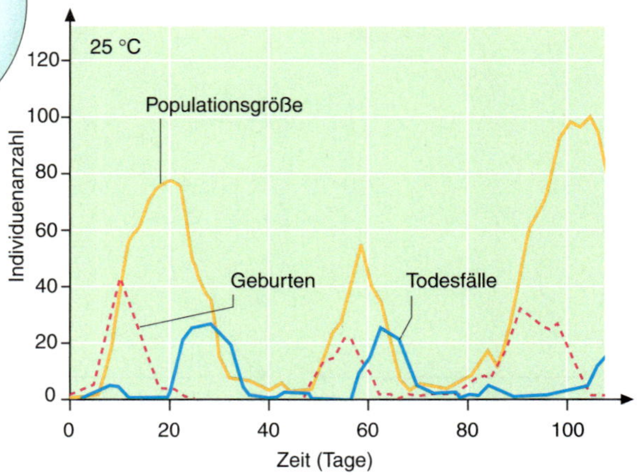

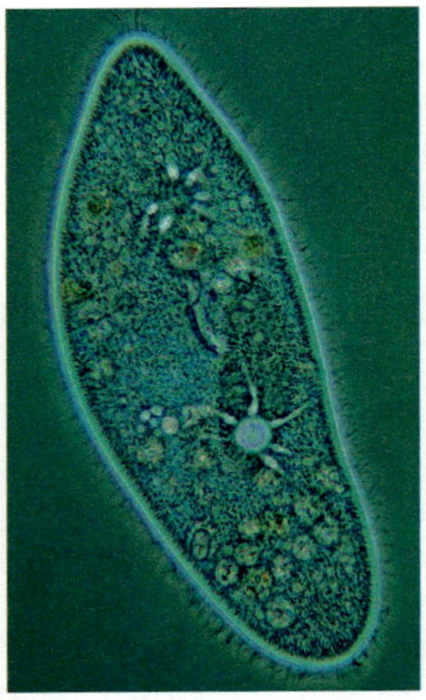

Paramecium caudatum

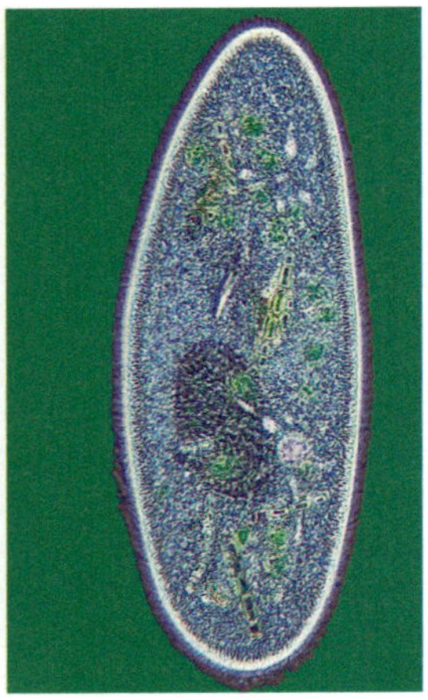

Paramecium bursaria

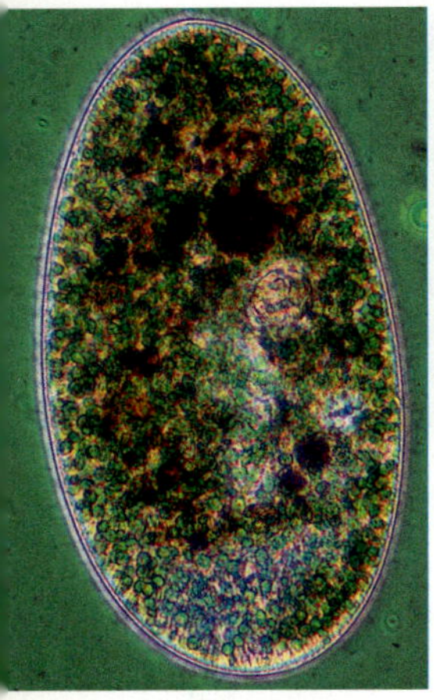

Paramecium aurelia

interspezifische Konkurrenz
zwischenartliche Konkurrenz

Konkurrenzausschlussprinzip
Zwei Populationen mit gleichen Ansprüchen an die Umwelt können auf Dauer nicht koexistieren.

Arten konkurrieren

Im Jahre 1934 führte der russische Biologe GEORGIJ F. GAUSE Laborexperimente mit den Paramecien-Arten *P. aurelia* und *P. caudatum* durch. Er fütterte die Paramecien mit Hefezellen und Bakterien. In isolierten Kulturen ließen sich von beiden Arten stabile Populationen züchten. Bei gemeinsamer Kultur verschwand dagegen nach einiger Zeit stets die Art *P. caudatum* (Abb. 1c).

In dem Experiment standen beiden Paramecium-Arten dieselben Nahrungsressourcen zur Verfügung. Es herrschte also starke *interspezifische Konkurrenz*. Die verfügbaren Ressourcen bestimmen aber die Kapazität einer Art (s. Seite 31). Konkurrierende Arten vermindern die Kapazität der jeweils anderen Art, und zwar gegenseitig. Für die stärker betroffene Art führt dies bereits zu einer Abnahme der Population, während die andere Population noch wachsen kann. Auf längere Sicht wird daher die stärker betroffene Population verschwinden bzw. durch die Konkurrenten verdrängt. Diese Erscheinung wird auch *Konkurrenzausschlussprinzip* genannt: Zwei Populationen mit gleichen oder zumindest sehr ähnlichen Ansprüchen an die Umwelt können auf lange Sicht nicht koexistieren.

In einem weiteren Experiment züchtete GAUSE *P. aurelia* zusammen mit *P. bursaria*, die für sich allein im Labor ebenfalls eine stabile Population ergab. Dieses Mal lebten beide Populationen ohne Verdrängung in *Koexistenz* nebeneinander (Abb. 1d). *P. caudatum* sucht seine Nahrung an der Oberfläche des Mediums, *P. bursaria* dagegen im Medium absinkender Zellen. Beide Arten nutzten also etwas unterschiedliche Ressourcen. Die gegenseitige Konkurrenz ist deshalb schwach und die wechselseitige Beeinträchtigung gering.

Im Freiland ist es oft schwierig zu klären, ob der gegenwärtige konkurrenzarme Zustand zweier Arten die Folge einer ehemaligen stärkeren Konkurrenz ist oder nicht. Dies lässt sich oft nur durch Experimente klären. Bei *P. aurelia* und *P. bursaria* lagen z. B. die Dichten in Koexistenz niedriger als in alleiniger Kultur. Dies ist ein deutlicher Hinweis darauf, dass die Populationen ohne Anwesenheit von Konkurrenten auch weitere Ressourcen nutzen.

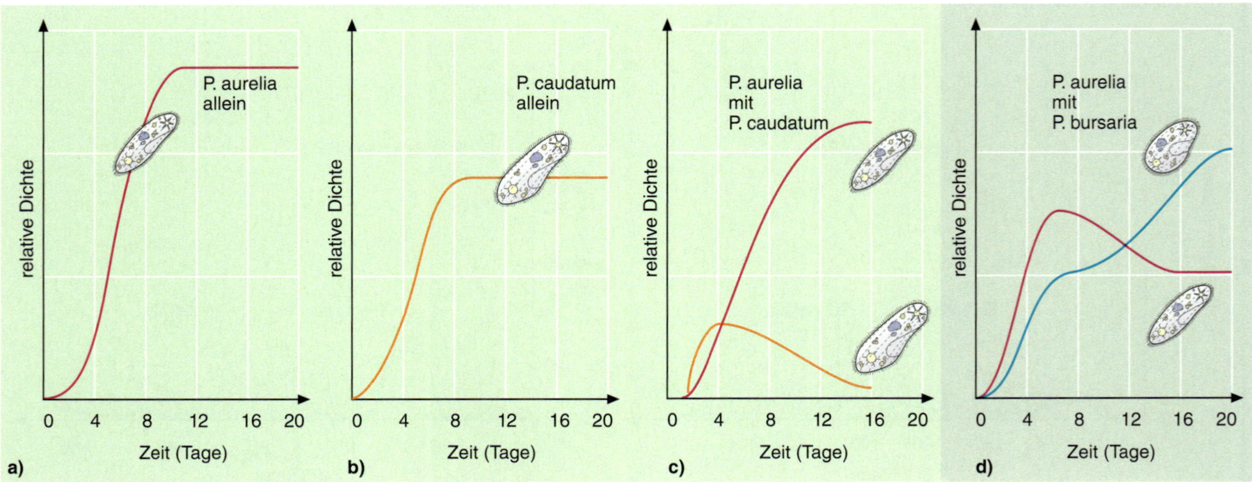

1 Konkurrenzexperimente mit Paramecien: a, b isolierte Kulturen; c, d, Mischkulturen

Eichhörnchen und Grauhörnchen

Die bekannten roten bis schwarzen Eichhörnchen *(Sciurus vulgaris)* sind in Europa und Asien heimische Tiere.

Grauhörnchen *(Sciurus carolinensis)* stammen aus Nordamerika. 1870 wurden in England 350 Exemplare ausgesetzt. Auch in Italien wurden vor etwa 60 Jahren in der Umgebung von Turin Tiere ausgesetzt. In beiden Regionen beobachtet man seitdem, dass die einheimischen Eichhörnchen verschwinden und die Grauhörnchen sich vermehren und ausbreiten. In England schätzt man ihren Bestand auf etwa 2,5 Millionen Tiere. Daneben gibt es nur noch 160 000 Eichhörnchen, vorwiegend in Schottland.

Seitdem hat man vor allem in Großbritannien versucht, die Ursachen für das Verschwinden der einheimischen Eichhörnchen zu finden und die Bedeutung der Grauhörnchen dabei zu klären.

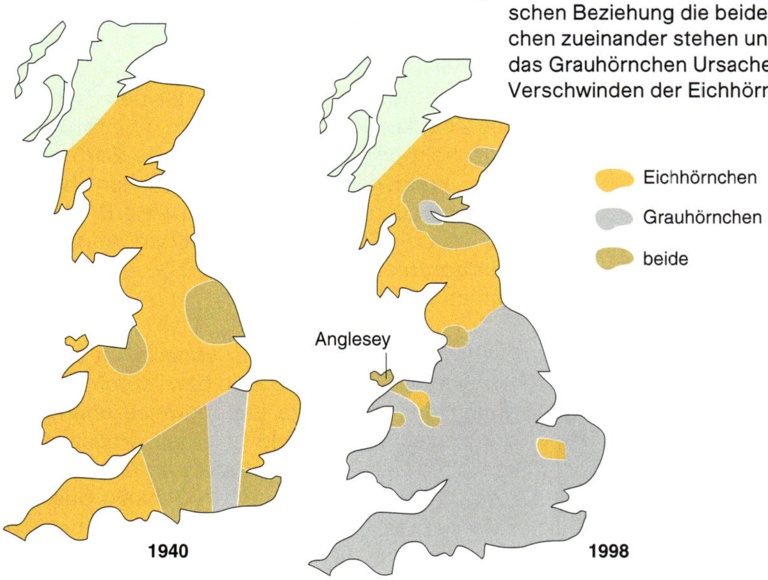

Eichhörnchen

Größe: 18 cm – 25 cm (ohne Schwanz)
Gewicht: 300 g – 400 g
Lebensraum: div. Wälder vom Tiefland bis ins Gebirge, Gärten und Parks
Nahrung: Samen und Früchte, Knospen; zum Teil auch Kleintiere; unreife Samen können nicht gut verwertet werden; Anlegen von Wintervorräten, die aber zum Teil vom Grauhörnchen geplündert werden

Grauhörnchen

Größe: 20 cm – 30 cm (ohne Schwanz)
Gewicht: 400 g – 500 g
Lebensraum: Wälder (vor allem Laubwald), aber nicht Gebirge; daneben Gärten und Parks
Nahrung: je nach Angebot Samen und Früchte, Knospen zum Teil auch Kleintiere; im Winter auch Baumrinden; auch unreife Samen werden gut verdaut; Anlegen von Wintervorräten

Anglesey

Als 1998 auf der Insel Anglesey nur noch etwa 40 Eichhörnchen neben mehr als 3000 Grauhörnchen vorkamen, hat man dort alle Grauhörnchen weggefangen. Seitdem ist der Bestand der Eichhörnchen wieder auf 120 Tiere angewachsen. Man rechnet auf Anglesey in den nächsten Jahren mit etwa 500 Eichhörnchen.

Aufgabe

① Erklären Sie, in welcher ökologischen Beziehung die beiden Hörnchen zueinander stehen und ob das Grauhörnchen Ursache für das Verschwinden der Eichhörnchen ist.

Parapox-Virus

In England werden immer wieder Eichhörnchen gefunden, die durch Infektionen mit dem *Parapox-Virus* verendet sind. Infizierte Tiere sterben innerhalb weniger Tage. Durch Parapox-Infektionen verendete Grauhörnchen wurden dagegen noch nicht gefunden. In Italien gibt es Parapox-Viren bisher nicht.

In einer Untersuchung wurden in England landesweit gesunde Eichhörnchen und Grauhörnchen eingefangen und auf Antikörper gegen Parapox-Viren getestet. Man erhielt folgende Ergebnisse:
- *Eichhörnchen:*
  untersuchte Tiere: 140
  mit Antikörpern: 4
- *Grauhörnchen:*
  untersuchte Tiere: 223
  mit Antikörpern: 135

Aufgaben

② Erklären Sie, inwieweit der Parapox-Virus für das Verschwinden der Eichhörnchen verantwortlich ist und welche Bedeutung die Grauhörnchen dabei haben.

③ Experten vermuten, dass sich die Situation zwischen Eichhörnchen und Grauhörnchen auf dem gegenwärtigen Stand stabilisieren könnte. Lässt sich diese Vermutung mit den vorliegenden Informationen stützen?

1 Bussard erbeutetet Maus

2 Räuberstrategien und Abwehr durch Beute

Räuber und Beute

In ländlichen Gebieten kann man Bussarde sehen, wie sie am Himmel ihre Kreise ziehen. Plötzlich stürzen sie auf den Boden herab und fassen eine Maus mit ihren Greiffüßen. Die Maus ist für den Bussard eine Beute, der Bussard für die Maus ein Fressfeind oder Räuber. Bussard und Maus sind ein Beispiel für eine *Räuber-Beute-Beziehung.*

Für einen Räuber ist die Beute eine notwendige Nahrungsressource. Er greift sie an, tötet oder schädigt sie zumindest und frisst sie anschließend ganz oder teilweise auf. Für eine Beute stellt der Räuber eine Bedrohung dar, die sein Leben gefährdet und die Sterberate erhöht.

Die Populationen von Räuber und Beute beeinflussen sich daher gegenseitig. Viele Gesetzmäßigkeiten von Räuber-Beute-Beziehung treffen nicht nur auf bekannte Beispiele wie Bussard und Maus zu, sondern lassen sich auch bei Pflanzenfressern und ihren Nahrungspflanzen *(Pflanzen-Weidegänger-Beziehung)* wiederfinden. Entsprechendes gilt sogar für Parasiten und ihre Wirte *(Wirt-Parasit-Beziehung).* Deshalb werden sie im weiteren Sinn ebenfalls zu den Feind-Beute-Beziehungen gerechnet.

Raub- und Abwehrmethoden

Räuber haben verschiedene Vorgehensweisen beim Beuteerwerb, Beuteorganismen besitzen dagegen Mechanismen, genau dieses zu verhindern. Unter den Räubern gibt es z. B. Jäger, die einer Beute aktiv nachstellen. Hierzu gehören Marder, Greifvögel, Haie, Libellen und viele andere. Andere Räuber stellen ihrer Beute Fallen wie die Spinnen. Viele im Wasser lebende Räuber sind Filtrierer. Hierzu gehören die kleinen Tiere des Zooplanktons wie Daphnien, aber auch Muscheln und große Tiere wie die Bartenwale. Weidegänger wiederum suchen ihre Nahrung auf und fressen sie ab, wie z. B. Rinder oder die Raupen vieler Insekten. Andere Pflanzenfresser wie Eichhörnchen sammeln Samen und Früchte (Abb. 2).

Beutetiere können durch Schnelligkeit entkommen wie z. B. Antilopen bzw. durch Tarnung oder versteckte Lebensweise unentdeckt bleiben wie viele Insekten. Pflanzen enthalten vielfach Bitterstoffe oder Gifte, die sie vor Fraß schützen. Harte Schalen oder Stacheln, die sie schlecht angreifbar machen, kommen bei Tieren und Pflanzen vor.

1 Heuschreckenplage in Afrika

Nachtbaumnatter,
Boiga irregularis

ineffektiver Räuber

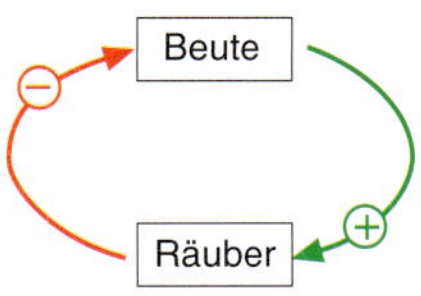

mäßig effektiver Räuber

sehr effektiver Räuber

Wechselwirkung der Populationen

Die gegenseitige Beziehung von Räuber und Beute verändert die beteiligten Populationen. Wenn viel Beute als Nahrungsressource vorhanden ist, können die Individuen der Räuberpopulation besser überleben, kräftiger wachsen und dann mehr Nachkommen zeugen sowie großziehen. Ist nur wenig Beute vorhanden, bewirkt das eine erhöhte Sterblichkeit und weniger bzw. keine Nachkommen beim Räuber. Die vorhandene Beutemenge bestimmt demnach, ob die Räuberpopulation wachsen kann oder abnimmt.

Räuber entfernen Individuen aus der Beutepopulation. Diese wird dadurch vermindert, und zwar umso stärker, je mehr Räuber vorhanden sind. Das Ausmaß des Einflusses hängt von der Effektivität der Räuber ab. Versteckmöglichkeiten der Beute oder Abwehrmechanismen vermindern seine Effektivität. Eine höhere Effektivität begünstigt den Räuber, verbesserte Abwehr oder schlechtere Erreichbarkeit dagegen die Beute. Die Effektivität wird deswegen stark von den Gegebenheiten des jeweiligen Lebensraumes mitbestimmt. Die Wechselwirkung von Räuber und Beute hat je nach Effektivität des Räubers verschiedene Konsequenzen.

Wenig effektive Räuber beeinflussen die Beutepopulation kaum. Beispielsweise leben Mäuse weitgehend versteckt unter der Erde. An der Erdoberfläche halten sie sich tagsüber nur kurz auf und können schnell wieder in der Erde verschwinden. Das führt dazu, dass ein Bussard in nur 5 % aller Fangversuche erfolgreich ist. Er ist darum ein ineffektiver Räuber und frisst nur wenige der in seinem Revier lebenden Mäuse. Auch hat er nur eine Vermehrungsphase im Frühjahr, sodass eine Bussardpopulation langsam wächst, während Mäuse mehrere Generationen pro Jahr großziehen können. Der Einfluss wirkt daher einseitig fördernd von der Beute auf den Räuber (s. Randspalte).

Mäßig effektive Räuber führen zu einer Situation mit wechselseitigem Einfluss beider Populationen, die einem Regelkreis ähnelt.
- Mehr Beute führt zu einer verbesserten Versorgung und zu stärkerer Vermehrung der Räuber.
- Die Räuber fressen nun vermehrt Beute und reduzieren deren Population.
- Weniger Beute lässt viele Räuber verhungern, ihre Population nimmt ab.
- Wenige Räuber ermöglichen nun wieder eine Zunahme der Beutepopulation.

Dieser Regelkreis kann bei beiden Populationen Schwankungen *(Oszillationen)* verursachen. Die Schwankungen können aber auch abklingen und in eine Situation münden, die etwa gleichbleibende Größen bei beiden Populationen ausweist und dann einem Gleichgewichtszustand ähnelt (s. Randspalte). (→ 156/157)

Sehr effektive Räuber können ihre Beutepopulation stark reduzieren. Dies gilt z. B. für einige Pflanzenfresser, deren Beute die Nahrungspflanzen sind. Weidende Herden oder wandernde Insektenschwärme können ganze Regionen kahlfressen (Abb. 1). In Seen können Planktonkrebse wie Daphnia regelmäßig die vorhandene Algenmenge aufzehren (Klarwasserstadium). Für Beutepopulationen bedeutet dies immer einen dramatischen Zusammenbruch und Räuberpopulationen erzeugen so selbst eine nachfolgende Nahrungsknappheit. Sie weichen dann durch Wanderungen aus, wechseln auf andere Beutearten oder bilden besondere Stadien aus wie die Dauereier von Daphnien.

Wenn Räuber in entfernte Gegenden verschleppt werden, erweisen sie sich oft als sehr effektiv und können einheimische Arten völlig ausrotten. Beispielsweise wurde nach 1945 die Nachtbaumnatter auf die pazifische Insel Guam verschleppt und hat sich stark vermehrt. Sie ernährt sich von kleinen Säugetieren und Vögeln und hat inzwischen einige heimische Arten vernichtet. Ähnliches geschah auf vielen Inseln, auf die Seefahrer Ratten oder Haustiere wie Schweine und Katzen mitbrachten.

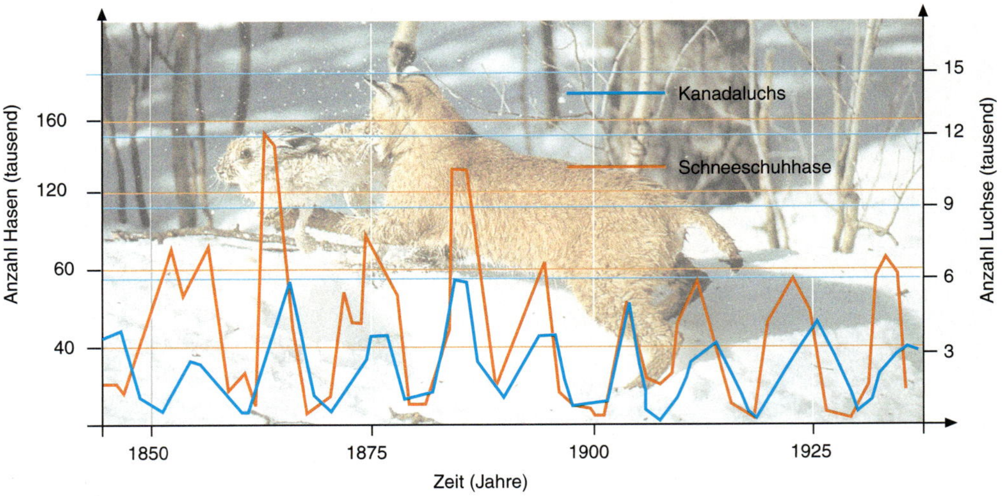

1 Populationen von Luchs und Schneeschuhhase in Kanada, gemessen als Fellzählungen

Modelle zur Räuber-Beute-Beziehung

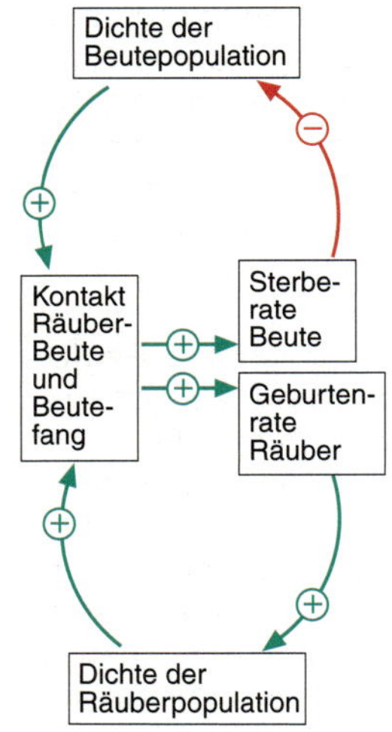

Viele Populationen von Räubern und ihrer Beute wachsen und nehmen wieder ab, zeigen also regelmäßige Schwankungen. Es ist vielfach naheliegend, eine einfache Wechselbeziehung anzunehmen. Die Fellzählungen von Luchsen und Schneeschuhhasen der kanadischen Hudsonbay-Company repräsentieren annähernd die Veränderungen der Populationen und könnten einen solchen Fall darstellen (Abb. 1). Der wechselseitige Einfluss ist aber als alleinige Ursache der Populationsänderungen selten klar nachzuweisen und gilt dann nur für den jeweiligen Einzelfall. Genauere Überprüfungen haben zudem gezeigt, dass meist mehrere Populationen beteiligt sind und die Beschränkung auf die Beziehung zweier Populationen stark vereinfachend ist. (→ 156/157)

Es gibt dennoch viele Versuche, die dahinter stehenden allgemeinen Gesetzmäßigkeiten zu erfassen und verstehbar zu machen, auch wenn man dazu die natürlichen Verhältnisse erst einmal vereinfachen muss. Ein wichtiger Weg ist immer die Erstellung eines mathematischen Modells, das mithilfe der vermuteten Beziehungen konstruiert wird. Im Verhalten dieses Modells hofft man dann Erklärungen für Beobachtungen in der Natur zu finden.

Zur Räuber-Beute-Beziehung wurden viele Modelle entwickelt. Für jede der beiden beteiligten Populationen werden dazu in allen Modellen eigene Wachstumsgleichungen aufgestellt, die wechselseitig den Einfluss der jeweils anderen Population mit berücksichtigen.

Das bekannteste stammt von den Mathematikern Alfred Lotka und Vito Volterra aus den Jahren nach 1920. Sie suchten nach allgemeinen Erklärungen für Populationsschwankungen, die sie bei Fischen in der Adria oder bei Parasiten beobachtet hatten. Ihr Modell wird häufig verwendet, um auch das System aus Luchs und Schneeschuhhase zu verstehen.

Lotka und Volterra gingen vom exponentiellen Wachstum aus und variierten die Wachstumsrate (r), die sich aus der Differenz zwischen Geburtenrate (b) und Sterberate (d) ergibt (s. Seite 30).

$$N_{t+1} = N_t + r \cdot N_t = N_t + (b - d) \cdot N_t$$

Für die Räuberpopulation gilt im Modell, dass die Geburtenrate nur von der Beutemenge abhängt. Je mehr Beute es gibt, desto höher ist die Geburtenrate der Räuber. Die Sterberate wird als konstant angesehen. Für die Beutepopulation gilt, dass die Sterberate (nur) von der Räuberpopulation abhängt. Je mehr Räuber es gibt, desto höher ist die Sterberate der Beutepopulation. Die Geburtenrate wird als konstant angesehen.

Die Untersuchung des Modellverhaltens zeigt tatsächlich ständige Schwankungen beider Modellpopulationen um jeweils einen eigenen Mittelwert, wie sie auch beim System aus Luchs und Schneeschuhhase zu beobachten sind. Soweit scheint das Modell von Lotka und Volterra als Erklärung der Populationsverläufe geeignet zu sein. Aus

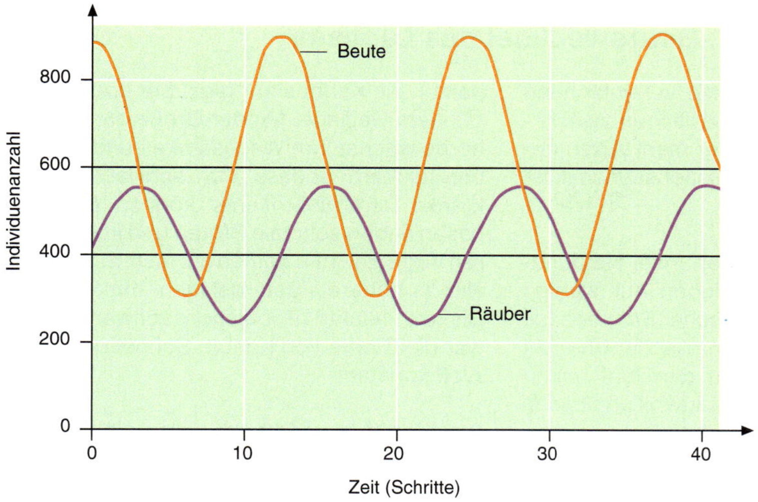

1 Populationsverläufe im Lotka-Volterra-Modell

dem Modellverhalten ergeben sich wesentliche Aussagen, die nach ihren Erstellern *Lotka-Volterra-Regeln* genannt werden:

- **Lotka-Volterra-Regel 1:** Die Mittelwerte beider Populationsgrößen schwanken periodisch. Die Maxima und Minima der Räuberpopulation folgen dabei denen der Beutepopulation.
- **Lotka-Volterra-Regel 2:** Die beiden Populationsgrößen schwanken jeweils um einen Mittelwert, der bei unveränderten Bedingungen langfristig konstant bleibt.
- **Lotka-Volterra-Regel 3:** Nach starker Dezimierung beider Populationen erholt sich zuerst die Beutepopulation. Die Erholung der Räuberpopulation folgt zeitversetzt.

Das Modell (Abb. 1) zeigt die zyklischen Eigenschaften, die man bei manchen natürlichen Räuber-Beute-Systemen beobachten kann. Dennoch ist es unzureichend. Es basiert beispielsweise auf exponentiellem Wachstum. Ohne Räuber würde die Beutepopulation unbegrenzt wachsen, da ihr eine obere Begrenzung fehlt. Weiterhin ist die Sterblichkeit der Beute allein durch Räuber bedingt. Ohne sie besitzt die Beute daher keine Sterblichkeit. Darüber hinaus bedingt die Konstruktion dieses Modells, dass in ihm zwangsläufig zyklische Schwankungen auftreten, es gibt praktisch keine Modellsituation ohne sie. Dies legt die falsche Vorstellung nahe, Schwankungen wie bei Luchs und Schneeschuhhase seien eine notwendige oder charakteristische Eigenschaft von Räuber-Beute-Systemen. In der Realität sind solche Schwankungen aber nur in bestimmten Fällen zu beobachten (s. Seite 37).

Daher wurden viele andere Modelle entworfen, die auf dem logistischen Wachstum aufbauen. Als Grundüberlegung dient u. a. die Erkenntnis, dass die mögliche Anzahl Räuber von der vorhandenen Beutemenge abhängt. Damit ist z. B. die Kapazität der Räuberpopulation von der Beutemenge abhängig und kann entsprechend in das Modell eingebaut werden. Bei der Beutepopulation lässt sich die vom Räuber gefressene Beutemenge einfach als zusätzlicher Verlust verstehen und in die logistische Gleichung der Beutepopulation einfügen. Derartige Modelle zeigen ebenfalls die Eigenschaften, die in den Lotka-Volterra-Regeln formuliert wurden. Darüber hinaus besitzen sie aber nicht mehr die geschilderten Nachteile.

Zettelkasten

Deskriptive und konzeptionelle Modelle

Deskriptive Modelle

Viele Erscheinungen in der Natur sind für uns schwer vorstellbar, vor allem, wenn sie außerhalb der alltäglichen Erfahrung liegen. Mithilfe von Modellen versucht man dann eine bessere Einsicht zu erreichen. Zellmodelle veranschaulichen z. B. in diesem Sinn den inneren Bau und die Beziehungen der Organellen. Bei Funktionsmodellen werden beteiligte Strukturen auf Wesentliches reduziert und ihre Funktionsweise einsichtig gemacht. Beispiele sind der Ablauf der Flügelbewegung beim Insektenflug oder die Funktion des Zwerchfells bei der Lungenatmung.

Der Weg führt in diesen Fällen von der Natur zum Modell und es wird jeweils eine Beschreibung bekannter Sachverhalte angestrebt. Deswegen nennt man diese Modelle *deskriptive Modelle*.

Konzeptionelle Modelle

Auf der anderen Seite findet man in der Biologie immer wieder Situationen, in denen man hinter einer Vielfalt von scheinbar unterschiedlichen Einzelfällen nach einem gemeinsamen Prinzip, nach einer Gesetzmäßigkeit sucht. Dann ist es hilfreich, Szenarien zu konstruieren und in einem oft mathematischen Modell zu erfassen. Natürlich sind diese abgeleitet von Ideen und Vermutungen, die aus biologischen Beobachtungen folgen, aber sie sollen keinen bekannten Sachverhalt beschreiben, sondern machen ungeklärte Fragestellungen einer Bearbeitung zugänglich. Die Analyse des Modellverhaltens gibt dann Hinweise auf mögliche Zusammenhänge in der Natur. Der Weg führt also vom Modell zurück zur Natur. Solche Modelle werden *konzeptionelle Modelle* genannt. Die meisten Populationsmodelle sind konzeptionell angelegt, auch das Modell von LOTKA und VOLTERRA.

Mehrartensysteme: Beutewechsel des Luchses

In Modellen berechnet man vereinfachend die Wechselbeziehungen zwischen zwei Arten. In der Natur leben aber mehr Arten nebeneinander und die Populationsdynamik ist entsprechend komplexer.

Auf der 110 000 km² großen Insel Neufundland im Osten Kanadas leben nur wenige Säugetierarten. Der arktische *Schneehase* und das *Karibu*, eine kanadische Unterart des Rentiers, gehören zu den fünf heimischen Pflanzenfressern, Waldwolf und Luchs zu den neun räuberischen Arten.

Stadium I vor 1890: Bis in die Mitte des letzten Jahrhunderts war der Waldwolf Hauptfeind von Karibu und Schneehase. Die Wölfe hetzen die Karibus nur tagsüber und nur auf offenem Gelände. Mit der Größe der Karibuherde wächst ihre Wachsamkeit und Fluchtbereitschaft, sodass nur schwache oder kranke Tiere nicht fliehen können. Schneehasen haben schmale Pfoten und können ihren Verfolgern am besten auf festem Schnee, also in höheren Gebirgslagen, entkommen. Bis auf leichte Populationsschwankungen war die Dichte von Karibu, Schneehase und Wolf konstant.

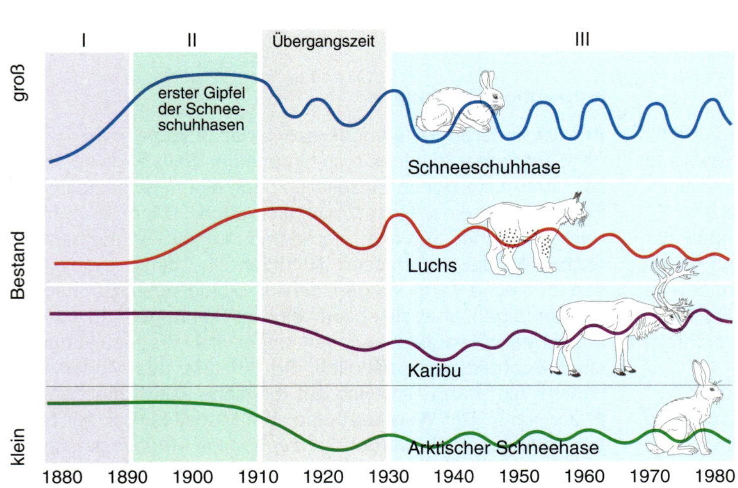

1 Dichtefluktuationen in einem Vier-Arten-System

Stadium II bis 1910: Im Jahre 1864 wurde der *Schneeschuhhase* auf der Insel eingeführt. Er ist dank seiner verbreiterten Pfoten auch auf Pulverschnee beweglich. Er vermehrte sich rasch und bot den Luchsen leichte Beute, der Luchsbestand wuchs. Zum gleichen Zeitpunkt wurde der Wolf ausgerottet. Um 1915 brach die überbevölkerte Schneeschuhhasenpopulation zusammen und die jetzt zahlreichen Luchse jagten vermehrt Schneehasen. Diese wichen in die Gebirgsregion aus. Sie sind inzwischen in der Region selten geworden, nur auf Inseln ohne Räuber und ohne Konkurrenten vermehren sie sich gut.

Stadium III ab 1925: Im Jahre 1925 beobachtete man vermehrt, dass Luchse auch Karibukälber jagten. Luchse können es nur mit einzelnen, kleinen Tieren aufnehmen und lauern ihrer Beute nachts auf. Die Wachsamkeit der Herde ist damit wirkungslos.

Die Schneeschuhhasenpopulation erholte sich wieder und zeigte von nun an Bestandsschwankungen im 10-Jahres-Rhythmus. Bei erhöhter Hasendichte jagt der Luchs vermehrt Schneeschuhhasen, die Karibudichte kann sich erholen. Sobald die Schneeschuhhasen knapper werden, weicht der Luchs wieder auf Karibukälber aus. So pendelt sich ein Rhythmus ein, dessen Takt von der Dichte der Schneeschuhhasenpopulation bestimmt wird.

Aufgaben

① Erörtern Sie, wie sich eine Zunahme der Populationsdichte der Schneeschuhhasen auf die Dichte der Karibus bzw. Luchse auswirkt.

② Beschreiben Sie, welche Rolle der Beutewechsel des Luchses im Nahrungsnetz der Säuger Neufundlands spielt und vergleichen Sie diese mit der Rolle des Wolfes.

Rebhuhn-Dichte

Der Bestand an Rebhühnern ist in den letzten Jahrzehnten deutlich zurückgegangen. Sollte man zum Schutz des Rebhuhns seine Feinde gezielt bejagen oder für vielfältige Nahrung und Unterschlupf im Lebensraum sorgen? Diese Frage wird zwischen Jagdverbänden und Naturschützern häufig kontrovers diskutiert.

Steckbrief Rebhuhn

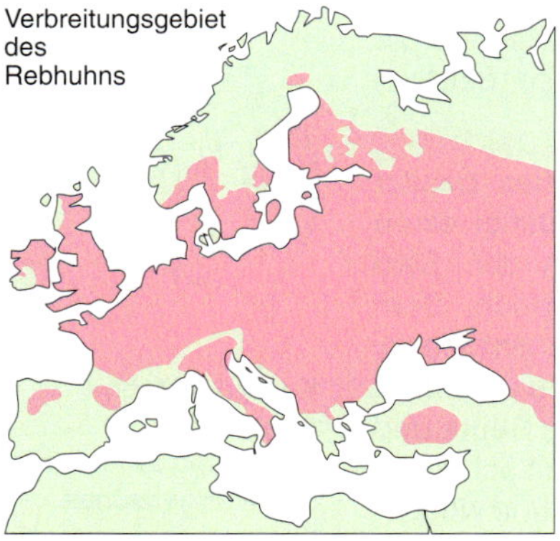

Verbreitungsgebiet des Rebhuhns

- **Name:** Rebhuhn *(Perdix perdix)*
- **Familie:** Hühnervögel
- **Größe:** bis 30 cm
- **Habitus:** Schwanz kurz, Läufe kräftig, Kopf rostgelb, Flanken rostbraun gebändert, Brust hellgrau mit dunkler, hufeisenförmiger Zeichnung
- **Lebensraum:** Feldflur und Brachflächen mit Büschen und Wildkräutern, Kulturfolger
- **Nahrung:** grüne Pflanzenteile, Sämereien, Beeren,
  im Sommer für die Brut auch Insekten
- **Verhalten:** schneller Läufer, fliegt erst bei höchster Gefahr auf, Sandbaden, Steineschlucken für Verdauung
- **Brut:** Bodennest unter Gebüsch, 8–24 Eier, eine Brut pro Jahr (April bis Juli), evtl. Nachgelege
- **Feinde:** Beutegreifer und Nesträuber: Fuchs, Dachs, Marder, Greifvögel, Rabenvögel, Igel, streunende Hunde und Katzen
- **Jagd:** Vor dem 2. Weltkrieg stark bejagt ohne Bestandsverluste, gemäß EU-Recht keine Bejagung während der Brutzeit, laut Bundesrecht Jagdzeit vom 1.9. bis 15.12. Jagdstrecke ca. 10 000 pro Jahr. In bestimmten Bundesländern ganzjährig geschützt.
- **Bestand:** stark abnehmend, Rote Liste der gefährdeten Arten.

Top down

„Gezielte Bejagung dient dem Artenschutz! Die europäische Landschaft ist keine Naturlandschaft, sondern eine seit Jahrzehntausenden vom Menschen gestaltete und veränderte Kulturlandschaft. ... Es geht also nicht um das Wiederherstellen einer wie immer gearteten „Ur-Natur“ in Mitteleuropa, sondern um den Erhalt der Identität einer gewachsenen Kulturlandschaft. ... Viele Feldarten (Rebhuhn, Feldhase, Feldlerche, Feldhamster etc.) sind erst um die Jahrtausendwende ... in der Kulturlandschaft heimisch geworden. Die Jagd auf Rabenkrähe und Elster ist in erster Linie als naturschützerische Maßnahme zu sehen, denn viele unserer Wiesenbrüter brauchen diesen Schutz noch viel notwendiger als das Niederwild. ... Als Beispiel für Haarraubwild mag der Fuchs dienen. Vergleicht man die Strecken von Fuchs und Rebhuhn in Deutschland seit 1939, so zeigt sich deutlich, wie sehr sich die Verhältnisse verschoben haben (siehe Abb.). Während die Rebhuhnstrecken kaum mehr 10 % der Vorkriegswerte erreichen, hat sich die Fuchsstrecke seit Mitte der 80er-Jahre verdreifacht! ... Das Rebhuhn steht hier als Leitart für andere Arten, welche die gleichen Biotope bevorzugen und wie das Rebhuhn ursprünglich im kontinentalen Osten beheimatet waren: Feldhase, Feldlerche, Feldhamster etc. ... All diese Arten stehen derzeit auf dem Tiefpunkt ihrer Populationsentwicklung. Gezielte Bejagung (Entnahme der territorialen Brutpaare von Rabenkrähe und Elster vor der Brutzeit, Welpenfang am Fuchsbau zum Abschöpfen des Zuwachses und konsequente Bejagung der Fuchspopulation) schafft Chancengleichheit für die Verlierer der Kulturlandschaft und dient damit direkt dem Artenschutz.“
(BJV, Bundesjagdverband)

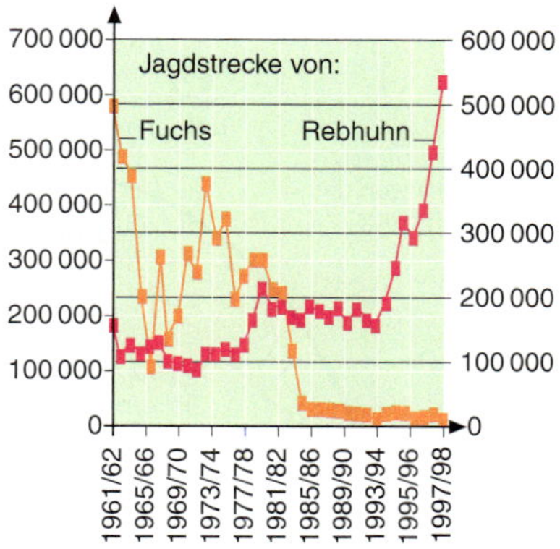

Bottom up

„Rebhuhnschutz heißt in erster Linie: Schutz des Lebensraumes durch:
- Neuanlage und Schutz von Hecken und Feldrainen,
- Nutzungsausgliederung von Ackerrandstreifen und Wegrändern,
- weitere Förderung von Brachflächen,
- Mahd von Wiesen nach Ende der Brutperiode (Schutz von Wiesenbrütern),
- Verzicht auf den Einsatz von Chemikalien,
- Jagdverbot bis zur Stabilisierung der Bestände und
- das Belassen von Stoppelfeldern über den Winter.“

(Vogelschutz-online e. V. 2003)

„Um zu prüfen, wie stark sich Rabenvögel ohne Bejagung tatsächlich vermehren, wurde ihre Bestandsentwicklung in Gebieten, in denen sie verfolgt werden, und solchen, in denen sie geschützt sind, beobachtet. Dies ergab, dass eine übermäßige Bestandszunahme ohne Bejagung nicht eintritt. Rabenvögel regulieren sich selbst durch Revierkampf, Nahrungs- und Brutplatzkonkurrenz, die mit der Populationsdichte zunehmen.“
(NABU)

Aufgaben

① Stellen Sie die Positionen der beiden Parteien gegenüber und leiten Sie die Begriffe „Bottom up“ und „Top down“ ab.

② Machen sie eine Diskussionsrunde Pro und Contra „Jagd auf Fuchs und Krähe zum Schutz des Rebhuhns“.

③ Entwerfen Sie eine Versuchsanordnung, um in einem Feldversuch nachzuweisen, ob die Dichte des Rebhuhns von Nahrung und Lebensraum *(Bottom up)* oder von der Zahl der Beutegreifer abhängt *(Top down)*.

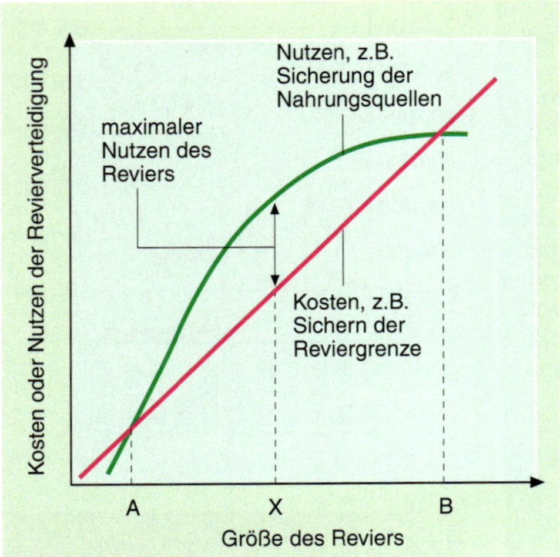

1 Kosten und Nutzen der Reviergröße

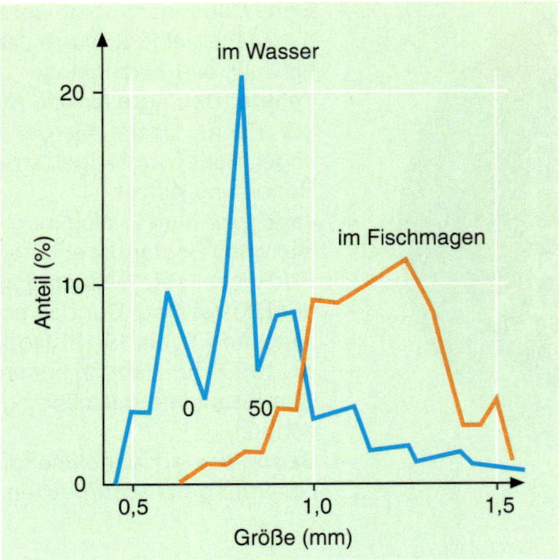

2 Daphniengrößen in Plankton und Fischmagen

Umgang mit begrenzten Ressourcen

Die Ressourcen, die einem Lebewesen zur Verfügung stehen, sind begrenzt. Alle Lebewesen leben in ständiger Konkurrenz um diese Ressourcen. Nur in seltenen Momenten stehen Ressourcen im Überfluss zur Verfügung, meistens herrscht jedoch Knappheit. In dieser Situation können sich nur diejenigen auf Dauer behaupten, die am besten mit der Knappheit zurechtkommen, die also an diese Situation am besten angepasst sind. Dies lässt sich an einigen Erscheinungen verdeutlichen. (→ 160/161)

Reviergröße

Viele Organismen besetzen ein eigenes Gebiet, das ihnen die benötigten Ressourcen bietet. Diese *Reviere* genannten Gebiete (s. Seite 74) werden gegen konkurrierende Artgenossen stark verteidigt, vor allem dann, wenn es außerhalb des Reviers nur wenige Ressourcen gibt. Große Reviere sichern die Versorgung der Inhaber zwar besser, aber ab einer bestimmten Größe sind alle Ressourcen ausreichend vorhanden. Eine Auseinandersetzung mit Konkurrenten zur Vergrößerung des Reviers würde keinen zusätzlichen Nutzen erbringen. Die Verteidigung des Reviers wird aber mit zunehmender Größe aufwändiger, die Kosten hierfür steigen weiter. Ein Revier besitzt demnach die optimale Größe, wenn die Differenz zwischen Kosten und Nutzen, d.h. der Gewinn, maximal ist (Abb. 1). Untersuchungen an freilebenden Organismen haben ergeben, dass diese sich tatsächlich entsprechend verhalten und somit optimal angepasst sind.

Beutewahl

Viele Fischarten in Seen ernähren sich vom tierischen Plankton. Vergleicht man aber die Größenverteilung des Planktons im See mit den Größen der tatsächlich gefressenen Beute, so ergeben sich klare Unterschiede (Abb. 2). Die Fische fressen vorwiegend die großen Beutetiere, obwohl diese deutlich seltener sind als kleinere.

Ein doppelt so großes Beutetier besitzt die achtfache Masse und stellt daher einen viel größeren Nahrungsbrocken dar. Sein energetischer Nutzen ist also hoch. Dem stehen jedoch erhöhte Kosten entgegen. Der Aufwand für eine große Beute ist höher, weil sie seltener ist als eine kleine Beute und vielleicht auch schneller und damit schwerer zu fangen. Die Bilanz von Kosten und Nutzen ergibt dann eine andere Beutegröße als die am häufigsten im See vorkommende. Simulationen von Kosten und Nutzen haben gezeigt, dass die Fische durch ihre Nahrungswahl gut an die Knappheit angepasst sind.

K- und r-Strategie

Will ein Naturliebhaber eine bunte Blumenwiese auf seinem Grundstück anlegen, so greift er vielleicht zu einer käuflichen Blumenwiesenmischung. Tatsächlich kann er sich bald über eine farbenprächtig blühende Wiese freuen. In den Folgejahren allerdings ist die Enttäuschung häufig groß: Den größten Teil des Jahres ist die Wiese eher grün, die Blüten prägen nicht mehr so das Gesamtbild wie im ersten Jahr.

Kosten-Nutzen-Analyse
Abwägung zwischen den energetischen Kosten und dem resultierenden Nutzen einer Aktion oder eines Merkmals

Blütenmischungen enthalten überwiegend einjährige Pflanzen. Diese sind dadurch gekennzeichnet, dass sie viel Biomasse in Fortpflanzungsorgane wie Blüten und später Samen investieren. Dies gilt selbst für so große Pflanzen wie die Sonnenblume, die ihre Fotosyntheseprodukte fast ganz im Samen deponiert (s. Mittelspalte). Auf längere Sicht werden sie allerdings von mehrjährigen Stauden, wie etwa bestimmten Gräsern oder Wiesenkerbel, verdrängt. Diese Pflanzen sind konkurrenzstärker, denn sie investieren statt in Blüten eher in Speicherorgane. Dadurch können sie den Winter überdauern und im Frühjahr kräftiger austreiben als Einjährige, denen nur wenig Speicherstoffe im Samen zur Verfügung stehen und deren Samen freie Flächen zum Keimen brauchen.

Organismen verbrauchen die aufgenommene Nahrung zum Teil für die aktuelle Versorgung. Der verbliebene Teil wird in neue Biomasse investiert, d. h. zum einen in eigene Biomasse (eigenes Wachstum) und zum anderen in die Biomasse von Nachkommen *(Reproduktion)*. Bei begrenzten Ressourcen geht aber eine höhere Investition in das eigene Wachstum zu Lasten der Reproduktion und umgekehrt.

Organismenarten, die überwiegend in Reproduktion investieren und deshalb viele Nachkommen haben, bezeichnet man als *r-Strategen*. Sie sind kurzlebig, ihre Populationen weisen hohe Wachstumsraten (r) auf und sie oszillieren häufig. Die starke Investition in Nachkommen hat zur Folge, dass weniger Ressourcen in das eigene Wachstum investiert werden können. r-Strategen sind daher meist kleine Organismen. Ein größerer Körper bedingt meist auch eine größere Konkurrenzstärke sowie einen effektiveren Umgang mit Ressourcen (Abb. 2). Daher sind r-Strategen als kleine Organismen normalerweise konkurrenzschwach.

Dagegen sind Lebewesen, die die aufgenommenen Ressourcen in die Sicherung und Weiterentwicklung der eigenen Existenz investieren (Nährstoffspeicherung, Resistenz gegen Umwelteinflüsse und Räuber), durch dieses Investment meist größer, langlebiger und dadurch auch konkurrenzstärker. Die Populationsgröße solcher Arten bewegt sich nahe an der durch die Ressourcen gegebenen Kapazitätsgrenze K; sie werden deshalb *K-Strategen* genannt. Die Investition in die eigene Existenz hat aber zur Folge, dass weniger Energie für Fortpflanzungsorgane und Nachkommen vorhanden ist.

1 Einjährige und mehrjährige Wiese

Welche Strategie für Populationen besser ist, hängt wesentlich von Umweltbedingungen ab. So beherbergt ein See mit gleichbleibenden Lebensbedingungen viele K-Strategen wie Fische. Eine Pfütze dagegen existiert nur kurze Zeit; sie wird von r-Strategen wie Einzellern und Wasserflöhen besiedelt. Kahlschläge sind anfangs konkurrenzfrei. Hier erfolgt eine schnelle Besiedlung durch einjährige Pflanzen mit hoher Samenproduktion. Bleibt die Fläche ungestört, setzen sich langfristig Bäume (K-Strategen) durch.

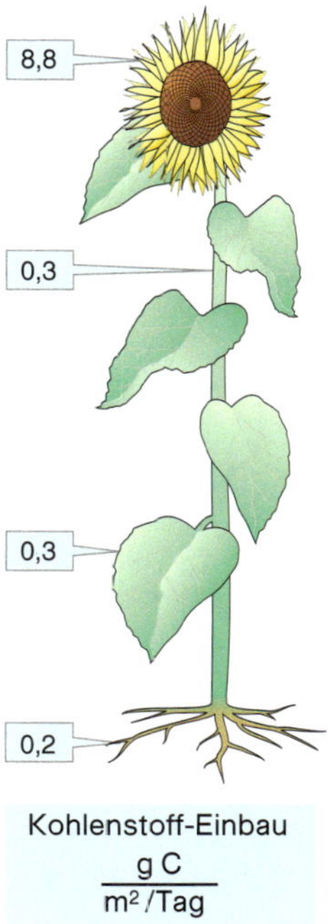

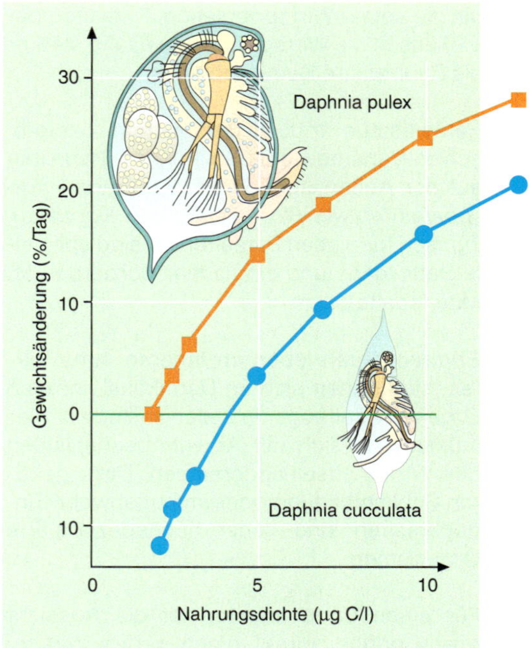

2 Gewichtsänderungen bei Daphnia-Arten

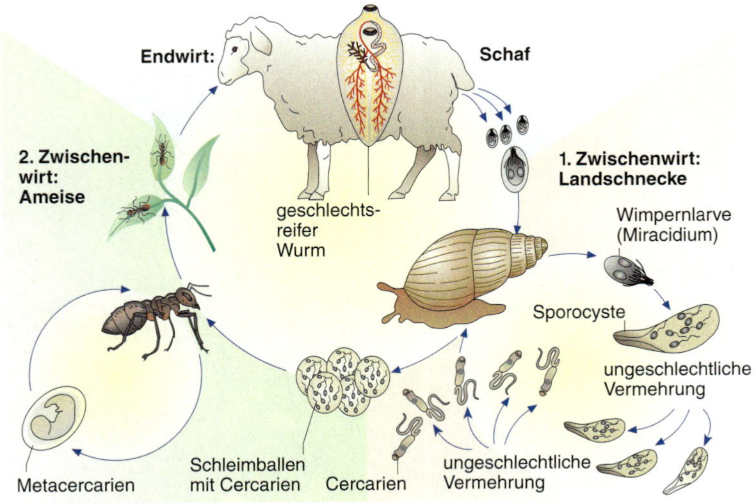

1 Entwicklung des Kleinen Leberegels (Parasit)

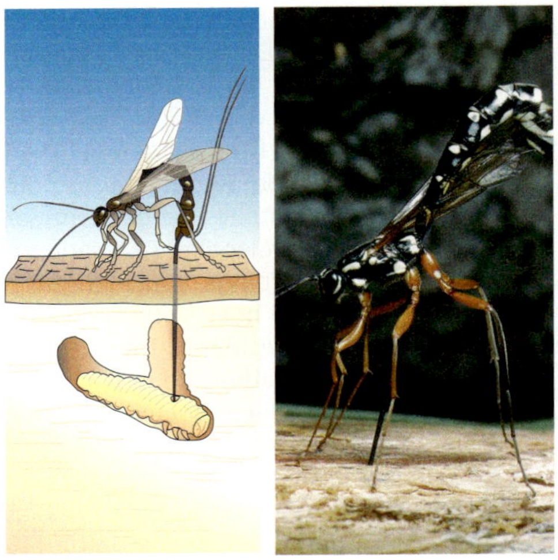

2 Schlupfwespe (Parasitoid)

Parasitismus: Fressen ohne sofort zu töten

Räuber töten ihre Beute, um sie zu verzehren. *Parasiten* dagegen ernähren sich von anderen Lebewesen *(Wirten)*, ohne sie vorher zu töten. Das schädigt den Wirt zwar durch verminderte Lebensdauer, verringertes Wachstum oder eine geringere Geburtenrate, muss aber nicht unbedingt seinen Tod zur Folge haben.

Im Gegensatz zu den Größenverhältnissen bei Räuber und Beute sind Parasiten deutlich kleiner als ihre Wirte. Deshalb ist die Wachstumsrate r einer Parasitenpopulation größer als die seiner Wirtspopulation. Parasiten beeinflussen die Wirtspopulation häufig stärker als Räuber ihre Beutepopulation.

Parasitismus tritt in zahlreichen ökologischen Varianten auf. So können Parasiten auf der Außenfläche ihres Wirts leben *(Ektoparasiten* wie *Floh, Zecke* und *Kopflaus)*. Typisch für diesen Parasitentyp sind spezielle Haftorgane und ein flacher Körperbau (s. Mittelspalte).

Endoparasiten leben im Inneren ihres Wirtes, sie können sich im Darmkanal, inneren Organen oder sogar in Zellen ansiedeln. Hier müssen sie sich mit Abwehrmechanismen des Wirtes auseinandersetzen. Dazu gehören Schleimbildung oder Immunabwehr. Endoparasiten sind daher hochspezialisierte Organismen.

Für einen Endoparasiten ist die Aussicht relativ gering, direkt einen neuen Wirt zu erreichen. Das Beispiel des *Kleinen Leberegels* (Abb. 1) zeigt, wie die Wahrscheinlichkeit durch einen *Wirtswechsel* erhöht werden kann. *Zwischenwirte* dienen dabei als Transportmittel zum *Endwirt*. Der Kleine Leberegel ist ein Zwitter und lebt in der Leber von Schafen. Da diese wie viele Säugetiere den eigenen Kot meiden, wäre eine direkte Übertragung unwahrscheinlich. Bestimmte Schnecken dagegen ernähren sich von Säugerkot. Die Wahrscheinlichkeit, dass Parasiteneier in diesen Zwischenwirt gelangen, ist deshalb relativ hoch. Die von der Schnecke ausgestoßenen Schleimballen mit dem nächsten Parasitenstadium enthalten energiereiche Kohlenhydrate. Sie werden deshalb gern von Ameisen als Nahrung aufgenommen. Bemerkenswert ist nun das Verhalten befallener Ameisen: Sie klettern an die Spitze von Grashalmen, beißen sich dort fest und verharren so tagelang. Damit wird die Wahrscheinlichkeit gesteigert, dass wieder ein Schaf als Endwirt die Ameisen mit ihren Parasiten aufnimmt: Der Zyklus ist geschlossen. Der Wirtswechsel ist folglich eine Strategie des Parasiten zur Besiedlung neuer Endwirte. Mehrere *ungeschlechtliche Vermehrungszyklen* in den Zwischenwirten erhöhen die Wahrscheinlichkeit, dass zumindest einige Parasiten wieder in einen neuen Endwirt gelangen. (→ 162/163)

Parasiten sind perfekt an ihren speziellen Endwirt angepasst; sie würden mit ihm zu Grunde gehen, wenn sie ihn zu Tode schädigten. Im Laufe der Evolution setzten sich daher solche Parasiten durch, die ihren Endwirt allenfalls schwächten. Zwischenwirte sind

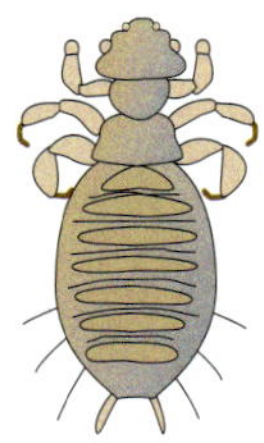

Haarling

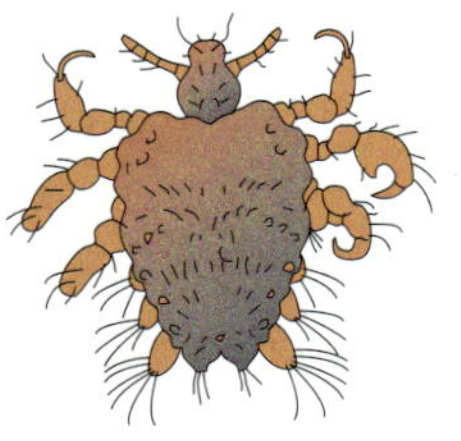

Filzlaus

Zecke

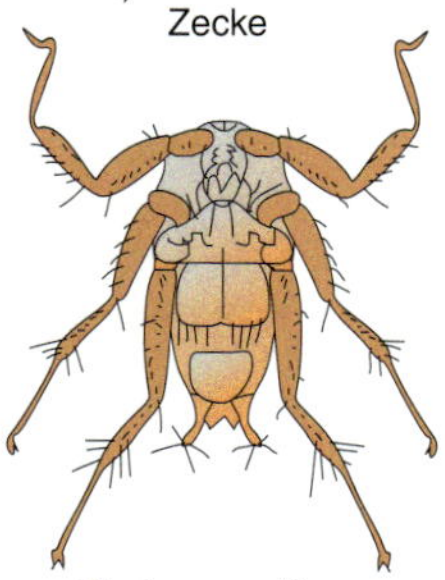

Fledermausfliege

dagegen eher austauschbar, ihr Tod schadet den Parasiten nicht bzw. kann sogar für die Erreichung des Endwirtes von Vorteil sein.

Parasiten als Überträger

Allerdings können Parasiten ihre Wirte indirekt schädigen, weil sie Krankheitserreger übertragen. Im 14. Jahrhundert starb ein Viertel der europäischen Bevölkerung an der Pest. Eine wirksame Bekämpfung war erst möglich, als man die Ansteckungswege verstand: Der Floh, ein eigentlich harmloser Ektoparasit von Mensch und Ratte, überträgt mit seinem Stich die Pestbakterien von einem Individuum zum anderen.

In Europa hat die *Zecke* als Überträger zweier Krankheitserreger Bedeutung erlangt. Ausgewachsene Zecken, oft auch *Holzböcke* genannt, haben wie alle Spinnentiere vier Beinpaare. Sie sind in feuchtwarmen Wäldern heimisch. Die Jungtiere (Nymphen mit drei Beinpaaren) und die erwachsenen Weibchen befallen die verschiedensten Wild- und Haustiere sowie den Menschen und saugen Blut. Erst nach einer Blutmahlzeit können sich die Nynphen häuten oder die Weibchen Eier ablegen. Durch ihren Biss übertragen die Zecken Krankheitserreger von Wildtieren auf den Menschen. Das TBE-Virus löst die *Frühsommermeningoencephalitis (FSME)* aus. Dabei handelt es sich um eine ohne ärztliche Behandlung lebensbedrohliche Hirnhautentzündung.

Außerdem können Zecken Bakterien übertragen, die die *Zeckenborreliose* hervorrufen. Diese Krankheit äußert sich zunächst ähnlich einer Grippe, später in Nervenentzündungen, Gelenkschwellungen und Lähmungen. Gegen FSME wurde ein Impfstoff entwickelt, gegen die Borreliose hat sich rechtzeitige Penicillinbehandlung bewährt.

Aufgaben

① Vergleichen Sie tabellarisch Endoparasiten, Ektoparasiten und Räuber bezüglich ihrer Körpergröße, ihrer relativen Dichte, ihrer Sinnesorgane, Bewegungsorgane und ihrer dichteregulierenden Wirkung auf die Wirts- bzw. Beutepopulation.

② Nennen Sie Beispiele für parasitische Pflanzen und beschreiben Sie, wie diese an ihre Wirtspflanze angepasst sind.

③ Schlupfwespen legen ihre Eier in Schmetterlingsraupen, ihre Larven ernähren sich vom Gewebe der lebenden Raupe (Abb. 44.2). Schließlich schlüpft die erwachsene Wespe und die Raupe stirbt.
Begründen Sie, warum man Schlupfwespen nicht als echte Parasiten, sondern als *Parasitoide* bezeichnet.

Zettelkasten

Parabiose

Betrachtet man die Wechselwirkung zwischen zwei Arten, so kann sie auch sehr einseitig ausfallen: Art A wird von der Anwesenheit von Art B nicht in ihrer Dichte beeinflusst, Art B hat aber einen Nutzen von Art A. Von dieser *Parabiose* gibt es Beispiele aus vielen Lebensräumen:

Waldbäume und Farne: Viele Farne im Wald sind zwar unbedeutend für die größeren Bäume, profitieren selbst aber von deren Schutz vor Sonneneinstrahlung, Wind, Regen und starken Temperaturschwankungen. Die Farne leben in Parabiose mit den Waldbäumen.

Mistkäfer und Milbe: Mistkäfer sind oft von Milben übersät. Auf dem Käfer gelangen die Milben bequem von einem Misthaufen zum anderen, wo sie sich wieder ablösen und Nahrung finden. Aufgrund ihrer Winzigkeit hätten sie den Weg alleine nicht geschafft und wohl auch nicht gefunden, denn ihre Sinnesorgane sind denen des Käfers weit unterlegen. Der Nutzen liegt hier also nur bei der Milbe, ohne dass von einem Schaden für den Käfer gesprochen werden könnte.

Muschelwächter und Miesmuschel: Der Muschelwächter ist ein 1 bis 2 cm großer Krebs, der in der Mantelhöhle lebender Miesmuscheln wohnt. Er profitiert dort als Mitesser vom Nahrungs- und Atemwasserstrom der filtrierenden Muschel und ist außerdem vor Feinden geschützt. Nur zur Paarungszeit verlässt der Krebs seine Wohnmuschel. Daher hat er auch nur in dieser Entwicklungsstufe einen festen Panzer, während er sonst weichhäutig bleibt.

Flussnapfschnecke und Ringelwurm: Im mützenförmigen Gehäuse der Flussnapfschnecke leben gelegentlich spezialisierte Ringelwürmer. Eine nur 5 mm große Schnecke kann von 10 bis 15 Würmern bewohnt werden. Die Ringelwürmer fügen ihrem Wirt keinen ersichtlichen Schaden zu, sie fressen wie die Schnecke Algen und profitieren von dem Versteck- und Transportmittel.

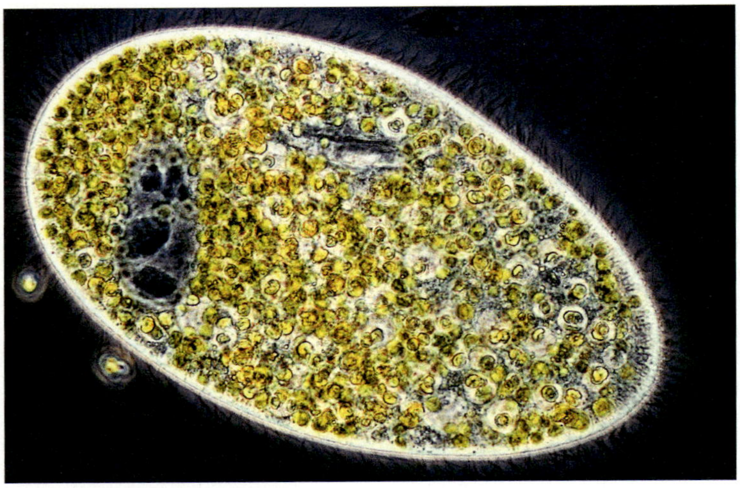

1 Paramecium bursaria mit Chlorella

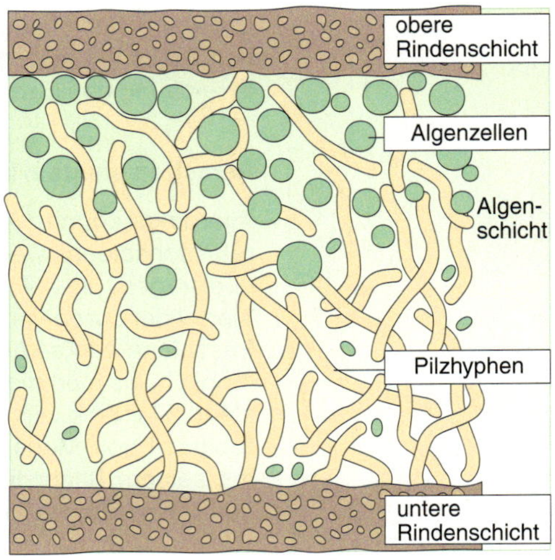

2 Flechte

Symbiose: Beidseitige Vorteile im Zusammenleben

In Vesikeln des Einzellers *Paramecium bursaria* leben zahlreiche Grünalgen der Gattung *Chlorella*. Die Algen vermehren sich innerhalb des Einzellers, der ihnen einen gewissen Schutz, etwas Mobilität, vor allem aber eine hohe Mineralstoff- und Kohlenstoffdioxidkonzentration bietet. Aber auch die Einzeller profitieren von den Algen: Ist organische Nahrung *(Detritus)* für sie knapp, beziehen sie Vitamine und Proteine aus den Algen. Eine solche zwischenartliche Beziehung mit gegenseitigem Nutzen wird *Symbiose* genannt.

Alle Arten der Gattung Paramecium strudeln kleine Nahrungspartikel über ihr Mundfeld ein. Dort werden sie in Nahrungsvakuolen übernommen und verdaut. Ähnlich kann auch heute noch *P. bursaria* Chlorella-Algen aufnehmen – nur werden sie nicht automatisch verdaut. Wenn allerdings die Nahrungsbedingungen für P. bursaria schlecht werden, verhält sich der Einzeller wie seine Verwandten auch: Er verdaut diese Algen und ernährt sich von ihnen. Offensichtlich hat also dieser Einzeller im Verlauf der Evolution die Fähigkeit erworben, die Abgabe von Verdauungsenzymen zu steuern. Das Beispiel zeigt, dass Symbiose keineswegs immer ein friedliches Miteinander darstellt, sondern oft eher als *Kampfgleichgewicht* betrachtet werden kann. So leben nur bestimmte Chlorella-Arten in P. bursaria, andere werden als Nahrung verdaut. Das deutet darauf hin, dass diese Algenart eine gewisse Resistenz gegen die Verdauung durch P. bursaria erworben hat.

	Wirkung von A auf B	Wirkung von B auf A
Parasitismus	⊕	⊖
Räuber/Beute	⊕	⊖
Symbiose	⊕	⊕
Parabiose	⊕	0

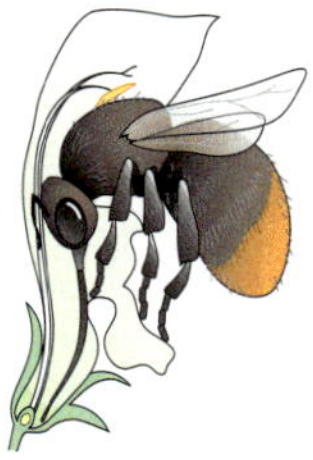

Hummelblüte

Kolibriblüte

Symbiosen sind der Natur sehr verbreitet. Ein zweites Beispiel sind *Flechten*. Hier ist die Beziehung zwischen Algen oder *Cyanobakterien* und dem sie umgebenden Pilz so eng, dass Flechten als eigenständige systematische Gruppe betrachtet werden. Flechten leben unter völlig anderen ökologischen Bedingungen als die einzelnen Symbiosepartner. So besiedeln Flechten häufig extrem nahrungsarme Untergründe wie Felsen oder Betonflächen, aber auch Extremlebensräume in Trockenheit und Kälte, in denen weder Pilze noch Algen allein existieren könnten: Das Pilzgerüst schützt die Algen vor Austrocknung und liefert den Pflanzen Kohlenstoffdioxid. Durch Säurenabgabe kann es für die Alge wichtige Mineralstoffe aus dem steinigen Untergrund lösen. Andererseits ist der Pilz als heterotropher Organismus auf die organischen Fotosyntheseprodukte der Alge angewiesen. Das Zusammenleben zweier Arten erlaubt zwar die Besiedlung unwirtlicher Lebensräume, bringt es allerdings mit sich, dass gerade Symbionten häufig stenopotent bezüglich bestimmter Ökofaktoren sind, denn es müssen die Ansprüche beider Arten erfüllt sein. Viele Flechtenarten reagieren zum Beispiel sehr empfindlich auf *Luft-* und *Bodenverschmutzung* (SO_2, Pestizide) und können deshalb als *Indikatororganismen* eingesetzt werden (s. Seite 20).

Symbiontische Beziehungen können auch zwischen Arten existieren, die räumlich viel unabhängiger voneinander sind. Ein Beispiel sind Blütenpflanzen und sie bestäubende Insekten- oder Vogelarten.

1 Koala-Bär

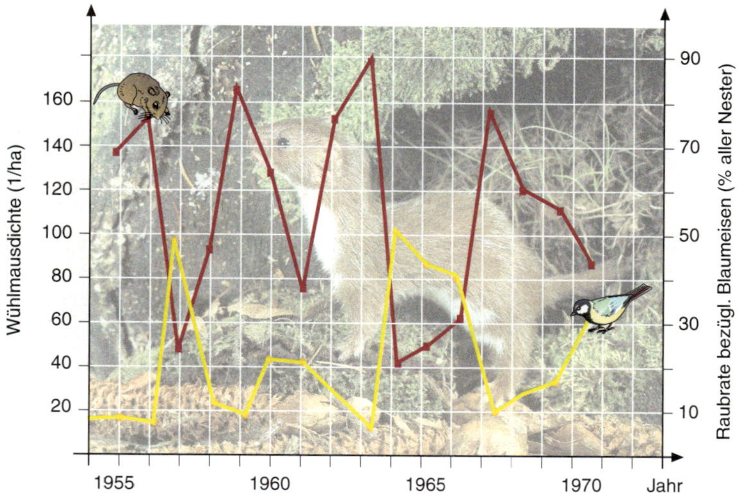

2 Mauswiesel – Beutewechsel

Ernährungsstrategien: Spezialisten und Generalisten

In nicht zu trockenen Gebieten Australiens findet man große *Eukalyptuswälder*. Durch giftige Cyane und andere Verbindungen sind diese Pflanzen gut vor Fressfeinden geschützt. Und doch gibt es ein Beuteltier, das sich ausschließlich von Eukalyptusblättern ernährt: den *Koala*. Durch eine Reihe von Angepasstheiten ist er als einziges Säugetier in der Lage, diese Nahrungsressource zu nutzen: Die Eukalyptusblätter werden im 2 Meter langen Blinddarm (Abb. Randspalte) von speziellen Darmbakterien zersetzt. Diese Mikroorganismen sind auch in der Lage, die enthaltenen Gifte in unschädliche Stoffe abzubauen. Junge Koalas nehmen diese Bakterien mit einem speziellen Kot ihrer Mutter auf. Koalas fressen ein Fünftel der Tageszeit, fast den gesamten Rest verschlafen sie. Ihre Bewegungen sind sehr langsam. Alle diese energiesparenden Verhaltensweisen sind Angepasstheiten an den geringen Energiegehalt von Eukalyptusblättern.

Der Koala ist ein **Spezialist**, d. h. er kann eine bestimmte Ressource sehr gut nutzen, ist andererseits aber auch auf diese angewiesen, denn Eukalyptus ist als Nahrung für ihn nicht ersetzbar. Die Spezialisierung ist nur möglich, weil die Nahrung für ihn ganzjährig in großer Menge zur Verfügung steht. Auch in unserer heimischen Tierwelt finden sich ähnliche Beispiele. Besonders häufig sind Spezialisten bei Pflanzen fressenden Schmetterlingsraupen zu finden. Durch physiologische Besonderheiten können spezialisierte Arten Pflanzen nutzen, die für anderer Tiere giftig sind.

Das *Mauswiesel* dagegen ist in Mitteleuropa ein **Generalist**: Sein breites Beutespektrum umfasst vor allem Wühlmäuse, aber auch andere Mäuse, Vögel und Vogeleier (vor allem der Blaumeise). Generalisten verhalten sich *opportunistisch*, d. h. sie wählen jeweils die Beute, die für sie mit geringstem *Kostenaufwand* erreichbar ist und gleichzeitig einen hohen *energetischen Nutzen* erbringt; das ist meist die häufigste Beuteart (→ 160/161). Nimmt die Wühlmausdichte ab, bevorzugt das Mauswiesel andere Beutearten (Abb. 2). Der *Beutewechsel* hat Konsequenzen: Die Populationen von Räuber und Beute beeinflussen sich weniger als bei spezialisierten Räubern. Wenn nicht andere Faktoren wie das Klima begrenzend wirksam werden, sind konstantere Populationsgrößen zu erwarten. In Nordfinnland stehen dem Mauswiesel fast nur Wühlmäuse als Nahrung zur Verfügung. Allerdings ist es auch besonders gut an diese Beute angepasst: Wegen seines schlanken Körperbaus kann es die Mäuse in ihren Gängen im Boden oder unter dem Schnee verfolgen: Es ist dort ein *Nahrungsspezialist* und deshalb in hohem Maße von der Beutedichte abhängig.

Aufgaben

① Interpretieren Sie die Angaben zur Beutewahl des Mauswiesels (Abb. 2).

② Beziehen Sie die Begriffe stenopotent / eurypotent auf Generalisten und Spezialisten.

③ Spezialisten rotten ihre Beute praktisch nie völlig aus. Erklären Sie.

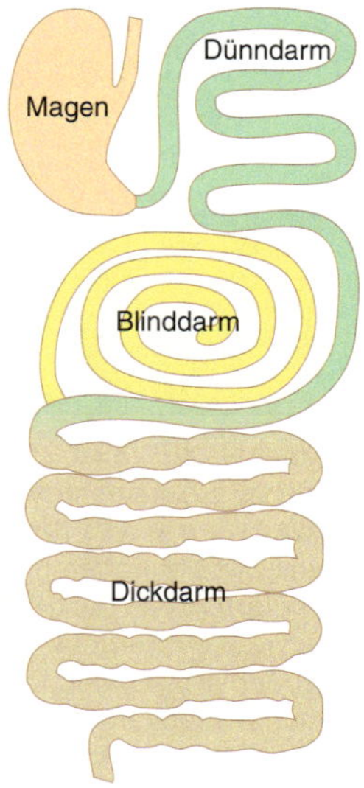

Verdauungstrakt des Koala

Pilzsymbiosen

Pilze führen ein Schattendasein – und das nicht nur im ökologischen Sinne, sondern auch in unserem Bewusstsein. Ihre ökologische Bedeutung wird unterschätzt. Tatsächlich könnten die meisten Landpflanzen ohne Pilz-Symbiosen in und an ihren Wurzeln *(Mykorrhiza)* nicht gedeihen, ihnen blieben viele Lebensräume verschlossen.
Am häufigsten ist die unscheinbare *arbuskuläre Mykorrhiza*. Dabei versorgen Jochpilze Kräuter und Farne mit Phosphorverbindungen. Bekannter ist die *Ektomykorrhiza*, deren Fruchtkörper als Speisepilze dienen. *Flechten* sind ebenfalls Pilzsymbiosen.

Symbiose Ständerpilz—Waldbaum (Ektomykorrhiza)

Viele beliebte Speisepilze gehören zu den Ektomykorrhiza-Pilzen. Fertigen Sie einen Bestimmungsschlüssel für Ständerpilze an, der ihren Pflanzenpartner und die Genießbarkeit berücksichtigt.

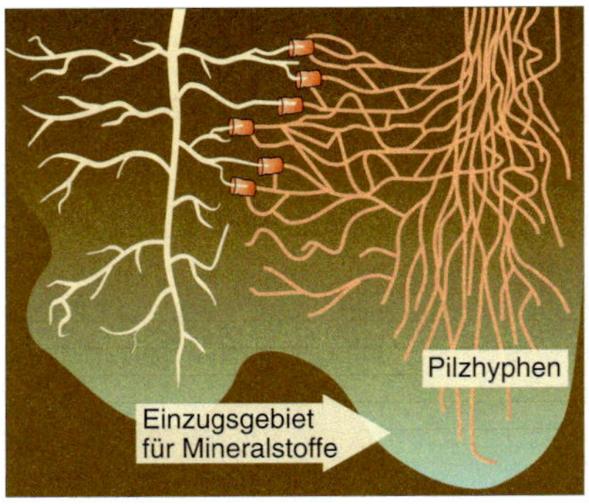

Ektomykorrhiza ist die Pilz-Symbiose unserer Wälder. Die Bodenstreu des Waldes enthält viele Mineralstoffe, die nicht von den Bäumen aufgeschlossen werden können. Sie leben in Symbiose mit Ständerpilzen, die diese Aufgabe übernehmen. Die Fäden der Pilze umwickeln nur bestimmte Wurzelabschnitte und dringen nicht in die Zellen ein, sie ersetzen damit gewissermaßen die Wurzelhaare. Die Ständerpilze stellen den Bäumen vor allem Stickstoffverbindungen zur Verfügung. Dabei werden durch die Pilzfäden oft mehrere Bäume miteinander vernetzt und der Einzugsbereich ihrer Wurzeln deutlich vergrößert (s. Abb.). Pilze reagieren besonders empfindlich auf sauren Regen, das Waldsterben wird auch mit der Rückbildung der Mykorrhiza in Verbindung gebracht. Bei einer ökologischen Wiederaufforstung werden Kenntnisse der Mykorrhiza daher eine wichtige Rolle spielen.

Bei Feinschmeckern besonders begehrt sind Trüffel. Referieren Sie über Anbau, Ernte und Zubereitung von Trüffeln.

Mykorrhiza—Pilze

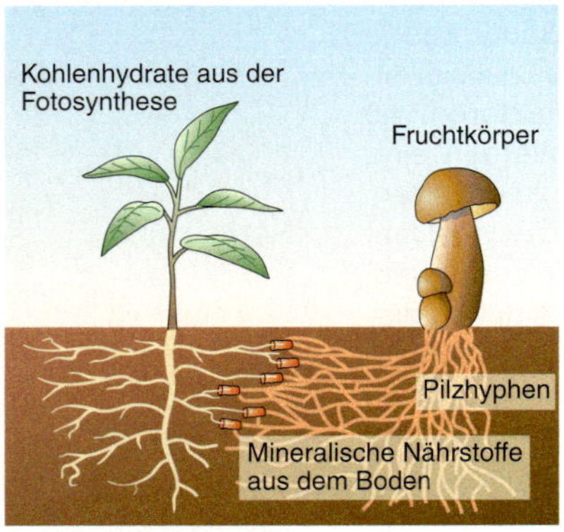

Mehr als 80 % aller Pflanzenarten profitieren vom Zusammenleben mit Pilzen. Der Pilz versorgt die Pflanzen mit Wasser und Mineralstoffen (Phosphat, Nitrat) und erhält von den Pflanzen Kohlenhydrate. Außerdem verbessert er die Bodenstruktur und fördert die Widerstandsfähigkeit der Pflanze gegenüber biotischen und abiotischen Stresssituationen: Die Pflanze bietet als Gegenleistung in ihrem Schatten einen geschützten Lebensraum für den Pilzpartner.

Die Hyphen des Pilzes können die Pflanzenwurzel umspinnen *(Ektomykorrhiza)* oder in die Zellen eindringen *(Endomykorrhiza)* oder beides *(arbuskuläre Mykorrhiza)*. Die verschiedenen Mykorrhiza-Typen bestehen aus unterschiedlichen Partnern und bevorzugen meist verschiedene Standorte.

Vielleicht trägt der schwer auszusprechende Name der Mykorrhiza-Typen zur geringen Bekanntheit bei. Versuchen Sie, anschauliche deutsche Namen zu finden.

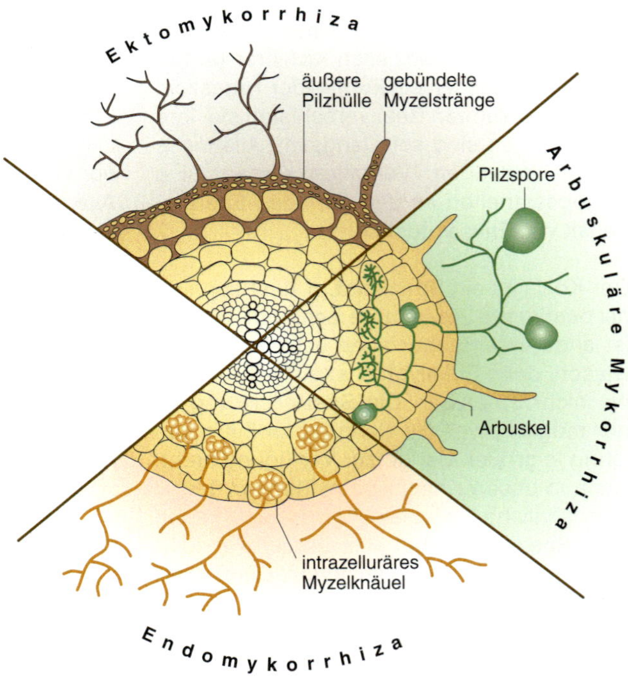

Flechten: Pilz — Algen oder Cyanobakterien

Flechten eignen sich als Indikatoren der Luftqualität, denn sie sind einerseits langlebig und andererseits empfindlich gegenüber bestimmten Schadstoffen. Bei einer *passiven Kartierung* wird das Vorkommen der verschiedenen Flechtenarten protokolliert, bei einer *aktiven Kartierung* werden außerdem die akkumulierten Inhaltsstoffe chemisch analysiert. Auf diese Weise lassen sich Langzeiteffekte, z. B. vom Eintrag unerwünschter Stoffe in Lebens- und Futtermittel, erfassen und man erhält direkte Hinweise auf die Belastung von Mensch und Tier.

Kartierungsmethode nach VDI

- Auf einer Karte wird das Untersuchungsgebiet gerastert. Pro Rasterquadrat (1 km^2) wird der Flechtenaufwuchs von Bäumen untersucht. Diese Bäume sollten der gleichen Art angehören, ähnliche Borkeneigenschaften aufweisen und gerade gewachsen sein.
- Ein Auswertungsgitter aus 2 x 5 Feldern mit einer Kantenlänge von 10 cm wird dort auf die Borke gelegt, wo der Flechtenbesatz am besten ist (s. Abb.). Die Flechten werden anhand von Fachliteratur bestimmt oder so beschrieben und fotografiert, dass sie eindeutig wiederzuerkennen sind.
- Die Frequenz einer Flechtenart ist die Anzahl der Felder, in denen sie auftritt, liegt also zwischen 0 und 10. Summiert man alle Frequenzen der beobachteten Flechtenarten eines Gitters, erhält man die Frequenzsumme. Zur statistischen Absicherung wertet man mindesten 6 Bäume pro Rasterquadrat (1 km^2) aus.
- Der Luftgütewert entspricht dem Mittelwert der Frequenzsummen von allen untersuchten Bäumen in einem Rasterquadrat. Der Luftgütewert kann anhand einer für Mitteleuropa gültigen Skala vier verschiedenen Luftgüteklassen zugeordnet werden (Beispiel: Luftgütewert von 25 entspricht der Luftgüteklasse „mäßig hohe Belastung").
- Die ermittelten Werte werden in die Rasterkarte übertragen, z. B. als Farben.
- Die Kartierung erfolgt etwa alle 4 Jahre.

Die Luftverschmutzung lässt sich auch technisch messen. Welche Vor- und Nachteile hat im Vergleich dazu die Flechtenkartierung?

Luftgütewert	0		12,5	25,0	37,5	50,0
	extrem hoch	sehr hoch	hoch	mäßig	gering	sehr gering

Gibt es eine Flechtenkartierung von Ihrer Region oder Ihrem Bundesland? Erkundigen Sie sich.

Informieren Sie Ihre Mitschüler in einem Referat über die Verwendungsmöglichkeiten von Flechten in Medizin und Kosmetik.

Symbiose Ständerpilz — Orchidee (Endomykorrhiza)

Orchideen lassen kaum vermuten, dass sie ihre bizarre Schönheit der ungleichen Partnerschaft mit Pilzen verdanken. Die Vorteile der Symbiose liegen hier so weit auf der Seite der Orchidee, dass man Übergänge zum Parasitismus beobachten kann. Der Pilz wächst in die Wurzelzellen hinein und bildet dort als *Endomykorrhiza* dicke Knäuel. Später zerfallen diese Knäuel und die frei werdenden Nährstoffe kommen der Orchidee zugute. Schon der Keimling ist auf eine Ernährung durch den Pilz angewiesen. Einige Orchideen sind als ausgewachsene Pflanze chlorophyllfrei, können also nicht autotroph leben.

Vanille ist eine Orchidee, deren Zucht u. a. wegen des Symbiosepartners besonders aufwändig ist. Die Jahresproduktion dieser Aromapflanze hat einen geschätzten Wert von einer halben Million Euro. Schon die Azteken nutzten die Schoten mit den winzigen Samen dieser Orchidee.

Entwerfen Sie ein Poster zur Kulturgeschichte der Vanille.

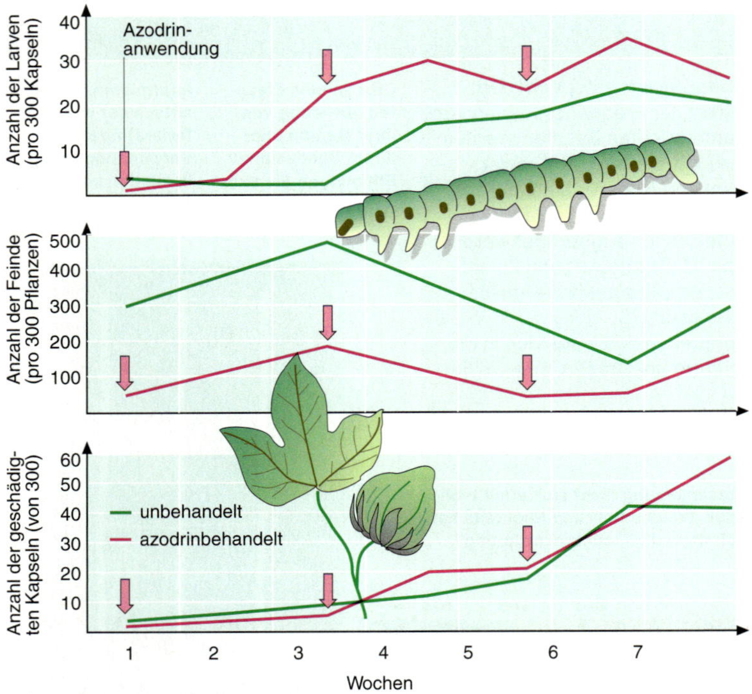

1 Raupe des Eulenfalters auf Baumwollpflanzen

Populationsökologie und Pflanzenschutz

Die Populationen von Pflanzen wie Getreide und Gemüse, die für die Nahrungsmittelproduktion wichtig sind, werden durch Pflanzenfresser („Schädlinge") und konkurrierende Pflanzenarten („Unkräuter") stark begrenzt.

Minierer
Pflanzenfresser, die im Inneren von Pflanzen leben und Gänge („Minen") in diese fressen

Insektizide gegen Pflanzenschädlinge

Monokulturen bieten den Pflanzenfressern mit hohen Vermehrungsraten ideale Lebensbedingungen. Insektenpopulationen wachsen schneller und sind häufig mobiler als etwa Mäusepopulationen; ihr Einfluss ist deshalb besonders gravierend. Der Einsatz von *Insektiziden* (chemischen Pflanzenschutzmitteln) ist wegen der möglichen Giftigkeit des Mittels oder seiner Abbauprodukte unter Umständen kritisch (s. Seite 123). Er zeigt zudem nicht immer den gewünschten Effekt des Pflanzenschutzes, denn diese Gifte greifen vielfältig in das Nahrungsnetz ein.

Baumwolleule

Da die meisten Hauptfeinde von Schadinsekten auch zu den Gliederfüßern gehören (Raubinsekten, Spinnen), werden ihre Populationen bei mangelnder *Spezifität* des Insektizids bei einem Gifteinsatz ebenfalls reduziert. Die geringere Wachstumsrate der Räuberpopulationen führt dazu, dass sie sich nach dem Insektizideinsatz langsamer erholen als die Schadinsektenpopulation (s. Lotka-Volterra-Regel 3, Seite 39).

Manche Schädlinge sind durch Insektizide kaum erreichbar. So leben die Larven des *Eulenfalters* („Baumwollwurm") in den Stängeln und Kapseln der Baumwollpflanzen als *Minierer* und führen zu deutlicher Ernteminderung. Eine Bekämpfung ist mit äußerlich aufgesprühten Insektiziden schwierig, da diese kaum zu den Schädlingen gelangen. Raubinsekten und Spinnen halten sich dagegen an der Oberfläche der Pflanzen auf und sind dadurch direkt dem Gift ausgesetzt (Abb. 1).

Gentechnische Verfahren können Pflanzen erzeugen, die Insektizide selbst produzieren. Ein Beispiel ist *Bt-Mais*, der Gene des Bakteriums *Bacillus thuringiensis* enthält. Diese Gene ermöglichen den Pflanzen die Bildung von Toxinen, die für Wirbeltiere, Raubinsekten und Spinnen harmlos, für Pflanzen fressende Insekten aber tödlich sind. Der Einsatz gentechnisch veränderter Pflanzen ist allerdings umstritten.

Häufiger Einsatz gleicher Wirkstoffe kann dazu führen, dass Individuen, die zufällig *resistent* gegen das Gift sind, überleben und sich ungehindert vermehren: Das Insektizid wird wirkungslos. Dies gilt besonders bei gentechnisch veränderten Pflanzen, die das Insektizid permanent produzieren.

Auch parasitisch lebende Pilze können die Nutzpflanzenpopulationen erheblich beeinträchtigen. Gegen sie werden *Fungizide* eingesetzt.

Herbizide gegen Konkurrenten

Ackerflächen bieten nicht nur den Nutzpflanzen günstige Lebensbedingungen. Schnellwüchsige Konkurrenten wie Hohlzahn, Knöterich und andere „Unkräuter", nutzen dieselben begrenzten Ressourcen Platz, Licht und Mineralstoffe. Zur Vermeidung von Ertragseinbußen werden gegen sie *Herbizide* eingesetzt. Mit den konkurrierenden Pflanzen verschwinden aber auch Lebensmöglichkeiten von nützlichen Raubinsekten, deren Larven häufig auf diese unerwünschten Pflanzenarten als Nahrungsquelle angewiesen sind.

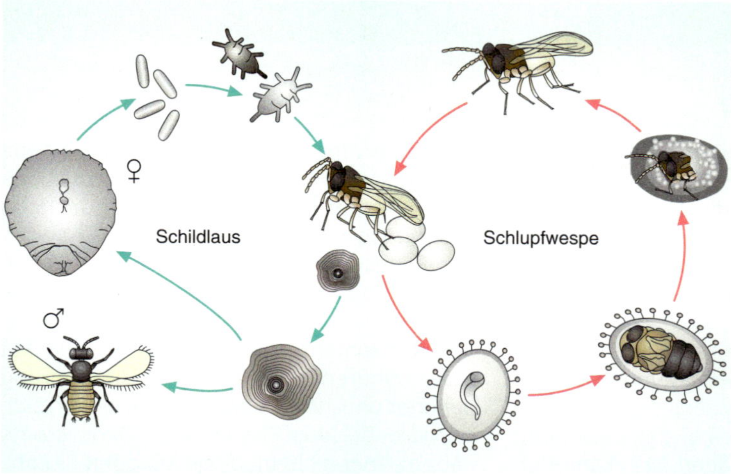

1 Schlupfwespen im Pflanzenschutz

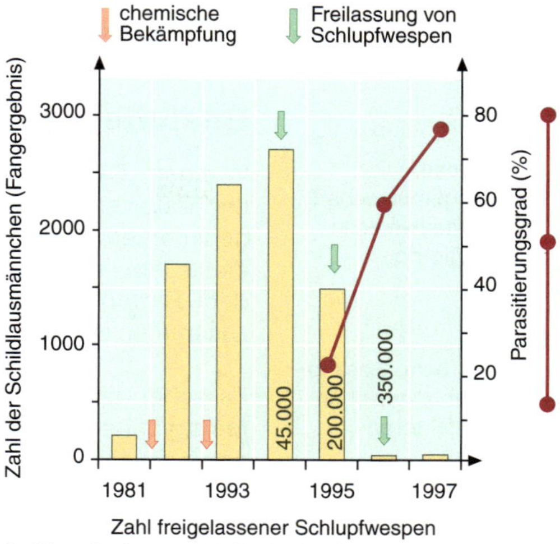

2 Chemische und biologische Bekämpfung

Schwammspinnerraupen richten bei Massenvermehrung Schäden in Obstplantagen an.

Parasiten und Räuber im Pflanzenschutz

Erst seit ca. 60 Jahren ist eine spezifische *chemische Schädlingsbekämpfung* möglich. Davor versuchten die Menschen, Ernteschädlinge mit einfachen Mitteln zu bekämpfen. Neben dem Absammeln spielte die Förderung der Räuberpopulationen dabei eine wesentliche Rolle. So boten *Hecken* neben Windschutz auch vielen Insekten fressenden Vögeln Nistmöglichkeiten. *Brachland* spielte eine wichtige Rolle als Rückzugs- und Entwicklungsraum für Raubinsekten und am Boden brütende Vögel. Solche ökologischen Pflanzenschutzmaßnahmen sind heute vor allem im *ökologischen Landbau* wieder von großer Bedeutung.

Auch das Aussetzen von Räubern gegen Schädlinge hat eine lange Tradition. Es stellte sich allerdings schnell heraus, dass künstlich eingeführte Arten eine Reihe von Eigenschaften aufweisen müssen, damit sie wirkungsvoll sind und keine negativen Auswirkungen auf das Ökosystem haben. Neben einer hohen Wachstumsrate ist vor allem eine hohe *Fressrate* wichtig. Besonders bedeutsam ist ihre *Beutespezifität*: Generalisten entwickelten häufig eine verheerende Wirkung auf das Ökosystem. So verwilderten auf tropischen Inseln Katzen, die zur Bekämpfung von Mäusen gehalten wurden, und rotteten zahlreiche einheimische Tierarten aus.

Parasiten erfüllen die genannten Kriterien am besten. Vor allem ihre hohen Wachstumsraten und ihre *Wirtsspezifität* erweisen sich als günstig. Beispiele sind der Einsatz von Schlupfwespen gegen Schildläuse im Obstbau (Abb. 1, 2). Da Räuber und Parasiten ihre Beute bzw. Wirte nicht ausrotten, sondern deren Population lediglich begrenzen, ist mit gewissen Ernteeinbußen weiterhin zu rechnen. Häufig müssen die Parasiten zudem in regelmäßigen Abständen neu ausgesetzt werden, da ihre Populationen bei geringer Wirtsdichte nicht beständig sind. Das ist recht teuer.

Die Einschleusung von Bakterien und Viren hat sich zum Beispiel bei der Bekämpfung von Forstschädlingen bewährt. Allerdings ist auch bei diesen Organismen mit Resistenzbildungen zu rechnen. So wurde 1950 zur Bekämpfung der *Kaninchenplage* in Australien das *Myxomatosevirus* eingeführt. Daran starben in den folgenden Jahrzehnten ca. 95 % der Kaninchen. Inzwischen sind aber die Hälfte der Kaninchen gegen das Virus resistent und der Bestand nimmt wieder zu.

Der *integrierte Pflanzenschutz* ist eine genau abgestimmte Kombination verschiedener biologischer und chemischer Methoden. Pestizide *(Insektizide, Fungizide, Herbizide)* werden erst eingesetzt, wenn trotz biologischer Maßnahmen bestimmte Schadensschwellen überschritten werden.

Aufgaben

① Analysieren Sie die Folgen des Azodrineinsatzes gegen den „Baumwollwurm" (Abb. 50.1).

② Vergleichen Sie den Effekt chemischer und biologischer Bekämpfung bei der Schildlausbekämpfung in einem schweizer Obstanbaugebiet (Abb. 2).

Gestufte Systeme

Biozönose
Lebensgemeinschaft aller Organismen in einem Biotop

Biotop
Lebensraum, Gesamtheit aller abiotischen Umweltfaktoren

Ökosystem
Vernetzung von Biozönose und Biotop

Biomasse
gesamte lebende Masse aller Individuen

Produktion
in einer bestimmten Zeit neu gebildete Biomasse

In einem Ökosystem leben viele Pflanzen- und Tierarten zusammen. Sie stellen eine Lebensgemeinschaft dar, die *Biozönose,* und diese lebt in einer gemeinsamen Umwelt, dem *Biotop.* Biozönose und Biotop bilden zusammen ein Ökosystem.

Zwischen den Populationen eines Ökosystems gibt es viele Wechselwirkungen, die zusammen seine Gesetzmäßigkeiten bestimmen. Einige lassen sich aus der Beziehung zweier Populationen erhalten. Man kann sich das gesamte System aus einzelnen Zwei-Arten-Systemen zusammengesetzt vorstellen. Die Beziehungen zwischen den Arten sind jedoch sehr vielfältig und müssen eher als stark verflochtenes Netz aufgefasst werden. Die Analyse von Biozönosen erfordert deswegen eine Herangehensweise, die der Komplexität angemessen ist.

Trophiestufen

Viele Populationen nutzen ähnliche Nahrungsressourcen. Man fasst sie daher zu *Trophiestufen* zusammen. Mit ihrer Hilfe lassen sich einfache Gesetzmäßigkeiten ermitteln. Die unterste Stufe bilden autotrophe Organismen wie die Pflanzen. Sie sind in der Lage, aus anorganischen Stoffen energiereiche organische Stoffe herzustellen *(Primärproduktion).* Dies ist die Trophiestufe der *Primärproduzenten.* Die weiteren Trophiestufen bilden *Konsumenten.* Das sind heterotrophe Organismen, die eigene Biomasse aus der Nahrung, d. h. aus der Biomasse anderer Organismen, produzieren *(Sekundärproduktion).* Die zweite Stufe bilden Pflanzenfresser. Sie sind *Konsumenten 1. Ordnung.* Fleischfresser bilden als *Konsumenten 2. Ordnung* die dritte Stufe. Weitere Konsumentenstufen können folgen. Mit jeder höheren Stufe wird aber die Nahrung seltener und ihre Schwankungen wirken sich gravierender aus. Die meisten Ökosysteme haben daher nicht mehr als 4 Trophiestufen.

Trophiestufen besitzen die kennzeichnenden Größen *Individuenanzahl* bzw. *-dichte, Biomasse* und *Produktion.* Die Individuenanzahl ist wegen der riesigen individuellen Unterschiede in Größe oder Masse jedoch wenig aussagekräftig, wie z. B. der Vergleich von Bäumen und Kräutern offensichtlich macht. Die Biomasse erfasst die gesamte Masse der Individuen. Die Produktion beschreibt, wie viel neue Biomasse in einer bestimmten Zeit gebildet wird. Die kennzeichnenden Größen können zu eigenen *ökologischen Pyramiden* wie z. B. zur Biomassenpyramide zusammengefasst werden (Abb. 1). Auch der Flächenbedarf der Individuen bildet eine Pyramide. Bei ihr sind die Größenverhältnisse allerdings umgekehrt, denn eine Maus hat z. B. ein kleineres Revier als eine Eule auf höherer Stufe. Der Flächenbedarf nimmt allgemein mit jeder höheren Trophiestufe deutlich zu.

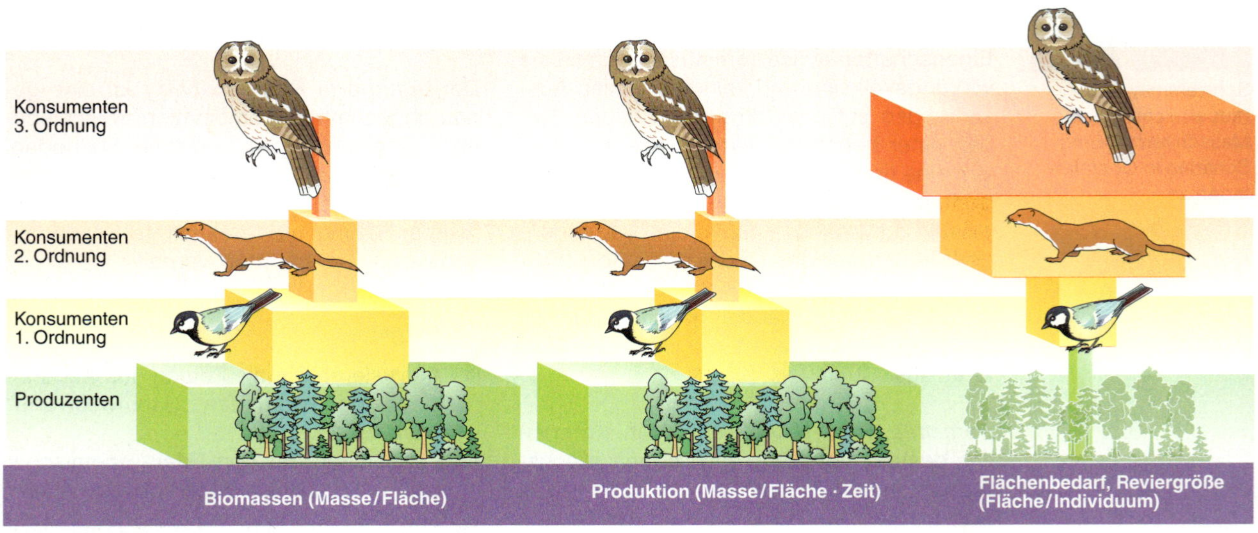

1 Ökologische Pyramiden terrestrischer Ökosysteme

Art	Masse (kg)	Dichte (N/km^2)	Masse / Fläche (kg/km^2)	Ernährung
Feldmaus	0,02	3300	66	P
Erdmaus	0,032	2500	80	P
Wisent	900	0,1	90	P
Wildschwein	80	0,3	24	G
Dachs	12	1,2	14,4	G
Mauswiesel	0,12	10	1,2	F
Luchs	25	0,03	0,75	F
Wolf	40	0,02	0,8	F

P = Pflanzenfresser, F = Fleischfresser, G = Gemischtfresser

1 Ökologische Daten verschiedener Säugetiere

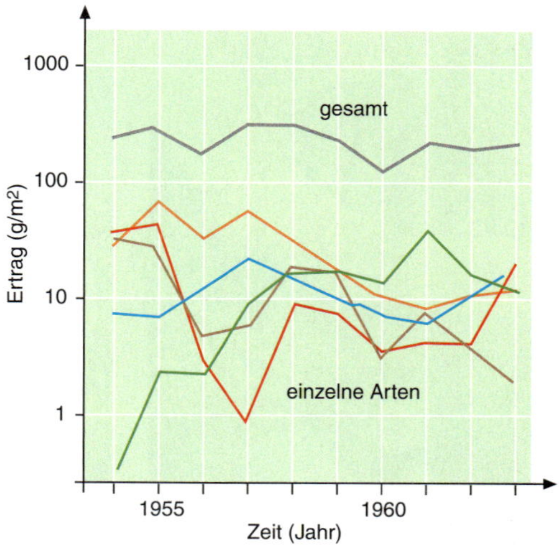

2 Produktion bei Pflanzenarten auf einer Wiese

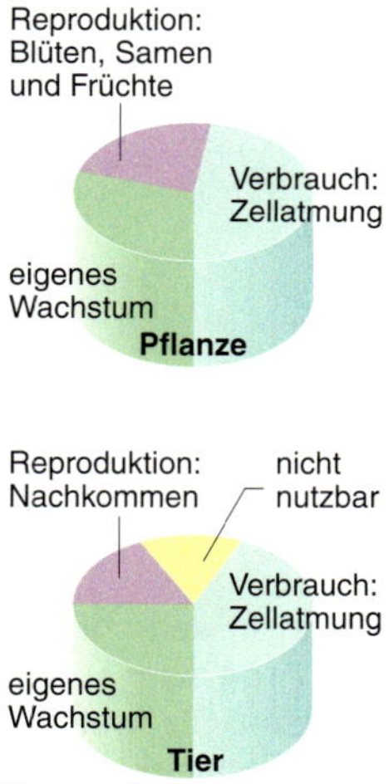

Verwendung von Biomasse

Die Größe einzelner Populationen bleibt nicht konstant, sondern schwankt ständig. In stabilen Lebensräumen scheinen aber über einen längeren Zeitraum gesehen die Biomassen der Trophiestufen etwa gleich groß zu sein (Abb. 2). In diesem Fall verliert eine Trophiestufe so viel Biomasse durch Absterben oder an höhere Konsumenten, wie sie im gleichen Zeitraum produziert hat.

Produktivitätsverhältnisse

Meistens ist die Produktion geringer als die aktuelle Biomasse. Dann besitzen tiefere Trophiestufen eine größere Biomasse als höhere. Pflanzenfresser erreichen daher auf gleicher Fläche höhere Biomassen als Fleischfresser (Abb. 1). Die von Konsumenten als Nahrung aufgenommene Biomasse kann nicht vollständig verwertet werden. Der nutzbare Anteil wird zum großen Teil für die aktuelle Energieversorgung (Zellatmung) verbraucht und dient zum anderen dem Wachstum der Individuen und der Produktion von Nachkommen *(Reproduktion)*, die zusammen die Produktion einer Trophiestufe ausmachen.

Insgesamt ist damit die Produktion einer höheren Trophiestufe niedriger als die Menge der aufgenommenen Biomasse. Höhere Trophiestufen haben darum stets eine deutlich niedrigere Produktion als darunter liegende und von einer Stufe zur folgenden nimmt die Produktion deutlich ab. Untersuchungen haben gezeigt, dass die Produktion einer Trophiestufe nur etwa $^1/_{10}$ der darunter liegenden Stufe beträgt. Das Verhältnis der Produktion aufeinanderfolgender Trophiestufen liegt damit bei annähernd 10 : 1, man sagt auch, dass die *Produktionseffizienz* 10 % beträgt.

In großen Gewässern findet man oft eine scheinbar gegenteilige Situation, denn die Biomassen bilden eine umgekehrte Pyramide (Abb. 3). Die hier lebenden kleinen Algen können sich jedoch bei guter Versorgung mit Ressourcen täglich mehrfach teilen und ihre Biomasse vervielfachen, sie besitzen darum eine sehr hohe Produktion. In einem Ökosystem sind daher weniger die aktuellen Biomassen von Bedeutung, entscheidend ist vielmehr die Produktion, die in unteren Trophiestufen ausnahmslos höher ist. Nur die Produktionspyramide hat darum immer die erwartete typische Form.

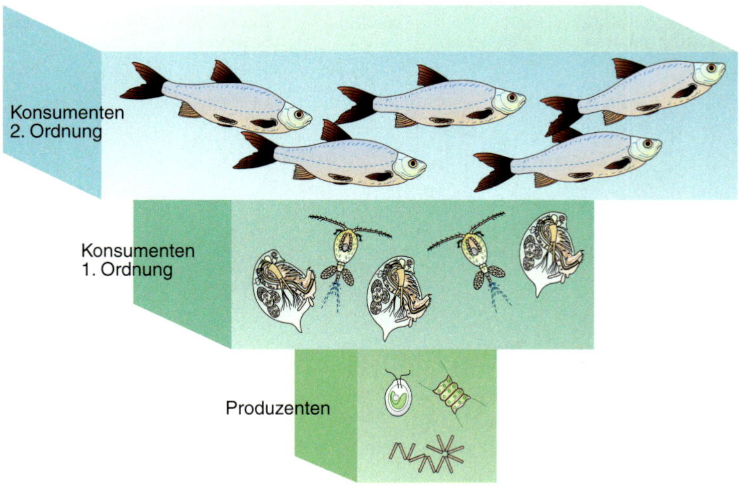

3 Biomassenpyramide eines großen Gewässers

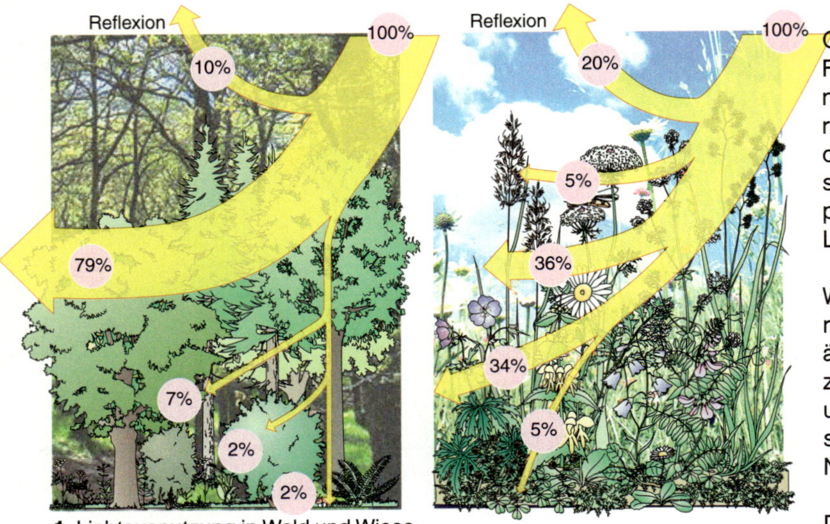

1 Lichtausnutzung in Wald und Wiese

Nettoprimärproduktion pro Jahr

Laubwald
1,45 kg / m^2·a

Nadelwald
1,58 kg / m^2·a

Grasland
1,42 kg / m^2·a

Acker
ca. 1,1 kg / m^2·a

Primärproduktion

Am Anfang vieler Nahrungsketten stehen die Pflanzen. Sie stellen mithilfe der Fotosynthese energiereiche Biomasse her. Die gesamte pflanzliche Produktion wird *Bruttoprimärproduktion* genannt. Ein großer Teil wird in der pflanzlichen Zellatmung verbraucht, den dann verbleibenden Teil bezeichnet man als *Nettoprimärproduktion*. Pflanzen versorgen sich somit selbst, sie sind *autotroph*. Von der von ihnen gebildeten Biomasse zehren direkt oder indirekt alle anderen heterotrophen Organismen. Das Ausmaß der Primärproduktion bestimmt letztlich die verfügbare Ressourcenmenge in einem Ökosystem und damit auch, wie viele Konsumenten dort existieren können.

Grüne Pflanzenteile absorbieren Licht für die Fotosynthese. Die Absorption erfolgt jedoch nicht vollständig, sodass Restlicht für weitere Blattschichten übrig bleibt. Nach Untersuchungen kommen in einem Pflanzenbestand so viele Blattschichten vor, dass das Licht praktisch vollständig genutzt wird (Abb. 1). Licht ist eine begrenzte Ressource.

Wird die Produktion nur durch die verfügbare Lichtmenge begrenzt, führt dies zu einer ähnlichen Fotosyntheseleistung und damit zu einer ähnlichen Nettoprimärproduktion in unterschiedlichen Ökosystemen. Dies zeigt sich in Mitteleuropa z. B. bei Laubwäldern, Nadelwäldern und Wiesen (s. Randspalte).

Die Primärproduktion wird weiterhin durch die Verfügbarkeit von Wasser und Mineralstoffen bestimmt sowie durch die Temperatur. Der am wenigsten verfügbare Faktor begrenzt die insgesamt erzielbare Produktion (*Liebig'sches Minimumgesetz*, s. Seite 23). Dies führt zu sehr unterschiedlicher Primärproduktion in verschiedenen Lebensräumen der Erde (Abb. 2).

Aufgaben

① In den Ozeanen gibt es küstennahe Zonen, in denen mineralreiches Tiefenwasser aufsteigt. Begründen Sie, warum in derartigen *Auftriebszonen* die Primärproduktion besonders hoch ist.

② Die Primärproduktion ist in verschiedenen Ökosystemen der Erde sehr unterschiedlich (Abb. 2). Erklären Sie, welcher Faktor im Einzelfall wahrscheinlich begrenzend wirkt.

Ozean	Küstenzone	Gezeitenzone, Mangroven	Regenwald tropischer Länder	Wald kühlfeuchter Gebiete	Fels, Eis	Trockenbusch, Savanne	Wüste, Tundra
Nettoprimärproduktion < 0,4 (kg/m^2 · a)	0,2–0,6	1–6	1–3,5	0,5–2,5	< 0,001	0,2–2,5	< 0,04
Biomasse < 0,01 (kg/m^2)	0,01–0,1	10–50	40–80	10–50	< 0,3	2–15	0–2

2 Biomassen und Nettoprimärproduktion

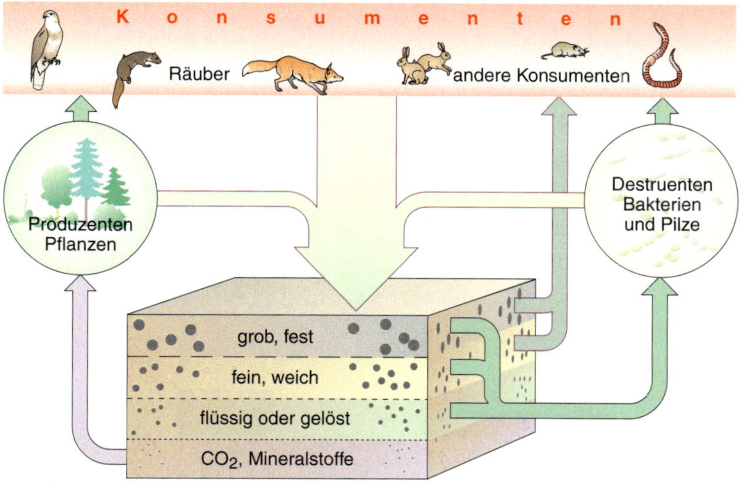

1 Abbau von totem organischem Material

Stoffabbau durch Destruenten

Blattzersetzung

In Ökosystemen fällt viel totes organisches Material an. Dies sind z. B. Kot und tote Organismen, aber auch abgeworfene Teile, wie Blätter und Blüten bei Pflanzen oder Federn, Haare und Hautschuppen bei Tieren. Dieses organische Material ist energiereich und so gibt es viele Organismen, die es als Ressource nutzen. Solche Organismen werden *Destruenten* (Zersetzer) genannt. Im Gegensatz zu Räubern, die ihre Beute töten und deren Wachstum und Vermehrung beeinträchtigen, sind Destruenten auf Ressourcen angewiesen, die sie als bereits abgestorbenes organisches Material vorfinden.

Am Abbau sind viele Organismen beteiligt. Dazu gehören Bakterien und Pilze. Totes organisches Material in Gewässern *(Detritus)* nutzen u. a. Filtrierer. Im Wald werden gröbere Partikel von Milben, Kleinstinsekten, Asseln, Würmern, Schnecken und anderen Tieren gefressen.

Die Verwertbarkeit hängt u. a. von der Partikelgröße ab. Große Stücke wie Aas werden gefressen und verdaut. Dabei werden die Stücke im Körper enzymatisch zu flüssigen oder wasserlöslichen Stoffen abgebaut, die dann resorbiert werden können. Reste, die nicht in dieser Weise verwertbar sind, werden als Kot wieder ausgeschieden. Viele Destruenten hinterlassen daher selbst wieder totes organisches Material, das anderen Destruenten zur Verfügung steht. Mit jeder erneuten Nutzung des Materials verringern sich seine Menge, die Partikelgröße und der verbleibende Energiegehalt.

Auch die chemische Zusammensetzung bestimmt die Nutzbarkeit toter organischer Substanz. Flüssige und gelöste Bestandteile werden direkt genutzt, der Abbau von Stoffen wie Kohlenhydraten (außer Zellulose) oder Proteinen erfolgt daher schnell. Mit jeder erneuten Nutzung besteht der Rest jedoch aus schwerer abbaubaren Stoffen, wie Chitin, Zellulose oder Lignin (Holzstoff). Diese können nur langsam durch Spezialisten wie einige Bakterien und Pilzarten verwertet werden (Abb. 2).

Der Abbau ist auf Wasser angewiesen. Fehlt dieses, so trocknen z. B. Kadaver aus und mumifizieren. Hohe Temperaturen und ein neutraler pH-Wert begünstigen den Abbau. In Mitteleuropa kann z. B. Laubstreu auf saurem Waldboden mehrere Jahre bis zur endgültigen Mineralisierung benötigen, bei günstigeren Verhältnissen dagegen nur ein Jahr.

Abgestorbenes organisches Material wird so lange erneut genutzt, bis es keine verwertbare Energie mehr enthält. Dies ist der Fall, wenn nur noch Kohlenstoffdioxid und Mineralstoffe übrig sind. Diese anorganischen Stoffe wurden ehemals von den Primärproduzenten in Biomasse fixiert. Sie werden durch den Abbauvorgang freigesetzt und stehen den Produzenten wieder zur Verfügung. Kohlenstoffdioxid und Mineralstoffe werden also nicht verbraucht, sondern durchlaufen einen Kreislauf mit Fixierung und Freisetzung. Durch Destruenten wird die restliche Biomasse remineralisiert und der Kreislauf geschlossen. Hierin liegt ihre große Bedeutung für das Ökosystem.

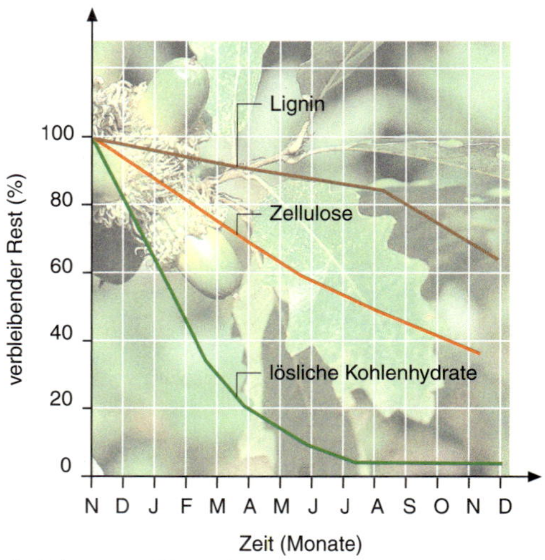

2 Abbau von Eichenlaub

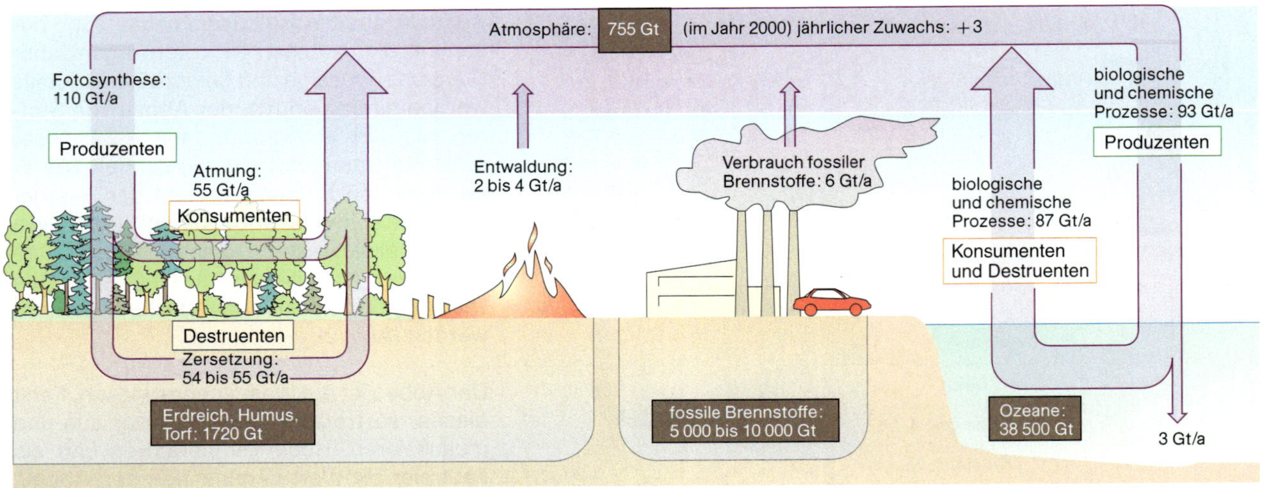

1 Globaler Kreislauf des Kohlenstoffs (Angaben in Gigatonnen pro Jahr)

Stoffkreislauf und Energiefluss

Durch Primärproduzenten werden anorganische Stoffe in Biomasse gebunden, durch Konsumenten und Destruenten werden sie wieder freigesetzt. Damit durchlaufen chemische Elemente wie Kohlenstoff und Stickstoff einen Kreislauf.

Kreislauf des Kohlenstoffs

Das wichtigste chemische Element in der Biomasse ist *Kohlenstoff*. Alle Biomasse besteht aus Kohlenstoffverbindungen, die von Produzenten aus Kohlenstoffdioxid (CO_2) hergestellt werden. Sie erfüllen bei allen Organismen die Doppelfunktion als Gerüststoff und Energieträger. Durch Fraß und Abbau werden sie an Konsumenten bzw. Destruenten weitergereicht, die daraus eigene Biomasse aufbauen oder sie für den Energiebedarf verbrauchen und dabei das anorganische CO_2 zurückbilden. Dies geschieht so lange, bis sämtlicher Kohlenstoff, der ursprünglich in Biomasse fixiert wurde, wieder als CO_2 frei geworden ist. Damit schließt sich der Kohlenstoffkreislauf.

Die Pflanzen auf dem Land und in den Ozeanen fixieren durch Fotosynthese einen Teil des in der Atmosphäre vorhandenen Kohlenstoffs. Einen weiteren Anteil binden chemische Prozesse, die CO_2 zu Carbonat (v. a. Calciumcarbonat, „Kalk“) umsetzen. Früher oder später gelangt sämtlicher Kohlenstoff als CO_2 wieder in die Atmosphäre, sodass statistisch das gesamte CO_2 alle drei bis vier Jahre einmal im Austausch mit der Biosphäre umgesetzt wird.

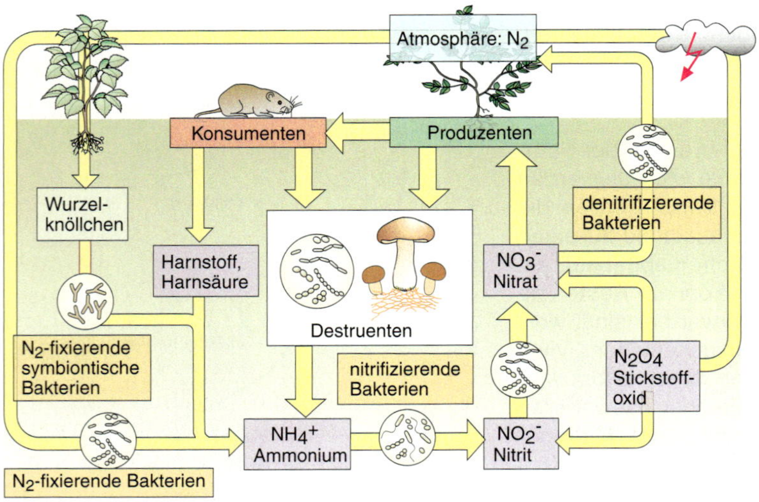

2 Kreislauf des Stickstoffs

Kreislauf des Stickstoffs

Stickstoff ist ein wesentliches Bauelement biologischer Moleküle, z. B. von Aminosäuren und Nucleotiden. Pflanzen bauen in Biomoleküle Stickstoffatome ein, die sie mit Nitrat (NO_3^-) oder Ammonium (NH_4^+) aus dem Boden aufgenommen haben. Jährlich werden dadurch ca. 175 Millionen Tonnen Stickstoff gebunden. Einige Bakterien können auch den chemisch stabilen atmosphärischen Stickstoff (N_2) nutzen. Manche dieser Bakterien leben symbiontisch in den Wurzelknöllchen höherer Pflanzen *(Knöllchenbakterien)*. Konsumenten und Destruenten verwerten die Stickstoffverbindungen aus den Pflanzen bzw. Pflanzenteilen für den Eigenbedarf. Überschüssiger Stickstoff wird entweder in Form von Ammoniak oder als Harnstoff bzw. Harnsäure abgegeben. Letztere werden in Boden oder Wasser ebenfalls zu Ammonium umgesetzt. Nitrifizierende Bakterien wandeln dieses über Nitrit (NO_2^-) in Nitrat um, das damit den Pflanzen wieder verfügbar wird. Weiterhin bilden denitrifizierende Bakterien aus Nitraten wieder N_2 zurück und schließen auf diese Weise den Kreislauf mit der Atmosphäre.

nur etwa 2 % fotosynthetisch verwendet. Eine Hälfte wird für die Zellatmung verbraucht, die andere dauerhaft in pflanzlicher Biomasse fixiert.

Alle Organismen nutzen einen Teil der aufgenommenen Energie für ihren Betriebsstoffwechsel, wobei die Energie schließlich als Wärme frei wird. Letztendlich wird damit sämtliche Sonnenenergie zu Wärme. Der Energiefluss durch die Biomasse der Organismen stellt also nur eine Verzögerung dar, die Leben auf der Erde ermöglicht.

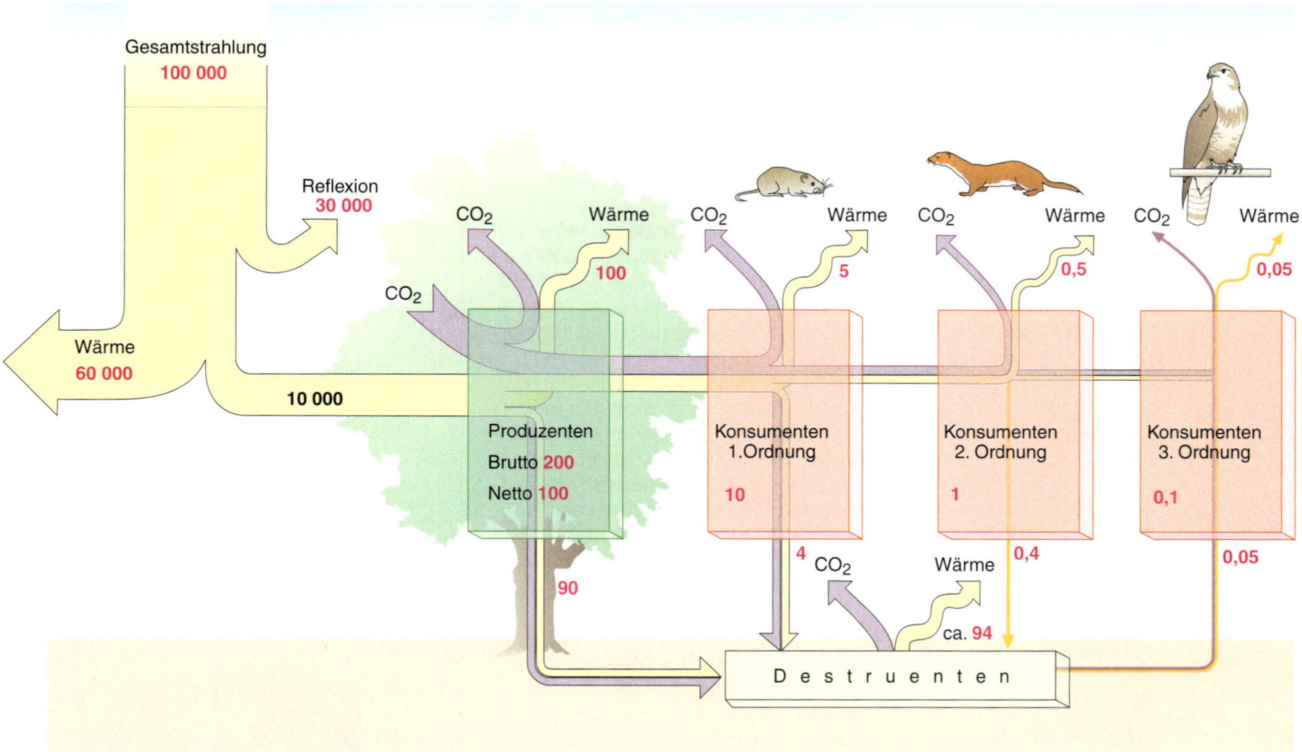

1 Täglicher Energiefluss im Wald (kJ/m^2 · Tag)

Energiefluss

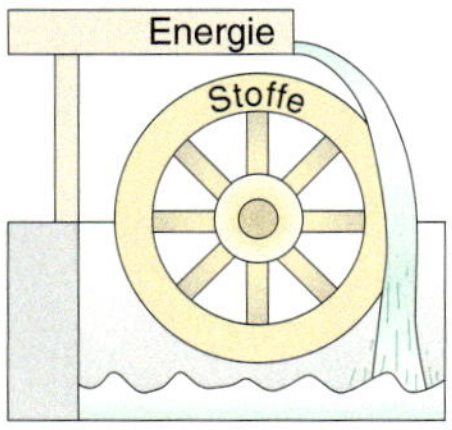

Die Kreisläufe von Kohlenstoff, Stickstoff und anderen Elementen werden durch die Strahlungsenergie der Sonne angetrieben. Ein Teil der Energie wird als chemische Energie von den Produzenten in organischen Verbindungen gespeichert. Diese gelangen als Nahrung zu den Konsumenten und Destruenten. Es besteht damit eine enge Kopplung zwischen der Übertragung von Energie und von Biomasse. Von der täglich auf die Atmosphäre auftreffenden Sonnenenergie ($3-4 \cdot 10^7$ kJ/m^2) dringen nur 10000 kJ/m^2 auf die Erdoberfläche durch. Davon werden

Aufgaben

① Stellen Sie anhand der Abbildung 56.1 Bildungsprozesse (Quellen) und fixierende Prozesse (Senken) für Kohlenstoffdioxid gegenüber.

② Berechnen Sie von der Strahlungsenergie, die täglich auf die Atmosphäre trifft, den bis zur Erdoberfläche gelangenden Anteil (in %).

③ Eine Wassermühle soll als Modellvorstellung für die enge Verbindung zwischen Stoffkreislauf und Energiefluss dienen. Erläutern Sie die Vorzüge und Grenzen der Modellvorstellung.

Energie und Leben

System

Betrachtet man Energieumwandlungen in lebenden Systemen, muss man zwischen dem System und seiner Umgebung unterscheiden: Als *System* bezeichnet man den Teil der Natur, dessen Eigenschaften und Änderungen untersucht werden (z. B. eine Zelle, ein Lebewesen oder ein Ökosystem). *Umgebung* ist der Teil der Natur, mit dem das System Stoffe, Energie oder Informationen austauscht.

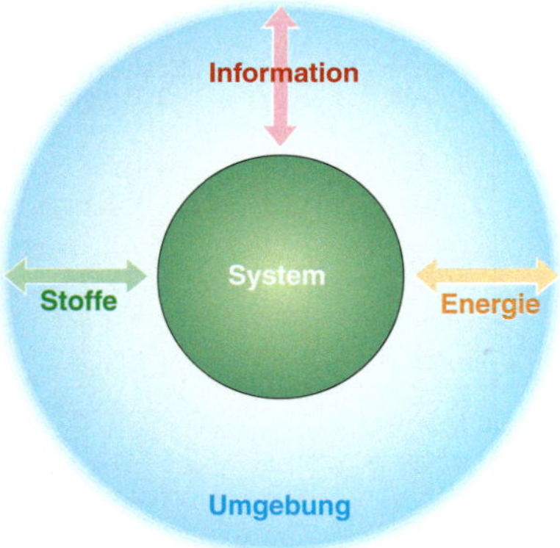

Energie

Energie nennt man die Fähigkeit eines Systems, Arbeit zu verrichten. Man unterscheidet verschiedene Energieformen:

- kinetische Energie
- potenzielle Energie
- elektrische Energie
- chemische Energie

Energie kann nicht verschwinden oder aus dem Nichts entstehen, es können nur die verschiedenen Energieformen ineinander umgewandelt werden. Bei diesem Vorgang wird oft ein Teil der Energie durch Reibung oder Strahlung in Wärme umgewandelt.

Chemische Vorgänge können nur dann spontan ablaufen, wenn genügend Energie vorhanden ist. Energiearme Ausgangsstoffe, wie Kohlenstoffdioxid oder Wasser, können nur dann zu energiereichen Reaktionsprodukten wie Glucose reagieren, wenn über die *Fotosynthese* dem System Energie zugeführt wird. Energieverbrauchende Reaktionen können also gekoppelt sein mit Energie liefernden Reaktionen. Diese Kopplung kann erreicht werden durch energiereiche Zwischenprodukte wie das *ATP*.

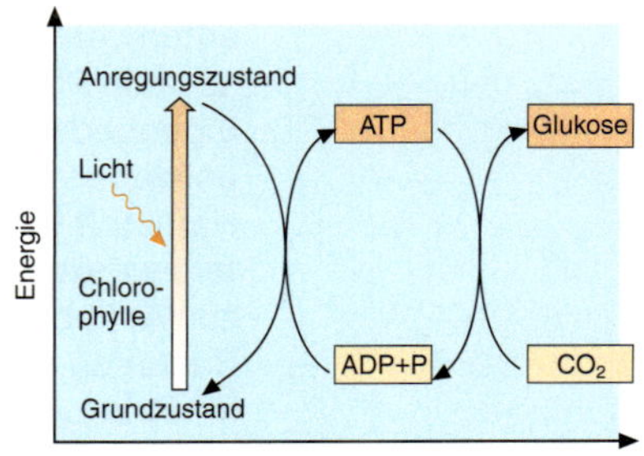

Fotosynthese

Lichtenergie von der Sonne ist die Voraussetzung für den Energiehaushalt von Lebewesen. Grüne Pflanzen nutzen das riesige Energiereservoir der Sonne aus *(autotroph)*. Die Blätter der höheren Pflanzen haben zwei Funktionen, die *Fotosynthese* und die *Transpiration*. An der Unterseite der Blätter befinden sich Spaltöffnungen, die *Stomata*, die sich öffnen und schließen können und so die Transpiration und den Gasaustausch regeln.

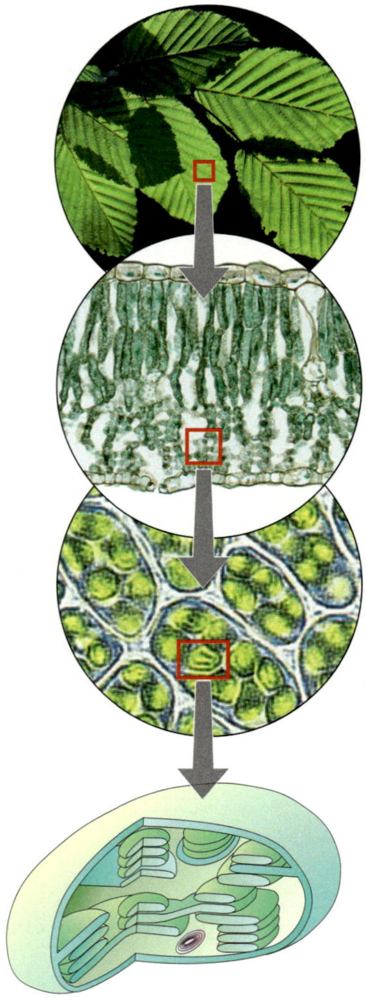

Der Blattaufbau ist bei den meisten Laubblättern sehr ähnlich. Die Epidermis bildet auf der Ober- und Unterseite den Abschluss des Gewebes. Das oben liegende *Palisadengewebe* und das darunter liegende *Schwammgewebe* können je nach den abiotischen Faktoren unterschiedlich stark ausgebildet sein.

Die Fotosyntheserate ist abhängig von Umweltfaktoren, wie Wasser, CO_2, Temperatur und der Beleuchtungsstärke. Je nach ökologischem Standort sind die Pflanzen an die jeweiligen Bedingungen angepasst.

Bei der Fotosynthese werden aus den energiearmen Ausgangsstoffen Kohlenstoffdioxid und Wasser durch die Kopplung mit der lichtabhängigen Reaktion der energiereiche Stoff Glucose und Sauerstoff synthetisiert. Die Glucose ist der Ausgangsstoff für den Baustoffwechsel der Pflanze und dient außerdem der Energiebereitstellung.

Aus osmotischen Gründen wird die Glucose in die langkettige Stärke umgewandelt und in Speicherorganen abgelagert.

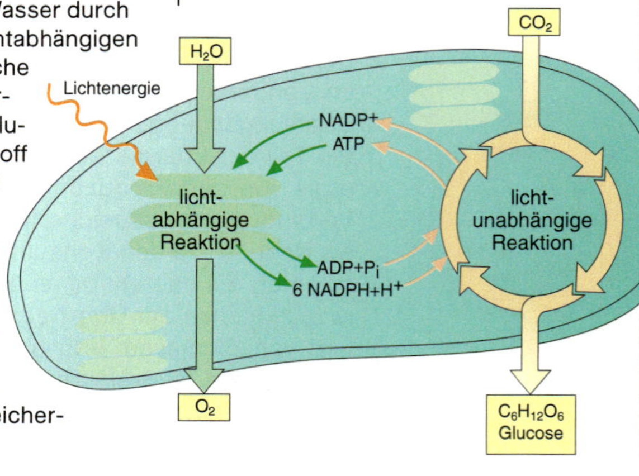

Chemosynthese

Jeder Organismus ist auf die Zufuhr von Energie angewiesen. Steht keine Energie zur Verfügung, so kommen die Stoffwechselprozesse der Zellen zum Erliegen – die Zelle oder der Organismus stirbt.

Manche Organismen sind in der Lage, ihren Energiebedarf ohne die Zufuhr energiehaltiger organischer Verbindungen zu decken, man bezeichnet sie als *autotroph*. Die grünen Pflanzen nutzen hierzu die Sonnenenergie *(photoautotroph)*. Es gibt jedoch auch eine Reihe farbloser Bakterien, welche die Synthese der Glucose mit Reaktionen anorganischer energiereicher Stoffe koppeln *(chemoautotroph)*. Bei der Oxidation von Schwefel, Schwefelwasserstoff, Ammoniak oder Stickstoffdioxid aus der Umgebung wird die Energie zur Bildung von ATP genutzt. Dieses wird wie bei den Pflanzen im *Calvinzyklus* für den Glucoseaufbau genutzt.

In der Tiefsee ist trotz des fehlenden Lichtes eine sehr hohe Produktion an organischen energiereichen Stoffen nachzuweisen. In der Nähe von Unterwasservulkanen, den *Black Smokern*, wird der Schwefelwasserstoff aus der Erdkruste von Bakterien genutzt. Diese leben in Symbiose mit Röhrenwürmern oder Muscheln. Über das sehr effektive Blutsystem der Tiere erhalten sie Sauerstoff und Schwefelwasserstoff. Die in den Bakterien synthetisierte Glucose wird über den Blutkreislauf in den Tieren verteilt.

Zellatmung — Dissimilation

Im Gegensatz zu den autotrophen Lebewesen sind Organismen, die zur Deckung ihres Energiebedarfs auf die Zufuhr energiehaltiger organischer Verbindungen angewiesen sind, *heterotroph*. Alle Lebewesen – auch die Pflanzen – können ihren Energiehaushalt über diese energiereichen Stoffe,

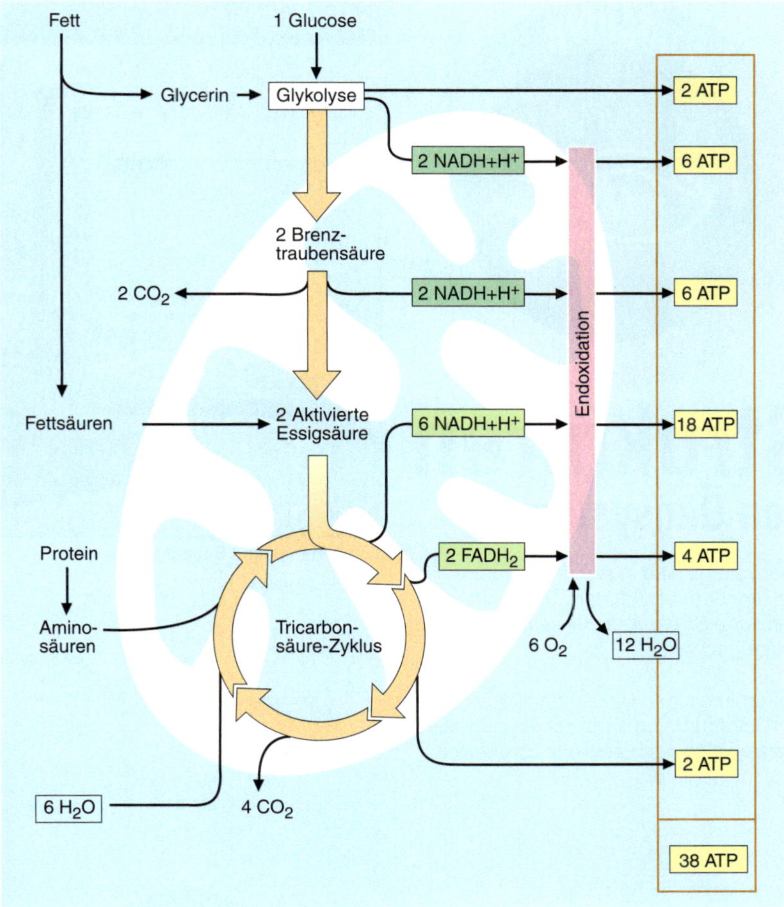

wie Glucose, Stärke, Fette oder Eiweiße, decken. Ein Molekül Glucose wird im Cytoplasma in zwei Moleküle Brenztraubensäure gespalten. Brenztraubensäure kann die Membran der *Mitochondrien* passieren und wird weiter bis zum CO_2 abgebaut. Der Wasserstoff der Glucose wird auf den Wasserstoffüberträger NAD^+, bzw. FAD^+ übertragen. Bei der Oxidation dieses Wasserstoffes mit dem Sauerstoff entsteht an der Mitochondrienmembran aus ADP und Phosphat das ATP. Die ausreichende Aufnahme von Sauerstoff und energiereichen Stoffen ist daher für ein Überleben unter den verschiedenen ökologischen Bedingungen, wie Wasser, Kälte, Trockenheit etc., eine notwendige Voraussetzung.

Gärung

Bei Sauerstoffmangel ist die ATP-Bildung kaum möglich, da die *Endoxidation* nicht ablaufen kann: bei Hefezellen in schlecht belüfteten Böden, Wattwürmern oder Muscheln bei Ebbe, Strudelwürmern im Schlamm oder bei einer Unterversorgung der Zellen in einem mehrzelligen Organismus, wie den Muskelzellen. Nur die sehr viel geringere ATP-Bildung im Cytoplasma kann unter diesen anaeroben Bedingungen weiterlaufen. Dieser anaerobe Vorgang wird als *Gärung* bezeichnet. Endprodukte sind bei den Hefezellen Alkohol bei den Muskelzellen Milchsäure. Bei einem ausreichenden Angebot an Sauerstoff können sie auch atmen. Sie heißen deshalb *fakultative Anaerobier*.

Strukturen
von Ökosystemen

Ökosysteme sind in sich nicht homogen, sondern strukturiert. Sie besitzen *räumliche Strukturen*, die selbst wieder strukturiert sind.

Weiterhin bleiben sie nicht gleich, sondern verändern und entwickeln sich. Sie besitzen also auch *zeitliche Strukturen*.

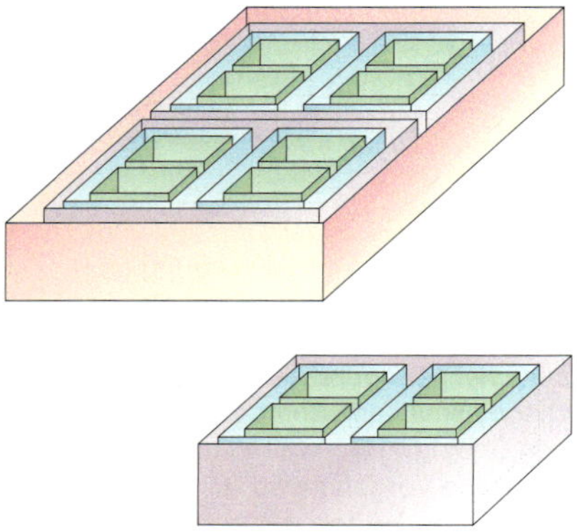

Ökosysteme lassen sich in verschiedenen Ebenen abgrenzen. Erklären Sie dies am Beispiel von Biosphäre — Wald — Baum — Blatt.

Räumliche Strukturen

Ökosysteme sind Schachteln

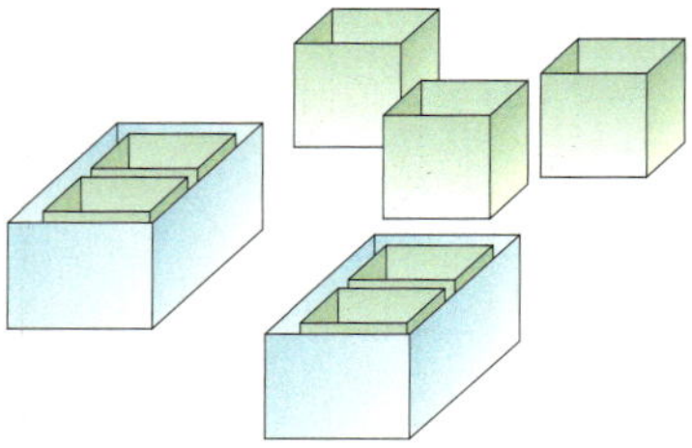

Ökosysteme sind Inseln

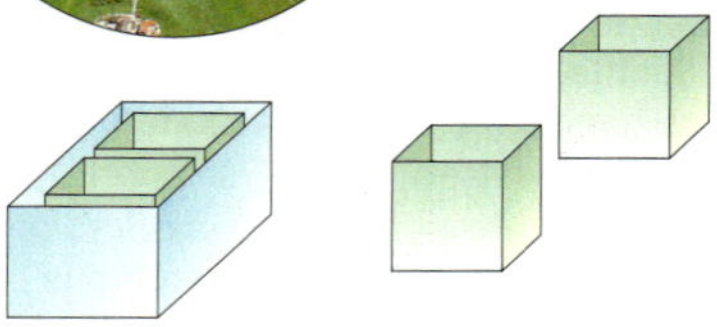

Erklären Sie, warum Schachtel und Insel zwei Aspekte desselben Ökosystems sind. Zeigen Sie an einem Beispiel die Schachtel- und Inselcharakteristika auf.

Bleiben oder wegziehen?

„Ausbreitung ist eine der Grundeigentümlichkeiten der organischen Natur. Eine Ausbreitungsphase enthält der Lebenszyklus jeder Art. Die Funktion der Ausbreitung ist, den Arten zu ermöglichen, vorher unbesetzte Gebiete und ungenügend ausgefüllte Nischen zu besetzen."
(E. MAYR)

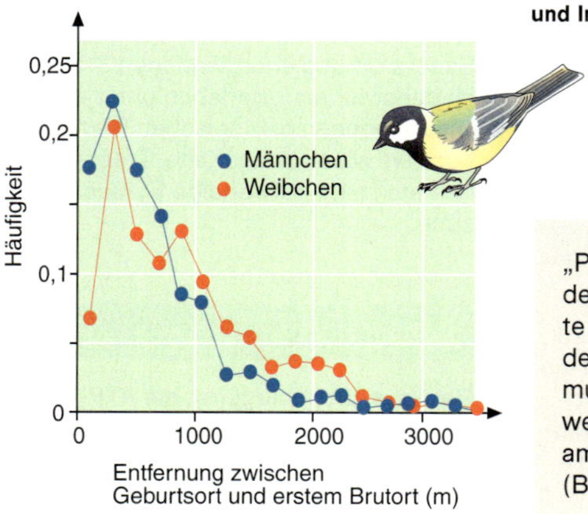

„Phasen von Ausbreitung und Wanderung sind in der Lebensgeschichte von Organismen von entscheidender Bedeutung. Jeder Organismus ist zum Aussterben verurteilt, wenn er oder seine Nachkommen am gleichen Ort bleiben."
(BEGON, HARPER & TOWNSEND)

Zeitliche Strukturen

Organismen sind allgemein an ihren Lebensraum angepasst, Lebensräume verändern sich mit der Zeit.

Zyklus einer Muschelbank

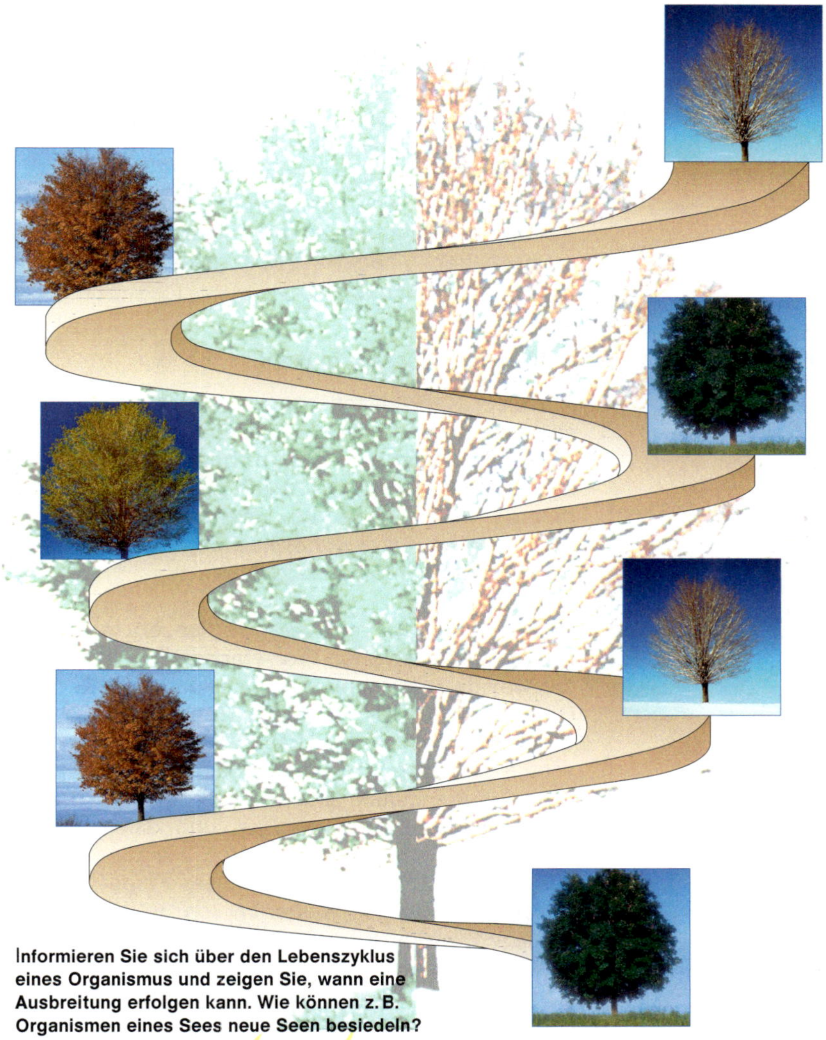

Vergleichen Sie die zeitlichen Charakteristika eines Ökosystems mit seinen räumlichen. Sind die einzelnen Phasen eines Systems mit „zeitlichen Inseln" vergleichbar?

Erklären Sie anhand eines gewählten Organismus, wie er auf die Veränderlichkeit seines Lebensraumes reagieren kann.

Informieren Sie sich über den Lebenszyklus eines Organismus und zeigen Sie, wann eine Ausbreitung erfolgen kann. Wie können z. B. Organismen eines Sees neue Seen besiedeln?

Ökosysteme vergehen

Für die borealen Wälder in Alaska wird ein natürlicher Feuerzyklus angenommen, der zwischen 50 und 200 Jahren liegt und je nach vorherrschender Baumart und Region variiert. Die ökologische Wirkung des Feuers liegt in der Beseitigung der über lange Zeiträume aufgebauten Streu- und Rohhumusdecke, die eine natürliche Verjüngung der Baumbestände behindern kann. Außerdem werden die in der Auflage enthaltenen Nährstoffe schlagartig mineralisiert und freigesetzt, also zum Teil den Pflanzen wieder zugänglich gemacht. Ohne Feuer würde sich langfristig für die Bäume ein Mineralstoffmangel einstellen.

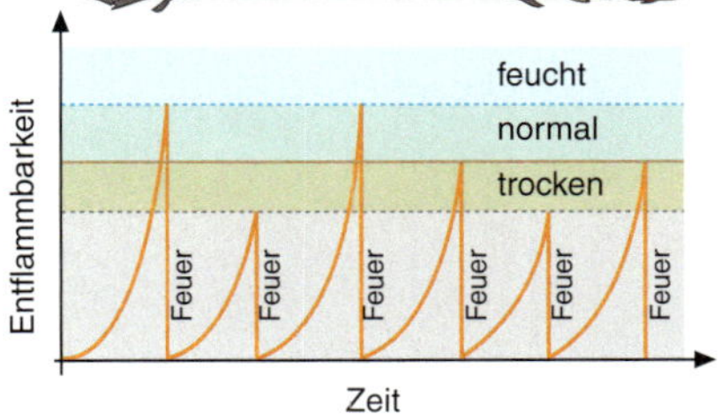

Pflanze auf Lavagestein

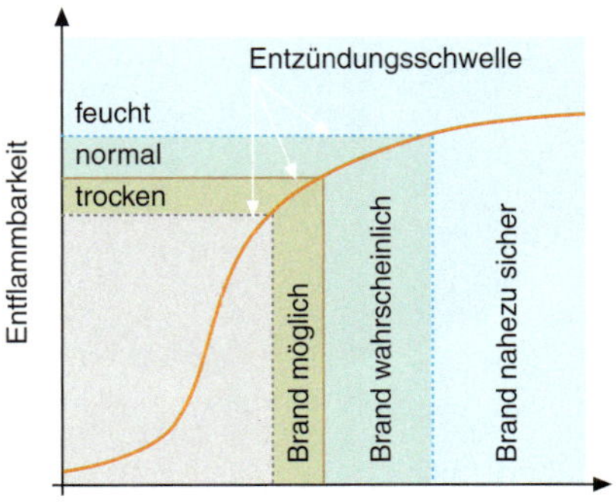

Sukzessionen

An manchen Orten, wie neuen Vulkaninseln oder Brachflächen, entstehen neue, noch unbesiedelte Lebensräume. Solche Lebensräume werden von einwandernden Organismen rasch besiedelt. Verschiedene Organismen erscheinen dabei in oft typischer Abfolge nacheinander und bilden Lebensgemeinschaften. Eine solche Abfolge bezeichnet man als *Sukzession*.

autotrophe Sukzession (= Gestaltungssukzession)
Abfolge von Lebensgemeinschaften, die zum (Wieder-) Aufbau eines Ökosystems führt.

heterotrophe Sukzession (= Verbrauchssukzession)
Abfolge von Lebensgemeinschaften, die zum Abbau des Ökosystems führt (Baumstumpf, Dunghaufen, Heuaufguss)

Sukzessionsphasen im Wald

Auf einer Kahlschlagfläche kann man beispielsweise eine charakteristische Abfolge von Pflanzengemeinschaften beobachten. Sie wird im Wesentlichen durch die Konkurrenz der Pflanzenarten um Licht und damit durch deren Fotosyntheseleistung verursacht *(autotrophe Sukzession)*.

Dabei lassen sich drei Phasen abgrenzen: In der *Initialphase* treffen Pionierarten ein, oft nur wenige Arten, und besiedeln das neue Gebiet in großer Dichte. Es handelt sich um einjährige Pflanzen wie Gräser, die als typische r-Strategen (s. Seite 43) klein und wenig konkurrenzstark sind. Sie werden von mehrjährigen, höherwüchsigen und damit schon konkurrenzstärkeren Arten wie kleineren Sträuchern verdrängt. In der *Folgephase* werden diese wiederum von größeren Arten verdrängt, die die kleineren Arten beschatten und daher konkurrenzüberlegen sind. In dieser Phase wird sehr viel pflanzliche Biomasse aufgebaut. Nach Jahren setzen sich Baumarten durch, die als größte Arten am konkurrenzstärksten sind.

Initial- und Folgephase sind besonders produktive Sukzessionsphasen (Abb. 2). In der letzten Phase, der *Klimax*, herrscht ein Fließgleichgewicht zwischen Bildung und Verbrauch von Biomasse. Sie weist oft weniger, aber sehr langlebige Arten auf. (→ 158/159)

Auch bei Tieren beobachtet man eine Abfolge während einer Sukzession. Sie siedeln sich jeweils entsprechend den verfügbaren, für sie passenden Ressourcen an.

Für die Ausprägung des Klimaxstadiums sind lange Zeitspannen von vielen Jahrzehnten nötig. Die Struktur von Klimaxgesellschaften hängt vor allem von den großklima-

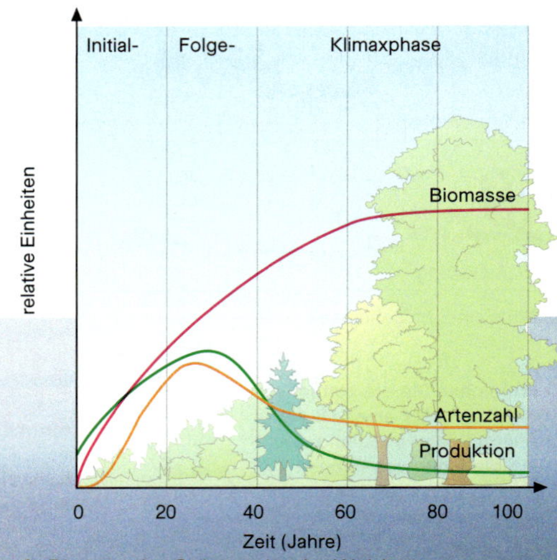

2 Phasen der Sukzession im Wald

1 Vulkaninsel Surtsey (entstanden 1963)

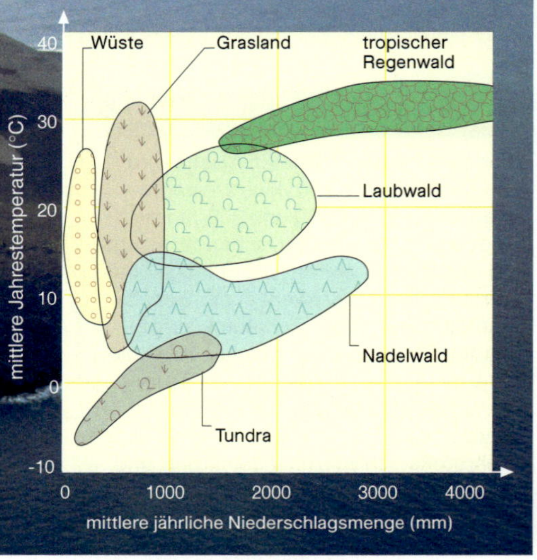

3 Klimaxgesellschaften der Erde

tischen Bedingungen ab, sodass sie sich in verschiedenen Regionen der Erde stark unterscheiden können (Abb. 62.3).

Mosaikzyklen

Der beschriebene Sukzessionsablauf geht von homogen strukturierten Phasen aus. Dies hilft bei der Analyse von Gesetzmäßigkeiten, ist aber im Detail zu stark vereinfacht. Störungen im Klimaxwald, wie z. B. Windbruch oder das Umfallen alter abgestorbener Bäume, schaffen kleine Lichtungen. Tierische Organismen bilden oft Ansammlungen, sodass eine gleichmäßige Verteilung nicht vorliegt. Sie verursachen z. B. Fraß- oder Trittschäden. Solche lokalen Störungen werfen diese Orte auf frühere Stadien zurück und eine neue lokale Sukzession beginnt. Auf lange Sicht entstehen viele solcher Neusukzessionen nebeneinander, die sich alle in verschiedenen Stadien befinden. Großräumig zeigt sich dann ein Mosaik aus kleineren Sukzessionsinseln (Abb. 1), deren Stadien sich zyklisch wiederholen können.

Ständig gestörte Lebensräume

Einige Lebensräume können als ständig gestört angesehen werden. Dazu gehören z. B. Kiesbänke in Flüssen, die von jedem Hochwasser umstrukturiert werden, oder auch Äcker, die immer wieder umgepflügt werden. Ähnliches gilt auch für Bereiche in Wattengebieten, die durch Strömungen und Sturmfluten ständig umgelagert werden. Solche Lebensräume werden von typischen r-Strategen besiedelt. Sie bleiben auf den Anfangsstadien einer Sukzession stehen.

1 Wald-Mosaik

Zettelkasten

Sukzession im Einmachglas: Der Heuaufguss

Auch in einem Heuaufguss lässt sich eine Abfolge von Organismen beobachten. Es handelt sich um Einzeller, wie eine Reihe von Paramecien-Arten. Ihre Abfolge ist in diesem Fall durch den Fortschritt beim Abbau toter organischer Substanz bedingt. Daran sind Bakteriengesellschaften beteiligt, die je nach Grad des Abbaus und Zustands der Mikroumwelt im Glas variieren. Von ihnen ernähren sich die Einzeller. Die Sukzession ist beendet, wenn die organische Substanz aufgebraucht und remineralisiert ist. Damit ist die Entwicklung im Heuaufguss eine *heterotrophe Sukzession.* Die Abfolge variiert je nach den speziellen Bedingungen des Ansatzes.

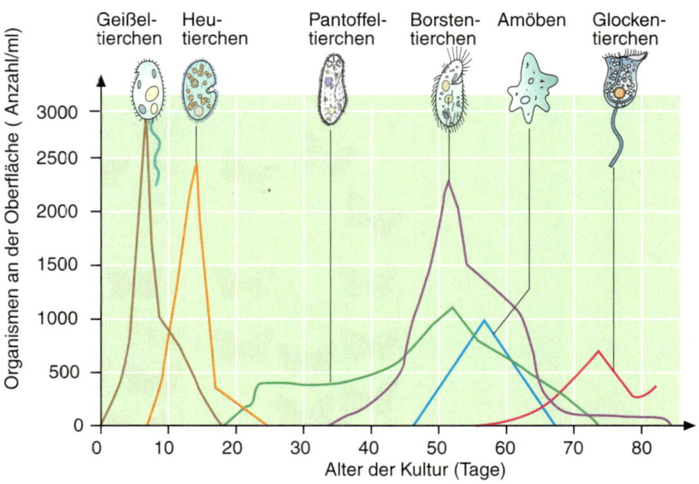

1 Artenreiche und artenarme Wiese

Diversität und Stabilität

Biodiversität
(Mannigfaltigkeit)
- Artenmannigfaltigkeit
- genetische Vielfalt
- Mannigfaltigkeit der Lebensräume

Eine Gebirgswiese unterscheidet sich deutlich von einer Feuchtwiese (Abb. 1). Lebensräume werden von verschiedenen Arten in charakteristischer Zusammensetzung und Zahl bewohnt. Die Bestimmung dieser *Biodiversität* dient dazu, Ökosysteme vergleichbar und Veränderungen messbar zu machen. Dabei versteht man unter Biodiversität nicht nur die Anzahl der vorkommenden Arten, sondern auch deren genetische Vielfalt sowie die Mannigfaltigkeit der Lebensräume in einer Region. Vereinfachend wird hier nur die Artendiversität betrachtet.

Durch eine mathematische Formel, den *Diversitätsindex* (s. Seite 67), kann man die Diversität in einem Lebensraum als Zahlenwert angeben und dadurch vergleichbar machen. Kommen viele Arten vor, ist der Diversitätsindex relativ hoch, bei wenigen Arten niedrig. Allerdings wirkt eine Lebensgemeinschaft auch dann eintönig, wenn eine bestimmte Art sehr häufig und alle anderen Arten nur sehr selten vorkommen. Ein Diversitätsindex berücksichtigt daher auch die Häufigkeitsverteilung der Arten. Die Diversität ist relativ niedrig, wenn eine einzelne Art stark dominiert. Dagegen ist die Diversität trotz gleicher Artenanzahl höher, wenn alle vorkommenden Arten etwa gleich häufig sind (Abb. 2). Eine absolute Gleichverteilung kommt kaum vor.

Die Diversität steigt mit der Anzahl der Arten und ihrer Gleichverteilung.

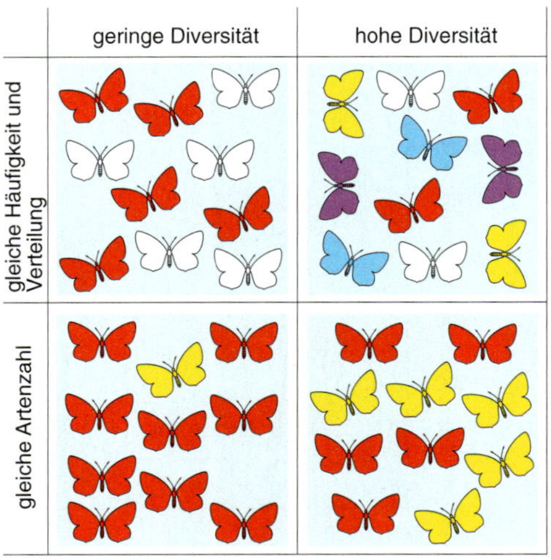

2 Aspekte der Diversität

Bei den meisten Lebensräumen weiß man nicht genau, wie viele Arten sie bewohnen und wie häufig diese sind. Das gilt umso mehr, je kleiner die Arten sind. Berechnungen der Diversität werden daher meist innerhalb einer bestimmten überschaubaren Organismengruppe, wie z. B. Blütenpflanzen oder Insekten, durchgeführt. Außerdem sind Ökosysteme nicht abgeschlossen. Man muss daher einen Ausschnitt abgrenzen und Stichproben entnehmen, um die Diversität zu berechnen. Der so ermittelte Wert lässt sich dann nur auf die ausgewählte Gruppe innerhalb des ausgewählten Ausschnitts beziehen. Einzelberechnungen des Diversitätsindex sind für sich allein wenig sinnvoll. Erst wenn man die Werte an verschiedenen Standorten, zu verschiedenen Jahreszeiten oder vor und nach einer Umweltveränderung vergleicht, kommt man zu aussagekräftigen Ergebnissen.

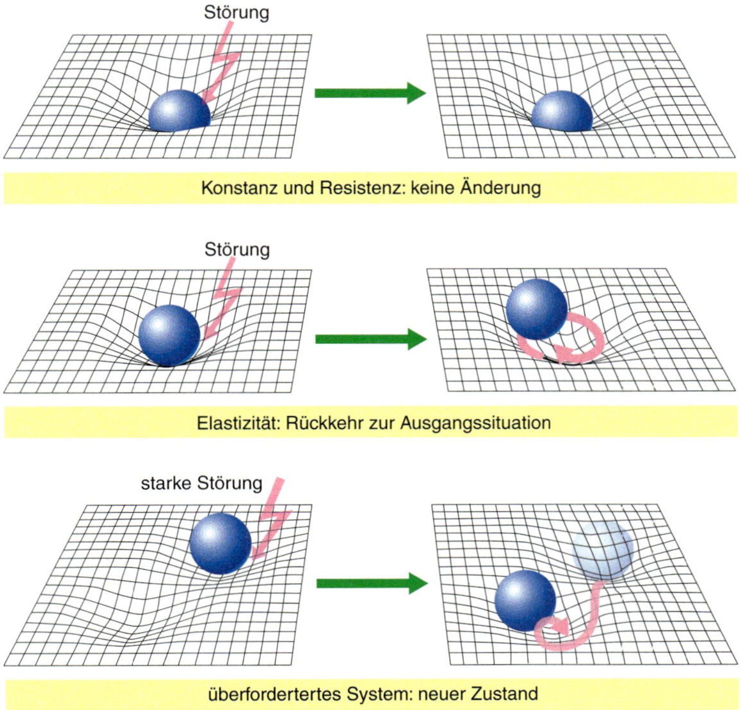

1 Modell der Stabilitätsaspekte

Ursachen für Diversitätsunterschiede

Es ist schwer zu sagen, warum ein Lebensraum eine hochdiverse Lebensgemeinschaft beherbergt und ein anderer nicht. Es gibt jedoch eine Reihe plausibler Vermutungen:

- *verfügbare Nahrungsressourcen:* Mit den Nahrungsressourcen steigt auch die Produktivität in einem Ökosystem. Damit hängen wiederum die Anzahl möglicher Trophiestufen und die Nischenanzahl zusammen. Bei größerem Ressourcenangebot findet man daher meist mehr Arten.
- *strukturelle Vielfalt:* Abwechslungsreiche Lebensräume bieten mehr Lebensmöglichkeiten und lassen damit eine höhere Artenvielfalt zu.
- *Klima:* In den Tropen leben mehr Arten als in Regionen mit ausgeprägten Jahreszeiten oder an den Polen. Das gleichmäßige Tropenklima lässt offenbar mehr Spezialisierungen zu; daher können hier mehr Arten koexistieren. Dies gilt entsprechend für alle Ökosysteme, die keinen oder sehr geringen Umweltschwankungen ausgesetzt sind.
- *Alter des Lebensraumes:* Die Entstehung einer großen Artenvielfalt nimmt eine bestimmte evolutive Zeit in Anspruch, alte Lebensräume sind oft diverser.

Diversitäts-Stabilitäts-Hypothese

Nach der *Diversitäts-Stabilitäts-Hypothese* steigt mit der Diversität auch die Stabilität eines Ökosystems. Unter *Stabilität* wird dabei meist verstanden, dass sich Artenanzahl und Biomasse in einem ungestörten Ökosystem nicht wesentlich ändern *(Konstanz)*, bzw. dass ein Ökosystem unempfindlich gegenüber Störungen ist *(Resistenz*, Abb. 1). Die Hypothese geht davon aus, dass mit zunehmender Diversität mehr Vernetzungen zwischen den Arten möglich sind und verändernde Einflüsse besser abgepuffert werden können.

Aber auch wenig diverse Ökosysteme können lange überdauern, weisen also eine gewisse Stabilität auf. In mitteleuropäischen Wäldern findet man die größte Artenvielfalt dort, wo durch die Bewirtschaftung ständig kleinräumige Störungen wie Abholzung und Wegebau vorfallen und die Strukturvielfalt erhöhen. Nimmt man diese Wälder aus der Nutzung heraus, entstehen naturnähere Wälder, die zunehmend von der konkurrenzstarken Rotbuche dominiert werden. Da Rotbuchen das Licht stark ausnutzen, verarmt auch die Bodenflora. Es läuft eine Sukzession ab (s. Seite 62) bis zum Klimaxstadium, das artenärmer, aber stabiler als der Wirtschaftswald ist. Der vermutete Zusammenhang zwischen Diversität und Stabilität ist offenbar in dieser einfachen Weise nicht gegeben.

Neben der Konstanz und Resistenz gibt es nämlich noch einen weiteren Aspekt der Stabilität, die *Elastizität*. Darunter versteht man die Fähigkeit, nach Störungen wieder zum ursprünglichen Zustand zurückkehren zu können, zu *regenerieren*. Die Elastizität wird auf Generalisten im Ökosystem zurückgeführt. Sie nutzen ein breites Ressourcenspektrum und tragen daher mehr zur Vernetzung der Nahrungsketten im Ökosystem bei als Spezialisten. Nach Störungen, die ihre Ressourcen reduzieren, können sie auf andere Ressourcen ausweichen (s. Seite 47). In Lebensräumen mit häufigen Umweltschwankungen sind die vorkommenden Arten entsprechend angepasst und können auch andere Störungen abfangen.

Wenn eine Störung allerdings ein bestimmtes Ausmaß übersteigt, zu lange andauert oder ständig in dieselbe Richtung weist, dann kann die Elastizität überfordert sein und das gesamte System wird instabil. Dies gilt beispielsweise für einen See, der ständigem Mineralstoffeintrag ausgesetzt ist und dadurch hypertrophiert wird (s. Seite 91, 92).

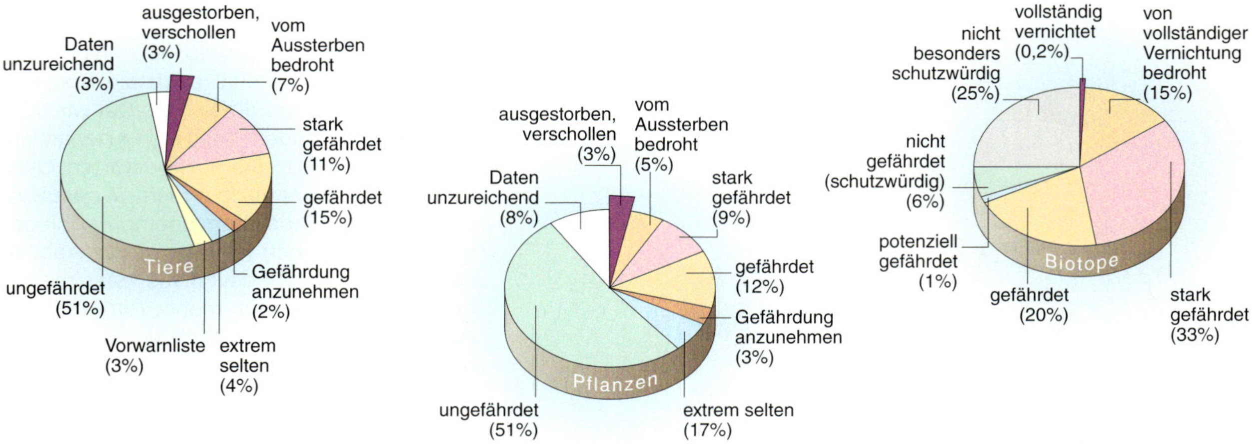

1 Bedrohte Arten und Lebensräume in Deutschland

Globale Biodiversität: Schutz der lebendigen Vielfalt

Kategorien der Roten Listen

0 ausgestorben oder verschollen
1 vom Aussterben bedroht
2 stark gefährdet
3 gefährdet
4 potenziell gefährdet
R extrem selten
G Gefährdung anzunehmen
D Daten mangelhaft
V Vorwarnliste (noch ungefährdet, verschiedene Faktoren könnten eine Gefährdung in den nächsten 10 Jahren herbeiführen)

Panda
gefährdete Art in einem gefährdeten Lebensraum

„Im Bewusstsein des Eigenwerts der biologischen Vielfalt sowie des Wertes der biologischen Vielfalt und ihrer Bestandteile in ökologischer, genetischer, sozialer, wirtschaftlicher, wissenschaftlicher, erzieherischer, kultureller und ästhetischer Hinsicht sowie im Hinblick auf Ihre Erholungsfunktion ...“ unterzeichneten 170 Staaten, darunter Deutschland, das „Übereinkommen über die biologische Vielfalt“ (Convention on Biological Diversity). Sie bekannten sich zur gemeinsamen Verantwortung für das Naturerbe und einigten sich auf drei Hauptziele:

- Erhaltung der biologischen Vielfalt
- nachhaltige Nutzung ihrer Elemente
- ausgewogene und gerechte Verteilung der Vorteile, die sich aus der Nutzung der genetischen Ressourcen ergeben.

Alle Vertragsparteien sind zur Erarbeitung innerstaatlicher Strategien verpflichtet. Mit der *Rio-Konvention* von 1992 wurde der Anfang für eine weltweit umfassende Naturschutzpolitik gemacht, und der Begriff „globale Biodiversität“ in Gesetze und Verordnungen eingebracht. Dabei umfasst diese Biodiversität nicht nur die Artenvielfalt, sondern auch die genetische Vielfalt einzelner Arten und die Vielfalt von Lebensräumen, also die Vielfalt des Lebens. Die Natur erhält damit neben den Kulturgütern und Bodenschätzen den Rang eines Welterbes. Der Schutz der Biodiversität ist das neue Leitbild im Naturschutz. Im Gegensatz zum schwer messbaren *ökologischen Gleichgewicht* lässt sich die Biodiversität berechnen und im Rahmen eines Umweltmonitoring verfolgen.

Allein in der europäischen Region gibt es mehrere tausend sich voneinander unterscheidende Lebensraumtypen, in denen 150 Säugetier-, 520 Vogel-, 180 Reptilien- und Amphibien-, 150 Fisch-, 10000 Pflanzenarten und 100000 Wirbellosenarten leben. Europa gehört im Vergleich zu den Tropen und Subtropen aber zu den relativ artenarmen Regionen der Erde.

Die globale Biodiversität wird zunehmend durch die Zerstörung und Zerstückelung von Lebensräumen sowie durch die Verschlechterung der Umweltbedingungen bedroht. In ihrem Bestand gefährdete Arten werden in *Roten Listen* geführt, die vom IUCN (International Union for Conservation of Nature and Natural Resources) bzw. den einzelnen Ländern herausgegeben werden (s. Randspalte und Abb. 1).

Aufgaben

① Erklären Sie, warum ein wirkungsvoller Artenschutz untrennbar mit dem Schutz der genetischen Vielfalt innerhalb einer Art und dem Lebensraumschutz verbunden ist.

② Vielseitige Lebensbedingungen ermöglichen hohe Artenzahlen bei geringer Individuenanzahl pro Art, einseitige und extreme Lebensbedingungen führen zu Artenarmut, aber größeren Dichten der einzelnen Arten. Erklären Sie mithilfe dieser *„biozönotischen Grundprinzipien“*, inwieweit die moderne Landnutzung den Artenrückgang begünstigt.

Diversität berechnen

Untersuchungen zur Diversität sollten vergleichend durchgeführt werden, z. B. an Gliedertieren der Messstellen: Laubwald / Nadelwald; Rasen / Wiese oder Weide / Brachland. Zuvor wird für jede Messstelle berechnet, wie groß die Probefläche sein muss, um möglichst alle Arten zu erfassen. Dazu verwendet man eine *Arten-Areal-Kurve*.

Probennahme im Gelände

Material:
Geländekarte (1 : 5000), 2 m lange Schnur mit 0,5-m-Markierungen, 4 ca. 30 cm lange Markierungsstäbe, gekennzeichnete Sammelbehälter (Plastikbeutel, Fotofilmdosen), Petrischalen, Pinzetten, Lupen, Protokollmaterial, Bestimmungsliteratur

Durchführung:
Führen Sie folgende Untersuchungen an jeder Messstelle durch:
- Dokumentieren Sie die Geländestruktur (Foto, Skizze, Beschreibung) sowie die vorherrschenden Pflanzen- und Pilzarten der Messstelle. Tragen Sie die Lage in Ihre Karte ein.
- Werfen Sie einen Stock hinter sich. Er trifft auf den Ausgangspunkt von Probefläche 1. Stecken Sie eine Fläche von 0,5 x 0,5 m ab.
- Erfassen Sie nun die Artenanzahl von Gliedertieren in der Probefläche. Die Namen bekannter Arten werden protokolliert. Unbekannte Arten werden eingesammelt und, wenn möglich, bestimmt. Unbestimmbare Arten werden mit wenigen Stichworten beschrieben und bekommen einen Arbeitstitel (Art A, Art B, ...).
- Zählen oder schätzen Sie die Anzahl der Individuen pro Fläche (Dichte) zumindest bei den häufigsten Arten.
- Suchen Sie durch Stockwurf, also zufällig, eine weitere Probefläche (Probefläche 2) und protokollieren Sie wieder die Artenanzahl und die Dichte der Arten.
- Wiederholen Sie dieses Verfahren 10-mal an jeder Messstelle.

Arten-Areal-Kurve

Ergebnis der Probennahme sind zwei Serien von jeweils 10 Probeflächen.

Aufgaben

① Summieren Sie die Artenanzahlen Ihrer Probeflächen kumulativ auf, bestimmen Sie also die Artenanzahl in Probefläche 1 + 2, Probefläche 1 + 2 + 3 usw. bis zur Artenanzahl in der Gesamtprobe.

② Tragen Sie für jede Messstelle in einem Diagramm die Artenanzahl (y-Achse) gegen die steigende Gesamtgröße der Probefläche auf.

③ Lesen Sie aus den Art-Areal-Kurven jeweils ab, wie viele Probeflächen der Größe 0,5 x 0,5 m man braucht, um die Artenanzahl zu erfassen. Dieses *Minimalareal* ist die Fläche, bei der die Kurve nicht mehr oder kaum noch steigt.

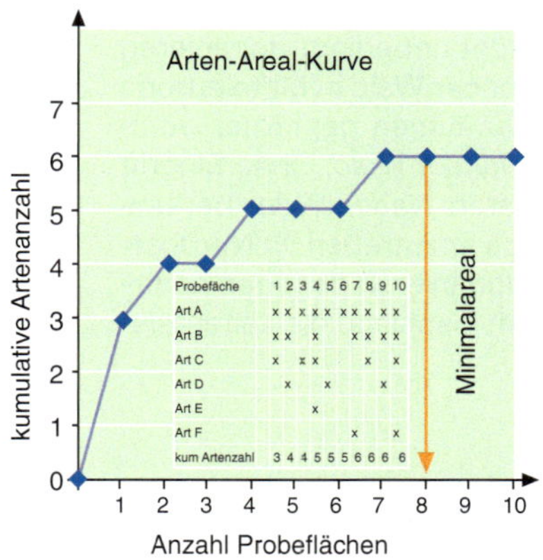

Diversität: Rang-Häufigkeitskurve

Legen Sie eine Probefläche von der Größe des Minimalareals zugrunde (siehe Aufgabe 3).

Aufgaben

④ Sortieren Sie die Arten in eine Tabelle so ein, dass die häufigste Art oben steht und die anderen entsprechend ihres Ranges folgen.

⑤ Berechnen Sie die relative Häufigkeit p_i der Arten (Dichte einer Art / Gesamtindividuenanzahl).

⑥ Tragen Sie in einem Diagramm die rel. Häufigkeit gegen den Rang auf. Welche Messstelle ist diverser?

Art i	Rang	Anzahl	p_i
C	1	87	0,74
A	2	12	0,10
B	3	8	0,07
D	4	5	0,04
E	5	2	0,04
N	6	1	0,01
G	7	1	0,01
F	8	1	0,01
Summe		117	1

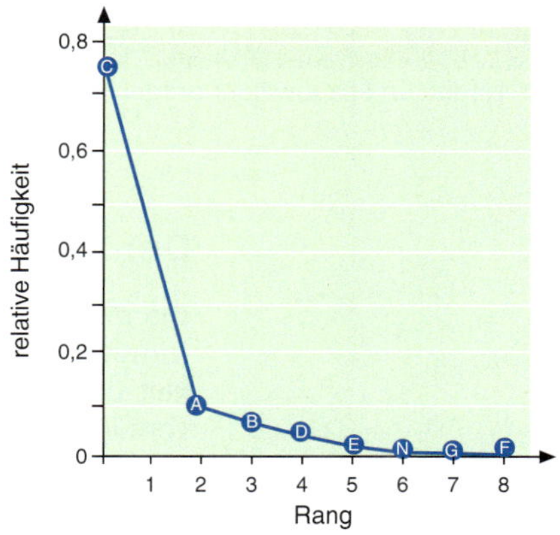

Diversitätsindex nach Shannon

Die Diversität lässt sich nicht nur als Kurve, sondern auch als Zahlenwert bestimmen, z. B. durch den Diversitätsindex nach Shannon (H_S):

$H_S = \Sigma\,(p_i \cdot \log p_i)$

S = Artenanzahl
p_i = rel. Häufigkeit von Art i

Aufgaben

⑦ Eine Regel besagt, dass die Diversität in abwechslungsreichen Lebensräumen besonders hoch ist. Treffen Sie eine Voraussage, welche Ihrer Messstellen vermutlich die höchste Diversität aufweist.

⑧ Ergänzen Sie die Tabelle durch die Spalten lg p_i und (p_i lg p_i). Berechnen Sie die Werte und deren Summen. Sie erhalten die Diversität H_S.

⑨ Entsprechen die Ergebnisse Ihrer Voraussage (Aufgabe 7)?

⑩ Vergleichen Sie die Aussagekraft von Diversitätskurve und Diversitätsindex.

1 Nadel- und Laubwälder prägen die mitteleuropäische Landschaft

Der Wald als Lebensraum

Die meisten Wälder Mitteleuropas sind *Kulturwälder (Forste)*: Je nach Wirtschaftlichkeit und Bodenbeschaffenheit wurden bevorzugt bestimmte Baumarten angepflanzt, die im naturnahen Wald des entsprechenden Standortes nicht unbedingt dominieren würden. Ein naturnaher Wald in Mitteleuropa wäre ein von Laubbäumen geprägter *sommergrüner, winterkahler Wald.* Ohne Eingriff des Menschen wären *Nadelwälder* bei uns nur im Hochgebirge anzutreffen. In Nordost- und Nordeuropa dominieren dagegen natürlicherweise auch im Flachland die kälteresistenteren und an Dunkelperioden angepassten Nadelwälder (Abb. 62.3). Der höheren Produktivität der Laubbäume im Sommer steht die Fähigkeit der Nadelbäume gegenüber, ganzjährig Fotosynthese betreiben zu können.

Wälder schaffen günstige Lebensbedingungen für Tier- und Pflanzenarten, da sie gegenüber extremen Klimaeinflüssen eine hohe Pufferwirkung besitzen. Im Sommer sind Wälder angenehm kühl, im Winter dagegen ist die Kälte im Vergleich zur offenen Landschaft abgemildert (Abb. 2). Dies gilt im Jahres- wie im Tagesverlauf. Auch andere abiotische Faktoren wie Windgeschwindigkeit und Luftfeuchtigkeit schwanken weniger (Abb. 3).

Bäume sind typische *K-Strategen* (s. Seite 43). Bei Bäumen werden die aufgenommenen Ressourcen, wie Fotosyntheseprodukte und Mineralsalze, in die Sicherung und Entwicklung der eigenen Existenz investiert. Sie kennzeichnen den Wald als stabiles Ökosystem durch ihre große Konkurrenzstärke und Langlebigkeit. Diese werden erreicht durch eine große Nährstoffspeicherung, z. B. hohe Zuckerkonzentration im Stamm des Ahornbaumes, und durch die Einlagerung von Substanzen gegen Fäulnis und Insektenfraß.

Naturnahe Laubwälder zeigen eine räumliche und zeitliche Gliederung: Ein *Stockwerkbau* mit Kraut-, Strauch- und Baumschicht gliedert den Wald vertikal. Die unteren

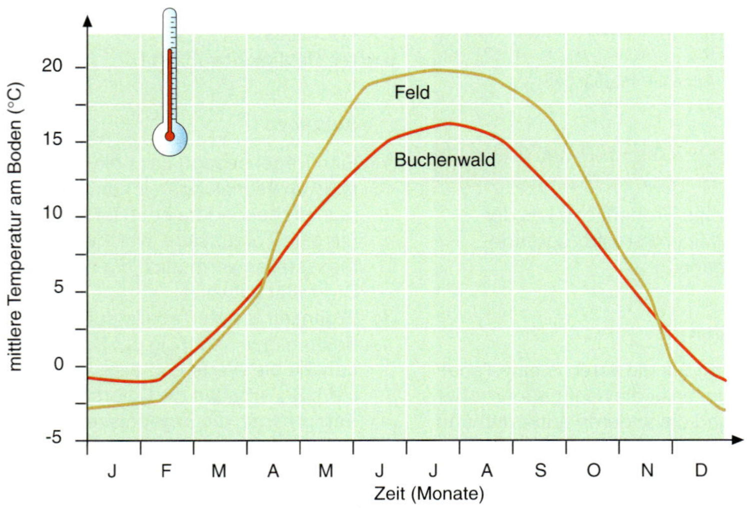

2 Temperaturen im Jahresverlauf

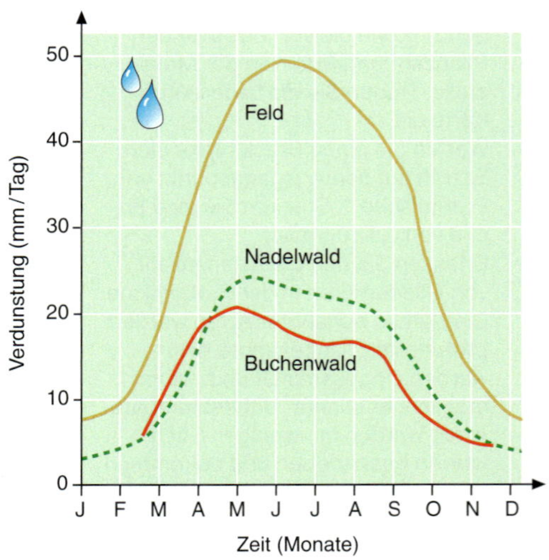

3 Verdunstung im Jahresverlauf

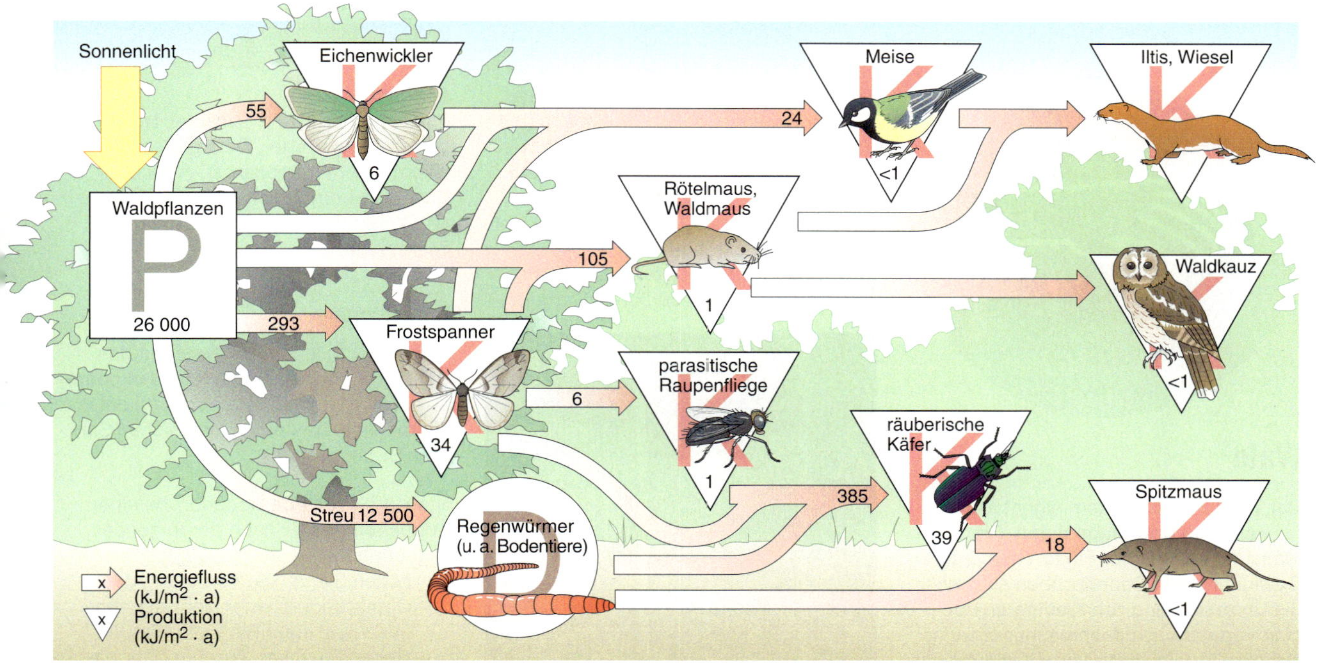

1 Energiefluss im vereinfachten Nahrungsnetz eines Eichenwaldes (E = Primärproduzenten, V = Konsumenten, Z = Destruenten)

Schichten, vor allem die *Krautschicht*, enthalten Pflanzen, die entweder nur im Frühjahr fotosynthetisch aktiv sind und blühen *(Frühblüher)* oder an sehr geringe Lichtverhältnisse angepasst sind. Später im Jahr ergrünt die Strauch-, noch später die Baumschicht. Diese *jahreszeitliche Gliederung* vermindert die Konkurrenz um die knappe Ressource Licht. Ein früher Austrieb der Blätter erhöht allerdings das Schadensrisiko bei Spätfrösten.

Windbruch, Feuer und lokaler Massenbefall mit Insekten sorgen für eine mosaikartige Verteilung von Baumgruppen unterschiedlichen Alters (s. Seite 63) und damit für eine horizontale räumliche Gliederung. Die *Altersstruktur* wiederum bestimmt als weitere zeitliche Gliederungskomponente die dominierenden Begleitpflanzen und die Fauna. Eine wichtige Rolle spielt das *Totholz*. Zersetzende Pilze schaffen die Voraussetzungen für zahlreiche wirbellose Tierarten auf diesem Substrat.

Die *Mosaikstruktur* führt besonders in naturnahen Laubwäldern zu einer auffällig großen *Artenfülle*: In einem Buchenwald kommen allein etwa 7 000 Tierarten vor. Entsprechend hoch ist die *Diversität*. Letztendlich tragen damit auch *Naturkatastrophen* zur Artenvielfalt der Wälder bei, indem sie Windbruch erzeugen.

Aufgaben

① Der Massenbefall durch Laub fressende Schadinsekten stellt nur sehr selten eine wirkliche Bedrohung für die betroffenen Wälder dar. Begründen Sie diese Aussage.

② Ordnen Sie den mitteleuropäischen Wald einem der auf Seite 65 modellhaft dargestellten Stabilitätstypen zu.

③ Vergleichen Sie die Schichtung eines Forstes mit der eines naturnahen Waldes.

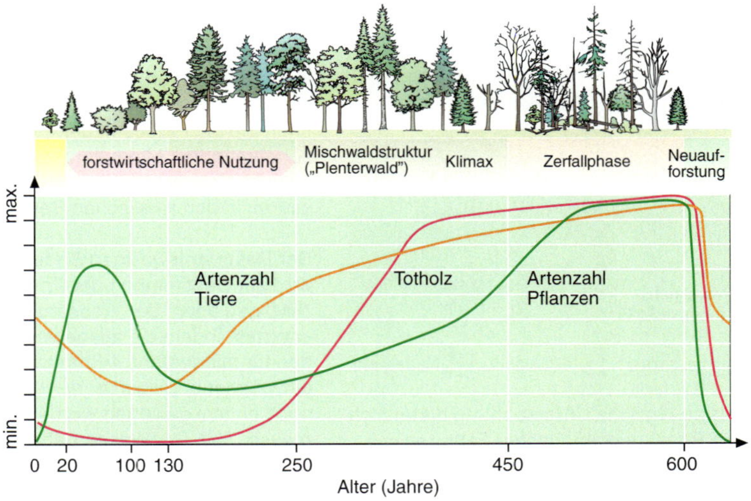

2 Artenvielfalt und Altersstruktur des Waldes

Wald

Der Wald als Ökosystem eignet sich für vielfältige Untersuchungen. Die Messung abiotischer Faktoren und die Gewinnung von Bodenproben sind, wie die Untersuchung von Kleintieren oder eine Vegetationsaufnahme, nur einzelne Aspekte für eine detaillierte Kenntnis der komplexen Zusammenhänge. Sinnvoll ist ein Vergleich von Untersuchungsflächen, die sich in einem wichtigen Faktor unterscheiden, zum Beispiel:

a) Laubwald – Nadelwald
b) naturnaher Wald – Forst mit weitgehender Baum-Monokultur
c) trockener und feuchter Standort im Wald
d) junger Wald – Wald mit altem Baumbestand

Die Untersuchungsflächen sollten einen Minimalabstand von 50 m haben (siehe Abbildung unten), da nur dann sichergestellt ist, dass die in sich möglichst homogenen Untersuchungsgebiete deutliche Unterschiede in einem Merkmal zeigen.

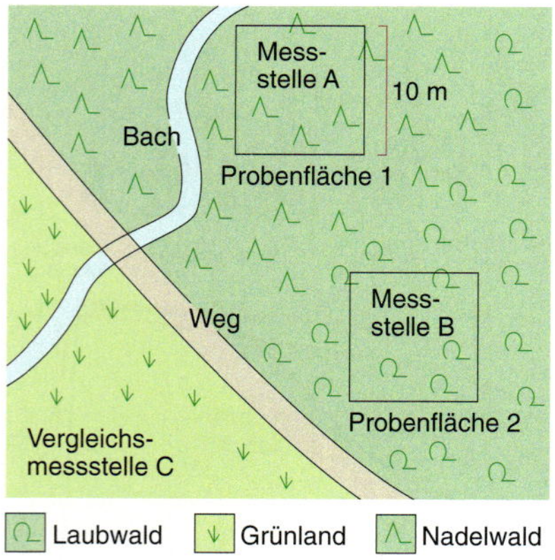

Als zusätzliche Untersuchung bietet sich die Erfassung abiotischer Faktoren wie Beleuchtungsstärke (gleiche Tageszeiten), pH-Wert, Humusgehalt und Feuchtegrad des Bodens an.

Abiotische Faktoren

Zur Entnahme der Bodenproben heben Sie den Boden zwei Spaten tief aus und füllen die verschiedenen Schichten jeweils in eine verschließbare Plastiktüte. Protokollieren Sie Schichtdicke, -färbung und -geruch. Der Waldboden lässt sich grob in Schichten unterteilen: a) *Streuschicht*, b) *Oberboden* mit Humus und c) *Unterboden* ohne Humus.

Messen Sie bei der Entnahme an verschiedenen Messstellen die *Lichtverhältnisse* mit einem Luxmeter in Busch-, Kraut- und Bodennähe (Vergleichswert außerhalb des Waldes).

Zur Bodenanalyse wird jeweils ein Teil der Bodenprobe gleicher Menge mit der Hand auf Körnigkeit und Formbarkeit untersucht, danach in einen Messzylinder geschüttet, mit Wasser aufgefüllt und geschüttelt. Tauchen Sie einen Streifen Indikatorpapier in das Wasser mit den jeweiligen Bodenproben und vergleichen Sie die Farbe mit der Farbskala. Mit zunehmendem Mineralstoffgehalt verschiebt sich der pH-Wert vom schwach sauren in den alkalischen Bereich.

Der Rest der jeweiligen Bodenproben wird zur Bestimmung der *Frischmasse (FM)* gewogen. Der Wassergehalt wird ermittelt, indem die ausgewogenen Proben für mindestens 4 Stunden bei 100 °C getrocknet und nach dem Abkühlen noch einmal gewogen werden *(Trockenmasse, TM)*. Der Wassergehalt in % wird über die folgende Formel ermittelt:

$$\frac{FM - TM}{FM} \cdot 100 = \text{Wassergehalt (\%)}$$

Mikroorganismen im Boden

Material:
Plastikbeutel, kleine Schaufel, Hohlschliff-Objektträger, Deckgläser, Nährmedium (Saccharose-Agar oder Zuckerlösung), Plastilin (oder Knetmasse), Wärmeschrank, Mikroskop und Stereolupe.

Durchführung

Geben Sie in jedem Untersuchungsgebiet ca. $^1/_2$ Liter Boden aus den obersten Schichten mithilfe einer Schaufel in einen Plastikbeutel. Durchmischen Sie jede Bodenprobe.

Stellen Sie für jede Bodenprobe einen doppelten Ansatz nach der folgenden Vorschrift her:
– Legen Sie um die Vertiefung des Objektträgers einen sehr dünnen geschlossenen Ring von Plastilin.
– Geben Sie einen Tropfen Nährmedium in die Vertiefung; dazu kommt ein kleiner Krümel Bodenprobe aus den obersten Schichten.
– Legen Sie ein Deckgläschen auf und drücken Sie es vorsichtig mit einem zweiten Objektträger so auf das Plastilin, dass ein abgeschlossener Raum entsteht.
– Bebrüten Sie jeweils eine Probe jedes Bodens bei Zimmertemperatur und bei 30 °C.

Beachten Sie: In der Probe können sich gesundheitsschädliche Keime vermehren. Lassen Sie deshalb die Mikro-Feuchtekammer unbedingt geschlossen! Auch bei der späteren Entsorgung muss man vorsichtig vorgehen.

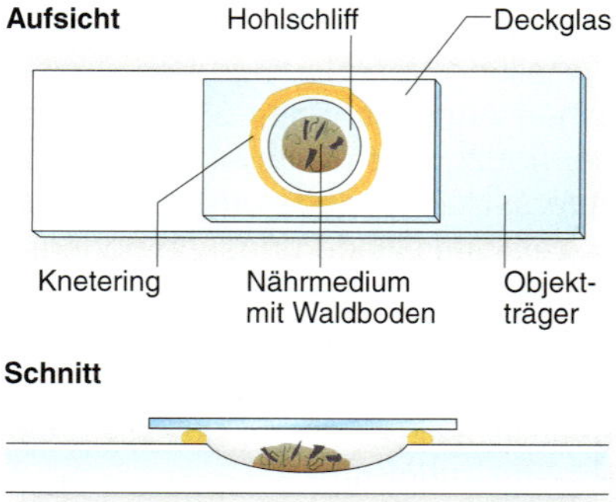

Aufgabe

① Mikroskopieren Sie die Probe in Tagesabständen (Mikroskop, Stereolupe) und protokollieren Sie die Veränderungen. Vergleichen Sie die Beobachtungen in den verschiedenen Bodenproben.

Pflanzenerfassung

Innerhalb des ausgewählten Beobachtungsraumes muss zur Erfassung der wichtigsten Pflanzenarten eine quadratische Probefläche von mindestens 10 x 10 Metern ausgemessen und mit einer Schnur gekennzeichnet werden. Innerhalb dieser Fläche werden alle vorherrschenden Bäume, Sträucher, Kräuter, Farne, Moose und Pilze bestimmt und der Schichtung des Waldes zugeordnet. Messen und protokollieren Sie hierzu auch die Wuchshöhe. Kräuter und Sträucher werden dann mit dem Meterstab vermessen, bei Bäumen schätzen Sie die Höhe. Um die Schichtung des Waldes besser auswerten zu können, schätzen Sie vor Ort den jeweiligen prozentualen Anteil der Bedeckung. Beziehen Sie auch den Bereich der Baumkronen mit ein.

Aufgaben

② Ordnen Sie das Vorkommen der gefundenen Pflanzen im Wald den gemessenen abiotischen Faktoren zu und vergleichen Sie Ihre Befunde mit der Abbildung unten rechts. Erläutern Sie die Vorteile der Zeigerarten gegenüber den physikalischen Messungen (s. Seite 70).

③ Stellen Sie mithilfe der gesammelten, abgestorbenen Substrate des Waldbodens die fortschreitende Zersetzung auf einem Plakat dar. Ordnen Sie den jeweiligen Zersetzungsstufen die gefundenen Kleintiere zu und notieren Sie diese auf dem Plakat. Erläutern Sie die Bedeutung dieser Kleinlebewesen bei der Mineralisierung. Gehen Sie hierbei auch auf die Präferenzen der gefundenen Bodenbewohner ein.

Tiererfassung

Der Tierbestand an der Messstelle kann mit unterschiedlichen Methoden erfasst werden. Beide Methoden können auch so abgewandelt werden, dass die Tiere überleben.

a) Erfassung mit dem Berlese-Apparat

- Entnehmen Sie an jedem Standort je ca. 0,5 Liter Oberflächenboden und geben Sie ihn jeweils in einen Plastikbeutel.
- Geben Sie die Proben in kleineren Portionen in einen Berlese-Apparat (Abb. oben) und bestrahlen Sie sie dort jeweils ca. 30 min.
- Bestimmen Sie wie oben Arten und Individuenzahlen.

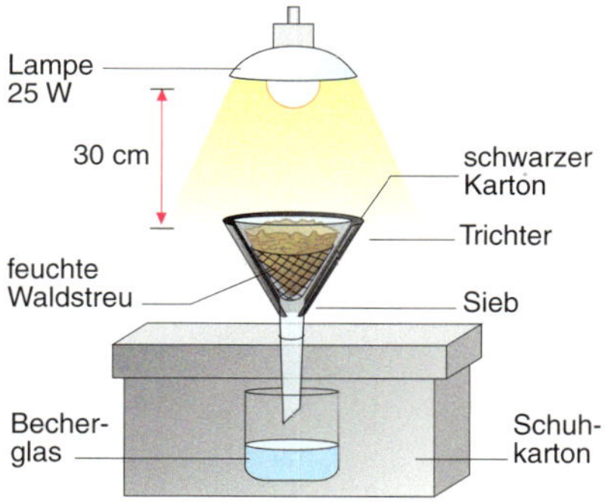

b) Erfassung mit Barberfallen

Eine einfache Methode, bewegungsaktive Wirbellose zu erfassen, ist die Verwendung von so genannten *Barberfallen*. Das sind in den Boden eingelassene Becher, mit deren Hilfe die Tiere gefangen werden.

- Vergraben Sie pro Untersuchungsfläche an zwei diagonal gegenüberliegenden Eckpunkten zwei Jogurtbecher so im Boden, dass sich die Öffnung etwas unter dem Bodenniveau befindet.

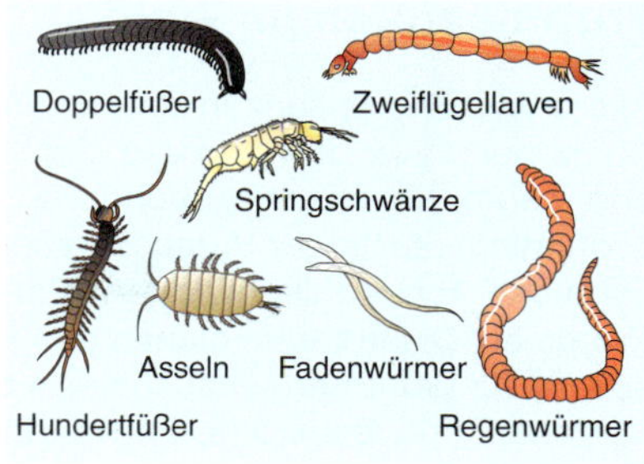

- Vollständigere Fangergebnisse erhalten Sie, wenn Sie den Becher ca. 2 cm hoch mit Wasser füllen, dem Sie etwas Spülmittel oder Brennspiritus zugesetzt haben.
- Sollte es stark regnen, ist es vorteilhaft, die Falle mit einem kleinen Plastikdach abzudecken, ohne allerdings dadurch den Zugang zu blockieren.
- Markieren Sie den Standort Ihrer Fallen exakt in der Geländekarte.
- Kontrollieren Sie am nächsten Tag alle Fallen und bestimmen Sie die Arten- und Individuenzahl.
- Wiederholen Sie die Kontrolle drei Tage lang.

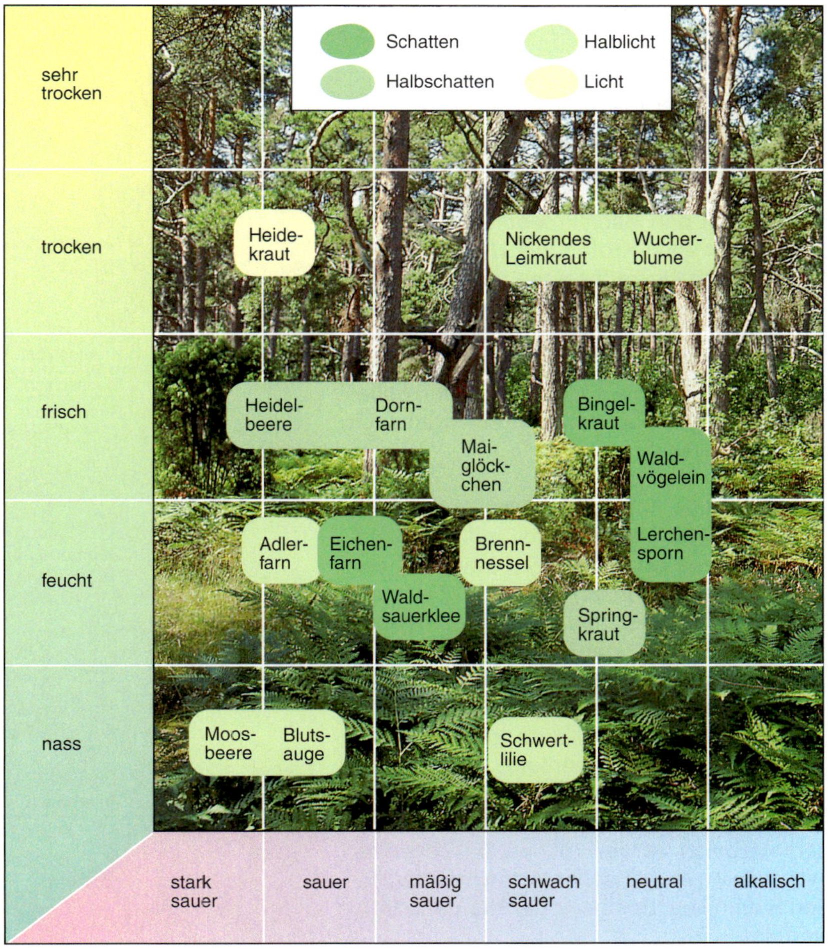

Trophiestufen im Wald

Alle grünen Waldpflanzen sind *Produzenten* (Erzeuger). Die Umwandlung der Sonnenenergie in chemisch gebundene Energie *(Fotosynthese)* ist die Voraussetzung für die Synthese von Kohlenhydraten, Fetten und Proteinen. Diese Stoffe dienen den Pflanzen sowohl für den Energiehaushalt als auch als Speicher- und Baustoffe. Im Nahrungsnetz sind die Pflanzen die Energie- und Stofflieferanten für die *Herbivoren* (Pflanzenfresser), die *Erstkonsumenten*. Dies können sowohl Insekten als auch Vögel oder Säuger sein, die sich von den Blättern, Samen, Früchten, Wurzeln oder dem Holz ernähren.

Herbivoren sind beispielsweise Eichhörnchen, die sich von den Samen der Fichten oder den Haselnüssen ernähren. Die Rötelmaus frisst Baumrinde oder Grassamen. Der Borkenkäfer ernährt sich vom Holz der Baumstämme. Vögel fressen die Samen oder Beeren von Sträuchern und Bäumen. Aber auch beispielsweise die Rehe ernähren sich von Gras oder von der Baumrinde. Die Herbivoren werden ihrerseits von den *Carnivoren* (Fleischfressern), den *Zweitkonsumenten*, gefressen.

Carnivoren sind z. B. Füchse, die Mäuse oder andere Kleintiere jagen, Spechte, die Borkenkäfer unter der Baumrinde suchen, oder Vögel, wie das Goldhähnchen, die kleine Insekten in den Baumkronen fressen. Man findet aber auch Kröten, die kleine Spinnen oder andere kleine Insekten auf dem Waldboden suchen. Greifvögel, wie der Bussard, ernähren sich von Vögeln oder anderen kleinen Nagetieren. Greifvögel, Wölfe oder Wildkatzen nennt man auch *Konsumenten höherer Ordnung,* da sie neben Herbivoren auch Carnivoren jagen.

Jährlich fallen 4 Tonnen pflanzliches Material pro Hektar als Laubstreu auf den Waldboden. Diese Laubstreu wird innerhalb von ein bis drei Jahren zersetzt. Die Zersetzer *(Reduzenten, Destruenten)* fressen die grobe Laubstreu. Zu den Zersetzern gehören beispielsweise Laubschnecken, Saftkugler, Springschwänze oder Pflanzenmilben. Man findet bis zu einer Milliarde Individuen pro Quadratmeter. Pflanzenreste, Leichen und Kot werden von ihnen so fein zersetzt, dass die von Bakterien, Einzellern oder Pilzen weiterverarbeitet werden können. Die Zersetzer werden von räuberischen Arten, wie der Roten Raubmilbe, Spinnen oder Hundertfüßern verfolgt.

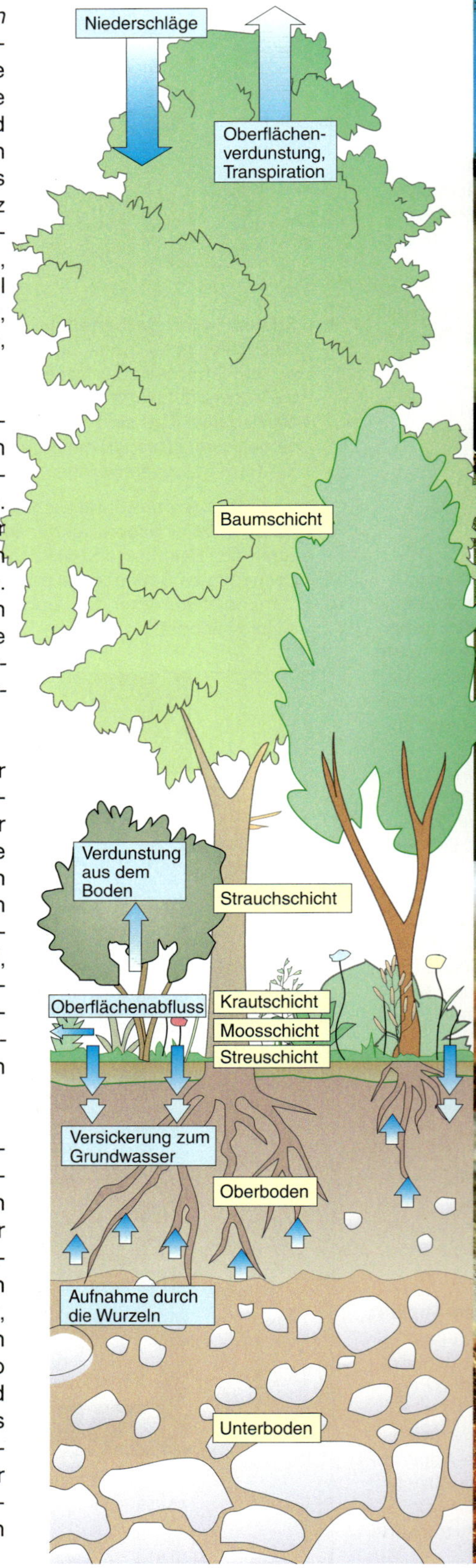

Bergahorn

Hainbuche

Erle

Stieleiche

Haselnuss

Faulbaum

Gewöhnliche Esche

Wald-Geißblatt

Behaartes Johanniskraut

Waldveilchen

Buschwindröschen

Storchenschnabel

Goldenes Frauenhaarmoos

Waldschachtelhalm

Adlerfarn

Ein Herbarium hilft beim Dokumentieren

Es ist lohnend, seine Untersuchungsergebnisse in geeigneter Form zu dokumentieren. Fotos können einen Überblick verschaffen, jedoch ist für die genauere, nachvollziehbare Einordnung ein *Herbarium* sinnvoll. Ein Herbarium ist eine Sammlung von gepressten, getrockneten, auf Papier aufgezogenen und etikettierten Pflanzen. Wichtig ist, dass Pflanzen möglichst komplett herbarisiert sind, auch mit Blüten oder Früchten. Alternativ kann man die Pflanzen auch einscannen. Hierzu eignen sich besonders Gräser, Blätter und kleinere Pflanzen. Von den Bäumen lassen sich mit einer Digitalkamera Aufnahmen machen. Wichtig ist es beim Fotografieren, dass neben dem Gesamthabitus einer Pflanze auch Detailaufnahmen gemacht werden, um die bestimmten Pflanzen kontrollieren zu können oder sie nachträglich genauer bestimmen zu können. Detailaufnahmen von der Baumrinde, Blütenblättern oder der Anordnung der Blätter sind immer sinnvoll und können zur Ergänzung einer späteren Dokumentation hinzugenommen werden.

Der erste Schritt ist das Pressen und Trocknen der Pflanzen. Hierzu wird eine Pflanzenpresse verwendet. Man kann sich auch mit einigen Zeitungsbögen und einem Stapel Bücher behelfen. Die gesammelten Pflanzen werden von Erdresten befreit. Wichtig sind die Blüten, außerdem auch Früchte oder Wurzeln. Die Pflanze wird auf einem aufgeklappten Zeitungsbogen angeordnet, sodass alle Teile erkennbar sind. Einzelne Blätter werden so gedreht, dass die Blattunterseite zu erkennen ist; ansonsten ist darauf zu achten, dass die Blätter glatt ausgebreitet sind. Große Pflanzen werden V-förmig geknickt. Blüten können aufgeschnitten werden, um z. B. die Staubblätter besser erkennen zu können.

Das Zeitungsblatt wird dann zugeklappt und zusätzliches trockenes Zeitungspapier darunter und darüber gelegt. Gewichte wie Bücher werden nun aufgelegt. An einem trockenen, gut belüfteten Platz muss mit einer Trockendauer von 3 bis 5 Tagen gerechnet werden. Im getrockneten Zustand werden die Pflanzen auf einem weißen Blatt Papier mit Klebestiften oder transparentem Klebeband fixiert und beschriftet. Wichtig ist das Datum, der Fundort, der Standort und der Name der Pflanze.

Achtung! Gesammelt werden darf nicht in Naturschutzgebieten oder geschützten Biotopen. Man muss sich informieren, welche Pflanzen geschützt sind. Man sollte weiterhin darauf achten, auch nicht geschützte Pflanzen nur elektronisch zu herbarisieren, wenn sie am Standort nur selten vorkommen (weniger als 20 Exemplare).

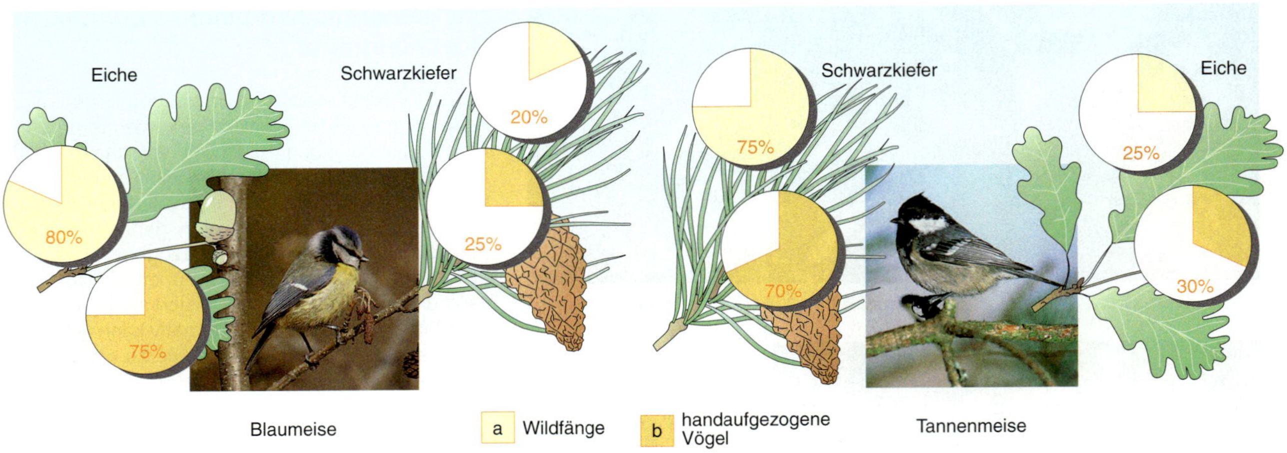

1 Versuche mit Blau- und Tannenmeisen

Verhaltensökologie: Habitatwahl und Reviere

Schaut man in Vogel-Bestimmungsbücher, findet man zu den einzelnen Vogelarten nicht nur Abbildungen, sondern verschiedene weitere Angaben. Dazu gehören auch solche zum Verbreitungsgebiet und dem typischen Lebensraum. So erhält man z. B. die Information, dass Blaumeisen vorwiegend in Mischwäldern vorkommen, während man Tannenmeisen hauptsächlich in Nadelwäldern findet. Diese Orte, an denen eine Pflanze oder Tier lebt, nennt man *Habitat*.

Einige Wissenschaftler stellten sich die Frage, wie die Tiere entscheiden, in welchem Lebensraum sie sich aufhalten sollen *(Habitatwahl)*. Mögliche Hypothesen wären:

- Tiere könnten durch verschiedene Lebensräume ziehen und in dem bleiben, in dem sie am effektivsten Nahrung finden.
- Sie könnten später denjenigen Lebensraum bevorzugen, in dem sie groß geworden sind.
- Sie könnten genetisch bedingt den richtigen Lebensraum an bestimmten Merkmalen erkennen und bevorzugen.

Zur Klärung dieser Zusammenhänge bot eine Forscherin in großen Flugkäfigen Blau- bzw. Tannenmeisen eine gleichmäßige Mischung aus belaubten und benadelten Zweigen an (Wahlversuch) und maß mit einer Stoppuhr, wie lange sich die Tiere auf den unterschiedlichen Zweigtypen aufhielten. Sie führte den Versuch sowohl mit eingefangenen Wildtieren als auch mit handaufgezogenen Tieren durch. Es zeigte sich, dass beide Testgruppen der Blaumeise belaubte Zweige bevorzugten, diejenigen der Tannenmeise jedoch Zweige von Nadelbäumen. Untersuchungen mit anderen Arten zeigten, dass diese Vorliebe durch frühe Erfahrung mit dem bevorzugten Material noch verstärkt werden kann.

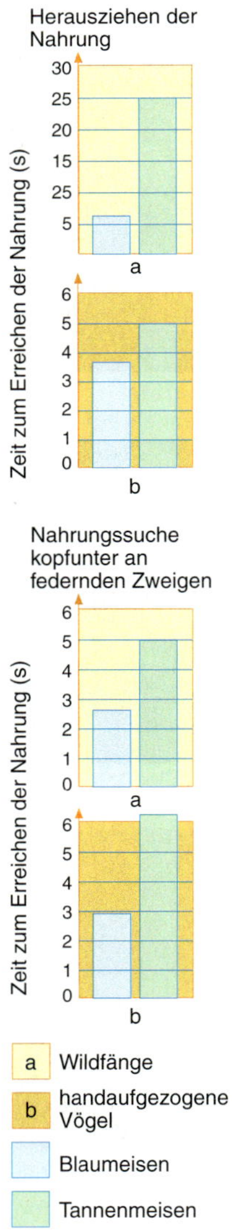

Blaumeisen sieht man bei der Nahrungssuche oft von Blättern herunterhängen, an Blätterbüscheln zerren und reißen oder auch durch Blätter hindurchpicken. Derartige Techniken beobachtet man bei Tannenmeisen, die ihre Nahrung auf Nadeln und der Baumrinde suchen, selten. Wissenschaftler boten im Experiment Wildfängen und handaufgezogenen Blaumeisen und Tannenmeisen Futter zwischen Blättern versteckt an und maßen jeweils die Zeit, bis die Tiere es erbeutet hatten. In allen Fällen brauchten die Tannenmeisen mehr Zeit, um Beute zwischen Blättern zu finden (s. Abb. Mittelspalte). Dies zeigt, dass die Blaumeisen dasjenige Habitat bevorzugen, an das sie besser angepasst sind als die Tannenmeisen, in dem sie also überlegen sind.

Ob Tiere jedoch ihr Habitat optimal besiedeln können, hängt von verschiedenen Faktoren ab, z. B. der Präsenz von Feinden, schon vorhandenen Artgenossen oder der Nahrungsdichte. Bei der Nahrung muss berücksichtigt werden, dass sie heterogen (fleckenhaft) verteilt ist. Dies kann ein Busch mit Beeren, aber auch ein Blatt mit Blattläusen sein. Erst die Berücksichtigung der dementsprechenden Konsumenten, wie Marienkäfer oder Vogel, macht eine sinnvolle Betrachtung möglich.

Im zeitigen Frühjahr sieht man häufig Amseln, die wie von imaginären Kräften geleitet, mit gesträubten Federn und gesenktem Schwanz nebeneinander hüpfen, bis sie plötzlich flügelschlagend voreinander hochfliegen und sich gegenseitig angreifen. Trägt man die Orte dieser Kämpfe auf einer Karte ein, stellt man fest, dass jedes Tier einen bestimmten Raum verteidigt. Ähnliche Beobachtungen machten Vogelkundler schon vor vielen Jahren. Sie nannten diesen verteidigten Raum *Revier*. Da Revierverhalten bei zahlreichen Vogelarten beobachtet wurde, hielt man es für ein allgemeines biologisches Phänomen. Bei Säugetieren nennt man den verteidigten Raum *Territorium*.

Einige Tierarten sind zu manchen Zeiten überhaupt nicht geneigt, ein Gebiet zu verteidigen. Sie nutzen dann große Gebiete friedlich gemeinsam und vertreiben Artgenossen nur aus bestimmten kleinen Kernräumen. Diese enthalten aber nicht alle lebensnotwendigen Ressourcen. Es gibt also neben den Territorien sich überlappende *Aktionsräume*, in denen Artgenossen friedlich koexistieren. Die Verteidigung von Landflächen wird von den Tieren oft nur zu bestimmten Zeiten durchgeführt. Man schließt daraus, dass der Grund für Territorialität nicht eine allgemeine Ressourcensicherung ist.

Heute weiß man, dass die Grundlage der Weibchenterritorialität hauptsächlich Nahrungskonkurrenz ist. Weibchen brauchen für die Jungenaufzucht, d.h. ihren Lebensfortpflanzungserfolg *(Fitness)*, optimale Futterbedingungen. Männchen dagegen können ihre Fitness durch Zugang zu mehreren

Paarreviere

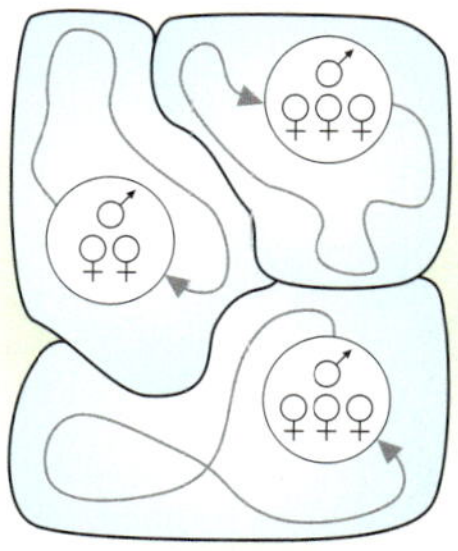
Haremterritorien

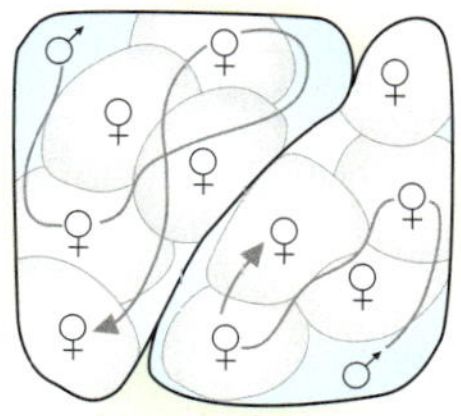
Unterterritorien

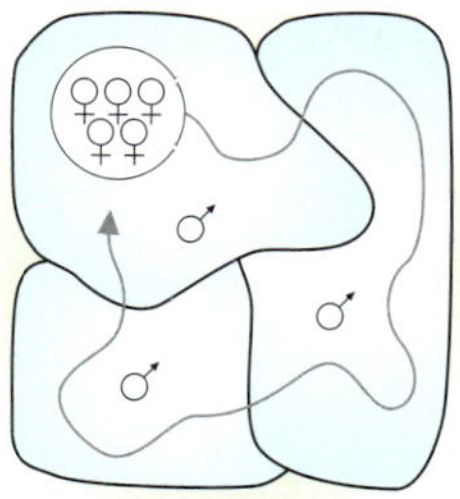
territoriale Felder der Männchen

Weibchen erhöhen. Ist die Konkurrenz um Partnerinnen größer als um Futter, zeigen die Männchen ein besonders ausgeprägtes Territorialverhalten. Weibchen haben daher je nach den ökologischen Bedingungen größere oder kleinere Territorien als Männchen oder sind gar nicht territorial. Männchen verteidigen je nach der Verteilung der Weibchen meist größere Flächen. Aus der räumlichen und zeitlichen Überlagerung dieser Reviere ergeben sich komplizierte Muster (s. Mittelspalte).

Die Größe eines Reviers folgt gleichsam einer Kosten-Nutzen-Analyse (s. Seite 42), gleiches gilt für Auseinandersetzungen darum: Sie beginnen mit allgemeinem Sich-Präsentieren, das schon ein gegenseitiges Einschätzen ermöglicht. Dann kann Drohverhalten gegen bestimmte Individuen folgen und es kann zum Kampf kommen.

Bei Vögeln beginnt die Auseinandersetzung oft mit Gesang. Kohlmeisen haben beispielsweise einen schlichten Gesang, der dennoch verschieden variantenreich sein kann und dadurch Informationen über den Revierbesitzer übermittelt. In einem Experiment haben Vogelkundler in einem Waldstück alle Kohlmeisen herausgefangen. Anschließend beobachteten sie die Wiederbesiedlung. Währenddessen spielten sie im Wald verschieden variantenreiche Gesänge von einem Band ab (Abb. 2).

Aufgabe

① Erklären Sie das in Abb. 2 dargestellte Ergebnis des Gesangsexperiments.

1 Amselrevier

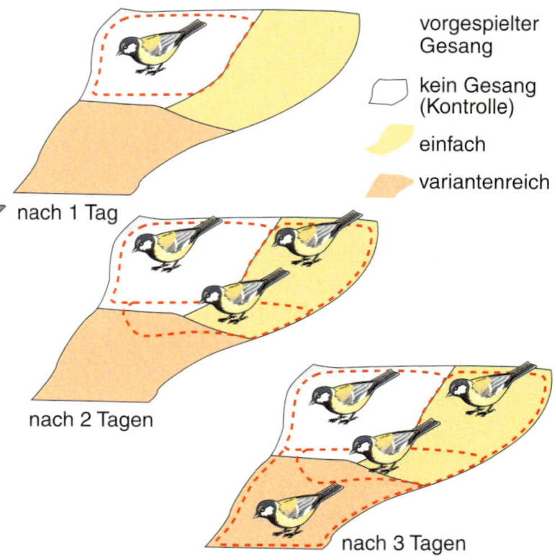

2 Wiederbesiedlung eines Waldstücks

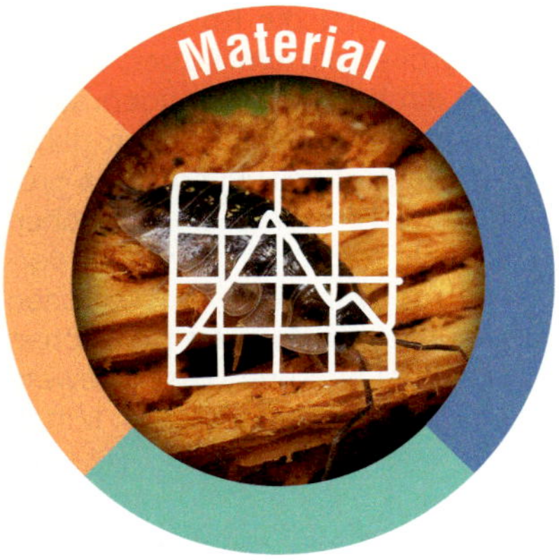

Waldstreu

Jährlich fallen etwa 0,4 kg Streu auf einen Quadratmeter Waldboden. Diese Streu wird nach und nach zersetzt und zu Humus umgebildet. Die Zersetzungsdauer hängt außer von Temperatur, Feuchtigkeit und pH-Wert auch von der Zusammensetzung der Streu und der Bodenlebewelt ab. Man unterscheidet zwischen kaum zersetztem *Rohhumus*, *Moder* aus stärker zersetzter Streu und losen Mineralpartikeln sowie krümeligem *Mull*, der erst nach mehrfacher Darmpassage des Materials in Bodentieren entsteht.

Die Zersetzungsdauer liegt je nach Waldtyp zwischen einem und mehreren Jahren. Hohe Stickstoffanteile in der Streu fördern die Proteinsynthese und damit das Wachstum und die Zersetzertätigkeit der Mikroorganismen. Nadelwaldstreu ist durch ihren Gehalt an Harzen besonders schwer zersetzbar.

Baumart	Zersetzungsdauer	C : N
Esche	1 Jahr	21:1
Ahorn	2 Jahre	52:1
Pappel	2–3 Jahre	63:1
Buche	3 Jahre	51:1
Lärche	> 5 Jahre	113:1

Aufgaben

① Beschreiben Sie die Beteiligung der Bodenlebewelt an der Zersetzung (s. Abb. oben und Tabellen).

② Mit Falllaub gefüllte Netzbeutel (Maschenweite 0,25 mm) schließen die größeren Zersetzer wirksam von der Zersetzung aus. Vergleichen Sie die Zersetzungsdauer mit und ohne Netzbeutel im Buchenwald und Auwald (Abb. unten). Erläutern Sie anhand der gegebenen abiotischen und biotischen Daten Gründe für die Unterschiede.

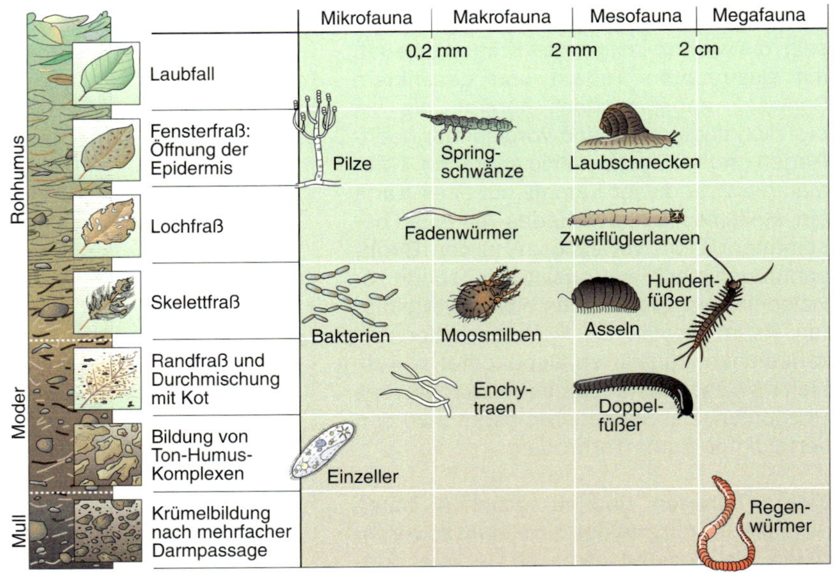

Buchenwald		Auwald
Buchen	Vorherrschende Baumarten	Pappeln, Ahorn, Esche u.a.
fehlt	Unterwuchs	üppige Krautschicht
Moder	Humusform	Mull
8,3 °C	Temperatur (Jahresmittel)	10 °C
3,5 – 4,5	pH-Wert	um 7
1 050 mm	Niederschlag (Jahresmittel)	700 mm, jährliche Überflutung

Biomasse (g/m³)	Energieaufnahme (kJ/m²/Jahr)	Bodenfauna	Biomasse (g/m³)	Energieaufnahme (kJ/m²/Jahr)
0,3	65	Fadenwürmer	< 0,3	60
8,8	440	Enchytraen	5,2	260
1,2	80	Springschwänze	0,5	35
1,3	110	Milben	0,4	35
0,8	20	Zweiflüglerlarven	1,6	40
–	–	Laubschnecken	4,2	70
2,7	80	weitere Gliedertiere	6,1	140
1,3	20	Regenwürmer	82	1 200

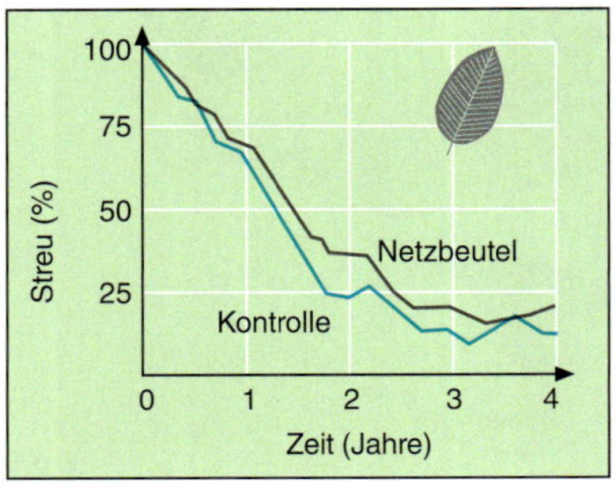

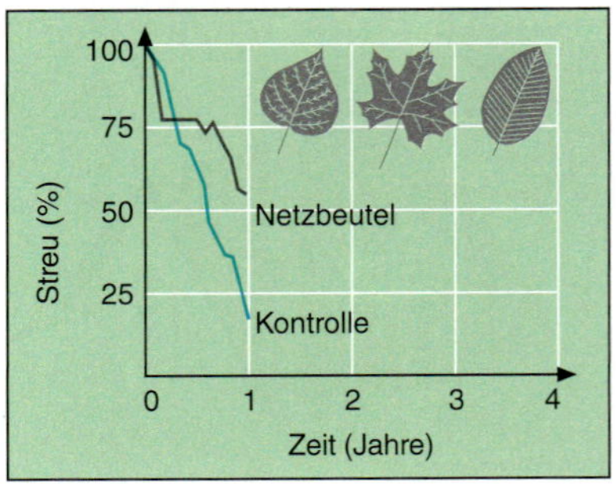

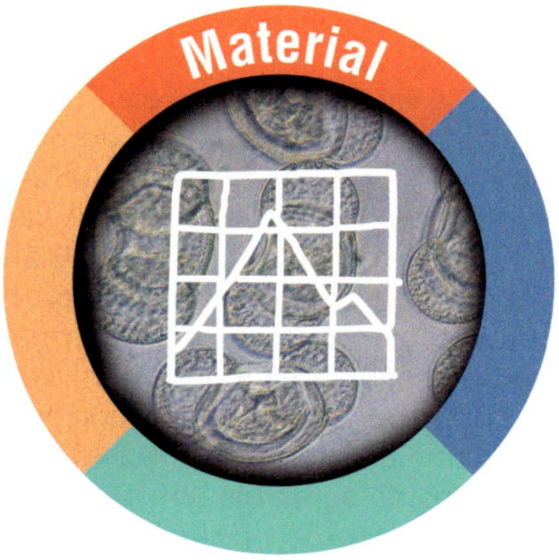

Der Wald im Wandel

Seit der letzten Eiszeit hat sich mit dem Klima auch die Zusammensetzung der Wälder verändert, wie *Pollendiagramme* zeigen. Der Pollen setzte sich in verschiedenen Bodenschichten ab und lässt auf die Häufigkeit der Baumarten in der jeweiligen Zeit schließen.

Aufgaben

① Beschreiben Sie die Vegetationsgeschichte des Waldes anhand eines Pollendiagrammes (Abb. 1).

② Nur in einem Forst sind alle Bäume altersgleich. Unter natürlichen oder naturnahen Bedingungen findet man im Wald Areale mit verschiedenen Altersklassen mosaikartig nebeneinander. Erklären Sie das und beschreiben Sie dabei den Ablauf des Mosaikzyklus anhand Abbildung 2.

③ Stellen Sie die jahreszeitlichen Veränderungen im Laubwald für Vegetation und Vögel (Abb. 3) tabellarisch zusammen und erklären Sie die Aspektfolge. Sind vergleichbare Änderungen in einem Nadelwald zu erwarten?

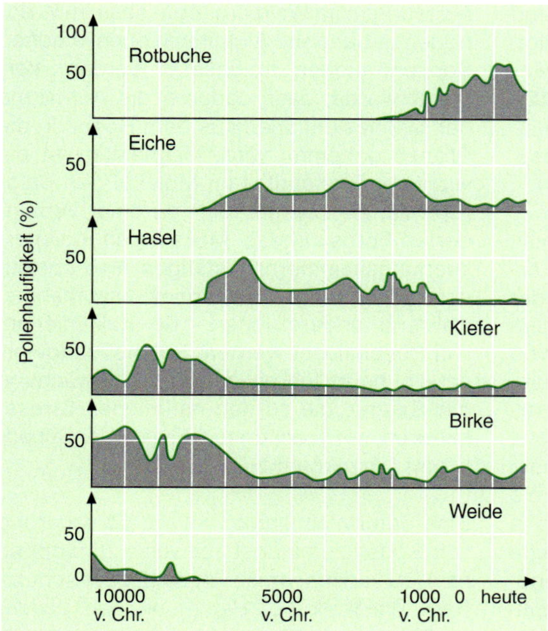

1 Pollendiagramm

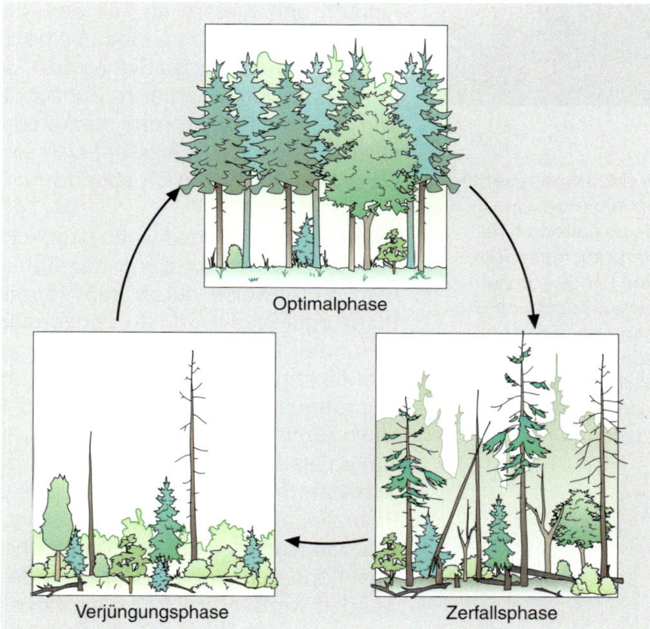

2 Mosaikzyklus

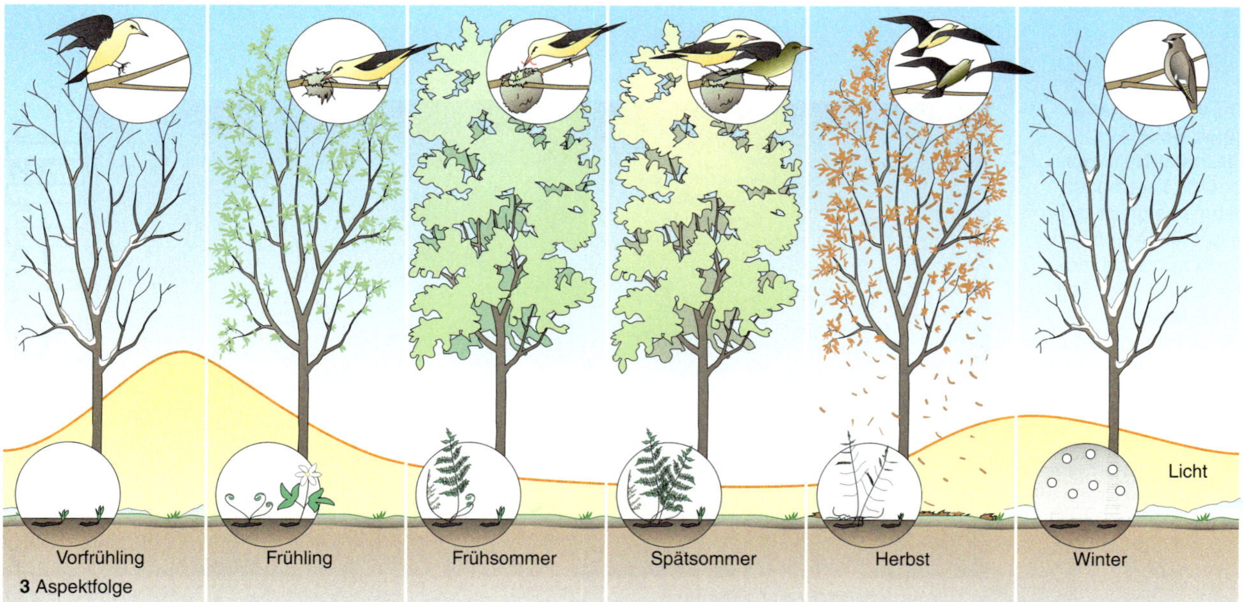

3 Aspektfolge

Gefährdung des Waldes

Waldzustandsbericht
Jährlich vom Bundesministerium für Verbraucherschutz und Landwirtschaft herausgegebener Bericht. Nach Stichproben werden die Waldflächen den Schadstufen 0—4 zugeordnet.

Die Waldzerstörung durch den Menschen ist seit der Antike geschichtlich belegt. Im Mittelmeerraum führte der Raubbau zur Verkarstung und Verwüstung ganzer Landstriche. Baumschäden durch die Einwirkung von schwefeldioxidhaltigem Rauch kennt man seit über 100 Jahren an industriellen Standorten.

In den 70er-Jahren des 20. Jahrhunderts fielen erstmals an Tannen höherer Mittelgebirge gelb verfärbte Nadeln und kahle Zweige auf. Später registrierte man Schäden an Fichten und Kiefern im Tal. Seit 1980 sind Buchen und andere Laubbäume geschädigt. *Waldsterben* heißt das Schlagwort, die Symptome sind immer ähnlich: Zunächst verfärben sich die Blätter, dann verkahlen die älteren Zweige, danach lichtet sich die Krone, bis der Baum schließlich abstirbt (s. S. 79).

Die neuartigen Waldschäden beobachtet man seit 1982. Eine Einteilung der Schäden erfolgt stufenweise durch den Vergleich der Blatt- oder Nadelverluste gegenüber einem gesunden Baum (Abb. S. 79). Abgase von Kraftfahrzeugen belasten die Luft mit Kohlenstoffmonooxid, Stickoxiden und Rußpartikeln *(Emission)*. Diese Schadstoffgemische wirken als Gas oder schlagen sich als feste Schadstoffteilchen auf den Boden und die Pflanzen nieder *(Immission)*. Einige Stoffe aus den Abgasen können durch chemische Reaktionen in andere Schadstoffe umgewandelt werden und beispielsweise als Salpeter- oder Schwefelsäure im Regen oder im Schnee wieder auf die Erdoberfläche zurückkehren. Sie wirken direkt auf die Nadeln oder indirekt über die Wurzeln. Das erhöhte Mineralstoffangebot durch die Stickstoffdeposition verändert das Wachstum oder das Ozon wirkt auf die Spaltöffnungen der Blätter und Nadeln. Die Schäden treten auch in Landschaften ohne Industrie auf. Höher gebaute Industrieschornsteine entlasten zwar die direkte Umgebung der Industrieanlagen, jedoch werden Rußpartikel, Schwefeldioxid und Stickstoffoxide durch die Luft über weitere Strecken transportiert *(Transmission)*.

Messungen im Wald ergaben, dass im Waldboden gebundene Aluminiumionen in hohen Konzentrationen freigesetzt werden. Vermutet wurde, dass dadurch die Aufnahme der Magnesiumionen aus dem Boden in die Pflanze gehemmt wird. Magnesium ist ein wichtiger Bestandteil im Molekül des Chlorophylls, ein Mangel führt zu einer verminderten Fotosynthese. Messungen in Untersuchungskammern bestätigen eine spezifische Hemmung der Magnesiumaufnahme, während andere Ionen, wie Kaliumionen, nicht beeinflusst werden. Solche Mangelerscheinungen führen zu einer Schwächung der Bäume, die zu den natürlichen Stressfaktoren, wie Trockenheit, Frost oder Schädlingen, hinzukommt.

Eine Sofortmaßnahme, um die Versauerung von Böden zumindest zeitweise zu stoppen bzw. zu verlangsamen, ist die Bodenschutz- bzw. Waldkalkung. Hierzu werden Wälder großflächig mit Calcium-Magnesiumcarbonat behandelt. Meistens sind es Hubschrauber,

Thermofotografie eines Baumes
Die in der Nacht gemachte Thermoaufnahme zeigt, dass Teile des Stammes und der Äste verschieden warm sind. Dies liegt an unterschiedlichen Wassermengen, die durch die Leitbündel transportiert werden. Sind die Leitbündel gesund, wird viel Wasser transportiert, das Gewebe ist wärmer als vergleichbare Gewebe mit geringerem Wassertransport.

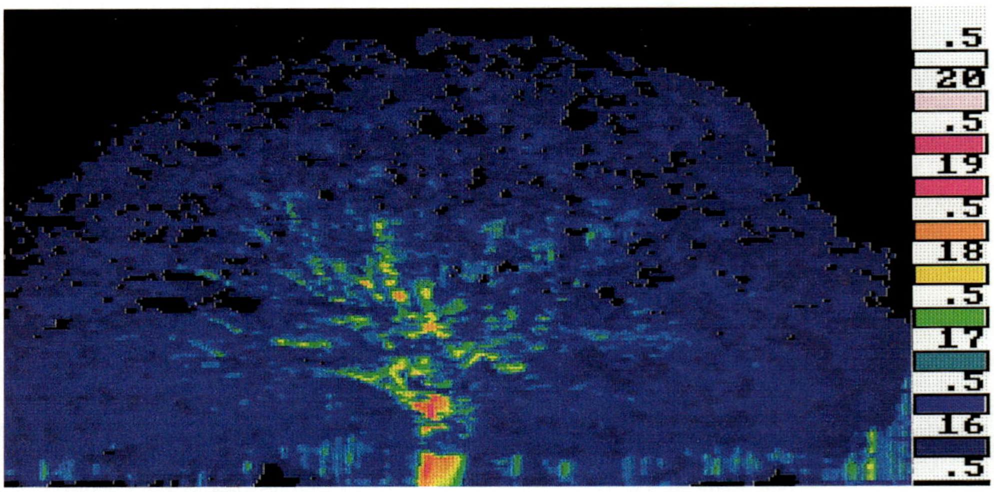

1 Thermofotografie eines Baumes

K-Mangel (Buche)

K-Mangel (Eiche)

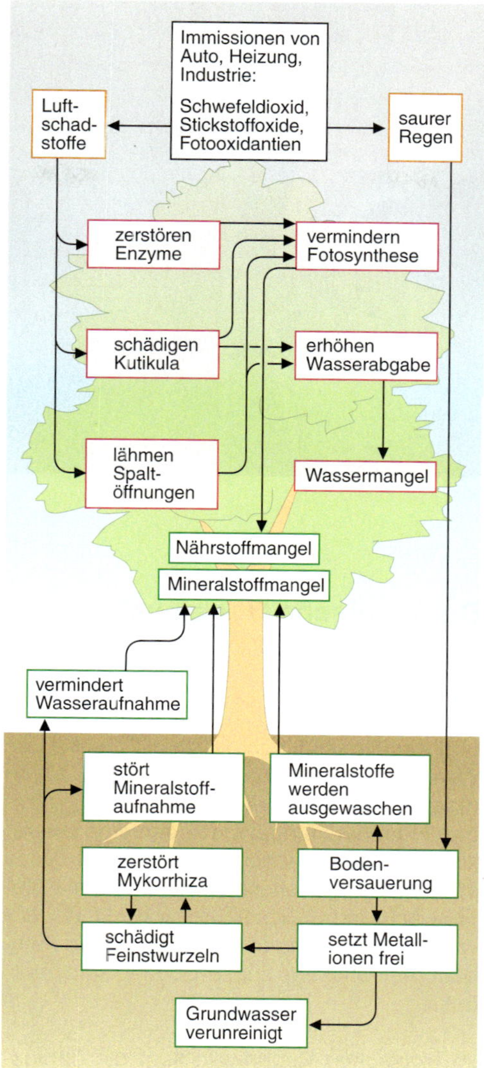

Tanne Schadstufe 0

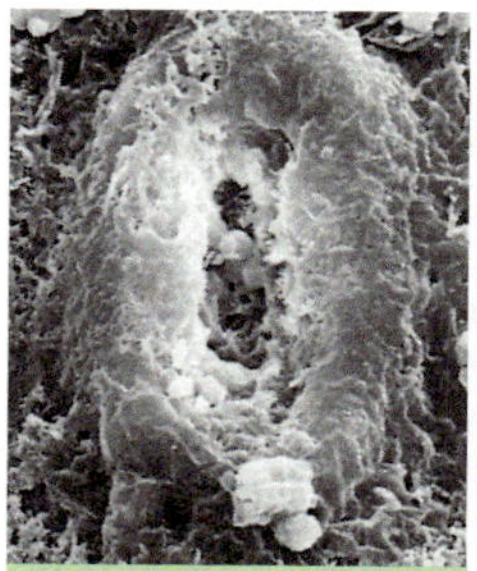

Kutikula ungeschädigt

Kutikula geschädigt

Schadstufe 2

gesunde Wurzeln

kranke Wurzeln

Schadstufe 3

Douglasie

die immer wieder das Calcium-Magnesiumcarbonat aus der Luft über dem Wald abwerfen. Dadurch werden die im Boden deponierten Säuren neutralisiert, der Magnesiumanteil für die Nadeln und Blätter erhöht und dem Wald entzogene basische Mineralstoffe wieder zurückzugeben.

In begrenztem Umfang werden einige nicht heimische Baumarten zur Wiederaufforstung geschädigter Wälder eingesetzt. Eine typische Baumart ist die aus Nordamerika stammende *Douglasie*. Sie ist robuster und dadurch nicht so anfällig gegenüber schädlichen Umwelteinflüssen. Diese und andere nicht heimische Baumarten sollen jedoch nur verwendet werden, wenn sie keine nachteiligen Auswirkungen auf die gesamte Lebensgemeinschaft im Wald haben und in Bestände heimischer Baumarten integriert werden können.

Will man die Stabilität der Waldökosysteme langfristig erhöhen, sollte man sowohl naturnahe Mischwälder als auch artenreiche Waldränder schaffen. Nur in den ursprünglich evolutiv gewachsenen Lebensräumen sind Arten dauerhaft geschützt. Dadurch wird auch die genetische Vielfalt für ein stabiles Ökosystem erhalten.

Aufgabe

① Erklären Sie die Wirkung des ausgebrachten Calcium-Magnesiumcarbonats auf die Bäume.

1 Blattzisterne einer Bromelie

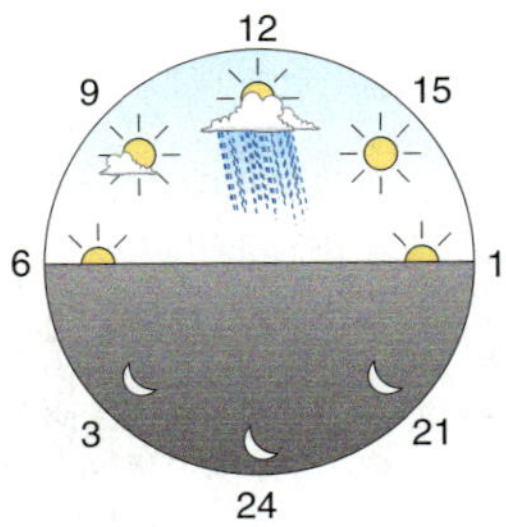

Tagesperiodik in den Tropen

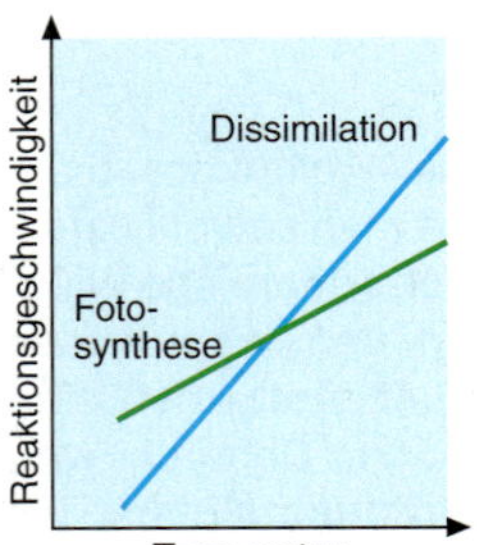

Der tropische Regenwald

Kaulquappen schwimmen im warmen Wasser, fressen hier und da an Algen, versuchen räuberischen Insektenlarven zu entkommen und wandeln sich schließlich in Frösche um. Was ist das Besondere daran? Diese Metamorphose findet etwa 30 m über dem Erdboden in einem Tümpel statt, den eine brasilianische Laubfroschart selbst anlegt. Dazu streicht der Frosch eine Baumhöhle mit Bienenwachs aus. Diese füllt sich mit Regenwasser und wird zum Brutraum für die Kaulquappen. Umwege zum Erdboden sind überflüssig.

Im tropischen Regenwald liegt die üppigste Lebensentfaltung hoch oben im Gewirr der Baumkronen. Strudelwürmer, Blutegel, Libellenlarven und andere Wassertiere kriechen im nassen Laub umher, Regenwürmer leben zwischen Humusansammlungen in den Baumwinkeln. Bromelien, Farne und Orchideen wachsen „auf Etage“ *(epiphytisch)*. In ihren Blattwinkeln entstehen kurzzeitige Wasserlebensräume für Einzeller, Würmer, Kleinkrebse, Milben, Insektenlarven und Amphibien (Abb. 1). Ihre bizarren Blüten und Früchte ziehen Schmetterlinge und Vögel an. Sogar kleine Huftiere wie der Baumschliefer sind zum Baumleben übergegangen. Mehr als die Hälfte aller Tier- und Pflanzenarten der Welt leben im tropischen Regenwald. Sie erreichen keine hohen Dichten; viele Arten sind noch unentdeckt.

Vereinzelte Baumriesen von 50 bis 60 m Höhe überragen die Schicht der 30 bis 45 m hohen Bäume, Palmen wachsen 20 m hoch wie unsere Laubbäume, Nadelbäume fehlen weitgehend. Pro Hektar Regenwald kommen bis zu 600 verschiedene Holzpflanzen vor, dagegen ist unser Laubwald mit 10 bis 20 Arten/ha artenarm. Der Unterwuchs besteht aus Jungpflanzen der häufigsten Gehölze. Die meisten Bäume sind immergrün und ersetzen einzelne Blätter gleichmäßig über das Jahr verteilt. Durch das dichte Blätterdach gelangt nur sehr wenig Licht auf den Boden, daher ist die Krautschicht gering entwickelt. Alle Baumkronen sind miteinander durch Kletterpflanzen und Lianen verflochten.

Diese Gliederung wirkt wie ein Filtersystem, das den täglichen Regen langsam zum Boden führt und die enthaltenen Mineralstoffe schon auf dem Weg nach unten herauszieht. Längere Trockenperioden fehlen, sodass die relative Luftfeuchte im unteren Stockwerk selten unter 95 % fällt. Im Jahresdurchschnitt ist es mindestens 20 °C warm. Bis auf ein vertikales Gefälle sind die abiotischen Bedingungen sehr gleichförmig. Täglichen Feuchtigkeits- und Temperaturschwankungen sind nur die höheren Bäume ausgesetzt.

Im Vergleich zur *Tagesperiodik* (s. Randspalte) ist die *Jahresperiodik* unbedeutend und wird allenfalls regional durch regelmäßige Flussüberschwemmungen charakterisiert. Es gibt keine Jahreszeiten. Die Überschwemmungen können in einigen Senken Schlemmstoffe hinterlassen, der überwiegende Teil der Böden ist jedoch ausgesprochen mineralstoffarm. Eine zusammenhängende Streuschicht fehlt, nur die obersten 10 cm enthalten Humus, der bereits nach 4 bis 6 Wochen vollständig von Bakterien und *Mykorrhiza* zersetzt ist. Von den Pilzen leben als Folgezersetzer Milben und Springschwänze. Regenwürmer sind vergleichsweise unbedeutend. Im Nahrungsnetz des Regenwaldes bilden Ameisen und Termiten den größten Teil der Bodentierbiomasse.

Biochemische Zersetzungsvorgänge werden durch die hohen Temperaturen stärker gefördert als die Lichtreaktionen der Fotosynthese (s. Randspalte unten). Biomasse wird also schneller abgebaut als aufgebaut. Daher befindet sich das Mineralstoffkapital des tropischen Regenwaldes hauptsächlich in der lebenden Substanz und nicht wie in unseren Wäldern im Boden. Durch die ganzjährige Fotosynthese erreicht der tropische Regenwald hinsichtlich Biomasse und Primärproduktion Spitzenwerte. Dabei ist die zweite Kronenschicht besonders produktiv.

Epiphyten

Regenwald
mittl. Niederschlag: 1900 mm/Jahr
Verdunstung: 73 %
Abfluss: 27 %

Laubwald
mittl. Niederschlag: 600 mm/Jahr
Verdunstung: 67 %
Abfluss: 33 %

Primärproduktion (P) (kg/m²/ Jahr) und **Biomasse (B)** (kg/m²)

	Regen-	Laubwald
P	2,2	1,2
B	45	20

Seit dem Tertiär haben sich die abiotischen Bedingungen in den Tropen nur wenig verändert. Eine Ausräumung durch Eiszeiten wie in den gemäßigten Breiten hat es nicht gegeben. Hohe Temperaturen, Niederschlagsmengen und Kohlenstoffdioxidkonzentrationen sorgten dafür, dass das Ausgangsgestein bis zu einer Tiefe von 20 m verwitterte, es behält seine Struktur nur bei dauernder Feuchtigkeit. Das CO_2-haltige Regenwasser wäscht Kalk, Phosphor- und Kieselsäureverbindungen aus dem Boden in die Tiefe. Die Böden versauern und sind durch Eisen- und Aluminiumverbindungen (Fe_2O_3 und Al_2O_3) rot gefärbt. Ohne symbiotische Mykorrhizapilze ist die Mineralstoffversorgung der Bäume nicht gewährleistet.

Der üppige Dschungel steht also auf uraltem, dünnem Boden. Nach Kahlschlägen oder Brandrodung erodiert der Boden schnell und lässt nur einen artenarmen, niedrigen *Sekundärwald* nachwachsen. Durch Eingriffe des Menschen gehen jedes Jahr 125 000 km² Regenwald verloren. 70 % des geschlagenen Holzes dienen als Brennstoff für die wachsende Bevölkerung und bei der Verhüttung von Erzen. Nur 15 – 20 Bäume pro Hektar sind kommerziell als Edelhölzer nutzbar. Um sie zu schlagen, wird die umgebende Waldfläche gleich mit zerstört. Große Urwaldflächen wurden zu Weideland umgewandelt, um Exportfleisch zu erzeugen, Bodenschätze wurden großflächig abgebaut. Das hat nicht nur die Lebensgrundlagen der Ureinwohner in erschreckender Weise eingeengt oder vernichtet, sondern stellt inzwischen auch eine globale Belastung dar:

Durch Brände gelangen große Mengen Kohlenstoffdioxid in die Atmosphäre, gleichzeitig schrumpft die CO_2-fixierende Pflanzendecke. Der Wasserkreislauf wird nachhaltig verändert, die Ausbreitung der Wüsten gefördert. Viele Experten befürchten globale Klimaveränderungen (*Treibhauseffekt*, vgl. Kapitel „Mensch und Umwelt").

Aufgaben

① Orientieren Sie sich im Atlas über die Lage der tropischen Regenwälder.

② Für Darwin waren die tropischen Regenwälder das Sinnbild des Lebens voller Kraft und Wachstum, die Urwälder Feuerlands dagegen das Sinnbild des Todes, voller toter Bäume, Äste und Zweige. Erklären Sie diese Aussage.

③ Beschreiben Sie den typischen Tagesgang im tropischen Regenwald (s. Randspalte Seite 80).

④ Der flächengebundene Ackerbau hat sich vor allem in den gemäßigten und subtropischen Zonen entwickelt. Die Ureinwohner in den tropischen Regenwäldern leben noch heute vom Jagen und Sammeln sowie vom Wanderfeldbau, bei dem kleine Rodungsflächen nach wenigen Jahren Ackerbau sich selbst überlassen werden. Nennen Sie mögliche Ursachen für die Unterschiede in der kulturellen Entwicklung.

⑤ Stellen Sie tabellarisch den tropischen Regenwald und den sommergrünen Laubwald gegenüber bezüglich Vertikalzonierung, Bodenaufbau, Jahres- und Tagesrhythmik, Artenvielfalt und Produktion.

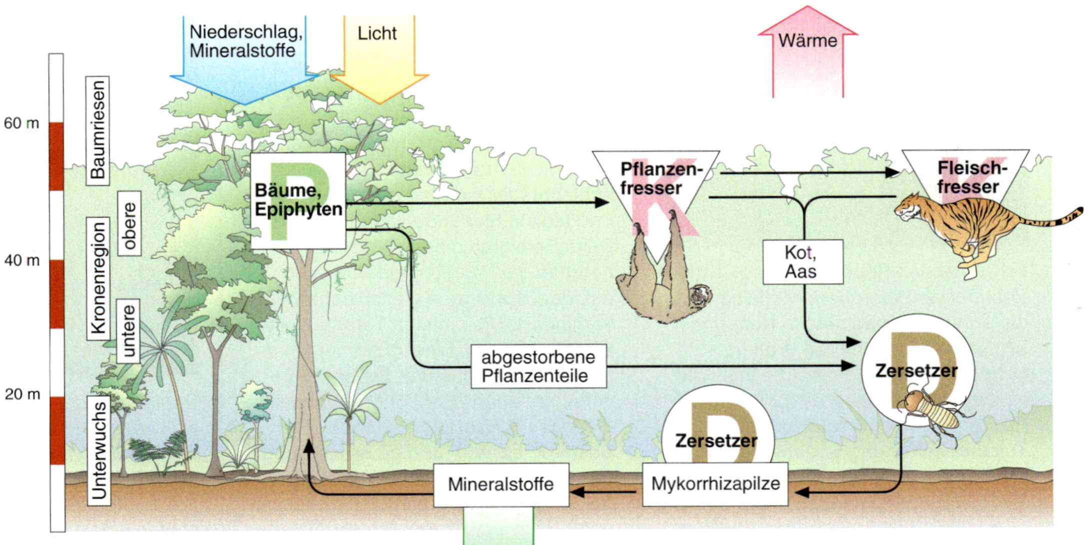

1 Stoffkreislauf im tropischen Regenwald

Tiere des Regenwaldes

In den erdgeschichtlich alten tropischen Regenwäldern konnten viele ursprüngliche Tiergruppen überdauern, in Amerika z. B. Gürteltiere, Faultiere und Ameisenbären, in Madagaskar die Lemuren und in Asien die Spitzhörnchen. Viele Tiere sind nacht- oder dämmerungsaktiv, andere Arten (z. B. Tukane oder Paradiesvögel) zeigen Luxusbildungen, deren Auffälligkeit sich Vögel in anderen Lebensräumen nicht leisten könnten. Auch die Wechselbeziehungen zwischen den Organismen entwickelten sich über lange Zeiträume, nirgends sonst gibt es so viele symbiotische und so komplizierte innerartliche Beziehungen.

Brutpflege beim Nashornvogel

Im tropischen Regenwald gibt es viele Eiräuber, entsprechend vielfältig sind die Schutzmaßnahmen im Nist- und Brutverhalten: Mit ihren großen, auffällig gefärbten Schnäbeln ähneln die afrikanischen *Nashornvögel* (Familie Rackenvögel) den amerikanischen *Tukanen* (Ordnung Spechtvögel). Die Vögel bilden vergleichbare ökologische Nischen im Regenwald, sodass man von *Stellenäquivalenz* sprechen kann.

Die Nashornvögel brüten in Baumhöhlen hoch über dem Erdboden. Das Männchen bildet aus Lehm und Speichel Baumaterial, mit dem das Weibchen die Baumhöhle bis auf einen kleinen Spalt verschließt und sich dabei selbst einmauert. Dieser Höhlenverschluss hält während der Brutzeit Affen, Schlangen und andere Nesträuber fern. Durch den Spalt füttert das Männchen zunächst sein brütendes Weibchen und später auch die Jungvögel, Abfallstoffe befördert die Familie aus dem Spalt hinaus. Bei großen Arten verlassen die Weibchen vor den Jungen das Nest, um bei der Fütterung zu helfen. Die Jungen kleben den Eingang dann wieder zu, bis sie selbst flügge sind.

Staatenbildung bei Termiten

Termiten sind im tropischen Regenwald die wichtigsten Holzzersetzer. Bei einigen Arten wird die Zellulose im Enddarm durch symbiotische Flagellaten zerlegt, andere ernähren sich von Pilzen, die sie auf halb verdauten Holzkügelchen züchten. Durch ihre Bau- und Grabtätigkeiten machen die Termiten Calcium und Phosphor für die Pflanzen verfügbar. Termiten zeigen in ihrer Staatenbildung Konvergenzen mit den nicht näher verwandten Ameisen. Das weibliche Geschlechtstier kann sehr groß werden und täglich tausende von Eiern legen. Beim Belecken dieses Weibchens nehmen die Termiten ein Pheromon auf, das ihre eigene Geschlechtsreife verhindert. Die meisten Termiten eines Staates bleiben daher auf einer larvalen Entwicklungsstufe. Sie gehören verschiedenen Funktionsgruppen an, die man als *Kasten* bezeichnet. Die Soldaten sorgen für die Verteidigung des Staates, die Arbeiter für die Ernährung. Sinkt die relative Luftfeuchte unter 92 %, so befeuchten die Arbeiter die Wände der Zellen mit Speichel. Ständig werden Eier und Larven in die Winkel des Nestes verlagert, die die günstigsten Temperaturbedingungen zeigen. Ameisenigel, Ameisenbeutler, Ameisenbären und Erdferkel vertilgen sehr viele Termiten.

Symbiose: Macaranga — Ameisen

Pflanzen der Gattung *Macaranga* aus dem malaysischen Regenwald bieten *Ameisen* spezielle, lipidhaltige Futterkörperchen als Nahrung und Nistraum in der hohlen Sprossachse. Als Gegenleistung verteidigen die Ameisen ihre Wirtspflanze gegen Raupen und andere Fressfeinde und verhindern durch Verbiss das Auskeimen und Wuchern von Schlingpflanzen. Dadurch haben von Ameisen besiedelte Macarangapflanzen Vorteile gegenüber nicht besiedelten, obwohl die Ameisen Schildläuse pflegen und deren süße Ausscheidungen melken.

Warntrachten von Fröschen

Pfeilgiftfrösche erhielten ihren Namen, weil südamerikanische Indianer mit dem giftigen Sekret der Hautdrüsen ihre Pfeile für die Jagd vergifteten. Die leuchtenden Farben der Frösche stellen eine wirksame *Warntracht* gegenüber Fressfeinden dar.

Pflanzen des Regenwaldes

Viele unserer Zimmerpflanzen stammen ursprünglich aus dem Regenwald.

Aufgaben

① Warum finden viele Regenwaldpflanzen angemessene Umweltbedingungen auf unseren Fensterbänken?

② Entspricht die Wuchsform der von Bäumen, Epiphyten oder Lianen?

③ Besprühen Sie die Blätter einer Birkenfeige mit Wasser, beobachten Sie das Abrinnverhalten und erläutern Sie die Bedeutung.

④ Lösen Sie ein Blatt aus der Blattzisterne einer Bromelie. Verteilen Sie auf der Blattoberseite unter leichtem Druck mit dem Finger einen Tropfen Alleskleber. Lösen Sie nach dem Antrocknen kleine Stücke davon mit einer Rasierklinge ab. Geben Sie diese Stücke mit einem Tropfen Wasser für eine mikroskopische Untersuchung auf einen Objektträger. Fertigen Sie außerdem ein Präparat an, indem Sie die Epidermis des Blattes abziehen. Zeichnen Sie die Schuppenhaare und informieren Sie sich darüber.

⑤ Die Blätter von Begonien, Usambaraveilchen und anderen tropischen Pflanzen schimmern rötlich. Fertigen Sie mit der Rasierklinge einen Blatt-Querschnitt. Stellen Sie unter dem Mikroskop fest, wo sich die rote Farbe im Blatt befindet und diskutieren Sie die Funktion.

⑥ Vergleichen Sie die Holzmaserung von Kiefern aus gemäßigten Breiten mit der tropischer Hölzer (z. B. Frühstücksbrettchen aus Teak). Worauf führen Sie die Unterschiede zurück?

⑦ Besprühen Sie die Luftwurzel einer Orchidee mit Wasser. Protokollieren Sie Ihre Beobachtungen. Fertigen Sie mit einer Rasierklinge Querschnitte von Luft- und Erdwurzeln an und vergleichen Sie den Bau der beiden Wurzeltypen.

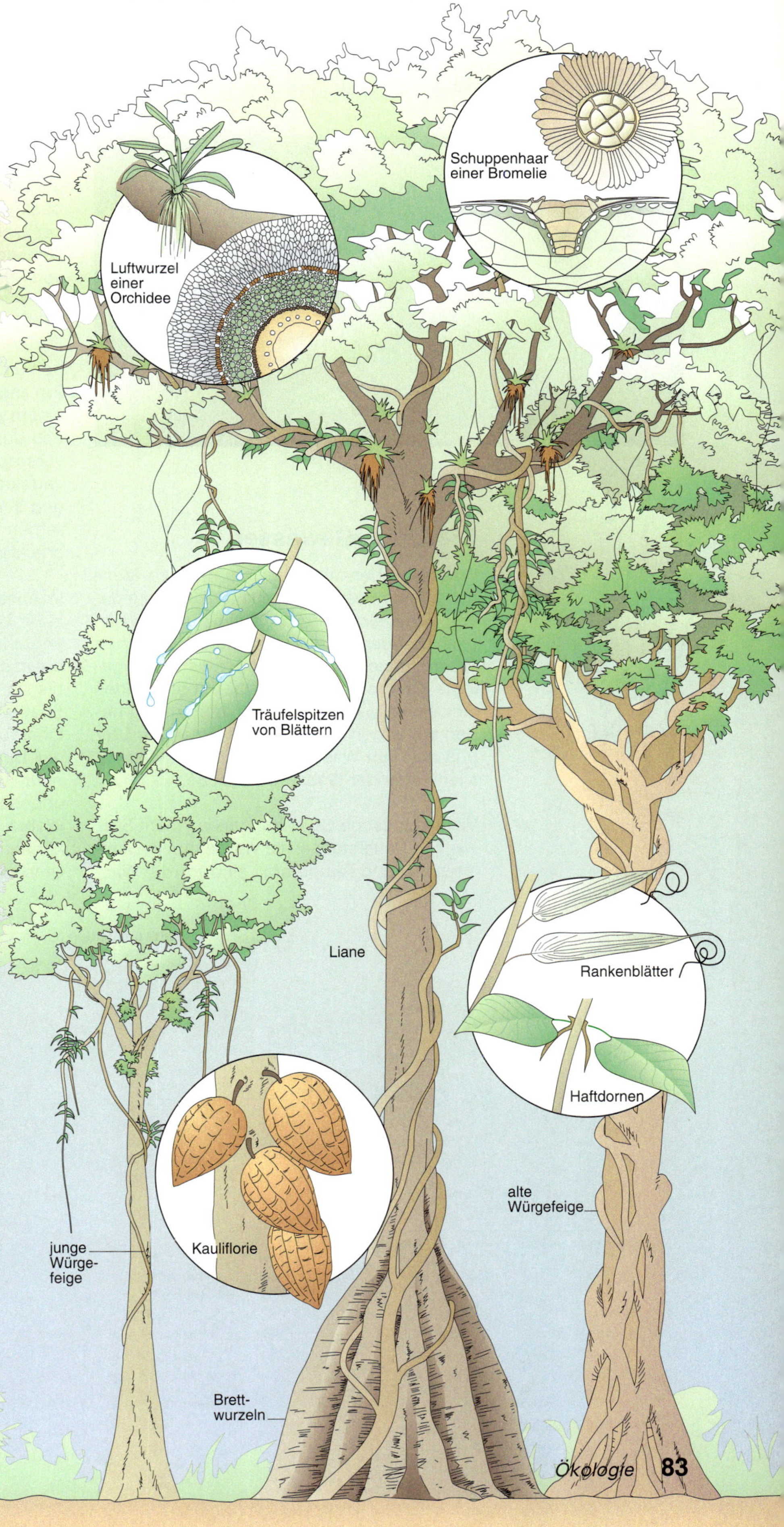

1 See

Stehende Gewässer

Wasserflächen üben auf die meisten Menschen eine Faszination aus, unabhängig davon, ob es sich dabei um einen nur zeitweilig existierenden *Tümpel* handelt, einen flachen *Weiher*, einen *See* oder um künstlich angelegte Gewässer wie *Teiche*. Ein stehendes Gewässer, wie z. B. ein See, beherbergt neben auffälligen großen Organismen am Ufer und auf dem Wasser eine große Vielfalt vor allem unter der Wasseroberfläche.

Viele abiotische Bedingungen in einem See, wie z. B. Sauerstoffgehalt, Wasserdruck, Lichtintensität und Temperatur, sind von der Wassertiefe abhängig. Die im See lebenden Organismen besitzen spezielle Eigenschaften, durch die sie an bestimmte Bedingungen besonders angepasst sind. Ein See zeigt daher eine deutliche *Zonierung* (Abb. 2). Dies ist besonders gut erkennbar am Vorkommen von Pflanzen.

Der Uferbereich *(Litoral)* beginnt mit der *Röhrichtzone*. Hier wachsen z. B. Schilf, Rohrkolben und Seggen, die an Wassertiefen bis ca. 2 m angepasst sind. Schilfhalme entspringen einem weit verzweigten Wurzelstocksystem, das durch die hohlen Halme mit Sauerstoff versorgt wird (s. Randspalte). Eine rasche vegetative Verbreitung durch Legehalme und der dichte Halmbestand lassen Konkurrenten kaum Platz, sodass Schilf oft natürliche Monokulturen bildet.

Im etwas tieferen Wasser der *Schwimmblattzone* kommen z. B. Seerosen und Wasserknöterich vor. Seerosen wurzeln im Boden, besitzen aber sehr langgestielte Blätter, die bis an die Wasseroberfläche reichen. Die Spaltöffnungen dieser Blätter sitzen an der Oberseite und Luftkanäle im Stiel dienen der Durchlüftung der ganzen Pflanze. *Röhricht-* und Schwimmblattzone fehlen oft an ungeschützten Uferbereichen, wo Wind und Wellen die Vegetation auf Dauer schädigen können. Die Zonierung ist also nicht an allen Uferstellen gleich deutlich zu erkennen.

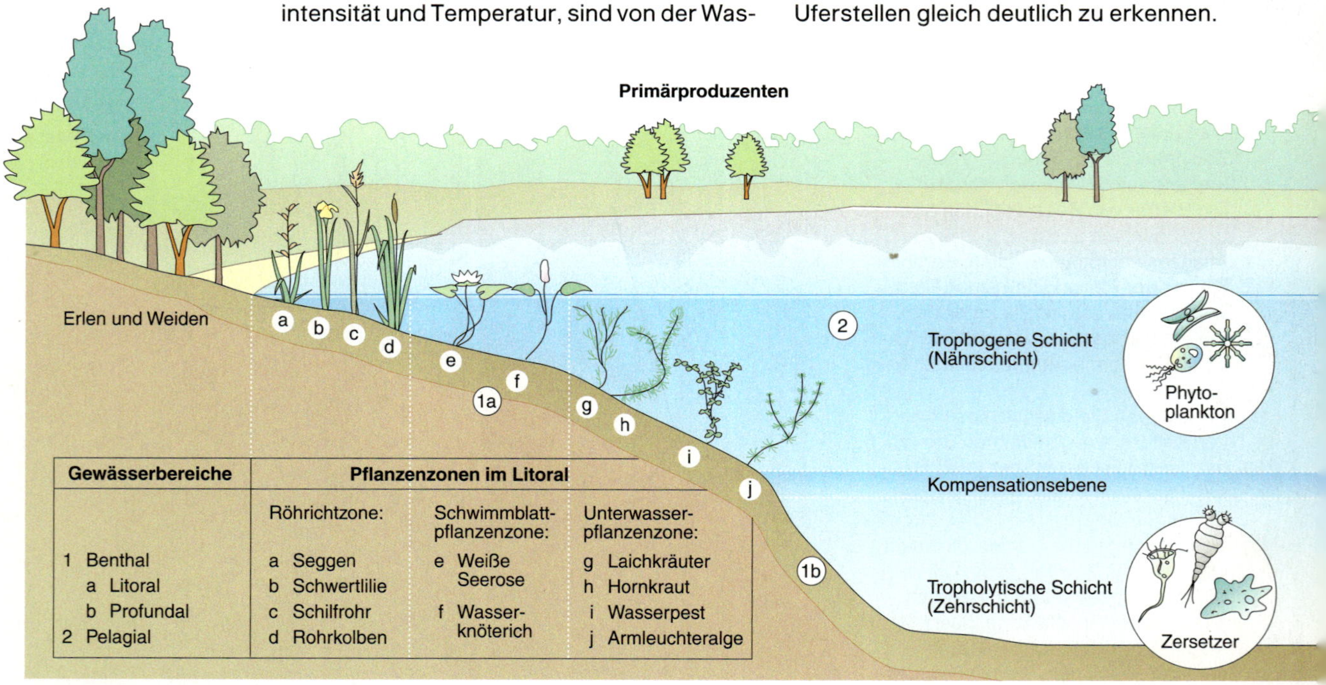

2 Zonierung eines Sees

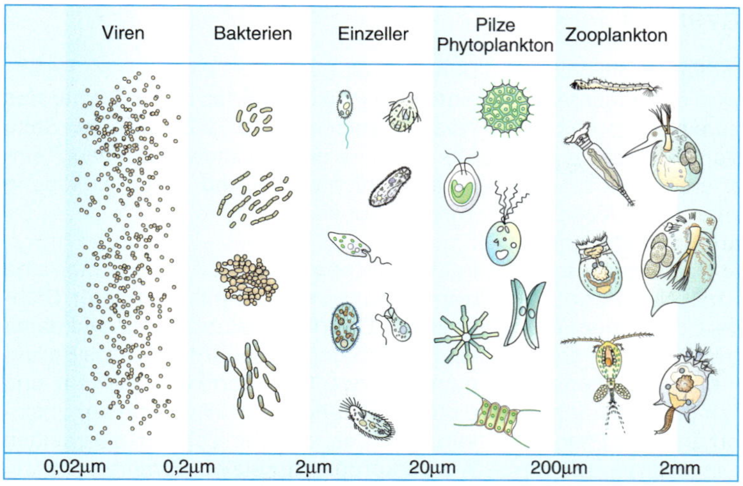

1 Größenklassen des Planktons

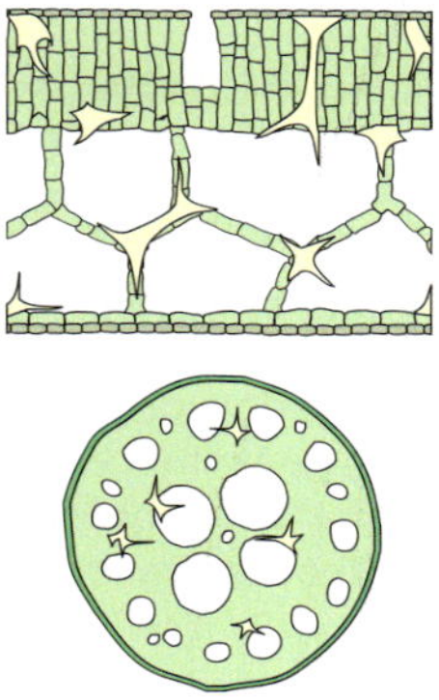
Stängel- und Blattquerschnitt Seerose

In den noch größeren Tiefen der *Tauchblattzone* leben reine Unterwasserpflanzen wie die Wasserpest oder Armleuchteralgen. Ihre Wurzeln dienen vorwiegend der Verankerung, Mineralstoffe können diese Pflanzen dem Wasser direkt entnehmen. Das Litoral endet dort, wo ab einer bestimmten Tiefe nicht mehr genug Licht für eine Nettoproduktion durch Fotosynthese vorhanden ist. Unterhalb dieser *Kompensationstiefe* gibt es keinen Pflanzenbewuchs (s. Seite 86).

Im freien Wasser *(Pelagial)* kommen vor allem mikroskopisch kleine Pflanzen wie Einzeller und Zellkolonien vor, die man zum *Plankton* rechnet. Zum Plankton zählen neben dem pflanzlichen *Phytoplankton* noch das *Zooplankton* sowie kleinste Pilze, Einzeller, Bakterien und Viren. Das gesamte Plankton besitzt damit Organismen mehrerer Größenordnungen (Abb. 1).

2 Lebewesen am und im See

Lebendes Phytoplankton kommt in der Wasserschicht oberhalb der Kompensationsebene vor und bestimmt die Primärproduktion des Sees. Diese Schicht wird daher *trophogene Zone (Nährschicht)* genannt. Dagegen kommt das Zooplankton auch in darunter liegenden Tiefen vor, der *tropholytischen Zone (Zehrschicht)*.

Die größeren Planktonorganismen besitzen oft spezielle Körperbildungen wie Dornen oder Nadeln, die sie vor Fraß schützen und das Absinken verhindern. Die Blattfußkrebse, zu denen auch alle *Daphnia*-Arten zählen, können beispielsweise mit ihrem zweiten Antennenpaar kräftig schlagen und so aktiv schwimmen. Sie pendeln oft tagesperiodisch zwischen verschiedenen Wassertiefen. Quantitative Untersuchungen des gesamten Planktons haben ergeben, dass die Organismenanzahlen mit zunehmender Größe abnehmen, sodass die Biomasse aller Größenklassen annähernd gleich ist.

Größere Tiere bilden das *Nekton*. Sie können sich aktiv gegen Strömungen fortbewegen. Zum Nekton gehören vor allem Fische. Die Grenze zwischen Plankton und Nekton ist nicht klar definierbar, da sich auch viele Kleinstorganismen in geringem Maße eigenständig fortbewegen können.

Auf dem Bodengrund, dem *Benthal*, leben schließlich Muscheln und Schnecken und im Sediment selbst kommen Würmer, wie z. B. Tubifex, sowie Insektenlarven vor.

Steine und die großen Pflanzen bieten einen Untergrund für *Aufwuchsorganismen*, die auf ihrem Untergrund festsitzen. Hierzu gehören der *Süßwasserpolyp Hydra* und viele Einzeller, wie z. B. das *Glockentierchen*. Organismen wie der Wasserläufer, einige Lungenschnecken oder Mückenlarven leben an der Wasseroberfläche. Sie finden Halt am *Oberflächenhäutchen*, das durch die Oberflächenspannung des Wassers entsteht. Viele Tierarten leben nur zeitweilig im Wasser. Beispielsweise entwickeln sich bei Insekten wie Libellen oder Mücken die Larvenstadien im Wasser und verlassen es als *Imago*. Vogelarten wie Enten, Haubentaucher oder Seeadler pendeln zwischen dem Gewässer und terrestrischen Lebensräumen. Sie nutzen das Gewässer z. B. als Nahrungsquelle und Schutz vor Räubern an Land.

Der See im Jahresverlauf

Einfallendes Licht wird von Wasser absorbiert, mit zunehmender Tiefe wird die Lichtintensität daher geringer. Bis zu einer bestimmten Tiefe ist die Produktion von Biomasse durch die Fotosynthese größer als der Verbrauch durch die Zellatmung. Unter dieser *Kompensationstiefe* ist keine Nettoproduktion mehr möglich (s. Seite 85). Sie trennt damit einen oberen hellen Bereich mit Nettoproduktion und einen unteren Bereich, in dem ausschließlich verbrauchende Prozesse ablaufen können. Die Lage der Kompensationstiefe hängt von der aktuellen Lichtsituation ab sowie von der Menge vorhandener Pflanzen und der Planktondichte im Wasser *(Eigenbeschattung)*.

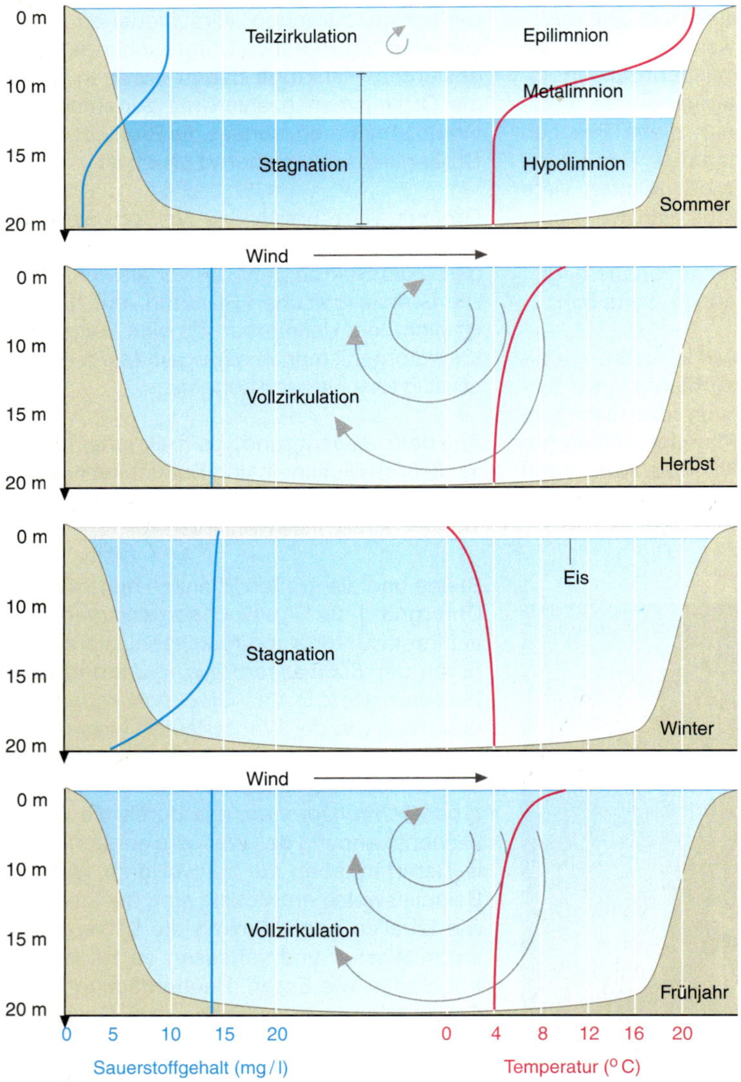

1 Stagnation und Zirkulation im Jahresverlauf

Daneben gibt es noch eine zweite Tiefeneinteilung im See. Hierfür ist die Dichte des Wassers entscheidend (s. Zettelkasten Seite 87). Diese verursacht im Jahresverlauf Temperaturschichtungen und deren Auflösung in Zirkulationen.

In Mitteleuropa bildet sich im Sommer eine warme Wasserschicht mit geringerer Dichte an der Oberfläche *(Epilimnion)* und damit eine Schichtung im See (Abb. 1). Das Epilimnion lässt zwar feste Partikel in das kalte und dichtere Tiefenwasser *(Hypolimnion)* absinken, aber die Durchmischung der beiden Wasserkörper unterbleibt (*Sommerstagnation)* und damit findet auch kein Ausgleich der Stoffkonzentrationen zwischen den Schichten statt; das Tiefenwasser besitzt damit quasi einen Deckel.

Im Frühjahr und im Herbst hat das Wasser eine nahezu einheitliche Temperatur. Es kann durch Winde zu einer vollständigen Zirkulation gebracht werden *(Frühjahrszirkulation* und *Herbstzirkulation)*, wenn die Wassertemperatur nahe 4 °C liegt und die Temperaturdifferenzen im Wasser gering sind. Die Zirkulation durchmischt den gesamten Wasserkörper, sodass in allen Tiefen gleiche Sauerstoff- und Mineralstoffkonzentrationen vorliegen.

Im Winter kann durch Eisbildung eine weitere Stagnationsphase entstehen *(Winterstagnation)*. Im Zuge der Klimaerwärmung ist dies jedoch immer seltener der Fall.

Bei südlicher gelegenen Seen unterbleibt die Winterstagnation und der See zirkuliert von Herbst bis Frühjahr. Dagegen bleiben z. B. hochgelegene alpine Seen auch im Sommer kalt und zirkulieren den ganzen Sommer lang.

Nahrungsbeziehungen im See

Die Stagnations- und Zirkulationsphasen sowie die physikalischen und chemischen Eigenschaften von Wasser bestimmen wesentlich die Lebensmöglichkeiten von Organismen im See. Im Jahresverlauf eines Sees beginnt das intensivere Leben im Frühjahr. Mit zunehmender Lichtintensität und Wärme wachsen die Populationen des Phytoplanktons. Als Folge nehmen auch die Populationen des Zooplanktons zu und zehren bis zum späten Frühjahr das Phytoplankton weitgehend auf. Das kann zu einem *Klarwas-*

serstadium führen, in dem die Grünfärbung des Wassers minimal ist. Der weitere Verlauf der Populationsdichten ist vorwiegend von der verbliebenen Mineralstoffkonzentration im Epilimnion abhängig (s. Seite 90/91).

Die Produktivität des Gewässers ist durch die vorhandenen Mineralstoffe begrenzt *(Liebig'sches Minimumgesetz*, Seite 23, 90, 121). Die Algen des Phytoplanktons und die ufernahen Pflanzen bauen die Mineralstoffe in die Biomasse ein. Sie bilden im See die trophische Stufe der Produzenten. Darüber kommen filtrierende Kleinkrebse *(Zooplankton)* und als dritte Stufe Plankton fressende Fische. Wenn die Produktivität des Sees hoch genug ist, können weitere Trophiestufen aus räuberischen Fischen existieren.

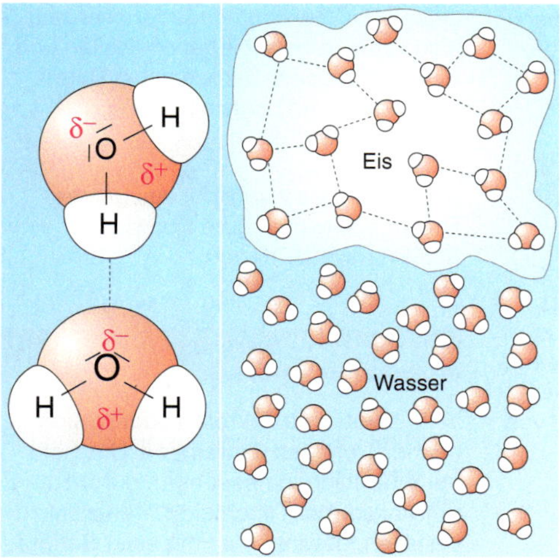

1 Wassermoleküle als Dipole, Dichteanomalie

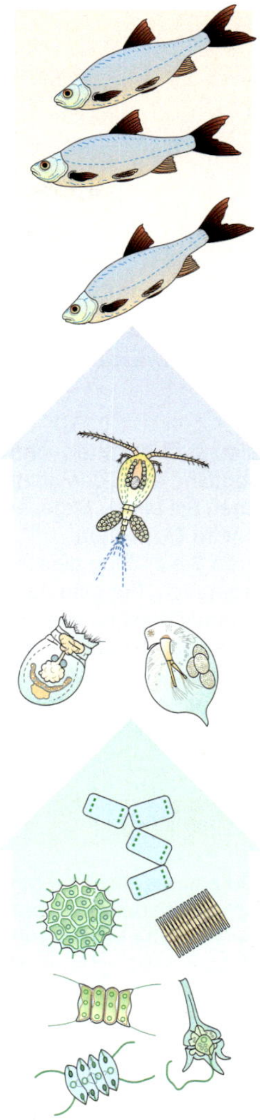
typische Nahrungskette

Fast alle Organismen hinterlassen Exkremente und sterben irgendwann. Wasserlösliche Stoffe von Exkrementen oder aus abgestorbenen Zellen können von Bakterien direkt aufgenommen und verwertet werden. Aus festen Stoffen bildet sich u.a. feinflockiger *Detritus*. Detritus wird letztendes durch bakterielle Destruenten unter Sauerstoffverbrauch remineralisiert. Dies geschieht zum großen Teil bereits im *Epilimnion,* doch sinkt ein merklicher Anteil als totes organisches Material weiter ab ins Hypolimnion und nimmt die in ihm gebundenen Mineralstoffe mit. Das Epilimnion verarmt daher an Mineralstoffen. Wenn dort hohe Konzentrationen verblieben sind, kann eine neue Algenblüte folgen. In anderen Fällen ist dies erst im Herbst wieder möglich, wenn die Konzentrationen durch die Zirkulation erneut ansteigen.

Im Hypolimnion und im Benthal wird das absinkende tote organische Material weiter remineralisiert. Vor allem in der Nähe des Benthals steigt daher die Mineralstoffkonzentration an. Während im Epilimnion der dazu verbrauchte Sauerstoff durch Diffusion aus der Luft und durch die Fotosynthese stets ergänzt werden kann, ist dies im Hypolimnion und im Benthal nicht möglich: Wegen der sommerlichen Schichtung kann hierher kein neuer Sauerstoff gelangen, er wird hier ausschließlich verbraucht und sein Gehalt sinkt deswegen. Bei hohem Verbrauch durch große Detritusmengen kann er gänzlich aufgebraucht werden (s. Seite 91). Erst mit der nächsten Zirkulation gelangt neuer Sauerstoff in die Tiefe und die Mineralstoffe aus der Tiefe kommen an die Oberfläche.

Zettelkasten

Eigenschaften des Wassers

Reines Wasser besitzt (anders als die meisten Stoffe) seine höchste Dichte nicht am Schmelzpunkt (0 °C) sondern bei +4 °C. Diese *Dichteanomalie* genannte Eigenschaft lässt Seen in der Tiefe normalerweise nicht kälter als +4 °C werden, während noch kälteres Wasser an der Oberfläche schwimmt.

Eine ungewöhnliche Eigenschaft ist die Dichte des festen Zustandes. Eis besitzt eine geringere Dichte als flüssiges Wasser, es schwimmt auf und sinkt nicht (wie feste Zustände anderer Stoffe) auf den Boden (Abb. 1).

Wasser ist durch seine Dipoleigenschaften ein wichtiges Lösungsmittel für viele Stoffe. Daneben kann es viele Gase physikalisch lösen, so auch Sauerstoff und Kohlenstoffdioxid. Wasser reagiert mit Kohlenstoffdioxid zum Teil zu Kohlensäure bzw. Hydrogencarbonat. Es kann deswegen erhebliche Mengen enthalten. Die Löslichkeit von Gasen in Wasser nimmt generell mit steigender Temperatur ab.

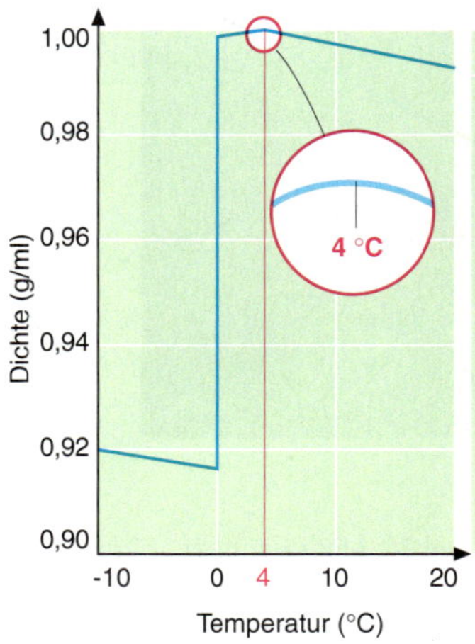

°C	mg O_2/l
0	14,2
5	12,4
10	10,9
15	9,8
20	8,8
25	8,1
30	7,5
35	7,0
40	6,6

Sauerstoffsättigung

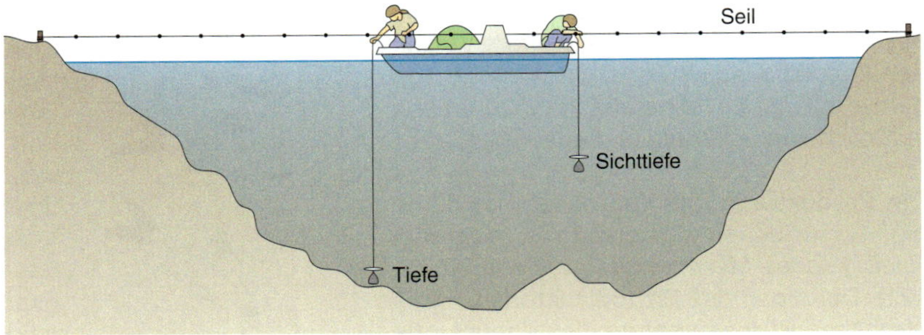

Ermittlung der Gewässerbreite und -tiefe

Freilandökologie an Gewässern

Freilanduntersuchungen an stehenden Gewässern umfassen eine Vegetationsaufnahme der Pflanzen am Ufer und im Gewässer, die Messung der abiotischen Faktoren und die Entnahme von Gewässerproben für anschießende chemische Untersuchungen. Zusätzlich können Kleinlebewesen im Gewässer untersucht werden.
Alle aufgenommenen Daten müssen nachvollziehbar direkt protokolliert werden. Hierbei sollten neben Orts- und Zeitdaten auch Informationen zur Witterung mit angegeben werden. Die Namen der Gruppenmitglieder und des Protokollanten erleichtern die Auswertung in der Schule.

Linien-Vegetationsaufnahme

Aufgaben

① Fertigen Sie mithilfe einer Landkarte eine Skizze des Gewässers an. Tragen Sie auffallende Merkmale, wie Bäume oder Bauwerke, ein.

② Erstellen Sie ein Höhen- und Tiefenprofil entlang einer geeigneten Linie. Beginnen Sie einige Meter vom Ufer entfernt im Trockenen.

③ Kartieren Sie entlang dieser Linie die Vegetation. Für eine dauerhafte Dokumentation kann auch ein Herbar angelegt werden (s. Seite 73).

④ Anhand dieser Linie kann auch die Sichttiefe eines Gewässers aufgenommen werden.

Sichttiefe

Die Sichttiefe eines Gewässers wird mit einer *Secchi-Scheibe* gemessen. Eine solche Messscheibe kann man selbst herstellen: Man benötigt eine 10 bis 25 m lange Schnur, eine runde Plastikscheibe mit 20 bis 25 cm Durchmesser, wasserfeste Permanentmarker, ein Gewicht von ca. 1 kg und farbige Klebestreifen.

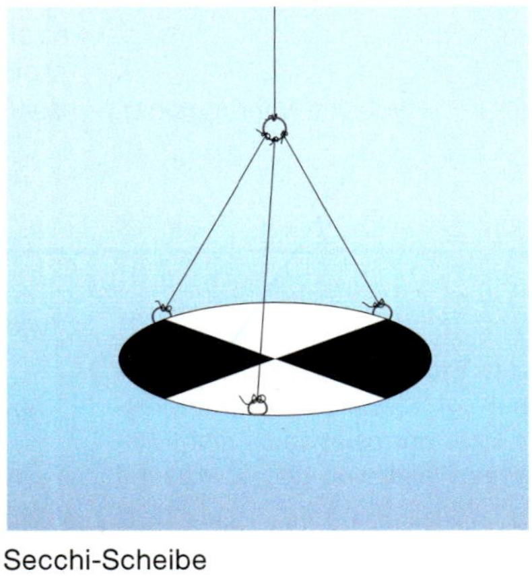

Secchi-Scheibe

In die Scheibe werden einige Löcher gebohrt und mit dem wasserfesten Markierstift wird ein Muster (s. Abb.) aufgezeichnet. Dieses Muster erleichtert durch die Kontrastunterschiede das Messen im Wasser. An der Schnur werden von der Scheibe aus in Abständen von 50 cm dünne farbige Klebestreifen angebracht. Die verschiedenen Farben erleichtern beim Herablassen der Scheibe ins Wasser die Messung der jeweils erreichten Tiefe.

Die Secchi-Scheibe wird langsam so weit ins Wasser gelassen, bis sie kaum noch zu erkennen ist. Bei Fließgewässern muss je nach Strömungsgeschwindigkeit das Gewicht verändert werden. Man kann an verschiedenen Stellen und zu verschiedenen Jahreszeiten Daten aufnehmen und diese als Balkendiagramm auswerten.

Achtung! Wird vom Boot aus gemessen, müssen auch gute Schwimmer eine Schwimmweste tragen.

Abiotische Faktoren

Viele abiotische Faktoren ändern sich mit der Tiefe des Gewässers. Um nicht nur Oberflächenmessungen durchzuführen, sondern auch ein Tiefenprofil zu erstellen, gewinnt man mit einer Schöpfflasche (s. Abb.) die Wasserproben aus verschiedenen Tiefen.

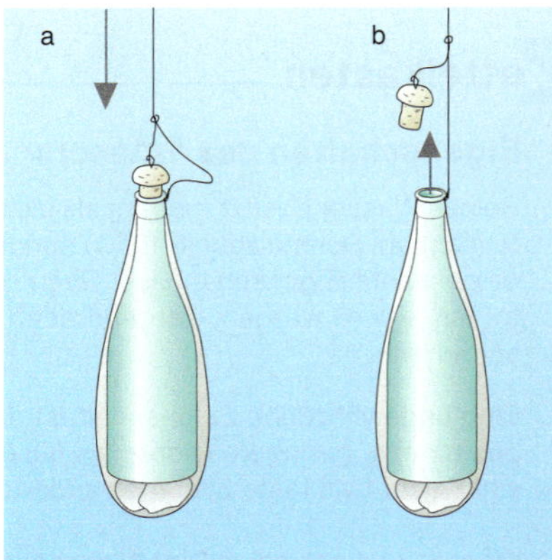

Wasserprobenentnahme

Man verwendet Flaschen mit einem nicht zu engen Hals und einem Verschluss, der unter Wasser an der gemessenen Tiefe durch ein zweites Band mit einem kurzen, ruckartigen Ziehen geöffnet werden kann. Zur Tiefenbestimmung werden in 1-m-Abständen Knoten in das Band geschlagen. Warten Sie 30 Sekunden, bevor Sie die geöffnete Flasche wieder heraufziehen.

- *Temperatur:* Messen und protokollieren Sie die Temperatur.
- *pH-Wert:* pH-Teststreifen eignen sich gut, möglich sind jedoch auch Küvetten, in die Probenwasser und der Indikator gefüllt werden.
- *Nitrat-, Nitrit-, Ammonium-, Phosphatgehalt:* Verwenden Sie zur Messung die speziellen Messkits für die Gewässeranalytik. Folgen Sie bei der Handhabung genau den Vorgaben der Hersteller. Führen Sie mehrere Vergleichsmessungen durch, um Messfehler zu verringern. Die gefundenen Werte können Sie zur besseren Einschätzung auch mit den gesetzlichen Maximalwerten für Trinkwasser und Fischzuchtgewässer vergleichen.
- *Sauerstoffgehalt:* Füllen Sie eine Glasflache mit Schliffverschluss (100 ml) luftblasenfrei mit Probenwasser. Pipettieren Sie zu der Wasserprobe nacheinander 1 ml Manganchloridlösung [X_n] (40 mg $MnCl_2 \cdot 4\,H_2O$ auf 100 ml dest. Wasser) und 2 ml Natronlauge [C] (44 g NaOH auf 100 ml dest. Wasser). Verschließen Sie die Flasche mit dem Stopfen luftblasenfrei. Danach wird das Gemisch kräftig geschüttelt. Bei hohem Sauerstoffgehalt bildet sich ein brauner, bei fehlendem Sauerstoff ein weißer Niederschlag. Anhand der Farbskala (Abb. oben) lässt sich der Sauerstoffgehalt den verschiedenen Braunabstufungen zuordnen.

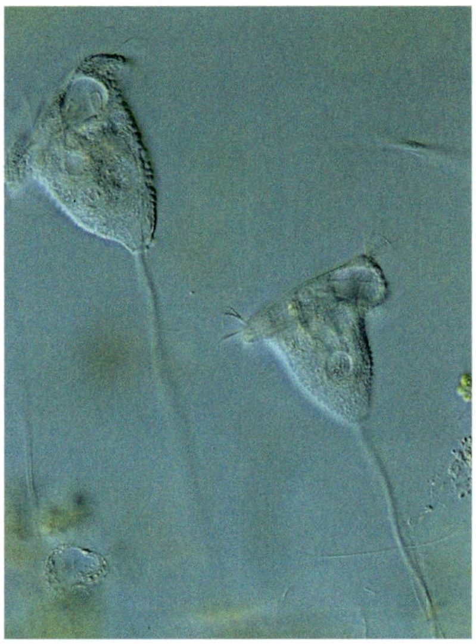

Glockentierchen

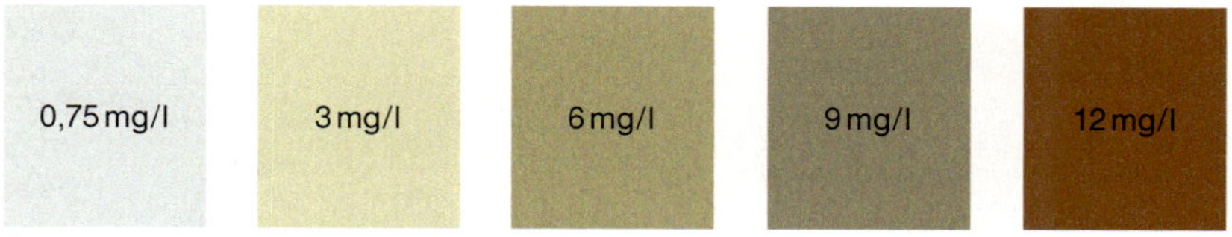

Farbvergleich für die Sauerstoffbestimmung

Aufwuchsorganismen

Pflanzen und Steine im Wasser bilden eine geeignete Unterlage für Bakterien, Algen und Pilze. Diese werden von Wimpertierchen, Ringelwürmern, Schnecken und anderen Konsumenten abgeweidet. Man kann Steine und Pflanzen entnehmen, in ein Wassergefäß geben und in der Schule die vorhandenen Lebewesen untersuchen. Die Wassertiefe der Entnahmestelle muss ins Protokoll aufgenommen werden.

Um bei unterschiedlichen Wassertiefen oder Lichtverhältnissen die Kleinorganismen zu untersuchen, werden Objektträger (zwei Objektträger gegeneinander liegend) für mindestens zwei Wochen mit einer selbst gebauten Konstruktion ins Wasser gehängt (s. Abb.). Günstig ist es, zwei oder mehr Ansätze an der jeweiligen Stelle in das Wasser zu bringen, um diese im Zweiwochenrhythmus weiter zu untersuchen.

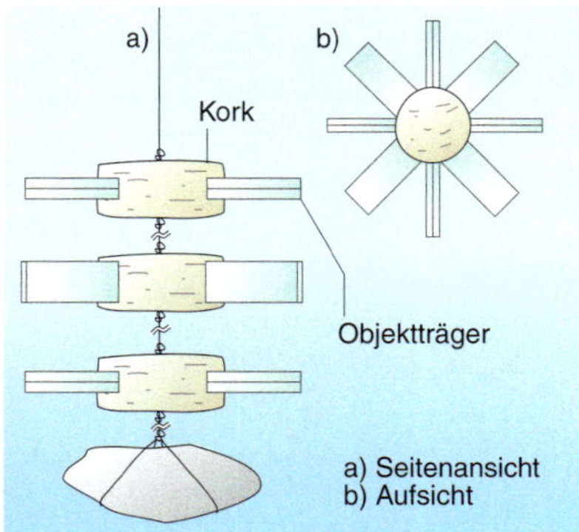

Aufgaben

⑤ Trennen Sie die beiden Objektträger, trocknen Sie die nicht bewachsene Seite ab und legen Sie auf die bewachsene Seite zwei oder drei Deckgläschen (evtl. etwas Wasser zugeben und die Deckgläser mit Knetefüßchen versehen).

⑥ Mikroskopieren Sie die Organismen, die sich auf dem Objektträger angesammelt haben und ordnen Sie diese anhand eines Bestimmungsbuches bestimmten Formen oder Gruppen zu. Vergleichen Sie die verschiedenen Standorte und Zeiträume.

Untersuchungen im Tagesverlauf

Aufgabe

⑦ Bestimmen Sie an vegetationsreichen und -armen Standorten (Wassertiefe ca. 20 cm) im Tagesverlauf alle drei Stunden den pH-Wert und den Sauerstoffgehalt. Tragen Sie die Werte grafisch auf und vergleichen Sie diese unter den Aspekten Tagesverlauf und verschiedener Standorte.

BSB-Untersuchung

Wasserbewegungen und die Fotosynthese der Wasserpflanzen reichern Gewässer mit Sauerstoff an. Je mehr organische Substanzen im Wasser vorhanden sind, desto mehr reduzierende Bakterien sind vorhanden. Der *biochemische Sauerstoffbedarf (BSB)* ist ein Maß für die Belastung einer Gewässerprobe mit organisch abbaubaren Substanzen. Der BSB kann nach 2 (BSB_2) oder 5 Tagen (BSB_5) bestimmt werden.

Aufgaben

⑧ Füllen Sie eine Wasserflasche voll mit Probenwasser. Bestimmen Sie den aktuellen Sauerstoffgehalt und verschließen Sie diese Flasche luftblasenfrei. Bringen Sie diese Probe an einen dunklen Ort bei Zimmertemperatur.

⑨ Kochen Sie eine weitere Probe ca. 10 min, kühlen Sie diese auf Zimmertemperatur ab und reichern Sie die Probe mit Sauerstoff (Aquarienpumpe) an. Bestimmen Sie danach den Sauerstoffgehalt und stellen Sie diese Probe zu den übrigen verdunkelten Proben.

⑩ Öffnen Sie nach zwei Tagen die Flaschen und bestimmen Sie sofort den Sauerstoffgehalt.

⑪ Überprüfen Sie die Veränderungen und vergleichen Sie die Proben untereinander.

⑫ Stellen Sie eine Hypothese zur Klärung der Differenzunterschiede der verschiedenen Proben auf.

⑬ Erläutern Sie, wie Sie die Hypothese experimentell überprüfen könnten.

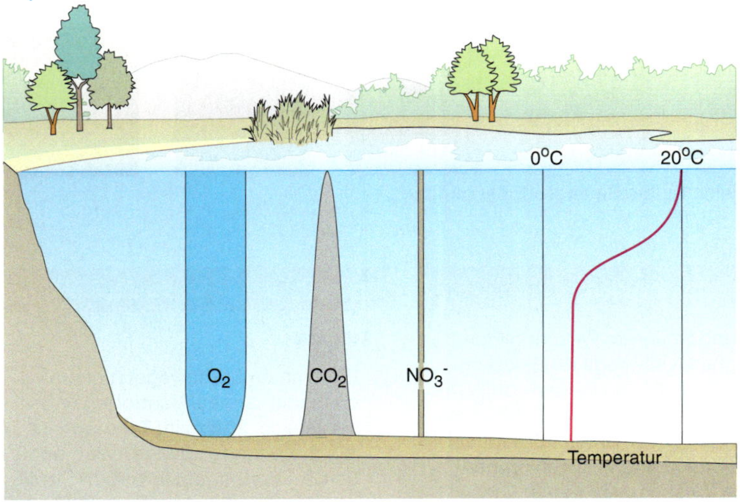

1 Sommerliche Gas-, Mineralstoff- u. Temperaturprofile im oligotrophen See

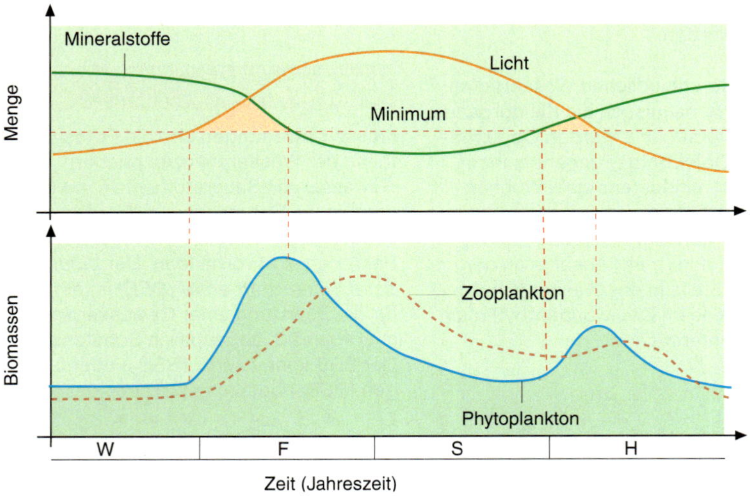

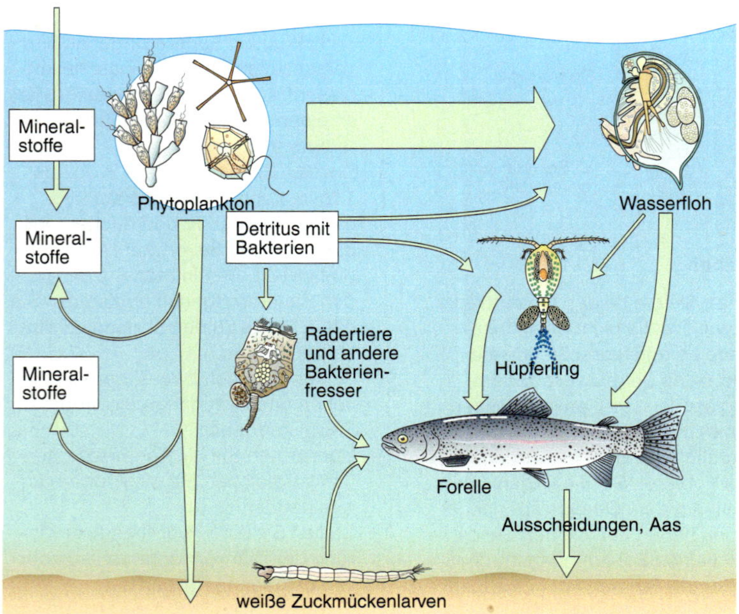

2 Nahrungsnetz in einem oligotrophen See

Der oligotrophe See

Das klare Wasser blauer Voralpenseen lockt im Sommer viele Urlauber. Schmale, kaum bewachsene Seeufer und tiefe Seebecken laden zum Wassersport ein.

Im Verhältnis zum Volumen ist das Einzugsgebiet dieser Seen klein. Daher ist der Mineralstoffeintrag relativ gering. Dies begrenzt in starkem Maße das pflanzliche Wachstum. Die Algenproduktion wird weiterhin durch filtrierende Planktonkrebse wirksam kontrolliert, sodass auch im Sommer das Wasser klar bleibt. Da sich nur wenig Plankton im Wasser befindet, ist auch nur wenig absterbendes Plankton vorhanden. Seine organische Substanz wird bereits auf dem weiten Weg zum Grund zum großen Teil remineralisiert.

Ganzjährig ist bis in die tiefsten Wasserschichten Sauerstoff vorhanden (Abb. 1). Die Sedimentoberfläche ist oxidiert. Im aeroben Sediment ernähren sich weiße Zuckmückenlarven der Gattung *Tanytarsus* vom Detritus. Sie sind die Zeigerorganismen für solche mineralstoffarmen oder *oligotrophen* Seen.

Die Seen der gemäßigten Zone unterscheiden sich in der Höhe ihrer Primärproduktion. Die Produktion wird immer durch den Mineralstoff begrenzt, an dem es den Pflanzen im Vergleich zum Bedarf mangelt *(Liebig'sches Minimumgesetz*, s. Seite 121). In stehenden Gewässern ist das im Allgemeinen Phosphor, seltener sind es auch Stickstoffverbindungen wie Nitrat (NO_3^-) und Ammonium (NH_4^+).

3 Oligotropher See

Der eutrophe See

Viele Seen im mitteleuropäischen Flachland haben eine braungrüne Farbe, ihre Uferzone ist weit ausgedehnt und dicht bewachsen. Das Seebecken eutropher Seen ist vergleichsweise flach, sodass im Vergleich zum Wasservolumen das Einzugsgebiet oft ausgedehnt ist. Daher werden relativ große Mineralstoffmengen eingetragen, die das pflanzliche Wachstum anregen. Auch im Sommer kommen massive Algenblüten von Grünalgen oder Cyanobakterien vor. Das Zooplankton schafft es nicht, die sommerliche Algenproduktion zu verzehren; daher sinkt absterbendes Plankton in einem dichten Detritusregen abwärts. Für eine vollständige Zersetzung im freien Wasser reicht die Tiefe nicht aus. Der größte Teil des Detritusregens bildet am Grund eine schlammige, faulende Sedimentschicht. Hier lebt als *Zeigerart* die rote Zuckmückenlarve *Chironomus*.

Die hohe Produktion eines solchen mineralstoffreichen oder *eutrophen* Sees bietet vielen Konsumenten Nahrung. Viele Produzenten und Konsumenten verbrauchen jedoch viel Sauerstoff. Zwar kann es in den oberen Schichten durch starke Fotosynthese sogar zu einer Übersättigung mit Sauerstoff kommen, in den unteren Wasserschichten und am Bodengrund wird der Sauerstoff jedoch stark verbraucht und kann während der Stagnationsphasen nicht aus den oberen Schichten ersetzt werden. Zusätzlich gelangt Phosphat aus dem Sediment in das freie Wasser zu den dort schon vorhandenen Mineralstoffen.

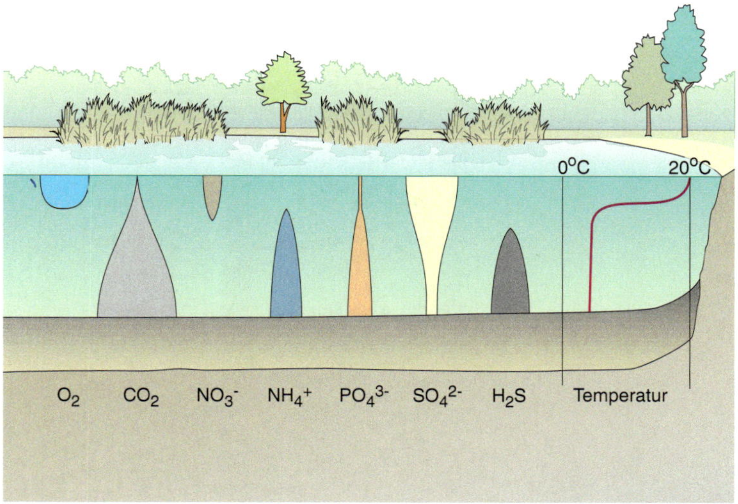

1 Sommerliche Gas-, Mineralstoff- und Temperaturprofile im eutrophen See

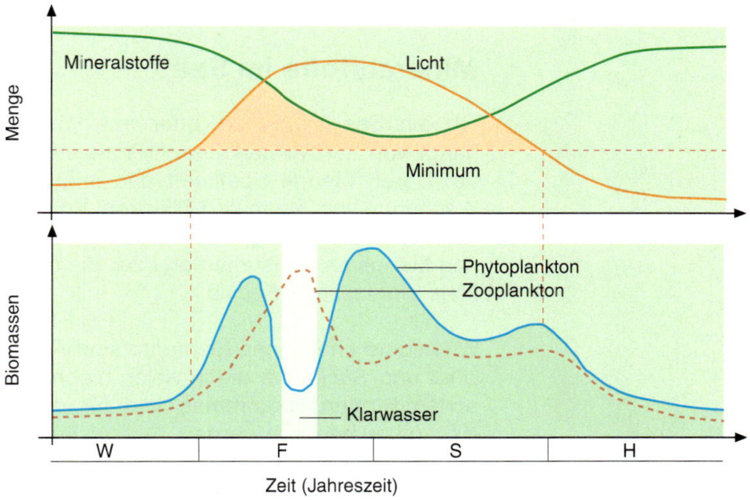

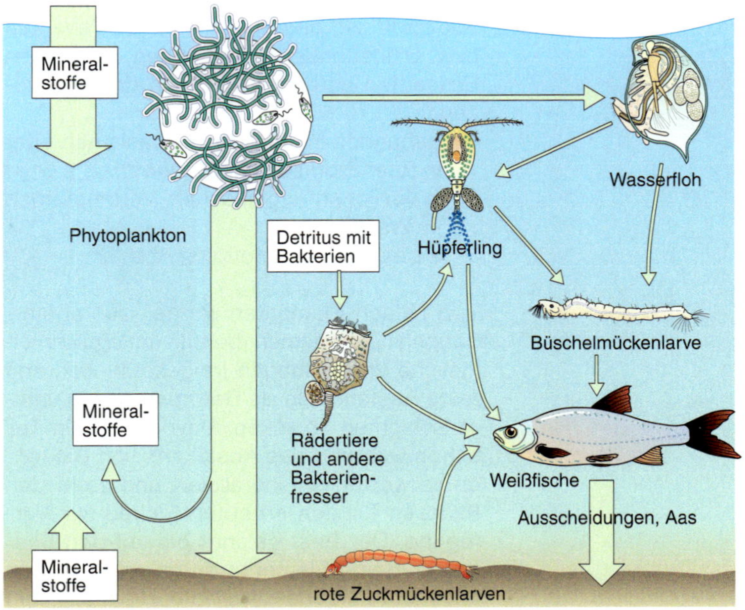

2 Nahrungsnetz in einem eutrophen See

3 Eutropher See

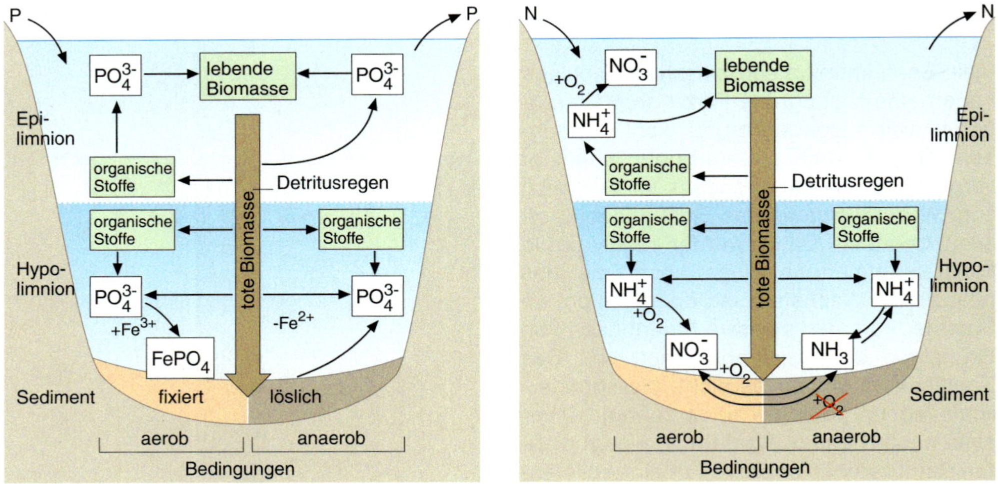

1 Phosphat- und Stickstoffkreislauf im See

Mineralstoffe im See

Ob ein See oligotroph oder eutroph ist, hängt von den vorhandenen Mineralstoffen ab. Deren Menge bestimmt das mögliche Wachstum von Algen und Pflanzen. Von deren Produktion hängt wiederum die mögliche Menge an Konsumenten bzw. die mögliche Biomasse im See ab.

Wichtigste chemische Elemente sind *Phosphor* und *Stickstoff*, die in vielen biochemischen Stoffen vorkommen und für deren Neuaufbau benötigt werden.

Phosphor kommt ausschließlich als freie oder angebundene Phosphatgruppe vor, Stickstoff ist dagegen in vielen Varianten bzw. Oxidationsstufen zu finden. Bei beiden Elementen unterscheidet man drei Fraktionen:

1. gebunden in lebenden Organismen oder in toter Biomasse (z. B. *Detritus)*;
2. in löslichen organischen Verbindungen im Wasser;
3. als freie Mineralstoffe (s. Abb. 1).

Von beiden Elementen werden aus absterbenden Organismen bereits im Epilimnion lösliche Verbindungen freigesetzt, während feste Bestandteile als Detritusregen in tiefere Schichten absinken. Davon wird ein Teil schon während des Absinkens von Bakterien verwertet, remineralisiert und steht den Pflanzen für den erneuten Einbau zur Verfügung. Der Rest gelangt bis auf den Seegrund. Beide Elemente durchlaufen im See ansonsten eigene Kreisläufe, die stark vom Sauerstoffgehalt (O_2) abhängen.

Phosphatkreislauf

Phosphat wird von Algen oder autotrophen Bakterien in neu gebildete Biomasse eingebaut und gelangt so in die Nahrungskette. Nach der Remineralisierung der Biomasse durch Destruenten hängt sein weiteres Schicksal vom Sauerstoffgehalt ab. Sauerstoff reagiert nicht direkt mit Phosphat. Ist aber Sauerstoff vorhanden, werden Eisenionen (Fe) zu Fe^{3+} oxidiert, andernfalls zu Fe^{2+} reduziert. Das Fe^{3+}-Ion bildet aber ein unlösliches Eisenphosphat, das sich am Seegrund ablagert und damit das Phosphat dem Kreislauf entzieht, während das Eisenphosphat mit Fe^{2+}-Ionen wasserlöslich ist. Je nach Sauerstoffgehalt ist Phosphat also entweder im Sediment fixiert oder befindet sich als gelöstes Ion im Wasser.

Stickstoffkreislauf

Stickstoff wird von Algen oder autotrophen Bakterien als *Ammonium* (NH_4^+) oder *Nitrat* (NO_3^-) aufgenommen und in neu gebildete Biomasse eingebaut. Nach der Remineralisierung der Biomasse durch Destruenten gelangt Stickstoff meist als Ammonium wieder in den See. Daneben geben viele Tiere *Ammoniak* (NH_3) als Exkremente ins Wasser ab oder Stickstoffverbindungen wie Harnsäure oder Harnstoff. Letztere werden von Bakterien verwertet und dabei ebenfalls zu Ammoniak bzw. Ammonium umgebaut. Ammoniak ist für viele Organismen giftig, wird aber normalerweise rasch umgesetzt und ist höchstens in Spuren vorhanden.

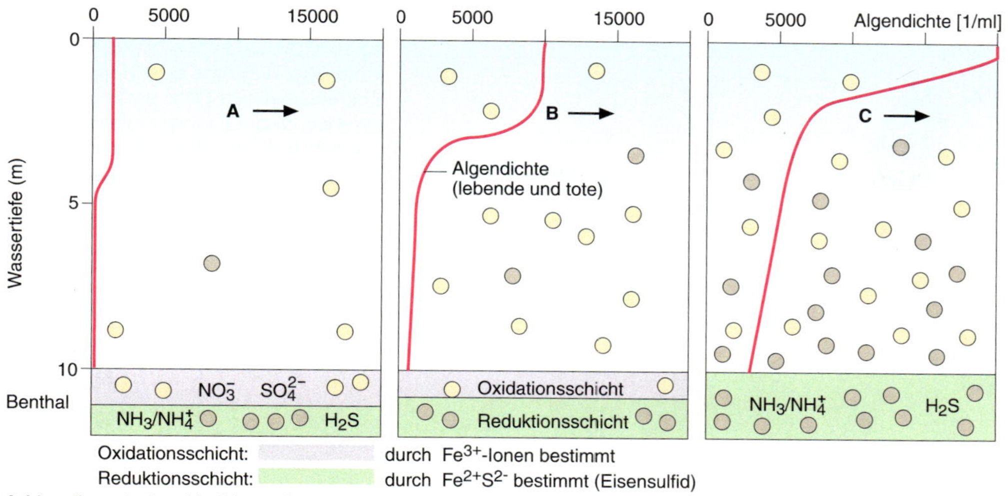

1 Vorgänge beim „Umkippen“

Die Umsetzung von Ammonium ist vom Sauerstoffgehalt abhängig. Ammonium wird von verschiedenen Bakterien oxidierend verwertet. Zum einen entsteht elementarer Stickstoff *(Denitrifikation)*, der ausgast und dann dem Kreislauf weitgehend entzogen ist. Zum anderen wird Stickstoff zu *Nitrit* (NO_2^-) und zu Nitrat (NO_3^-) oxidiert *(Nitrifikation)*.

An der Grenze zur sauerstofffreien Schicht treten aerob und anaerob lebende Bakterien in Wechselbeziehung: Während die einen Ammonium zu Nitrat oxidieren *(aerob)*, reduzieren andere dieses wieder zu Ammonium *(anaerob, Nitratatmung, Nitratammonifikation)*. Unter ihren jeweiligen Bedingungen gewinnen die Bakterien aus beiden Prozessen Energie (Abb. 2).

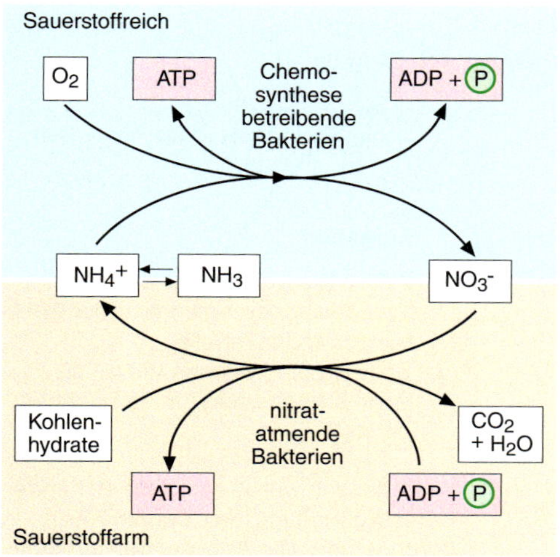

2 Stickstoff-Stoffwechsel an der Grenzschicht

Ein See kippt um

Die meisten tieferen Gewässer wären ohne menschlichen Einfluss *oligotroph* (mineralstoffarm). Durch menschliche *(anthropogene)* Einflüsse können aber große Mengen an Stickstoffverbindungen und Phosphaten in die Gewässer gelangen. Quellen sind heute vor allem Gülle und Dünger aus der Landwirtschaft. Die Folge der Mineralstoffzufuhr ist eine *Eutrophierung* der Gewässer. Die erhöhte Verfügbarkeit von Nitrat und vor allem Phosphat steigert die Produktivität und damit die gesamte Biomasse erheblich.

Algenblüte

Letztenendes steigt auch die Masse abgestorbener Organismen stark an. Deren Abbau durch Mikroorganismen zehrt große Sauerstoffmengen, sodass es zu Sauerstoffmangel kommt, vor allem in den tieferen Schichten. Dort erfolgt dann ein anaerober Abbau, bei dem giftige Produkte, wie *Ammoniak* (NH_3) und *Schwefelwasserstoff* (H_2S), nicht weiter umgesetzt werden und sich anreichern. Das führt bei empfindlichen Organismen zum Tode, vor allem bei Wirbeltieren. Dabei fällt weitere Biomasse an, die Sauerstoffzehrung nimmt weiter zu und setzt zusätzlich Phosphat aus dem Sediment frei. Bei übermäßiger Zufuhr von Mineralstoffen können sich diese Prozesse aufschaukeln und innerhalb kurzer Zeit zum Tode aller höheren Lebewesen führen. Man spricht dann vom „Umkippen“ eines Gewässers.

Aufgabe

① Begründen Sie, weshalb das „Umkippen“ eines Sees vor allem im Sommer gegen Ende der Nacht erfolgt.

Daphnien im See

Daphnien gehören zu den Blattfußkrebsen *(Cladoceren)*. Sie kommen weltweit im Freiwasser von kleinen Tümpeln bis zu großen Seen vor und bilden einen wesentlichen Bestandteil des Zooplanktons. Ausgewachsene Tiere sind nur wenige Millimeter groß und wegen ihrer hüpfenden Bewegung werden sie auch „Wasserflöhe" genannt. Daphnien werden je nach Temperatur nur wenige Tage bis Wochen alt.

Fortpflanzung und Ernährung

Daphnien vermehren sich auf zwei verschiedene Weisen: Zum einen tragen geschlechtsreife Weibchen in einem Brutraum ihres Panzers unbefruchtete, diploide Eier, die spätestens mit der nächsten Häutung ins Wasser entlassen werden. Die Jungtiere wachsen je nach Ernährung rasch und häuten sich ca. alle zwei Tage. Mit Eintritt der Geschlechtsreife nach wenigen Häutungen tragen sie selbst Eier im Brutraum. Die Vermehrung geschieht also rein asexuell *(Parthenogenese)* und die Population besteht nur aus Weibchen.

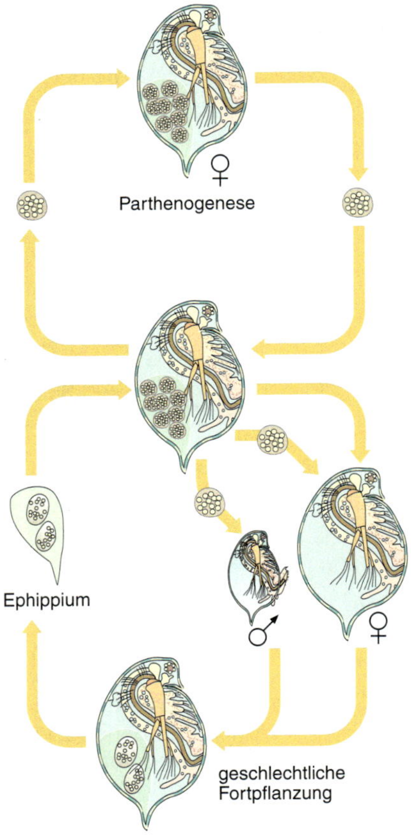

Zum anderen schlüpfen aus den Eiern männliche Tiere sowie weibliche Tiere, die haploide Eier produzieren. Werden diese Eier befruchtet, entwickeln sie sich zu Dauereiern *(Ephippien)*. Sie können zu Boden sinken, schwimmen aber auch teilweise an der Oberfläche und können z. B. durch Vögel über Wasser im Gefieder in andere Gewässer verschleppt werden.

Die Nahrung von Daphnien besteht aus kleinen Organismen wie Algen oder Bakterien sowie aus Detritusflocken, die sie mithilfe ihrer Beinkämme aus dem Wasser filtrieren. Je nach Körpergröße sind sie dabei unterschiedlich effektiv.

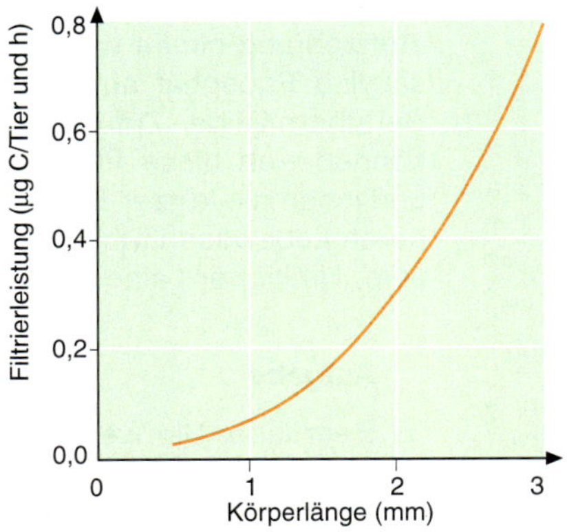

Daphnien sind Konsumenten 1. Ordnung und daher selbst eine wichtige Nahrung für planktivore Fische oder räuberische Insektenlarven wie *Chaoborus*. An Barschen wurde die Entfernung ermittelt, ab der sie auf Daphnien als potenzielle Beute reagierten *(Reaktionsdistanz)*:

Lichtintensität (Lux)	Reaktionsdistanz (cm)
0,7	2
1	11
3	22
10	26
100	27

Vertikalwanderungen

Bei einigen Daphnia-Arten und anderen Organismen des Zooplanktons beobachtet man tagesperiodische Wanderungen: morgens in die Tiefe und abends wieder an die Oberfläche. Als Auslöser scheint u. a. Licht wichtig zu sein, daneben sind aber auch andere Faktoren von Bedeutung. Untersuchungen dazu wurden mithilfe einer mehrere Meter hohen Wassersäule im Labor durchgeführt, in der eine Population von *Daphnia hyalina* lebte. In einem Experiment wurde Wasser aus einem Fischaquarium in die Säule gegeben und beobachtet, wo sich die Tiere tagsüber aufhielten.

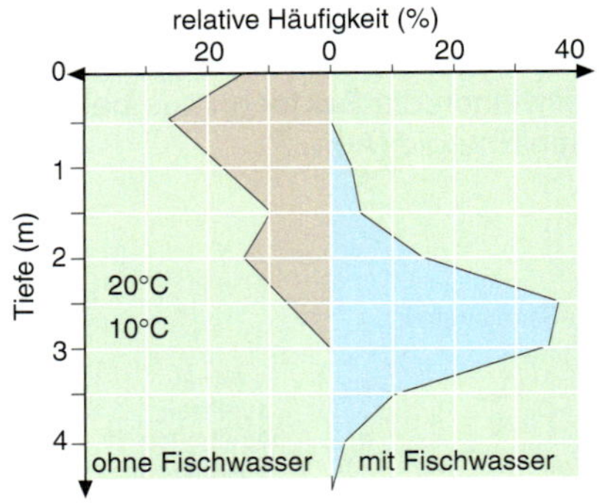

Aufgaben

① Klären Sie weitere Auslöser der Vertikalwanderung anhand der Abbildung und der Tabelle.
② Erklären Sie, welchen Vorteil die Vertikalwanderung für die Daphnien darstellt.

Im Bodensee wurde eine vergleichende Untersuchung mit zwei Daphnia-Arten durchgeführt. Die Abbildungen auf Seite 95 enthalten Werte aus dem August.

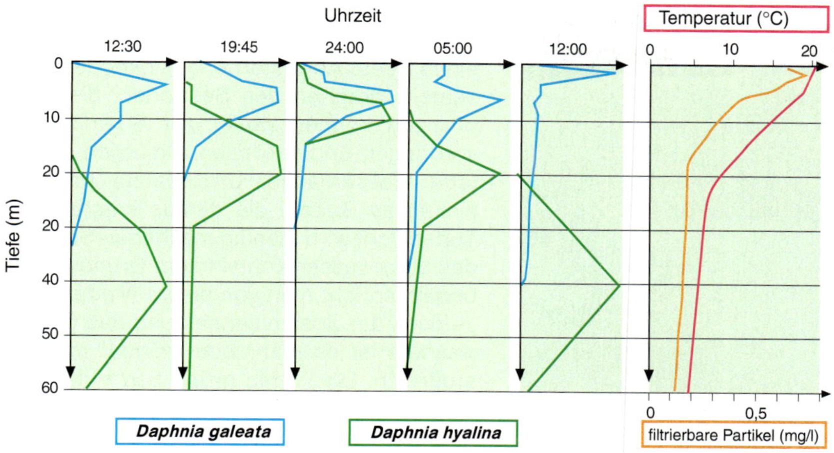

	Eier pro adultes Tier	Entwicklungsdauer (Tage)	Dichte (N/m²) August September	Geburtenrate pro Tag	Sterberate pro Tag
Daphnia galeata	7,1	8,8	38 200 154 800	0,140	0,055
Daphnia hyalina	3,7	14,5	91 500 272 000	0,100	0,019

Aufgaben

③ Stellen Sie die Unterschiede zwischen D. hyalina und D. galeata zusammen. Begründen Sie das Zustandekommen der einzelnen Unterschiede. Informieren Sie sich gegebenenfalls noch einmal über die Bedeutung der RGT-Regel.

④ Nennen Sie die Vor- und Nachteile der Vertikalwanderungen.

⑤ Erklären Sie den Einfluss des Zooplanktons auf das Phytoplankton des Bodensees. Was würde sich mit einer größeren Population von D. galeata bzw. D. hyalina ändern?

Biomanipulation einer Talsperre

Bei der Trinkwassergewinnung aus Talsperren müssen alle organischen Substanzen aus dem Wasser gefiltert werden. Daher ist es das Ziel, eine gute Wasserqualität (d. h. relativ klares Wasser) bereits in der Talsperre selbst zu erreichen. Als Maßnahme gegen Verschmutzungen durch Detritus, gegen eine zu hohe Algendichte u. Ä. wird die biologische Zusammensetzung gezielt beeinflusst *(Biomanipulation)*. In der Talsperre von Bautzen wurden dazu vermehrt Raubfische wie Hecht und Zander ausgesetzt. Die Abbildung unten zeigt die biologische Situation der verschiedenen Trophiestufen vor und nach Einsetzen der Raubfische.

Aufgaben

⑥ Erklären Sie, wie die unten dargestellten Unterschiede in der Talsperre vor und nach der Biomanipulation zustandekommen.

⑦ Die künstlich geschaffene Situation ist auf längere Sicht nicht stabil, vor allem wenn Nachwuchs von Hechten und Barschen vorhanden ist. Die Populationen müssen daher gegebenenfalls neu eingestellt werden. Erklären Sie diese Zusammenhänge.

⑧ Die Biomanipulation verändert gezielt die Kontrolle der trophischen Ebenen der Talsperre. Erklären Sie, welche Form der Kontrolle vor und nach der Biomanipulation vorliegt.

vor der Biomanipulation

nach der Biomanipulation

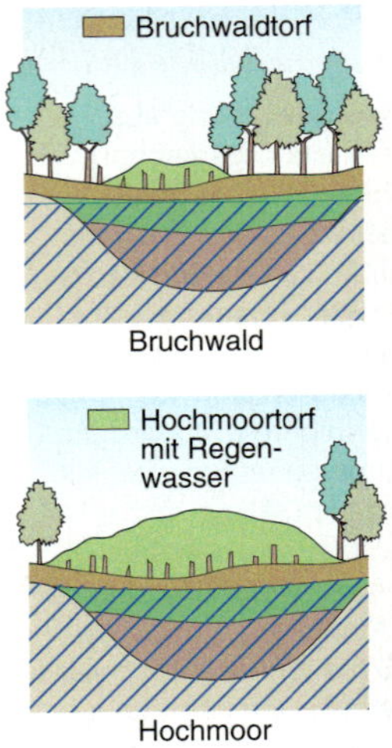

1 Niedermoor

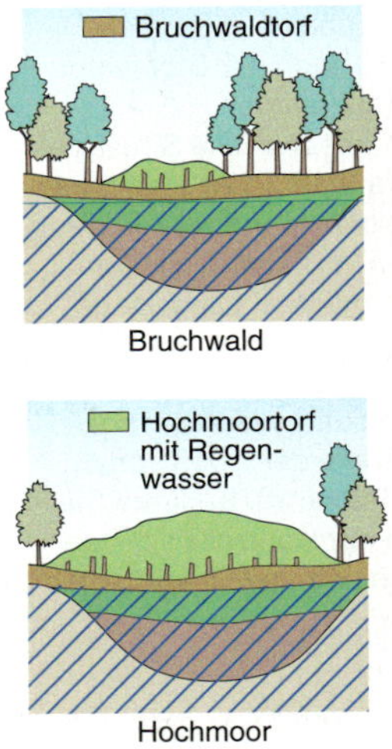

Moorbildung

2 Hochmoor

Niedermoor und Hochmoor

„Ried“ und „Moos“ sagen die Schwaben, „Moos“ und „Filz“ die Bayern, „kärr“ und „mosse“ die Schweden, „fen“ und „bog“ die Engländer. Selbst der Laie erkennt also zwei unterschiedliche Moortypen: das saftig grüne *Niedermoor* (Abb. 1) und das braune bis graugrüne *Hochmoor* (Abb. 2).

Kennzeichnend für alle Moore sind mindestens 30 cm dicke, feuchte Torfböden, auf denen nur nässeverträgliche Pflanzen gedeihen. *Torf* besteht aus abgestorbenen Pflanzenteilen, die wegen Sauerstoffmangel nicht vollständig in Humus umgewandelt wurden und ihre Struktur weitgehend erhalten haben.

Am Anfang der Moorentwicklung steht meist – aber nicht immer – die Verlandung eines Sees. Abgestorbene, sinkende Pflanzenteile erhöhen den Seeboden, die Uferpflanzen können weiter zur Seemitte hin vordringen und schließen allmählich die offene Wasserfläche. Unzersetzte Pflanzen sinken zu Boden, die daraus entstehende Torfschicht wird ständig mächtiger. So lange das Moorwasser Kontakt zum Grundwasser behält, spricht man von einem *Niedermoor*. Je nach der Zusammensetzung des Grundwassers ist es mehr oder minder mineralstoffreich. Die kräftig grüne Farbe der Niedermoore ist auf Gräser (Schilf, Seggen), großblättrige Kräuter, einzelne Sträucher und Laubbäume (Erlen, Weiden) zurückzuführen.

Bleibt auch das herabfallende Laub unzersetzt, entwickelt sich eine Schicht Bruchwaldtorf. Durch die anwachsende Torfschicht oder bei absinkendem Grundwasserspiegel wird die Durchnässung mit Grundwasser vermindert. Bleibt die Oberfläche weiterhin von Regenwasser durchfeuchtet, können sich die bräunlichen Torfmoose ansiedeln. Man unterscheidet 30 Arten mit etwas unterschiedlichen Standortansprüchen. Durch ihren spezialisierten Bau können Torfmoose das 15- bis 30fache ihres Trockengewichtes an Wasser aufsaugen und halten (s. Randspalte Seite 97). Die wurzellosen Moospflänzchen wachsen an der Spitze immer weiter, während die aus Licht- und Luftmangel absterbenden unteren Teile zu Torf werden. Dadurch hebt sich die Pflanzendecke aus dem Einflussbereich des Grundwassers und wird schließlich nur noch über das mineralstoffarme Regenwasser gespeist. Die ursprüngliche Vegetation geht zu Grunde, ein baumarmes *Hochmoor* ist entstanden.

Solche zeitliche Abfolgen von Pflanzengesellschaften bezeichnet man als *Sukzessionen* (s. Seite 62). Dabei schafft eine Lebensgemeinschaft die Voraussetzungen für die Folgegemeinschaft. Moore entstehen aber nicht nur durch die Verlandung eines Sees, sondern auch durch die Versumpfung ehemaliger Landflächen. Das ist vor allem bei ungenügender Entwässerung und in niederschlagsreichem Klima möglich. Auch hier kann ein Hochmoor entstehen, sobald der Kontakt zum Grundwasser unterbrochen ist. Die Torfmoose saugen das Niederschlagswasser wie ein Schwamm auf und sorgen für ganz besondere mikroklimatische Bedingungen: Hochmoore sind mineralstoffarme Feuchtlebensräume mit extrem saurem Bo-

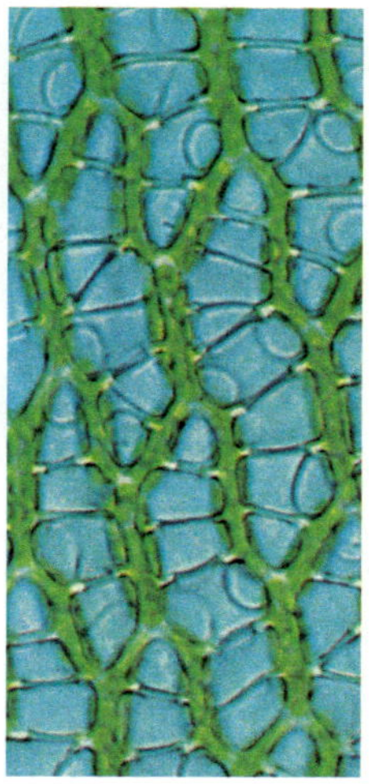

Wasserspeicherzellen des Torfmooses

1 Torfmoospolster

Sonnentau

den. Eine ungestörte Hochmoorfläche bildet ein Mosaik aus wassergefüllten Vertiefungen *(Schlenken)* und höher gelegenen, kissenförmigen Buckeln *(Bulten)*. Neben dem Torfmoos gehören Fleisch fressende Pflanzen zu den typischen Moorpflanzen. Sie ergänzen ihren Nährstoffbedarf durch Insektenfang (z.B. Sonnentau, s. Randspalte). Auf den trockeneren Standorten wachsen Heidekrautgewächse. Seltene Tiere wie Sumpfohreule, Birkhuhn, Ringelnatter und Moorfrosch finden im Moor einen Lebensraum.

Zwischen Niedermoor und Hochmoor gibt es auch Zwischenformen, die sowohl vom Grundwasser als auch vom Regenwasser abhängen. Moore sind Zeugen der Vergangenheit, denn Tierkörper, Pflanzenteile und Pollen bleiben hier über Jahrtausende konserviert. Daraus lassen sich die Umweltbedingungen vergangener Zeiten rekonstruieren.

Entwässerungsmaßnahmen zur Torf- oder Weidelandgewinnung zerstörten Moore. Torf diente als Brennstoff und für den Gartenbedarf. Von 500000 Hektar Hochmoorlandschaft in Deutschland sind heute nur noch 30000 übrig. Der Schutz und die Renaturierung der verbliebenen Moorflächen ist daher ein Arbeitsschwerpunkt von Naturschutz und Landschaftspflege (s. Seite 152).

Bei der *Renaturierung* von Hochmooren kommt es zunächst darauf an, entwässerte Moorflächen wieder zu vernässen. Dazu werden Entwässerungsgräben geschlossen oder mit Torf verfüllt. Jungbirken werden entfernt, überalterte Heidekräuter und Pfeifengras gemäht oder durch eine spezielle Schafrasse (Moorschnucken) abgeweidet. Im optimalen Fall kann dadurch wieder ein lebendiges Hochmoor *regeneriert* werden, das nur von Regenwasser gespeist wird.

Aufgaben

① Stellen Sie tabellarisch die Eigenschaften von Nieder- und Hochmoor gegenüber.
② Ordnen Sie die Bezeichnungen Grundwassermoor und Regenmoor den beiden Haupt-Moortypen zu.
③ Durch die Wiedervernässung ehemaliger Moorflächen (Abb. 2) kann es gelingen, dass Hochmoore wieder von selbst wachsen. Entwickeln Sie einen Maßnahmenkatalog für die Renaturierung.

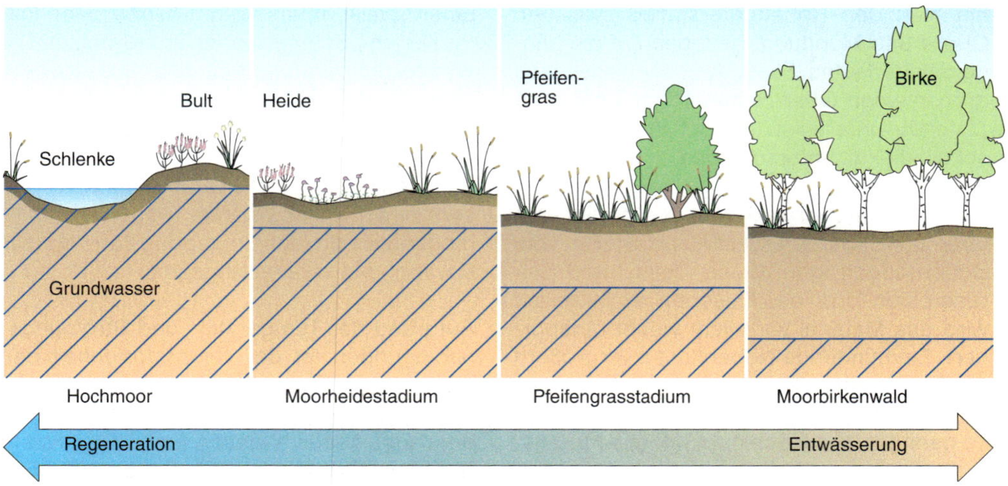

2 Renaturierung von Mooren

Bäche und Flüsse als Lebensraum

Süßwasserlebensräume wie Flüsse, Bäche, Seen und Moore haben die Landschaft in charakteristischer Weise geprägt, obwohl sie mit etwa 2 Millionen km² nur 0,4 % der Erdoberfläche einnehmen – das ist verglichen mit den 71 % der Meere wenig.

Der augenfällige Unterschied zwischen einem *Fließgewässer* und einem See besteht in der Strömung des Wassers von der Quelle zur Mündung. Ausschlaggebend für die Fließgeschwindigkeit ist vor allem das Gefälle des Baches oder Flusses. Damit bezeichnet man den Höhenunterschied zwischen Quelle und Mündung, bezogen auf die Länge des Verlaufes. Fließgewässer lassen sich grob in einen *Ober-*, einen *Mittel-* und einen *Unterlauf* unterteilen, die sich in der Fließgeschwindigkeit unterscheiden.

Bei *Fließgeschwindigkeiten* im Oberlauf von über 3 m/s werden Geröll und Steine vom Boden abgetragen. Diese Tiefen- und Seitenerosion formt das Flussbett. Im Mittellauf wird das Material vor allem weitertransportiert. Einmündende Nebenflüsse vergrößern die Flussbreite, die Strömung wird geringer. Je weiter die Fließgeschwindigkeit sinkt, umso geringer ist die Schleppkraft des Flusses. Transportiertes Material sinkt entsprechend seiner Größe ab, am weitesten werden leichte Partikel wie feiner Sand transportiert, sie akkumulieren im Unterlauf und in Uferbereichen. Erosion, Transport und Akkumulation erfolgen auch bei kleinräumigen Strömungsunterschieden: In mäandrierenden Fließgewässern bildet sich durch Erosion an der Außenkurve der so genannte *Prallhang*, durch Akkumulation an der Innenkurve der *Gleithang* (Abb. 99.1). Pflanzen, Steine und Unebenheiten des Flussbettes verändern die Fließgeschwindigkeit ebenfalls: Hinter solchen Hindernissen lagern sich Sinkstoffe ab, weil sich das Wasser hier wenig bewegt.

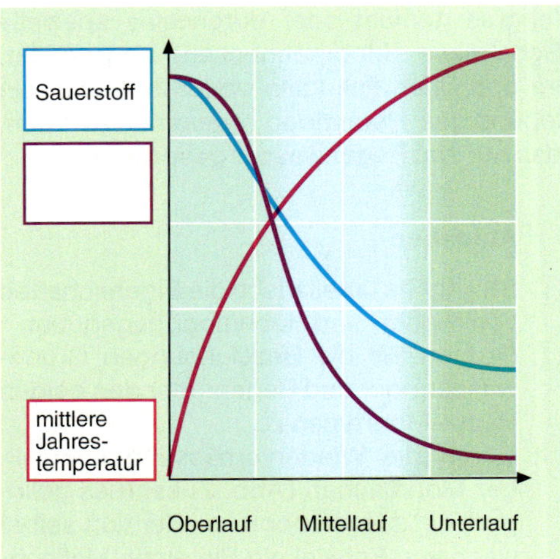

1 Abiotische Faktoren im Flussverlauf

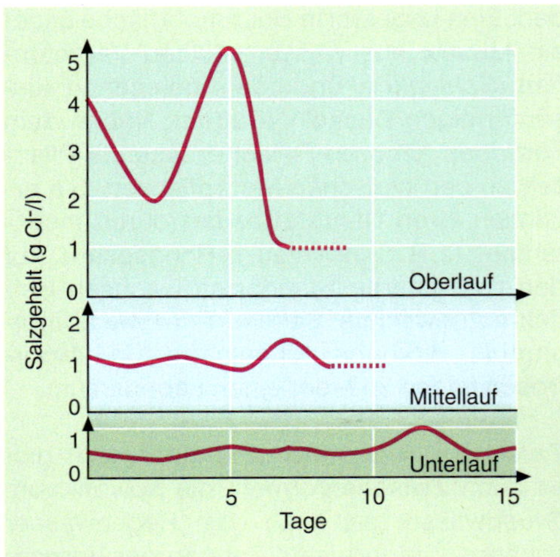

2 Salzeintrag

Einer Quelle entspringt im Allgemeinen kaltes Regen-, Schmelz- oder Grundwasser. Die *Wassertemperatur* steigt dann flussabwärts (Abb. 1), da die Lufttemperatur hier höher ist und über eine größere Wasseroberfläche auch mehr Wärme mit der Luft ausgetauscht wird. Insgesamt hat die Temperatur des Wassers einen gedämpfteren Tages- und Jahresgang als die der Umgebungsluft, Wasser erwärmt und erkaltet langsamer.

Aufgrund der Temperatur- und Strömungsbedingungen ist der *Sauerstoffgehalt* des Wassers im Quellbereich am höchsten: Bewegtes Wasser ist gut durchlüftet, außerdem löst kaltes Wasser mehr Sauerstoff. Zur Mündung hin sinkt der Sauerstoffgehalt (Abb. 1).

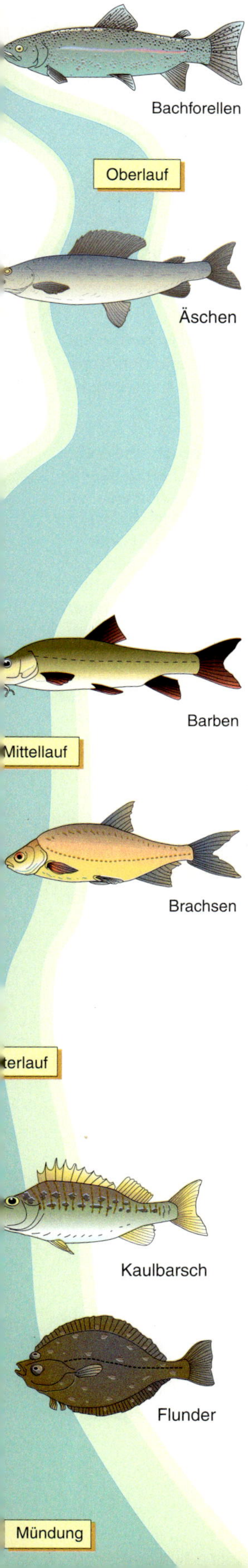

Ein Salzeintrag oder ein anderer Vorgang im Oberlauf macht sich erst nach längerer Zeit im Mittellauf und noch später im Unterlauf bemerkbar, dabei hat sich seine Stärke abgeschwächt (Abb. 98.2). Die Dynamik des Flusses wird daher oft mit einer „fließenden Welle“ verglichen. Die abiotischen Bedingungen an der Quelle unterscheiden sich also deutlich von denen an der Mündung, obwohl sie sich im Flussverlauf nur allmählich veränderten: *Fließgewässer* bilden ein *Kontinuum*.

Den abiotischen Bedingungen entsprechend ändert sich auch die Zusammensetzung der Biozönose kontinuierlich im Flussverlauf. Untersucht man einzelne Steine und Pflanzen aus dem *schnell fließenden Oberlauf* eines Flusses, so entdeckt man Lungenschnecken, Egel, Larven von Eintagsflüglern oder Köcherflüglern. Diese heften sich mit Saugscheiben, Krallen oder Gehäusen an der Unterlage fest, sie bevorzugen den Strömungsschatten (Abb. 2). Auch eine stromlinienförmige Gestalt vermindert die Gefahr, mit dem Wasser verdriftet zu werden. Das freie Wasser ist in schnell fließenden Gewässern kaum besiedelt.

Im Unterlauf und in anderen *langsam fließenden Flussabschnitten* leben Planktonalgen und Wasserflöhe, also an das Leben im freien Wasser angepasste Organismen, die auch in vielen Seen zu finden sind.

In Europa ist es vielfach üblich, einen Fluss von der Quelle zur Mündung in Regionen einzuteilen, die nach den dort vorzugsweise lebenden Fischen benannt werden. Die Fische sind an die jeweilige Fließgeschwindigkeit und Temperatur des Wassers angepasst. Nicht in jedem Fluss sind alle fünf *Fischregionen* in typischer Ausprägung nachweisbar.

- *Forellenregion:* Forellen charakterisieren die Region der Gebirgsbäche, andere Fischarten können sich in der Strömung normalerweise nicht halten.
- *Äschenregion:* Die Äsche dominiert in der nachfolgenden Region, hier leben aber auch weitere Fischarten wie Döbel, Grundel, Schmerle, Barbe oder Groppe. Sie verweilen oft im Strömungsschatten und ernähren sich von Insekten.
- *Barbenregion:* Neben der Barbe leben hier auch Fische aus den benachbarten Regionen flussaufwärts und flussabwärts, z. B. Plötze, Rotfeder. Das Wasser ist ruhiger, wärmer und durch Plankton und Wirbellose auch nahrungsreicher.
- *Brachsenregion:* Hier nimmt die Zahl der Arten zu, es sind vor allem Karpfenartige und räuberische Fische wie Hecht und Barsch. Sandige Uferbereiche bieten neuen Lebensraum, Altwasserarme eignen sich als Laichplätze.
- *Kaulbarsch-* oder *Flunderregion:* In der Mündungsregion mischt sich Meerwasser in das Flusswasser. Hier leben Süßwasserfische, die Brackwasser vertragen können (Kaulbarsch) und Meeresfische, die Aussüßung vertragen (Flunder).

Aufgabe

① Ökosysteme sind offene Systeme. Erklären Sie, warum diese Aussage ganz besonders auf Fließgewässer zutrifft.

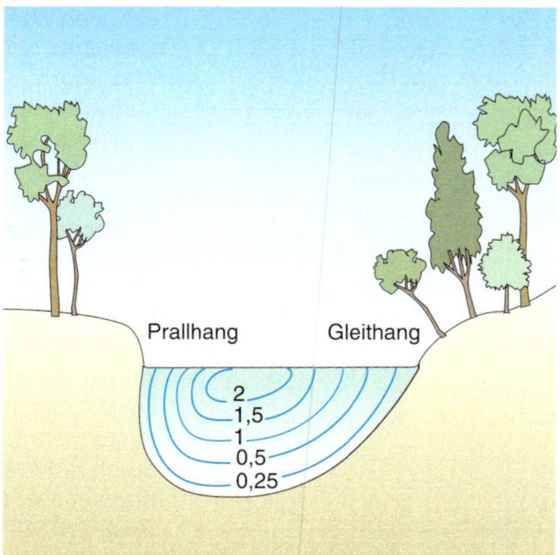

1 Querschnitt durch einen Bach

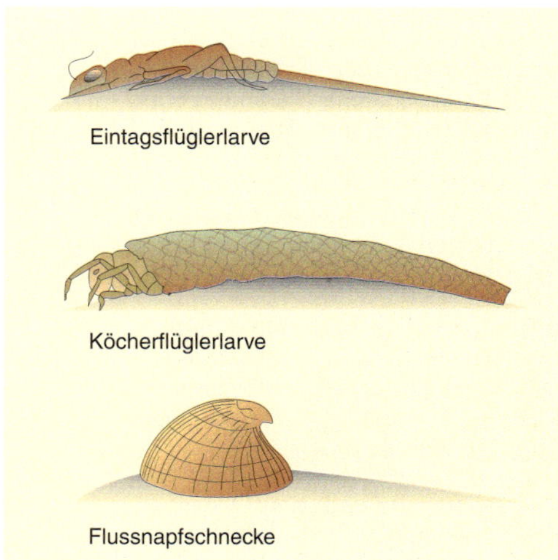

2 Strömungsangepasste Fließwassertiere

Fließgewässer

Ausrüstung:
Schlauchwaage (11 m lang, Ø 1 cm), Thermometer mit 0,1°-Einteilung, Tafelgeodreieck, Bandmaß, Lot, Korken, Stoppuhr, farblose Probenflaschen, Imhofftrichter oder tütenförmiger Messbecher, Testbesteck zur chemischen Wasseranalyse, Weithalskunststoffflasche für die Abfallchemikalien, engmaschiges Metallsieb, kleine Schaufel, Pinsel, Lupe, Federstahlpinzette, weiße Petrischalen, Foto- oder Zeichenausrüstung, geografische Karte vom Fließgewässer und seinem Einzugsbereich, Bestimmungsbücher und -tabellen, Erhebungsbogen für die Stationen, Protokollbögen für wiederkehrende Messungen

Stationsdaten

Die Probenstationen sollen die Eigenarten eines bestimmten Gewässerabschnittes, z. B. Ober-, Mittel-, Unterlauf oder Prall- bzw. Gleithang, widerspiegeln. Tragen Sie die Lage der Stationen in die Landkarte ein und weisen Sie Ufervegetation, Zuflüsse, Einleitungen usw. mit geeigneten Symbolen in der Karte aus. Inwieweit wurde die Böschung durch Baumaßnahmen verändert oder der Fluss begradigt (Ausbaugrad)?

Nun werden diejenigen Stationsdaten erhoben und protokolliert, die kaum jahreszeitlichen Schwankungen unterworfen sind:

Beschreibung der Böschung und Ufervegetation: Fertigen Sie eine Skizze oder ein Foto an und bestimmen Sie die wichtigsten Pflanzenarten. Legen Sie ein Herbar-Poster an (s. Seite 73).

Gewässerbreite und -tiefe: Messen Sie die Gewässerbreite mithilfe des Bandmaßes. Mit dem Lot bestimmen Sie die maximale Tiefe (s. Seite 88).

Gefälle: Als Schlauchwaage kann ein durchsichtiger Schlauch von 11 m Länge und 1 cm Durchmesser dienen. Füllen Sie diesen Schlauch blasenfrei mit Wasser und versenken Sie ihn gestreckt so in Flussrichtung, dass die Schlauchenden im Abstand von 10 m aus dem Wasser ragen. Die Wasserspiegel an beiden Enden befinden sich in gleicher Höhe *(Prinzip der kommunizierenden Röhren)*. Messen Sie jetzt im flussabwärts gelegenen Schlauchende den Abstand zwischen dem Umgebungs- und dem Schlauchwasserspiegel. Dies ist der Höhenunterschied auf 10 m.

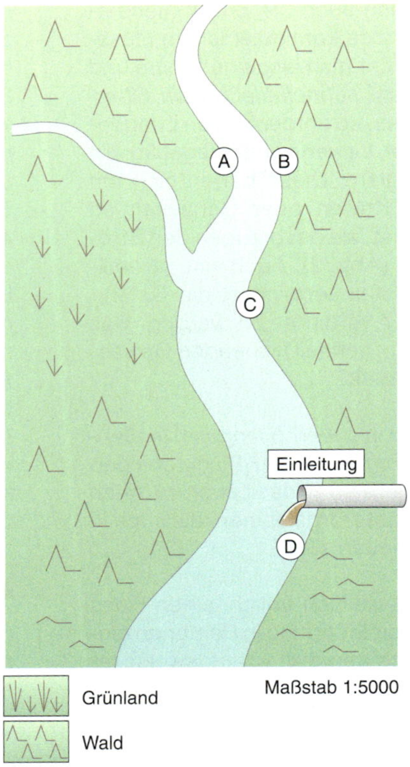

Station	A	B	C	D
Breite				
Böschungswinkel				
maximale Tiefe				
Gefälle				
Untergrund				
Ufervegetation				
Ausbaugrad				

Böschungswinkel: Benutzen Sie das Tafelgeodreieck, um den Winkel zwischen Wasserspiegel und Ufer zu berechnen. Dabei kann eine Holzlatte an der Böschung als Messunterlage dienen.

Beschreibung des Untergrundes: Grobschotter, Kies, Sand oder Schlick

Veränderliche abiotische Daten

Luft- und Wassertemperatur: Diese werden mit dem Thermometer gemessen.

Fließgeschwindigkeit: Bestimmen Sie mithilfe des Bandmaßes und der Stoppuhr, wie lange ein Korken zum Zurücklegen von 10 m braucht.

Trübung, Farbe und Geruch: Füllen Sie eine farblose Flasche mit Flusswasser und halten Sie sie gegen einen weißen Hintergrund. Ist das Wasser klar, schwach getrübt, stark getrübt oder undurchsichtig? Die Geruchsprobe sollte nach kräftigem Schütteln möglichst von mehreren Personen vorgenommen werden und zwar hinsichtlich Intensität (geruchlos, schwacher oder starker Geruch) und Art des Geruches (erdig, modrig, faul oder jauchig). Protokollieren Sie die Farbe der Wasserprobe, nachdem sich eventuell vorhandene Schwebstoffe abgesetzt haben.

Absetzbare Stoffe: Lassen Sie eine Wasserprobe im Imhofftrichter 2 Stunden lang ruhig stehen. Lesen Sie dann die Menge der absetzbaren Stoffe an der Graduierung ab und berechnen Sie den Anteil am Gesamtvolumen.

Gelöste Stoffe: Spülen Sie die Probengefäße mehrmals mit dem zu untersuchenden Wasser aus und entnehmen Sie dann in 20 – 50 cm Wassertiefe eine Wasserprobe. Die qualitative und quantitative Bestimmung der gelösten Stoffe (Karbonathärte, pH-Wert, Sauerstoffgehalt, Ammonium-, Nitrit- und Nitratgehalt) erfolgt mithilfe eines käuflichen Testbestecks nach der zugehörigen Gebrauchsanweisung.

BSB_5: Wasserbewegungen und pflanzliche Fotosynthese reichern Fließgewässer mit Sauerstoff an. Je mehr organische Substanzen das Wasser enthält, desto mehr Sauerstoff wird andererseits durch reduzierende Bakterien verbraucht. Der *biochemische Sauerstoffbedarf (BSB)* ist ein Maß für die Belastung einer Wasserprobe mit organisch abbaubaren Substanzen.

Er wird folgendermaßen gemessen: Füllen Sie zunächst eine größere Flasche halb mit Flusswasser und schütteln Sie kräftig, um Sauerstoff anzureichern. Geben Sie nun dieses Probenwasser luftblasenfrei in zwei Winklerflaschen aus dem Testbesteck. Messen Sie den Sauerstoffgehalt in einer davon sofort und stellen Sie das andere Fläschchen bei 20 °C dunkel. In der Probe vorhandene Bakterien zersetzen nun die organischen Substanzen und verbrauchen dabei Sauerstoff. Je größer die organische Belastung des Wassers, desto größer wird der Sauerstoffverbrauch sein. Bestimmen Sie den verbleibenden Sauerstoffgehalt nach 5 Tagen. Die Differenz zwischen O_2-Sofortgehalt und O_2-Gehalt nach 5 Tagen ergibt den BSB_5 (in mg O_2/l).

Biotische Daten

Untersuchen Sie alle charakteristischen Substrate der Probenstation (Steine, Sand, Uferpflanzen) hinsichtlich ihrer Besiedlung. Benutzen Sie für jedes Substrat eine andere weiße Schale und setzen Sie die ausgesiebten bzw. ausgesammelten Teile dort hinein. Versuchen Sie, die Arten zu bestimmen und ihre Häufigkeit zu schätzen. Suchen Sie die identifizierten Arten in der Saprobientabelle (unten).

Auswertung

Chemische und physikalische Daten geben eine Momentaufnahme der abiotischen Bedingungen, die Analyse der Arten hat dagegen den Charakter einer Langzeitbestimmung. Tiere und Pflanzen können aufgrund ihrer ökologischen Potenzen nur ganz bestimmte Umweltbedingungen tolerieren. Das Vorkommen solcher sogenannter *Zeigerarten* lässt daher Rückschlüsse auf die vorausgegangenen Bedingungen zu. Das *Saprobiensystem* (s. Abb. unten) ist eine Zusammenstellung von Zeigerorganismen für den Belastungsgrad des Gewässers.

Aufgabe

① Auf welche Gewässergüte können Sie aufgrund Ihrer biotischen Daten schließen? Stimmt das Ergebnis mit den aktuellen abiotischen Daten überein?

Abiotische Daten	Datum:			
Station	**A**	**B**	**C**	**D**
Lufttemperatur				
Wassertemperatur				
Trübung, Farbe				
Geruch				
absetzbare Stoffe				
Karbonathärte				
Ammoniumgehalt				
pH-Wert				
Gesamtstickstoff				
Nitrit-/Nitratgehalt				
BSB_5				
Artenliste				
auf Steinen				
im Sand				
in den Pflanzen				

Güteklasse	**Grad der organischen Belastung**	**Chemische Parameter** BSB_5 (mg/l)	N in NH_4^+ (mg/l)	O_2-Minima (mg/l)	**wichtige Indikatorarten**	**Verschiedene Fischarten haben unterschiedliche Ansprüche an die Gewässergüte**
I	unbelastet bis sehr gering belastet	1	höchstens Spuren	> 8	Steinflüglerlarven, Flussperlmuschel 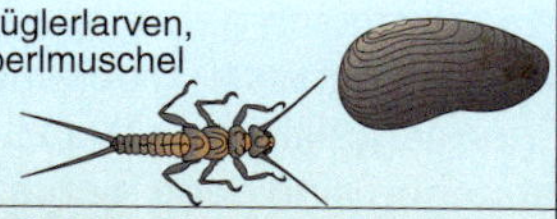	Bachforelle 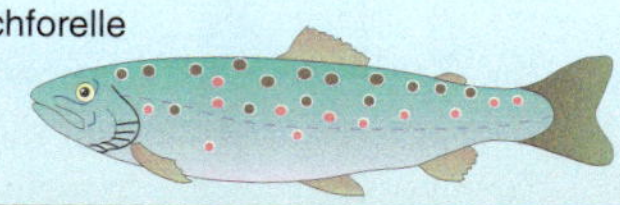
I - II	gering belastet	1–2	um 0,1	> 8	Köcherflüglerlarven, Steinflüglerlarven, Strudelwürmer, Erbsenmuschel 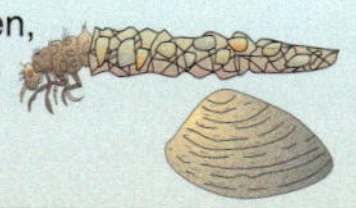	Äsche, Bachforelle 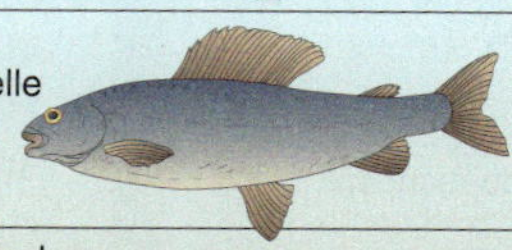
II	mäßig belastet	2–6	< 0,3	> 6	Flussnapfschnecken, Eintagsflüglerlarven, Köcherflüglerlarven, Bachflohkrebse 	Barbe, Äsche, Hecht, Nase, Flussbarsch 
II - III	kritisch belastet	5–10	< 1	> 4	Egel, Schnecken, Moostierchen, Kleinkrebse, Grünalgenkolonien 	Aal, Karpfen, Schleie, Brachsen 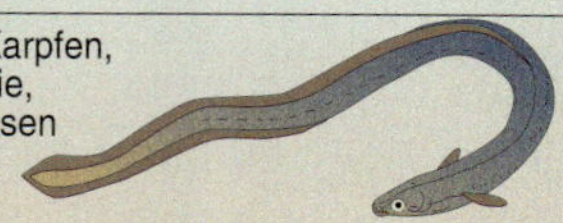
III	stark verschmutzt	7–13	0,5 bis mehrere mg/l	> 2	Wasserasseln, Rollegel, Wimpertierchenkolonien, Schwämme 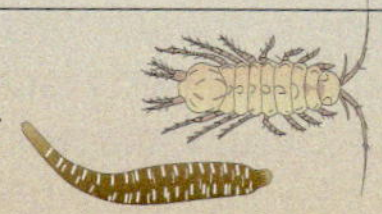	Schleie, Plötze 
III - IV	sehr stark verschmutzt	10–20	mehrere mg/l	< 2	rote Zuckmückenlarven, Schlammröhrenwürmer, Wimpertierchen 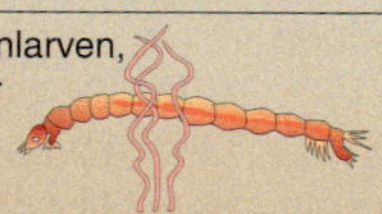	
IV	übermäßig verschmutzt		mehrere mg/l	< 2	Schmutzpantoffeltierchen, Schwefelbakterien, Geißeltierchen, Wimpertierchen 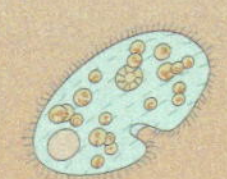	

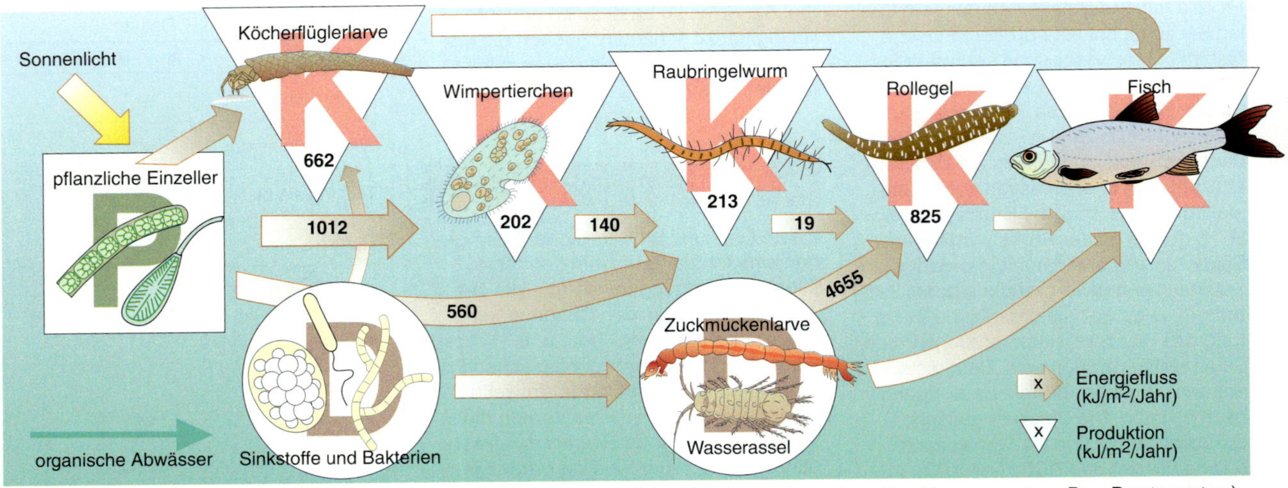

1 Energiefluss im Nahrungsnetz des Unterlaufs der thüring. Saale (P = Primärproduzenten, K = Konsumenten, D = Destruenten)

Energiefluss im Nahrungsnetz eines Fließgewässers

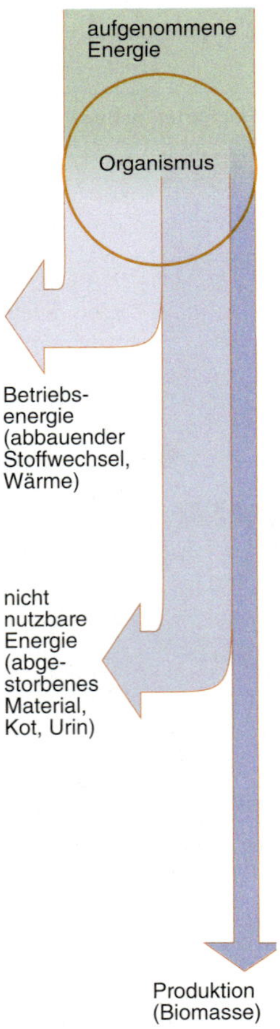

Energiefluss im Einzelorganismus

Der Unterlauf der thüringischen Saale ist stark durch Abwässer belastet. Zersetzende Bakterien nutzen nicht nur die organischen Stoffe aus der Biozönose, sondern auch die der Abwässer, weshalb sie hohe Dichten erreichen. Bakterienhaltige Sinkstoffe bilden neben pflanzlichen Einzellern die Nahrungsgrundlage für die Konsumenten. Die Wichtigkeit einer Nahrungsbeziehung lässt sich anhand der verzehrten Biomasse abschätzen und in biochemisch gebundene Energie umrechnen: 1 g Biomasse (Trockengewicht) hat einen Energiegehalt von etwa 20 kJ. Nahrungsbeziehungen sind dann nichts anderes als Energietransportwege von Produzenten zu Konsumenten steigender Ordnung. Man spricht vom *Energiefluss*. (→158/159)

Das Nahrungsnetz in der Saale lässt sich auf drei Nahrungsketten vereinfachen (Abb. 1):

1) Von pflanzlichen Einzellern über Wimpertierchen und Raubringelwürmern zu Rollegeln, die nur selten von Fischen gefressen werden.
2) Von pflanzlichen Einzellern und bakterienhaltigen Sinkstoffen über die Köcherflüglerlarven zu den Fischen.
3) Vom bakterienhaltigen Detritus über Zuckmückenlarven und Wasserasseln zu den Fischen.

Betrachten wir die erste Nahrungskette unter energetischen Gesichtspunkten: Die pflanzlichen Einzeller setzen Sonnenenergie in Biomasse um. Die Wimpertierchen nehmen jährlich Einzeller mit einem Energiegehalt von 1012 kJ/m² auf und wandeln etwa 20 % davon (202 kJ/m²) in körpereigene Substanz um. 80 % der aufgenommenen Biomasse liefern einerseits die Betriebsenergie für Nahrungssuche und -verdauung, also für energieentwertete Prozesse, oder werden andererseits als nicht verdauliche Substanz ausgeschieden. Letztere sinkt zu Boden und wird dort mit den abgestorbenen Individuen von Bakterien zersetzt. Die Raubringelwürmer fressen jährlich etwa 700 kJ/m² in Form von Wimpertierchen und pflanzlichen Einzellern. Davon setzen sie 213 kJ/m², also 30 %, in körpereigene Substanz um. Die restlichen 70 % verteilen sich auch hier auf Energieabgabe durch den abbauenden Stoffwechsel (Atmung) und durch Abgabe unverdaulicher organischer Stoffe.

Auf dem Weg vom Produzenten zum Endkonsumenten wird grundsätzlich nur ein Teil der Energie in neue Biomasse umgewandelt. Ein großer Teil unterhält die abbauenden Stoffwechselprozesse und geht den Lebewesen in Form von Wärme verloren. Ein dritter Teil besteht aus unverdaulicher Substanz. Der Zugewinn an Biomasse pro Zeiteinheit wird als Produktion bezeichnet. Die *Produktion* bestimmt das individuelle Wachstum und über die Vermehrung auch das Populationswachstum. (→156/157)

Aufgabe

① Berechnen Sie, welchen prozentualen Anteil der aufgenommenen Biomasse der Rollegel in körpereigene Substanz umwandelt.

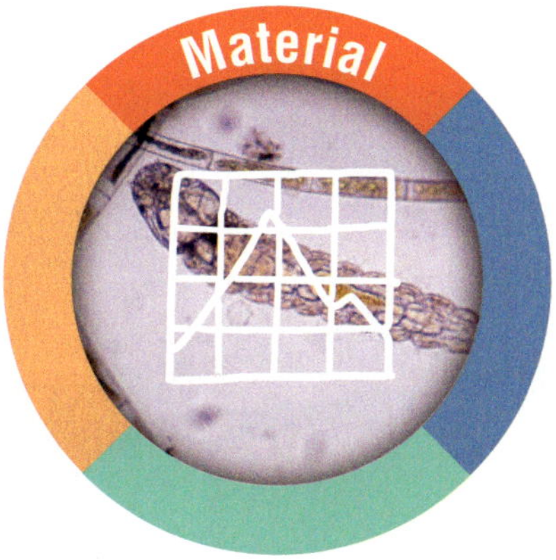

Das Sediment – ein Langzeitgedächtnis

Sedimentation

Am Grunde von Gewässern lagern sich mit der Zeit organische und anorganische Materialien ab, die man in ihrer Gesamtheit als *Sediment* bezeichnet. Durch Strömungen kann es transportiert und in Bereichen geringerer Wasserbewegung wieder abgelagert werden. Das Sediment bietet Lebensraum für viele Bodenorganismen. Außerdem finden hier chemische Umsetzungen statt.

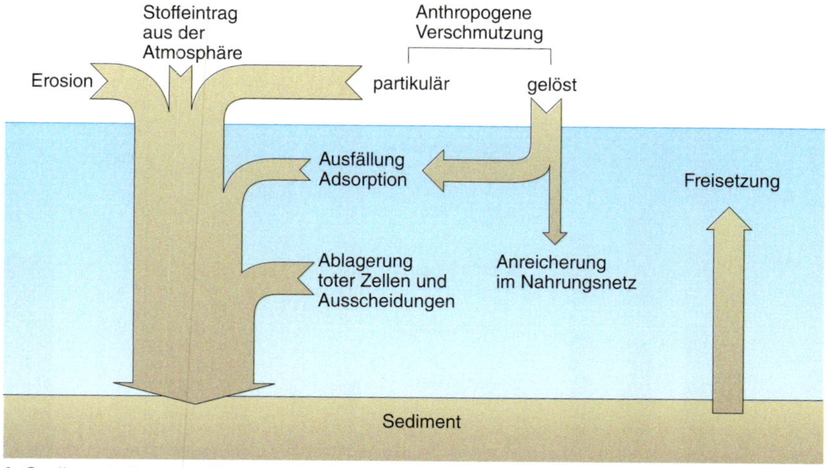

1 Sedimentationsquellen

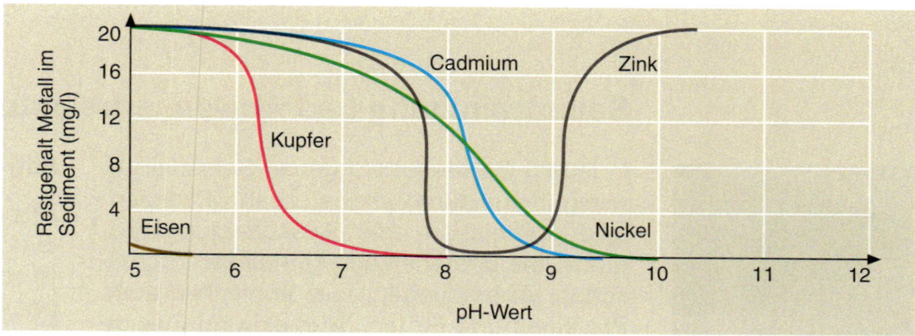

2 Schwermetalle im Sediment

Aufgaben

① Erläutern Sie die Sedimenationsquellen in einem Gewässer (Abb. 1).
② Schlagen Sie ein Verfahren vor, mit dem man die Sedimentationsrate im Gewässer bestimmen kann.
③ Das Sediment wird oft als „Langzeitgedächtnis" des Gewässers bezeichnet. Erklären Sie.

Schwermetallablagerung

Schwermetalle dienen als Zusatzstoffe für Benzin, Lacke, Farben, Kunststoffe, Glas, Batterien und gelangen über Niederschlag, Staub und Abwasser in die Gewässer. Mit Ausnahme von Blei und Cadmium sind sie in Spuren lebensnotwendig, in erhöhten Konzentrationen aber schädlich. Schwermetalle sind biologisch nicht abbaubar, sie reichern sich daher in den Lebewesen an. Ihre Sedimentation hängt von verschiedenen abiotischen Faktoren ab.

Aufgaben

④ Welchen Einfluss hat der pH-Wert auf die Anreicherung von Schwermetallen im Sediment (Abb. 2)?
⑤ Welchen Einfluss hat die Korngröße des Sedimentes auf die Anreicherung?

Bioturbation

Das Phytoplankton nimmt gelöste Mineralstoffe auf, welche später mit dem Detritusregen zu Boden sinken. Sediment fressende Tiere verschlingen am Gewässerboden das Gemisch aus pflanzlichem Detritus, Bakterien, Algen und mineralisierten Stoffen. Zuckmückenlarven bauen Sedimentgänge, durch die sie mit wellenförmigen Körperbewegungen frisches Wasser pumpen, Ringelwürmer der Gattung Tubifex sitzen mit dem Vorderteil im Schlamm und geben das verdaute Substrat auf die Sedimentoberfläche ab. Fische suchen im Boden nach Sedimentfressern.

Aufgabe

⑥ Wie wirken sich die im Beispiel genannten Tiere auf die abiotischen Bedingungen im Sediment aus?

Paläolimnologie

Anaerobe Abbauprozesse verlaufen langsamer als aerobe, in vielen Gewässern wirkt das Sediment daher als Deponie schwer abbaubarer oder verschütteter organischer Substanzen. Die Paläolimnologie versucht, die Geschichte eines Gewässers anhand der organischen Reste zu rekonstruieren.

Aufgabe

⑦ Schwer abbaubare, energiereiche Substanzen wurden erdgeschichtlich stellenweise in großen Mengen abgelagert. Nennen Sie Beispiele.

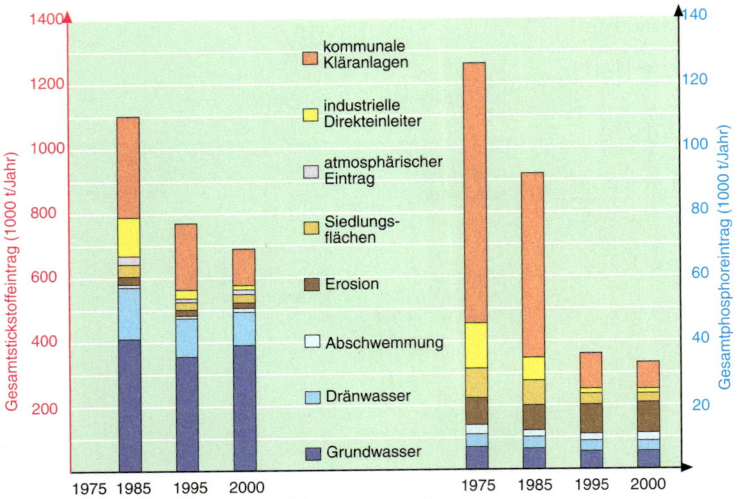

1 Eintrag von Stickstoff- und Phosphorverbindungen

2 Belastungen durch die Landwirtschaft

Selbstreinigung und Abwasserbelastung

Einleitungen verändern die Wasserqualität

In jedem Gewässer entstehen Selbstverunreinigungen durch abgestorbene Pflanzenteile, Tierleichen oder Ausscheidungsprodukte. Sie bestehen aus komplexen organischen Verbindungen, wie Kohlenhydraten, Proteinen und Fetten. Wurzeln und Zweige der Uferpflanzen fangen einige grobe Teile ab, andere sinken in Stillwasserbereichen auf den Grund, werden gefressen oder zerfallen allmählich. Feine organische Partikel und gelöste Stoffe werden bei guter Wasserzirkulation durch Sand- und Kiesschichten gefiltert. Bakterien und Pilze zersetzen sie unter Sauerstoffverbrauch in Kohlenstoffdioxid, Wasser und Mineralstoffe. Die Mineralstoffe fördern das Pflanzenwachstum, sodass neuer Sauerstoff gebildet wird. Pflanzen und Zersetzer dienen Konsumenten als Nahrung. Verunreinigungen des Wassers werden also vom Nahrungsnetz verarbeitet, das Wasser bleibt sauber und klar. Man spricht von der natürlichen *Selbstreinigung* der Gewässer.

Abwässer bilden eine zusätzliche Fremdverunreinigung der Gewässer. Solange es sich um geringe, nicht giftige Abwässermengen handelt, entwickeln sich viele zersetzende Mikroorganismen in unmittelbarer Nähe der Einleitung, sie setzen unter Sauerstoffverbrauch Mineralstoffe frei. Diese fördern das Pflanzenwachstum und ziehen Konsumenten und Destruenten an. In einiger Entfernung von der Einleitungsstelle ist das Wasser wieder klar (Abb. 105.1). Die Selbstreinigungskraft der Gewässer hat jedoch natürliche Grenzen; Abwässer können das Ökosystem Gewässer empfindlich stören (Abb. 1).

Eutrophierung

Aus den Äckern sickern überschüssige Gülle und andere Düngemittel in die Gewässer (Abb. 2). Einzelne Mineralstoffe, wie Phosphor- und Stickstoffverbindungen, deren geringe Konzentration normalerweise das pflanzliche Wachstum begrenzt, liegen dann oft im Überschuss vor und führen zu starkem Wachstum von Uferpflanzen und pflanzlichem Plankton. Man nennt diese Überdüngung auch *Eutrophierung*. Massenvermehrungen des Phytoplanktons *(Algenblüten)*, die sonst auf das Frühjahr begrenzt sind, dauern jetzt bis in den Herbst hinein an. Wie viel und wie schnell diese organische Substanz von den Destruenten und den Konsumenten abgebaut werden kann, hängt besonders von der im Wasser gelösten Sauerstoffmenge ab. Ohne Sauerstoff erfolgt der Abbau organischer Substanzen durch Fäulnis: Anaerobe Bakterien herrschen vor und es steigen übel riechende Gasblasen von Schwefelwasserstoff auf. Pflanzen und Tiere können in solchen Bereichen nicht leben.

Die Fäkalien und Waschmittelrückstände in häuslichen Abwässern enthalten ebenfalls Stickstoff- und Phosphorverbindungen. Noch 1970 gelangten 54 % der Abwässer der Bundesrepublik Deutschland ungeklärt in die Gewässer, heute werden über 90 % zuvor in Kläranlagen erfasst (s. Abb. 106.1). Fehlt den Klärwerken eine chemische Reinigungsstufe, können Phosphate die Gewässer eutrophieren. Inzwischen gibt es phosphatfreie Waschmittel im Handel, die stattdessen das Silikat *Zeolith* enthalten. Es führt

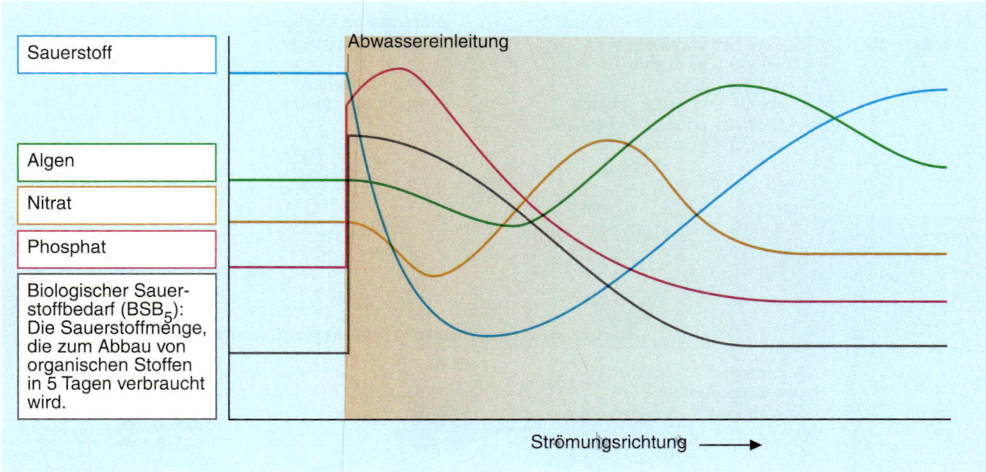

1 Veränderungen nach der Einleitung von Abwasser

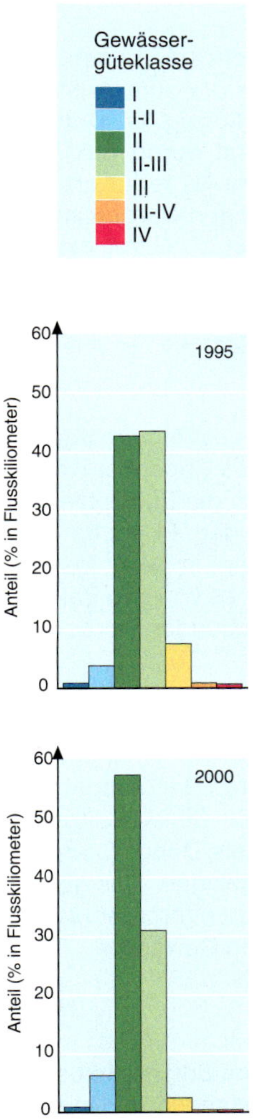

Biologische Gewässergüte in Deutschland (1995 und 2000)

nicht zur Eutrophierung, erhöht jedoch die Sedimentationsrate in Gewässern; langfristige Folgen sind noch nicht bekannt.

Schwermetallbelastung

Industrielle Abwässer können die natürliche Schwermetallkonzentration in Fließgewässern deutlich erhöhen. Blei- und Chromverbindungen treten an Schwebstoffe gebunden auf und reichern sich daher im Sediment an. Cadmium-, Zink- und Nickelverbindungen kommen überwiegend gelöst vor und werden weiter flussabwärts transportiert. Schwermetalle und ihre Verbindungen wirken in hohem Maße giftig auf die Organismen. Ihre spezifische Wirkung hängt von der Konzentration und der Organismenart ab. Hier gibt es noch große Wissenslücken. Viele Tieren lagern Schwermetalle im Fettgewebe ab, sodass sich Schäden erst langfristig bemerkbar machen. Über das Nahrungsnetz gelangen Schwermetalle auch in die höheren Konsumentenstufen.

Versauerung

Beim Kontakt von Regenwasser mit dem Schwefeldioxid industrieller Abgase entsteht „saurer Regen", der über das Oberflächenwasser in die Gewässer gelangt. Niedrigste Jahres-pH-Werte werden bezeichnenderweise nach längeren Niederschlägen und nach der Schneeschmelze gemessen. Saures Wasser verlangsamt die abbauenden Stoffwechselprozesse, Arten- und Individuenzahlen gehen zurück. Auch hier gibt es spezifische Unterschiede in der Verträglichkeit: Fische sind besonders empfindlich gegenüber Versauerung. In sauren Gewässern werden Schwermetalle leichter aus dem Sediment freigesetzt und können dann ihre giftige Wirkung entfalten.

Wärmebelastung

Eine Erwärmung der Fließgewässer ist in erster Linie auf das Kühlwasser von Kraftwerken zurückzuführen. Nach der RGT-Regel beschleunigt ein Temperaturanstieg die Stoffwechselprozesse, unter anderem die Atmung und den biochemischen Sauerstoffbedarf. Gleichzeitig sinkt die Löslichkeit von Sauerstoff in Wasser – ein erhöhter Sauerstoffbedarf steht also einem geringeren Sauerstoffgehalt gegenüber. Eine Temperaturerhöhung von nur 5 °C kann bereits zu anaeroben Zuständen im Fließgewässer führen und die Flora und Fauna drastisch verändern.

Die Selbstreinigungskraft eines Gewässers erhöht sich nur dann mit der Temperatur, wenn die Sauerstoffversorgung ausreicht. Das ist meistens nur bei künstlicher Belüftung der Fall.

Aufgaben

① Beschreiben Sie die Entwicklung der N- und P-Einträge in den letzten Jahren (Abb. 104.1) und stellen Sie eine Verbindung zur Gewässergüte (s. Randspalte) her. Worauf führen Sie die Entwicklung zurück?

② Beschreiben Sie die Veränderung der Umweltfaktoren nach einer Abwassereinleitung (Abb. 1).

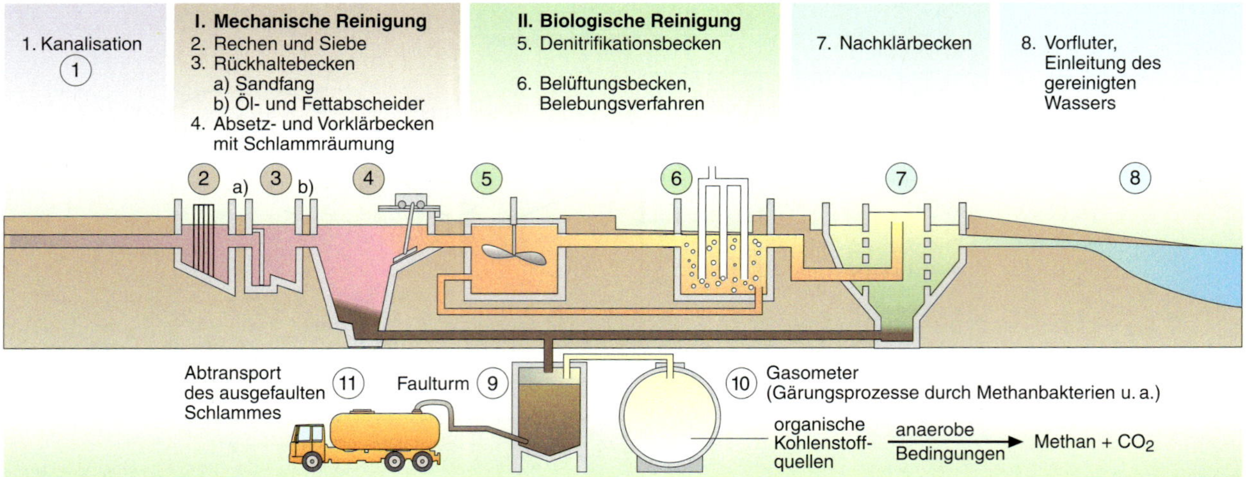

1 Kläranlage schematisch

Abwasserreinigung durch Kläranlagen

Im Mittelalter wurden Abwässer überwiegend in offenen Rinnen abgeleitet. Diese unhygienischen Bedingungen sorgten für verheerende Epidemien. Erst unterirdische Kanäle und der Bau von Kläranlagen nach dem 2. Weltkrieg verbesserten die Situation. Über eine Mischkanalisation mit Regenwasser und Schmutzwasser werden Abwässer den Kläranlagen zugeführt (Abb. 1), nur selten sind getrennte Kanäle vorgesehen.

Die Klärung häuslicher Abwässer aus der Kanalisation (1) erfolgt in zwei bis drei Stufen: In der *mechanischen Reinigungsstufe* entfernen Rechen (2) gröbere Stoffe aus dem Abwasser. Im anschließenden Sandfang (3) wird die Fließgeschwindigkeit des Abwassers so weit gesenkt, dass Partikel herabsinken. Fettige und ölige Stoffe können durch eine Belüftung aufgetrieben und abgezogen werden. Weitere Schwebstoffe setzen sich im Vorklärbecken (4) ab. Der Schlamm wird dem Faulturm zugeleitet.

In der nachfolgenden *biologischen Reinigungsstufe* werden gelöste organische Verbindungen durch Bakterien mineralisiert. Es bilden sich Flocken mit Bakterien und Einzellern, die sich im Nachklärbecken (7) absetzen. Ein Teil der Flocken wird in das Belüftungsbecken zurückgeleitet und leitet die Klärung des nächsten Abwassers ein. Der Hauptteil gelangt in den Faulturm.

Das *Belebtschlammverfahren* arbeitet bei der biologischen Reinigung mit einem Denitrifikationsbecken (5) und einem Belüftungsbecken (6), es macht eine gesonderte *chemische Reinigungsstufe* zum Ausfällen der Phosphate oft überflüssig. Im Denitrifikationsbecken wird Nitrat durch Bakterien unter Sauerstoffarmut zu N_2 reduziert. Andere Stickstoffverbindungen werden im Belüftungsbecken zunächst zu Nitrat oxidiert und dann in das Denitrifikationsbecken zurückgeführt, sodass letztlich der größte Teil der Stickstoffverbindungen als N_2-Gas entweichen kann.

Trotz der Verminderung des Phosphatgehaltes in Waschmitteln muss Phosphat weiterhin eliminiert werden, um die Eutrophierung der Gewässer zu vermeiden. Phosphat wird im Denitrifikationsbecken in eine lösliche Form überführt, so kann es von den Bakterien aufgenommen und gebunden werden.

Im Faulturm wird der anfallende Schlamm von anaeroben Bakterien abgebaut. Dabei entsteht Methangas, das in einem Gasometer gesammelt wird. Der ausgefaulte Schlamm wird auf seinen Schadstoffgehalt getestet und entweder als Dünger verwendet oder auf Deponien gelagert. Das geklärte Abwasser gelangt in den Vorfluter (8) und von dort in die natürlichen Gewässer.

Aufgabe

① Vergleichen Sie die natürliche Selbstreinigung mit der Abwasserklärung in einer mehrstufigen kommunalen Kläranlage und einer Pflanzenkläranlage (Informationen dazu finden Sie im Internet).

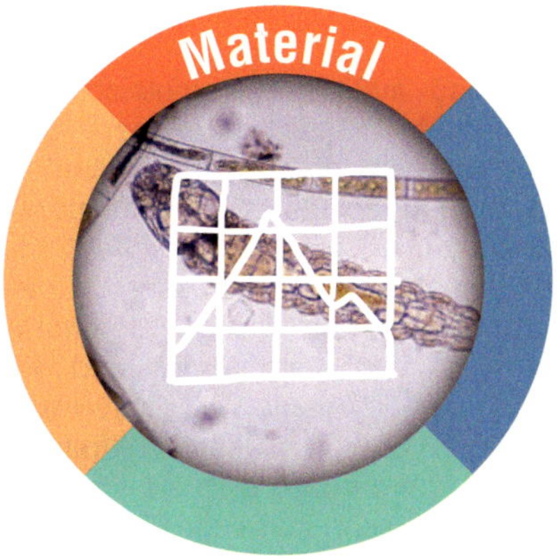

Die Erft: ein Fluss im Industriegebiet

Die Erft ist ein 110 km langer Nebenfluss des Rheins mit einem Einzugsgebiet von 975 km^2 im rheinischen Braunkohlerevier. Die Fließzeit von der Quelle bis zur Mündung beträgt 40 Stunden. Mit Ausnahme kurzer Abschnitte ist die Erft völlig ausgebaut. Der Veybach (km 75) führt ihr Grubenwasser zu, das aus einem ehemaligen Bleibergwerk stammt. Bei km 45 – 35 werden große Mengen Sümpfungswasser eingeleitet. Es entstammt den Grundwasserabsenkungen aus dem Braunkohletagebau, ist eisenhaltig, sauerstoffarm und enthält keine sauerstoffzehrenden Stoffe. Der gesamte Mittelbereich der Erft weist eine hohe Siedlungsdichte und landwirtschaftliche Nutzung auf. In den letzten Jahren wurden viele Kläranlagen mit Phosphatfällungsstufen versehen. Rekultivierte Tagebaustätten dienen als Rückhaltebecken bei Hochwasser, Bäche und Altarme wurden renaturiert.

Aufgaben

① Erläutern Sie, wodurch die Erft belastet wird und welche Gegenmaßnahmen ergriffen werden.

② Viele Organismen aus der Erft lassen sich bestimmten Belastungsstufen zuordnen. Beurteilen Sie die Gewässergüte der Erft anhand der Besiedlungszusammensetzung s. Abb. oben).

③ Der Gehalt an Phosphorverbindungen übersteigt in einigen Abschnitten die Güteanforderungen. Nennen Sie mögliche ökologische Folgen. Worauf führen Sie die abschnittsweise Verringerung des Phosphatgehalts zurück?

④ Wie wirken sich die Einleitungen aus dem Veybach und das Sümpfungswasser (s. Abb.) auf die abiotischen Faktoren in der Erft aus?

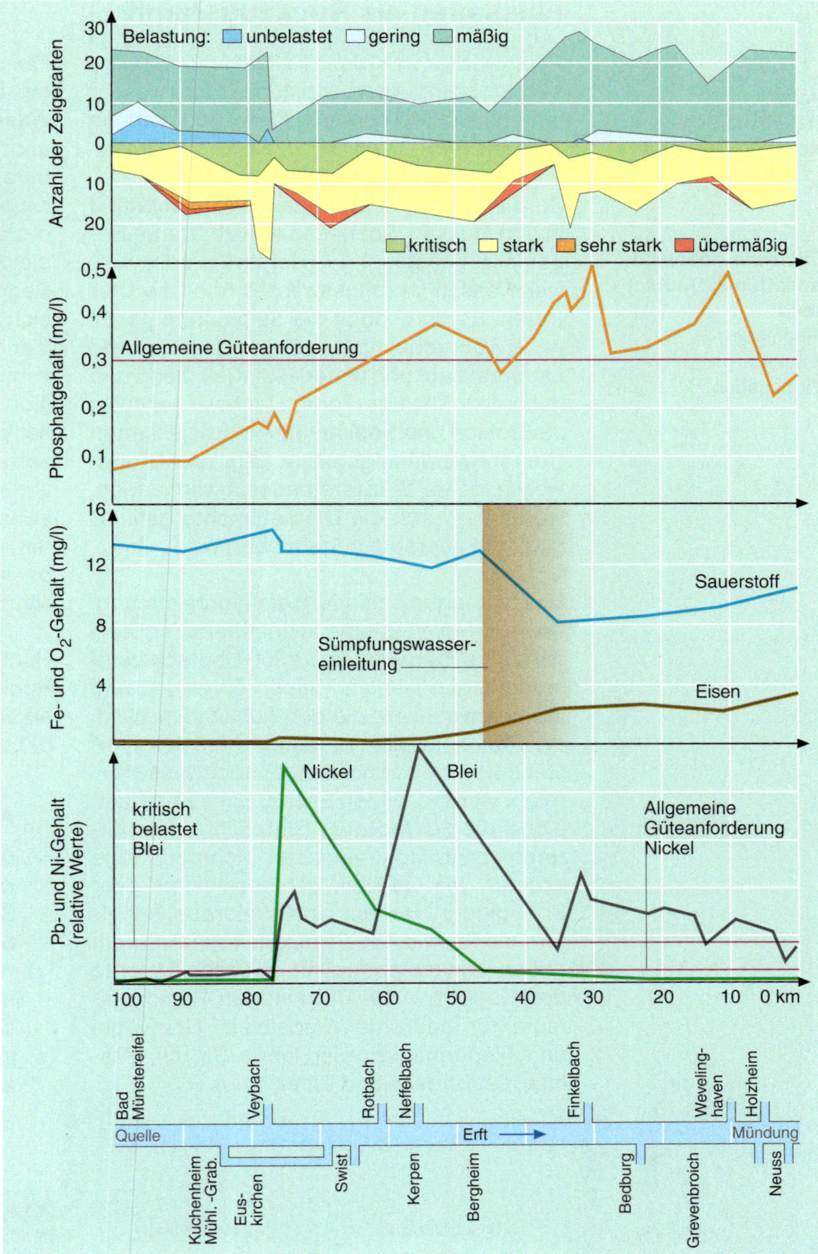

Flussauen als Rückzugsraum

Auen
natürliche Begleitlandschaften des Flusses

Typische Auenlandschaften in Deutschland:
Rheinauen
Elbauen
Donauauen

Rheinwasser in Kölner Kellern und Elbwasser in Hamburger Straßen – Hochwasser hinterlässt Millionenschäden und ratlose Stadtplaner.

Zu allen Zeiten schwankte der Wasserstand in den Flüssen. Schneeschmelze, starke Regenfälle, Aufstauungen durch Eis oder Astwerk lassen das Flusswasser über die Ufer treten. Es durchspült die Seitenarme, formt neue Abbruchkanten, schwemmt Holz- und Laubreste auf und hinterlässt Kies, Sand und mineralstoffhaltige Tone. Hochwasser führt zu Erosion und Sedimentation. Im gesamten Überschwemmungsgebiet folgt das Grundwasser den Wasserstandsschwankungen, wobei es durch die Ufersedimente gefiltert und mit Sauerstoff angereichert wird.

Überflutungen behindern die Wurzelatmung, deshalb fehlen Bäume in unmittelbarer Ufernähe. Erst bei weniger als 200 Überschwemmungstagen jährlich können Grauerlen und Weiden wachsen, die den flussnahen Wald, die *Weichholzaue*, formen. In flussferneren Gebieten, die nur bei Spitzenhochwasser erreicht werden, bilden Esche, Ulme und Stieleiche die *Hartholzaue*. Unter ihrem schütteren Laubdach wachsen lichtbedürftige Kräuter, wie Geißfuß, Schlüsselblume oder Springkraut. Hopfen und Waldrebe erklettern die Bäume. Die Pflanzen profitieren vom hohen Mineralstoffgehalt und der Feuchte des Bodens. Auwälder sind ein Rückzugsraum für bedrohte Amphibien, Greifvögel und Fledermäuse. Hier leben Storch, Kranich, Laubfrosch und Biber.

Flussauen sind außerdem Ausgleichsräume bei erhöhtem Wasseraufkommen: Das Wasser verteilt sich, versickert im Boden und verdunstet über das Laub. Die fruchtbare Auenlandschaft zog menschliche Siedlungen an, welche bei Hochwasser oft bedroht waren. Durch den Bau von Dämmen, die Abtrennung von Seitenarmen und die Begradigung der Oberläufe versuchte man, sich zu schützen und die Flüsse schiffbar zu machen. Dadurch erhöhte sich die Fließgeschwindigkeit so sehr, dass die Tiefenerosion zunahm und der Grundwasserspiegel sank. Die Auwälder vertrockneten, Trinkwasserbrunnen versiegten, Ernteerträge gingen zurück. Die Regulierung der Flüsse bannte zwar die Hochwassergefahr in den Oberläufen, verlagerte sie aber stromab in die dicht besiedelten Gebiete, wo die Böden durch Häuser und Straßen versiegelt sind.

Heute wird die Bedeutung der Auen als Rückzugsgebiet für Wasser und Natur anerkannt. Der Schutz der Auen liegt daher im ökologischen und ökonomischen Interesse.

Aufgaben

① Bei Flussauen spricht man von *Anlandung*, bei Seen von *Verlandung*. Nennen Sie Unterschiede und berücksichtigen Sie dabei besonders die Sedimente.
② Wie wirkt sich ein erhöhtes Wasseraufkommen auf den Wasserstand in städtischen Gebieten aus?
③ In der Weichholzaue fehlt der Frühjahrsaspekt (s. Seite 77). Erklären Sie.

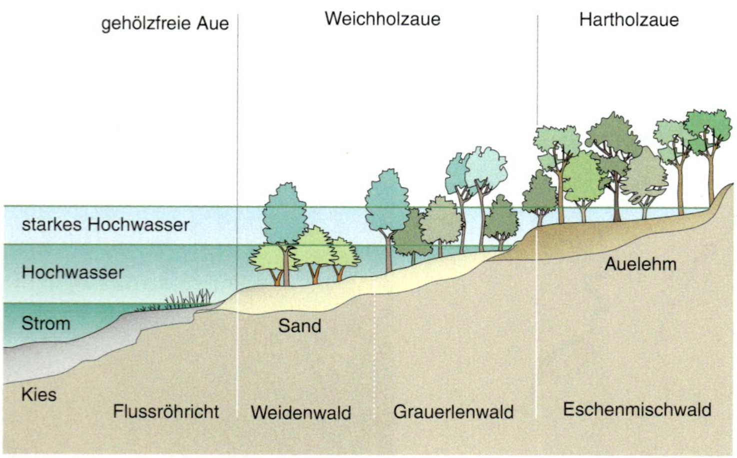

1 Gliederung der Flussauen

2 Auenlandschaft

1 Naturfernes Fließgewässer

2 Naturnahes Fließgewässer

Renaturierung von Fließgewässern

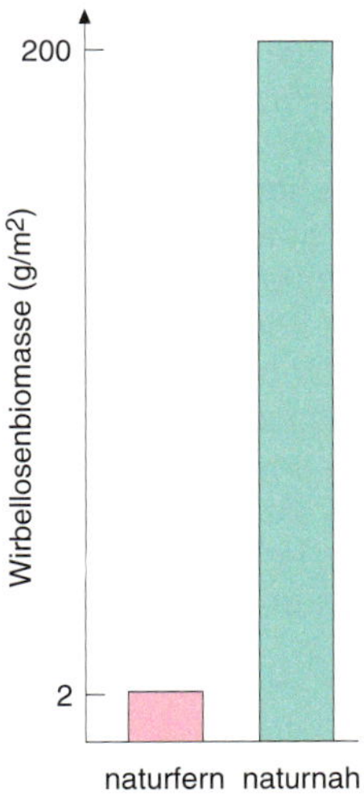

Besiedlungsvergleich

Fließgewässer sind *natürliche* Entwässerungssysteme mit Transportfunktion und Selbstreinigungskraft. Schon seit frühgeschichtlicher Zeit hat der Mensch die Fließgewässer entsprechend genutzt und oft für seine Zwecke umgestaltet. Dabei wurde in erster Linie die Fließgeschwindigkeit des Wassers verändert. Begradigung und Vertiefung des Flussbettes erhöhen die Fließgeschwindigkeit. Dadurch werden die Flüsse schiffbar und die umgebende Landschaft entwässert. Der erhoffte Hochwasserschutz erwies sich jedoch als trügerisch. Bei hohem Wasseraufkommen fehlen die Überschwemmungslandschaften, sodass die Städte von Hochwasser betroffen sind. Anstauungen und Wehre verringern dagegen die Fließgeschwindigkeit und ermöglichen Wasserentnahme, Fischzucht und die Nutzung der Strömungsenergie.

Solche Maßnahmen zur Flussregulierung stellen jedoch einen erheblichen Eingriff in das Ökosystem dar. Im Sauerland reduzierte allein die Begradigung der Bäche die Fischdichte auf 14 % des Ausgangsbestandes. Die Selbstreinigungskraft regulierter Flüsse ist stark verringert, sodass aus einem natürlichen Fließgewässer oft eine *naturferne* Schmutzwasserrinne geworden ist (Abb. 1).

Renaturierungsmaßnahmen können den ursprünglichen Zustand zwar nicht zurückbringen, dem Fließgewässer aber einen *naturnahen* Charakter geben (Abb. 2). Ziel ist die Wiederherstellung der Güteklasse I mit 80 % Sauerstoffsättigung oder zumindest Güteklasse II. Neben der Einrichtung von Kläranlagen sind dafür oft bauliche und gärtnerische Eingriffe notwendig. Ackernutzung muss vom Uferbereich ferngehalten werden, Altarme und Hochwasserbecken *(Auen)* müssen wieder an den Fluss angeschlossen werden. Mäander mit Prall- und Gleithängen müssen erhalten oder gestaltet sowie die Böschungswinkel verkleinert werden. Als bester Untergrund erwies sich die Steinschüttung mit Schilf sowie die Uferbepflanzung mit Schwarzerlen. Diese Bäume festigen das Ufer durch ihr Wurzelwerk, verhindern mit ihrem Schatten eine übermäßige Verkrautung und bieten außerdem Lebensraum für Vögel und Insekten.

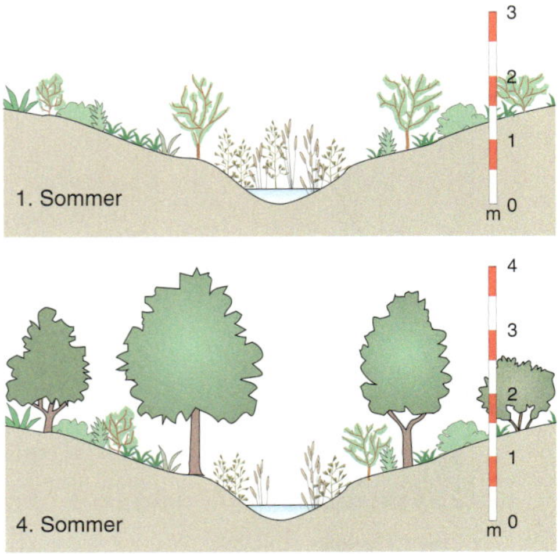

3 Erlenpflanzung am Bach (1. und 4. Jahr)

Meere als Lebensraum

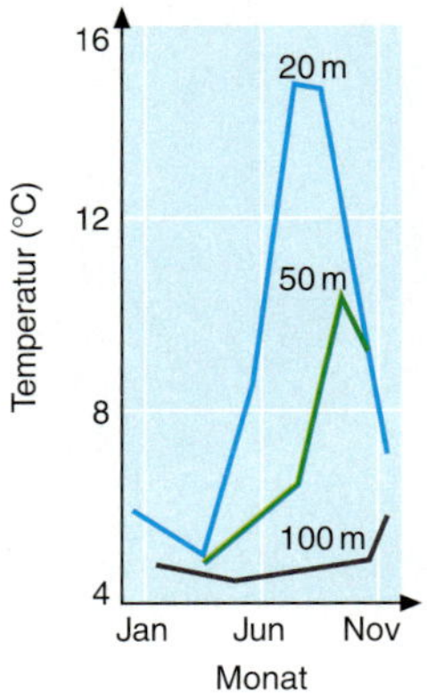

Jahresgang der Temperatur in verschiedenen Wassertiefen

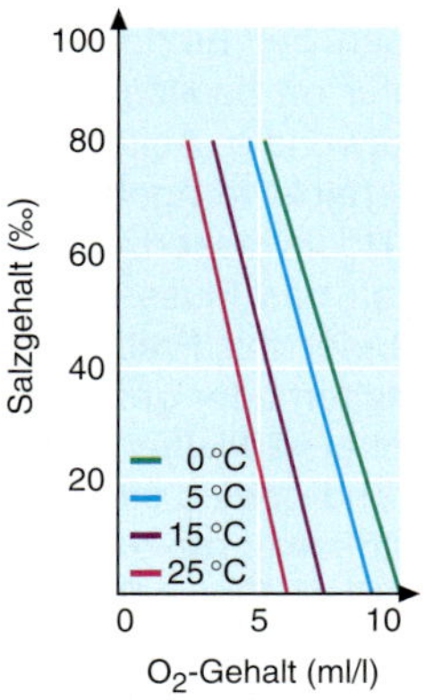

Sauerstoffgehalt in Abhängigkeit von Temperatur und Salzgehalt

„Das Meer ist alles. Es bedeckt sieben Zehntel der Erdoberfläche. Der Seewind ist gesund und rein. Es ist eine unermessliche Einöde, in der der Mensch doch niemals allein ist, denn er fühlt, wie das Leben um ihn herum pulst… Die Meere sind eine ungeheure Wohnstätte der Natur. Am Anfang des Lebens war das Meer und wer weiß, ob es nicht auch am Ende wieder über dem Leben zusammenschlägt.“ So lässt JULES VERNE den Kapitän Nemo vom Unterwasserschiff Nautilus über das Meer schwärmen.

Was macht diese Faszination aus, was unterscheidet Meere von anderen Lebensräumen? Sicher ist an erster Stelle die überwältigende Größe der *Ozeane* zu nennen. Bei einer mittleren Tiefe von 3800 m beträgt das Volumen der Meere etwa das 200fache der belebten Bereiche auf dem Land. Im Gegensatz zu den voneinander getrennten Kontinenten stehen die Wassermassen der Ozeane untereinander in Verbindung. *Meeresströmungen* werden durch Wind, Dichteunterschiede, durch die Form der Kontinente, Meeresschwellen, Erdumdrehung und Gezeiten verursacht. Durch vertikale Strömungen kann vor allem in Küstennähe mineralstoffreiches Tiefenwasser an die Oberfläche gelangen und hier die Primärproduktion fördern (*Auftriebszonen*, s. Seite 54). Das Meer hat durch die ungeheure Wasserverdunstung eine entscheidende Bedeutung für den Wärmehaushalt der Erde und das Klima.

Die *Oberflächentemperatur* liegt am Äquator im Jahresmittel bei 25 °C und sinkt zu den Polen hin auf unter 5 °C. Dabei schwankt sie in den gemäßigten Breiten um 10 °C, in den Polargebieten und in weiten Teilen der Tropen um weniger als 2 °C jährlich, also deutlich weniger als an Land. Mit der Wassertiefe sinken Temperatur und Schwankungsbreite (s. Randspalte). Ganzjährig hohe Oberflächentemperaturen bewirken am Äquator oft eine stabile *Wasserschichtung*.

Der niedrige *Sauerstoffgehalt* des warmen Wassers und die fehlende Durchmischung mit mineralstoffreichem Tiefenwasser senken die Produktivität äquatorialer Gewässer, obwohl sie durch den günstigeren Einfallswinkel besser mit Licht versorgt sind als Gewässer der gemäßigten Zonen.

Durchschnittlich erreicht das *Licht* Tiefen von etwa 200 m, welches die Tange am Boden *(Benthal)* und das Phytoplankton im freien Wasser *(Pelagial)* für die Primärproduktion nutzen. Das Dämmerlicht zwischen 200 und 1000 m Tiefe reicht allenfalls für die Orientierung *(Bathyal)*. Unter 1000 m ist es absolut dunkel. Da viele Planktonorganismen Vertikalwanderungen unternehmen, können die Grenzen im Pelagial im Vergleich zum Benthal nach unten verschoben sein. Die Tiefsee *(Abyssal)* und die Tiefseegräben *(Hadal)* nehmen durch den hohen Druck eine Sonderstellung ein (Abb. 1 und Randspalte).

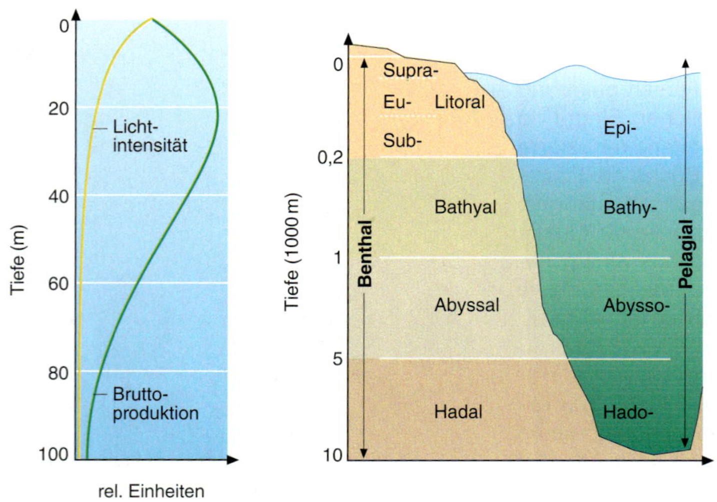

1 Gliederung der Meere sowie Produktion, Tiefe und Lichtintensität

2 Meeresbrandung

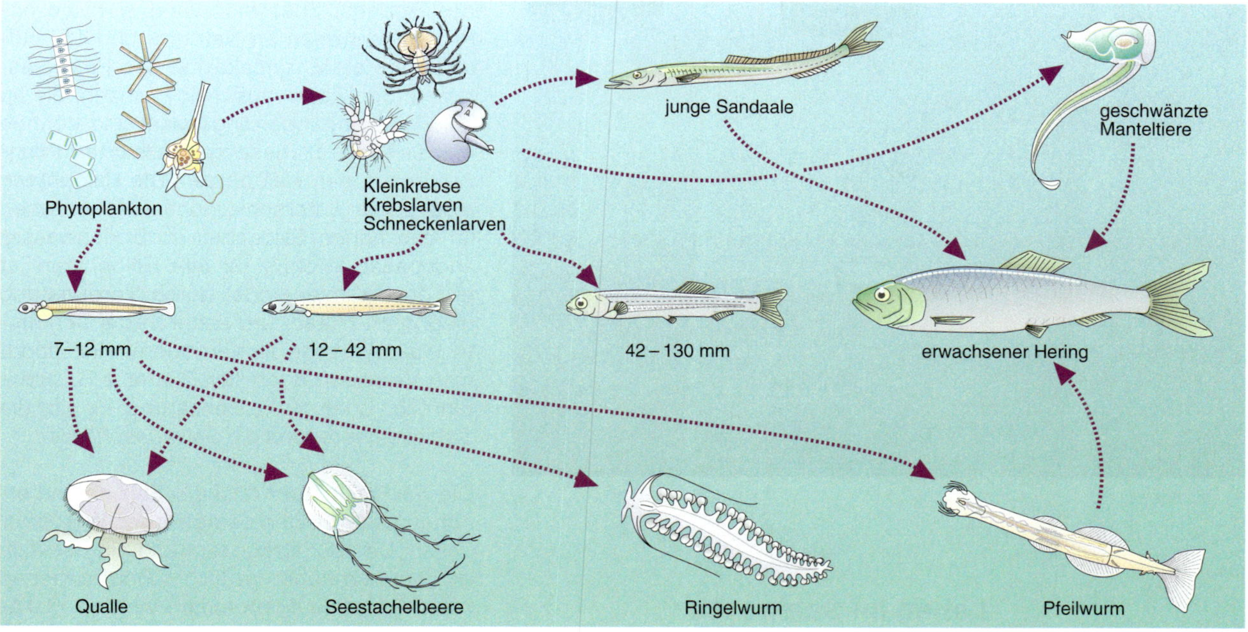

1 Der Hering im Nahrungsnetz des Meeres

Salzgehalt
- Meerwasser: 30 – 50 ‰
- Brackwasser: 0,5 – 30 ‰
- Süßwasser: < 0,5 ‰

Ionengehalt (%) von Meerwasser (M) und Süßwasser (S)

	M	S
Cl^-	55,0	5,7
Na^+	30,6	5,8
SO_2^-	7,7	12,1
Ca_2^+	1,2	20,4
CO_3^{2-}/ HCO_3^-	0,4	35,1
SiO_2	–	11,7
sonst.	5,1	9,2

osmot. Druck (10^5 Pa)	**Salzgehalt** 34 ‰	2 ‰
0 °C	22,4	1,3
10 °C	23,2	1,4
Gefrierpunkt	-1,9 °C	-0,1 °C

Der *Salzgehalt* der Meere beträgt durchschnittlich 35 ‰. Die biologische Bedeutung des Salzgehaltes besteht in der osmotischen Wirkung. Bei vielen Meeresorganismen stimmt die Körperionenkonzentration mit der des Meeres überein *(Konformer)*. Abweichende Salzgehalte werden nur bedingt und nicht bei jeder Temperatur vertragen, zumal der osmotische Druck mit der Temperatur steigt. Die physikalische Bedeutung des Salzgehaltes liegt in der Dichteerhöhung des Wassers: Salzwasser erreicht erst bei unter 0 °C seine größte Dichte, salzarmes Wasser schwimmt auf salzreichem Wasser und gefriert früher. Durch unterschiedliche Temperatur- und Salzgehalte entstehen horizontale Wassergrenzen, die als *Sprungschichten* auch eine Passage der Lebewesen verhindern.

An den Küsten des Atlantiks und der Nordsee schwankt der Meeresspiegel etwa im 12,5 Stundentakt zwischen Hoch- und Niedrigwasser. Das Steigen des Wassers wird Flut, das Sinken Ebbe genannt. Die *Gezeiten (Tiden)* entstehen durch die Anziehung der Sonne und des Mondes auf die Wassermassen der Erde, es gibt also Sonnen- und Mondgezeiten. Je nach der Stellung der beiden Gestirne zueinander, verstärken sich diese Kräfte halbmonatlich zur *Springflut* (bei Vollmond und Neumond) oder schwächen einander zur *Nippflut* ab. Das Litoral lässt sich daher weiter unterteilen in das regelmäßig überflutete *Eulitoral*, das bei Springfluten erreichte *Supralitoral* und das nur bei extremem Niedrigwasser wasserfreie *Sublitoral*. Aus dem Meer stammende Litoraltiere, wie Miesmuscheln und Seepocken, entfalten ihre Hauptaktivität bei Hochwasser. Bei Niedrigwasser werden dagegen die vom Land aus eindringenden Tiere aktiv, z. B. Watvögel und Insekten.

Das *Nahrungsnetz* im Meer ist durch die vielfältige Verknüpfung der Teillebensräume sehr komplex. Man betrachtet daher im Allgemeinen Einzelaspekte, z. B. eine bestimmte geografische Region oder die Rolle einer einzelnen Art (Abb. 1).

Die Meere sind traditionell eine wichtige Nahrungs- und Rohstoffquelle für den Menschen und dienen als Transportwege. Ihre Bedeutung in der Energiegewinnung (Gezeiten-, Osmose-, Windkraftwerke) wächst.

Aufgaben

1. Nennen Sie Gemeinsamkeiten und Unterschiede der Gliederung und der Umweltfaktoren von Meer und See.
2. Wie hoch ist der Sauerstoffgehalt von 35 ‰ Meerwasser, bei 0°, 5°, 15° und 25 °C (s. Randspalte Seite 110)?
3. Erläutern Sie, wie sich die Rolle des Herings im Nahrungsnetz in Abhängigkeit von seinem Alter ändert (Abb. 1).

1 Salzwiese

Leben im Salzwasser

Pflanzen können aus dem Boden nur dann Wasser aufnehmen, wenn die Salzkonzentration in den Pflanzenteilen höher ist als im Bodenwasser. Das ist auf die osmotischen Vorgänge an den Zellmembranen zurückzuführen. Der osmotische Wert des Bodenwassers liegt bei normalen Böden unter 300 kPa. An der Meeresküste oder in der Nähe von Salzlagerstätten liegen die Werte jedoch über 3000 kPa.

Auf *Salzböden* ist die Wasseraufnahme über die Wurzel sehr schwierig. Bei hohen Salzkonzentrationen außerhalb der Zellen wird den Zellen osmotisch Wasser entzogen. Die Pflanzen „vertrocknen" im Salzwasser des Bodens. Zusätzlich wirkt sich die hohe Konzentration an Natrium- und Chloridionen auf die Enzymaktivität des Protoplasmas in den Zellen aus. Nur Pflanzen, die an solche Bedingungen angepasst sind, können hier überleben. Diese spezialisierten Pflanzen nennt man *Halophyten*. Die Halophyten sind durch unterschiedliche Mechanismen an den hohen Salzgehalt im Bodenwasser angepasst. Wichtig für alle Halophyten ist es, den Wasserverlust durch Verdunstung niedrig zu halten, um dadurch die benötigte Wassermenge zu verringern. Hier findet man Veränderungen der Blätter z. B. durch Einrollen oder starke Behaarung. Es gibt die *Salzspeicherer* und die *Salzausschließer*.

Die *Salzspeicherer* reichern Salz an und erhöhen dadurch den osmotischen Wert ihrer Zellen. Da die Salzkonzentration in den Zellen dadurch höher ist als im Bodenwasser, kann Wasser aufgenommen werden. Schädigende Salzkonzentrationen regulieren einige der Halophyten durch *Sukkulenz*. Diese *Salzsukkulenz* wird bedingt durch größere und wasserhaltige Zellen in fleischigen Blättern oder Sprossen. Der *Queller* ist hierfür ein typisches Beispiel. Durch die größeren Wassermengen in den Zellen kann der Queller mehr Salz aufnehmen. Die *Salzausscheider* speichern das Salz ebenfalls, sie können es jedoch durch spezielle Drüsen oder den Abwurf von salzhaltigen Pflanzenteilen wieder abgeben. Die *Strandgrasnelke* kann durch den Abwurf einzelner Blätter das gespeicherte Salz wieder entsorgen. Die *Salzmelde* hat auf ihren Blättern Haare ausgebildet. Diese bestehen aus einer großen Blasenzelle, die fast vollständig durch die

Zettelkasten

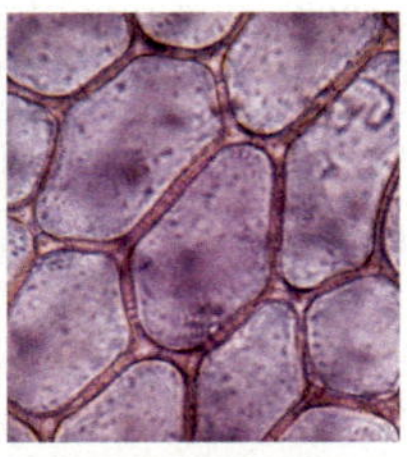

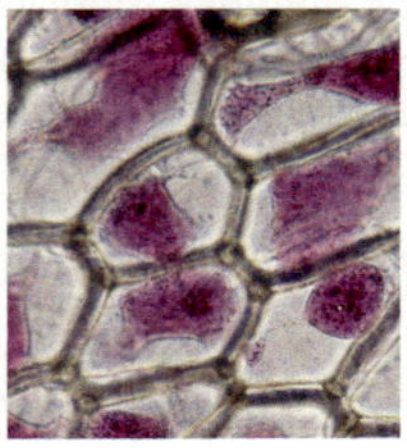

Diffusion und Osmose

Die *Diffusion* kennt man aus dem täglichen Leben. Öffnet man eine Flasche mit einem Duftstoff, so riecht man ihn nach einer gewissen Zeit im ganzen Raum. Die Teilchen des Duftstoffs verteilen sich gleichmäßig im Raum. Moleküle in der Luft oder in einer Flüssigkeit sind in ständiger Bewegung. Die Bewegung der Teilchen ist von ihrer Größe, dem umgebenden Medium sowie der Temperatur abhängig. Sie kommen nur sehr langsam voran, weil sie bereits nach kurzer Zeit mit anderen Teilchen zusammenstoßen und dabei die Richtung ändern.

Durch viele zufällige Bewegungen und Zusammenstöße kommt es allmählich zu einer gleichmäßigen Verteilung der beteiligten Teilchensorten, also zu einem *Konzentrationsausgleich*.

Behindert wird die Diffusion, wenn zwei Lösungen durch eine Membran getrennt sind. Ist sie nicht für alle Teilchen durchlässig, nennt man sie *semipermeabel*. Sind Wasser und eine Salzlösung derart getrennt, so kann kein Konzentrationsausgleich stattfinden.

Von beiden Seiten der Zellmembran stoßen Teilchen gegen die Membran. Die Salzteilchen prallen an der Membran zurück, nur die Wasserteilchen können sie passieren. Diese Diffusion des Wassers durch die semipermeable Membran nennt man *Osmose*. Sie führt zu mehr Übertritten von Wasserteilchen in die Salzlösung als umgekehrt. Dadurch entsteht ein Druck, der *osmotische Druck*.

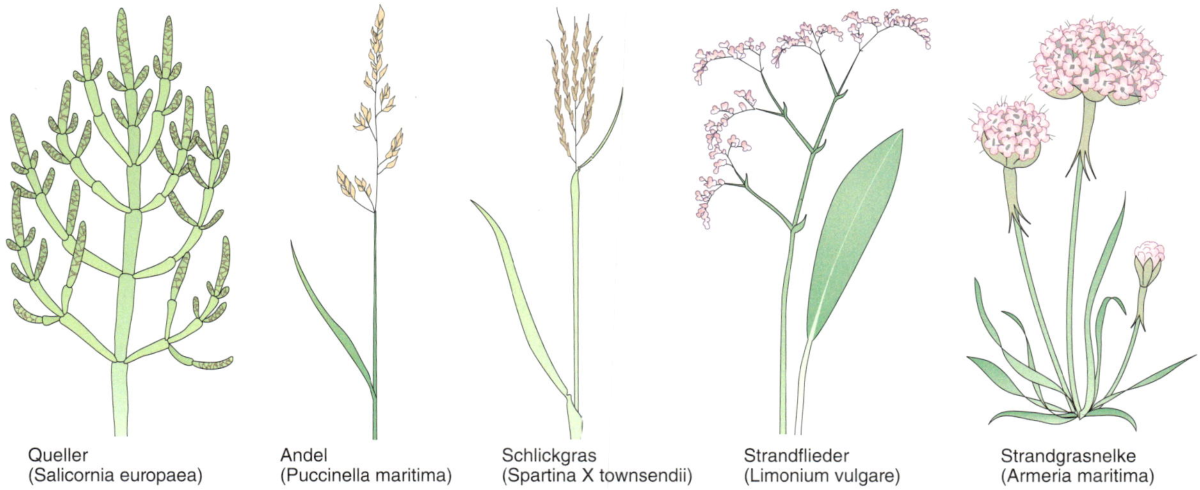

1 Halophyten aus den Salzwiesen

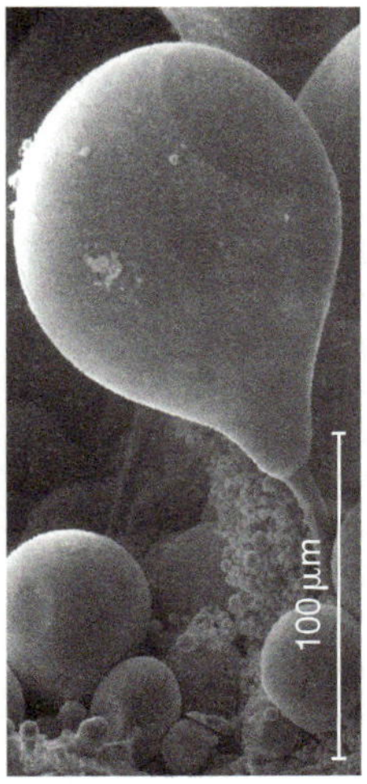

Blasenhaare der Salzmelde

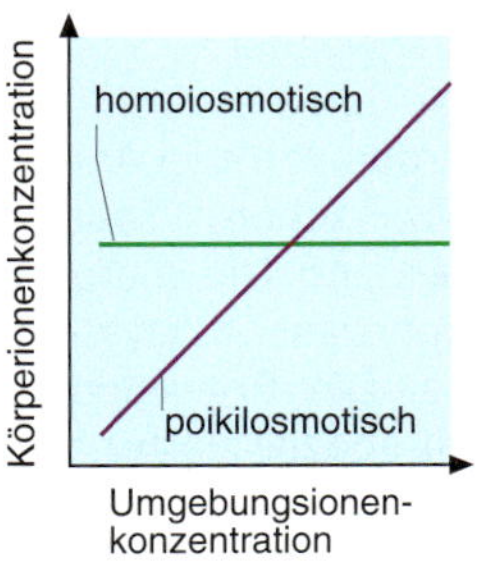

Vakuole ausgefüllt ist, und einer stoffwechselphysiologisch sehr aktiven Stielzelle, die reichlich Plasma und Mitochondrien enthält. Die salzgefüllten Haare werden nach einer gewissen Zeit abgeworfen (s. Randspalte).

Der *Strandflieder* besitzt Salzdrüsen. Die Anzahl der Salzdrüsen liegt beim Strandflieder bei 500 je Quadratzentimeter Blattfläche. Die Ausscheidung des Salzes mithilfe spezialisierter Drüsen ist ein sehr effektiver Regulationsmechanismus. Er benötigt viel Energie, da das Salz in Form der Ionen gegen den osmotischen Gradienten nach außen transportiert werden muss. Salzdrüsen findet man nicht nur beim Strandflieder, sondern auch bei der *Strandgrasnelke*.

Die *Salzausschließer* verhindern bereits in der Wurzel die Salzaufnahme aus dem Bodenwasser. Die hohen osmotischen Werte des Bodenwassers gleichen diese Pflanzen durch eine höhere Zuckerkonzentration im Cytoplasma aus. Dadurch kann Wasser in die Wurzelzellen gelangen. Die Salzionen können die semipermeable Zellmembran kaum passieren und werden zusätzlich durch einen aktiven Ionentransport über aktive Ionenkanäle wieder ausgeschieden.

Auch Tiere, die im Salzwasser leben, sind an den höheren Salzgehalt angepasst. Sie nehmen mit der Nahrung ständig Salze auf, die sie teilweise mit dem Kot und Urin wieder abgeben. Bei vielen Hohltieren, Ringelwürmern, Stachelhäutern, Weichtieren und Krebsen folgt die Salzkonzentration im Körperinneren der Salzkonzentration in der Umgebung. Sie sind überwiegend *poikilosmotisch* und auf eine etwa gleichbleibende Salzkonzentration in der Umgebung angewiesen (*Konformer*, s. Seite 8).

Bei den *homoiosmotischen* Tieren bleibt die Salzkonzentration im Körper durch Osmoregulation gleich. Ist die Salzkonzentration im Körper niedriger als in der Umgebung, wird Wasser von den Tieren an die Umgebung abgegeben. Dieses fehlende Wasser muss ständig durch Trinken oder durch die Haut wieder aufgenommen werden. Überschüssige Salze müssen über die Exkretionsorgane (Niere, Salzdrüsen) abgegeben werden. *Salzdrüsen* findet man bei einigen Fischen, Reptilien und Vögeln (Abb. 2). Sie erlauben es, ein hochkonzentriertes Salzsekret auszuscheiden und so Wasser einzusparen.

2 Salzdrüsen bei Möwen

Nordsee
Oberfläche: 575 000 km²
Volumen: 54 000 km³
Salzgehalt: 32 – 35 ‰
mittlere, max. Tiefe: 94 m, 725 m
Tidenhub: 1 – 4 m

Ostsee
Oberfläche: 415 000 km²
Volumen: 217 000 km³
Salzgehalt: 2 – 25 ‰
mittlere, max. Tiefe: 52 m, 459 m
Tidenhub: 0 – 30 cm

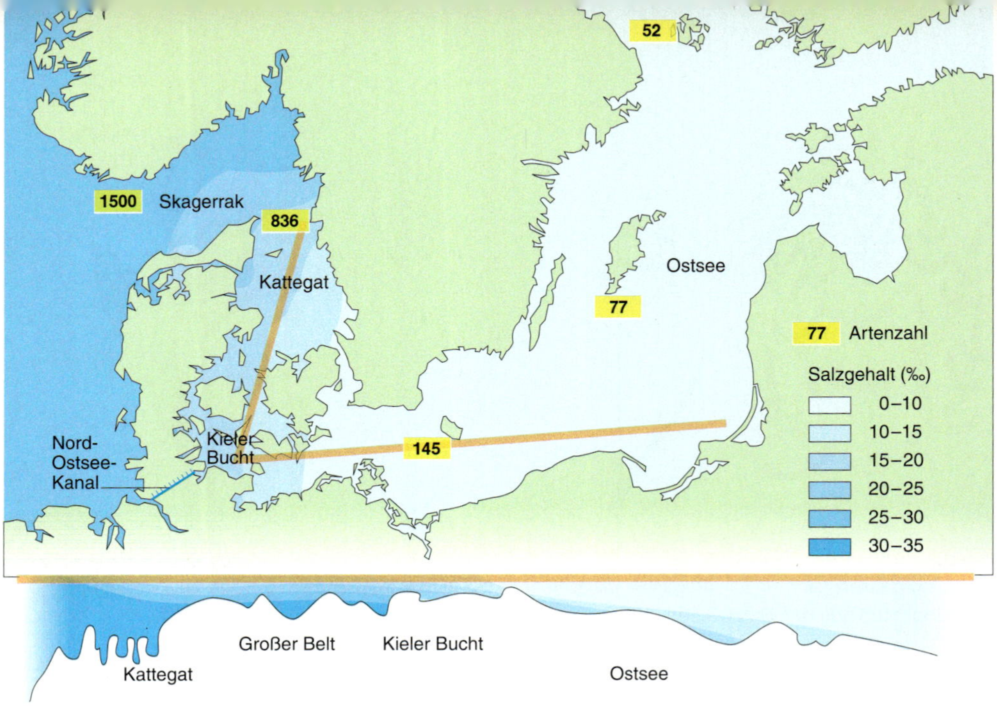

1 Nordsee und Ostsee: Salzgehaltsverteilung und Bodenprofil

Nordsee und Ostsee

Nordsee oder Ostsee? Fragt man Urlauber, warum sie die Küste eines dieser Meere favorisieren, nennen sie folgende Charakteristika: An der Nordsee kann man Wattlaufen und am Deich spazieren gehen, das Meerwasser trägt beim Schwimmen. Die Ostsee punktet mit Sandstränden und Steilküsten, sie lädt ganztägig zum Baden ein. Obwohl beide Meere über Skagerrak und Kattegatt miteinander verbunden sind, weisen sie also deutliche ökologische Unterschiede auf, die sich durch ihre erdgeschichtliche Entstehung erklären lassen.

Die *Nordsee* ist als Randmeer des atlantischen Ozeans ein erdgeschichtlich altes Meer (180 Millionen Jahre) und stark ozeanisch geprägt. Ihre Küstenlinie hat sich immer wieder verändert, und zwar nicht nur durch Senkungen und Hebungen des Meeresspiegels, sondern auch durch gezielte Landgewinnung. Es gibt ausgeprägte Gezeiten, Deiche schützen das flache Marschland vor Überflutungen.

Fangerträge Nordsee 1930 – 2005

Die *Ostsee* ist mit etwa 12 000 Jahren ein junges europäisches Meer. Zuvor war das Gebiet mit einer bis zu 3000 m hohen Eisschicht bedeckt, unter deren Last sich das Land senkte. Nach der Eiszeit bildete sich ein Schmelzwassersee, in den über Skagerrak und Kattegatt Nordseewasser einfloss. Zeitweise war diese Verbindung unterbrochen, weil sich das Land durch die Entlastung vom Eis hob. Die Ostsee war wieder ein Süßwassersee, bis ein weiterer Meeresspiegelanstieg erneut Salzwasser einfließen ließ. Heute ist die Ostsee ein Brackwassernebenmeer. Das aus über 250 Flüssen zufließende Süßwasser schichtet sich aufgrund seiner geringeren Dichte auf das salzigere Wasser. Über Kattegatt und Skagerrak strömt je nach Wetterlage salzarmes Oberflächenwasser aus, oder (seltener) salzreiches Wasser ein. Wegen der Schwellen am Meeresboden ist der Austausch des Tiefenwassers erschwert (Abb. 1). Eine fehlende Durchmischung von salzarmem Oberflächenwasser und salzreicherem Tiefenwasser kann zu einer Sprungschicht führen. Dadurch kommt es z. T. zu Sauerstoffmangel im Tiefenwasser.

Nordsee und Ostsee werden von den Anrainerstaaten für Schifffahrt, Fischerei, Tourismus, Windenergieanlagen und Ölförderung genutzt. Belastungen für das Ökosystem bleiben dabei nicht aus. Die Entwicklung der Industriefischerei mit spezialisierter Ortungs- und Fangtechnik ermöglicht die gezielte Befischung einzelner Arten. Besonders bei beliebten Speisefischen wie Hering, Makrele oder Dorsch / Kabeljau führte das zu einem drastischen Bestands- und damit auch Fangrückgang (s. Randspalte). Die Festlegung von nationalen *Fangquoten* soll solche Überfischungen langfristig verhindern. Zum Schutz von Jungfischen sind bestimmte Netzmaschenweiten vorgeschrieben.

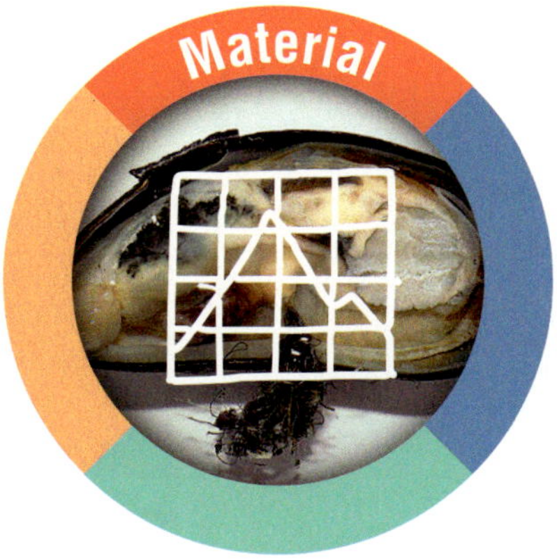

Brackwasser-Regeln

Der Biologe A. REMANE verglich in den 50er-Jahren des 20. Jhds. die Fauna von Ostsee- und Nordseetieren und stellte folgende *Brackwasser-Regeln* auf:

- In der Ostsee lebt eine verarmte Nordseefauna und einige Spezialformen.
- Ostsee-Tiere sind oft nicht einmal halb so groß wie ihre Nordsee-Artgenossen.
- Ostseetiere haben leichtere Kalkschalen als Nordsee-Artgenossen.
- Die vertikalen Verbreitungsgrenzen der Ostsee-Arten sind im Vergleich zur Nordsee nach unten verschoben.

Aufgaben

① Vor über 100 Jahren wurden Nordsee und Ostsee durch den Nord-Ostsee-Kanal miteinander verbunden. Dem Kanal fließt Süßwasser aus der umgebenden Landschaft zu. Trotz dieser Verbindung kam es so gut wie nicht zu einem Austausch von Nordsee- und Ostseearten. Erklären Sie anhand Abbildung 1c.

② Inwieweit bestätigen Nordsee-Kabeljau und Ostsee-Dorsch eine der Brackwasserregeln (Abb. 1a/b)?

③ Beurteilen Sie die ökologische Potenz der Miesmuschel (Abb. 2a) und suchen Sie nach einer Erklärung für die unterschiedlichen Toleranzkurven von Nordsee- und Ostseeindividuen.

④ Erläutern Sie anhand von Abbildung 2b/c/d, wie sich der Salzgehalt auf Nahrungsaufnahme und Wachstum der homoiosmotischen Miesmuschel auswirkt. Welche Brackwasser-Regel wird dadurch bestätigt?

⑤ Die Miesmuschel lebt im Flachwasserbereich der Nordsee von 10–15 m Tiefe. In der Ostsee ist sie noch in 65 m Tiefe anzutreffen. Erklären Sie den Unterschied.

1a Dorsch (Gadus morrhua)

1b Kabeljau (Gadus morrhua)

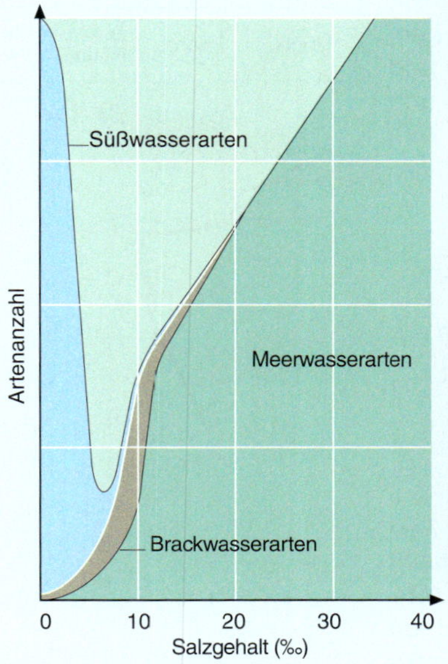

1c Artenzahl und Salzgehalt

1d Miesmuschel

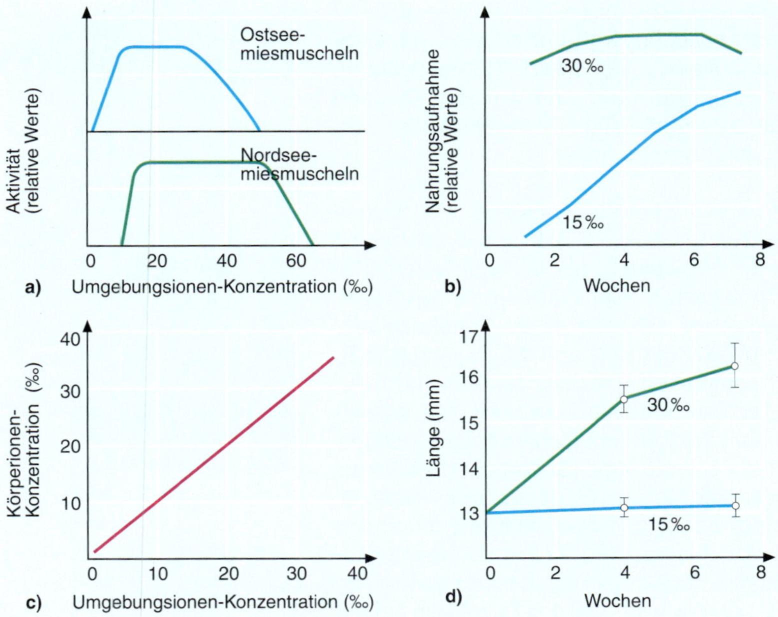

2 Salzgehaltstoleranz bei Miesmuscheln

Biosphärenreservat Wattenmeer

Das *Wattenmeer* der Nordsee mit seinen Salzwiesen, Dünen, Sandbänken, Halligen, Stränden und Prielen erstreckt sich von Den Helder bis Esbjerg. Es ist mit fast 9300 km^2 weltweit der größte zusammenhängende Lebensraum dieses Typs. Rhythmischer Wechsel von Ebbe und Flut, Hoch- und Niedrigwasser, Wind und Wellen, Sturm und Stille prägen diese einzigartige Landschaft.

Geologisch gesehen ist das Wattenmeer ein Sedimentationsraum im Nordseebecken, in dem die Strömung *Feinsand*, *Schluff* und *Ton* in verschiedenen Anteilen ablagert und umschichtet. Bei einem Spatenstich in den Wattboden fällt sofort eine farbige Schichtung auf (Abb. 117.1): Die gelbbraune Farbe der oberflächlichen *Oxidationsschicht* ist auf Eisenhydroxid $Fe(OH)_3$ zurückzuführen, die der sauerstofffreien, blauschwarzen *Reduktionsschicht* auf Eisensulfid (FeS). In der Reduktionsschicht leben anaerobe Schwefelbakterien, die chemosynthetisch H_2S bilden. Muscheln können nur vorübergehend anaerob leben, lange Ein- und Ausstromschläuche verbinden sie mit dem Oberflächenwasser. Durch Röhrensysteme von Ringelwürmern und einigen Krebsen kann sauerstoffhaltiges Wasser lokal in tiefere Schichten eindringen.

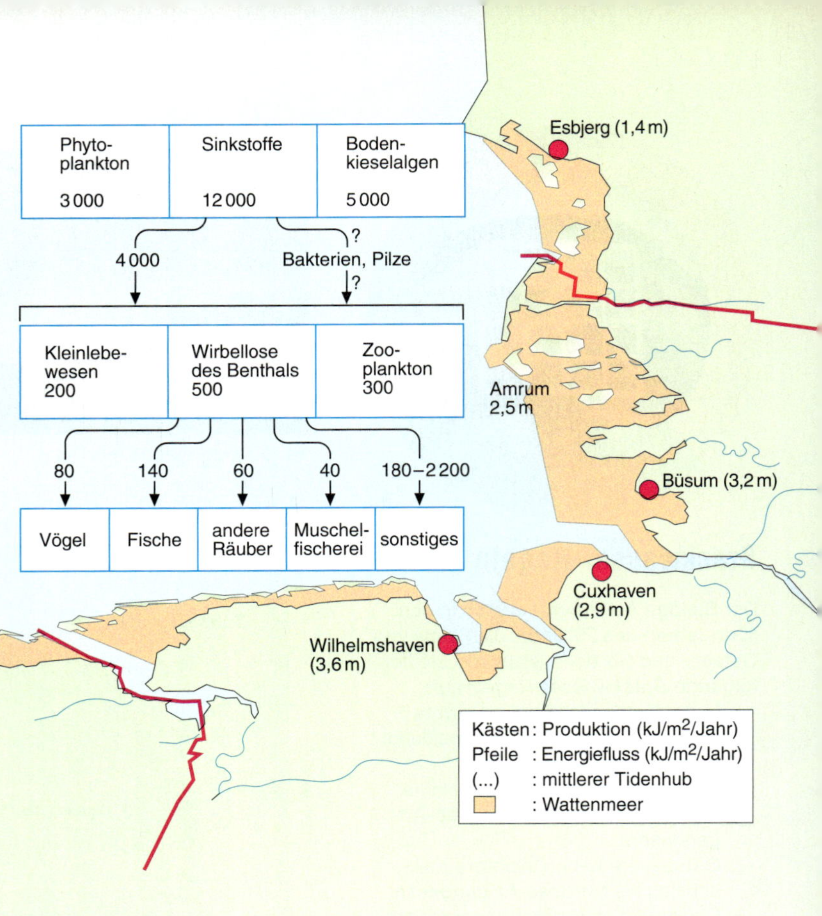

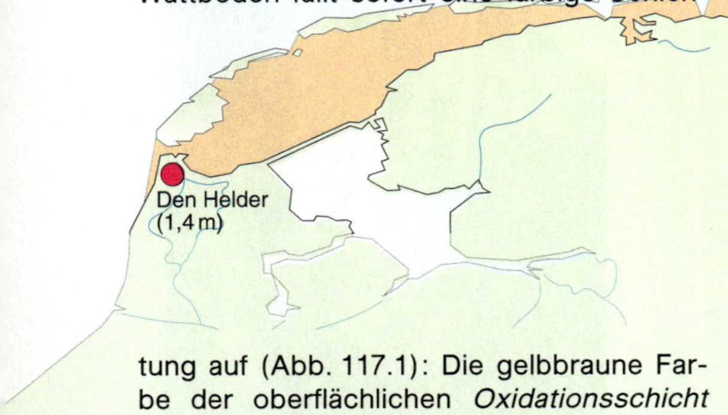

Auf einem Quadratzentimeter Wattboden wachsen bis zu einer Million mikroskopisch kleiner Kieselalgen, die die wichtigsten *Primärproduzenten* im Wattenmeer sind. Von ihnen leben Filtrierer (z.B. Herzmuscheln, bis zu 2000 Ind./m^2) und Weidegänger (z.B. Wattschnecken bis zu 100000 Ind./m^2). Dieser Nahrungsreichtum zieht viele Wirbeltiere an. Zahlreiche Fischarten leben dauerhaft als Standfische (Steinpicker, Seeskorpion) oder in der Jugendphase (Scholle, Hering) oder nur zu bestimmten Jahreszeiten (Aal, Meeräsche) im Wattenmeer. Während des Vogelzugs rasten hier 3,4 Millionen Wat- und Wasservögel pro Tag. Allein auf der Vogelinsel Trischen zählte man an einem Tag

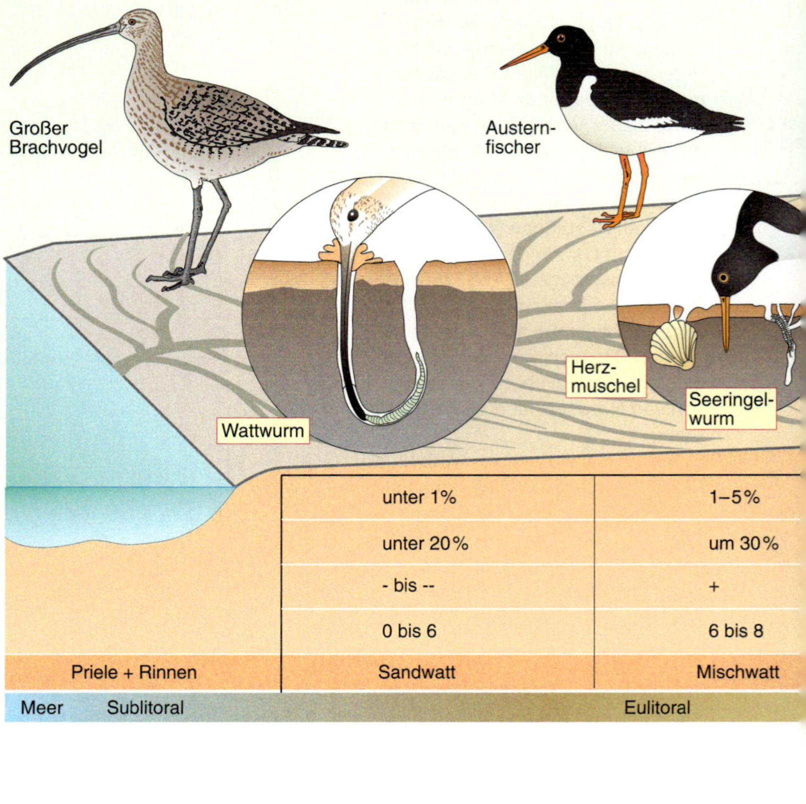

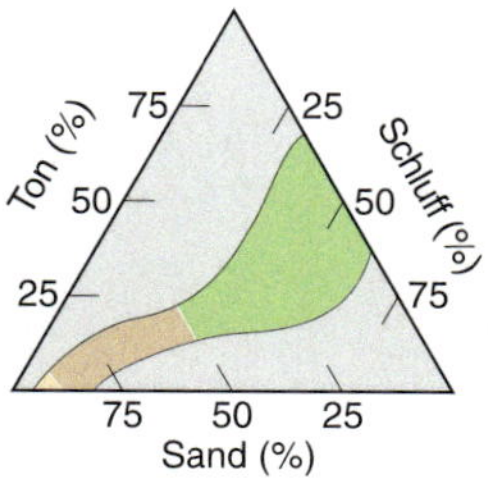

Sandwatt
Mischwatt
Schlickwatt

Sediment-zusammensetzung:
Sand (0,2 – 0,06 mm)
Schluff (0,06 – 0,002 mm)
Ton (unter 0,002 mm)

110 000 mausernde Brandgänse. Auf speziellen Brutplätzen des Wattenmeeres, wie Sand oder Muschelschill, brüten außerdem über 20 verschiedene Küstenvogelarten. Seehunde nutzen die Sandbänke als Rastplatz für den Haarwechsel, zur Geburt und zum Säugen der Jungtiere.

Das Wattenmeer erfüllt die Voraussetzungen des Bundesnaturschutzgesetzes für einen *Nationalpark*. Es ist verwaltungstechnisch in das Schleswig-Holsteinische, das Hamburgische und das Niedersächsische Wattenmeer unterteilt, wobei verschiedene Schutzzonen unterschieden werden: Zone 1 enthält besonders wertvolle und empfindliche Bereiche, z. B. Seehundbänke, Brut- und Mauserplätze. Diese dürfen nicht betreten werden. In Zone 2 ist die traditionelle Beweidung, Fischerei und Jagd zulässig. Für den Badebetrieb dürfen außerdem bauliche Anlagen eingerichtet werden. Zone 2 bildet eine Pufferzone für Zone 1. Hafenbau, Ablagerung von Baggergut, Sand- und Kiesabbau sind auf Zone 3 beschränkt. In begrenzten Gebieten ist sogar Erdölförderung erlaubt.

Das Wattenmeer ist gleichzeitig Natur- und Kulturraum und entspricht dem internationalen Konzept der *Biosphärenreservate*. Dabei handelt es sich um großflächige, repräsentative Natur- und Kulturlandschaften, die sich je nach dem Einfluss der menschlichen Tätigkeit in eine *Kernzone*, eine *Pflegezone* und eine *Entwicklungszone* gliedern. Ein Nationalpark oder Naturschutzgebiet bildet die

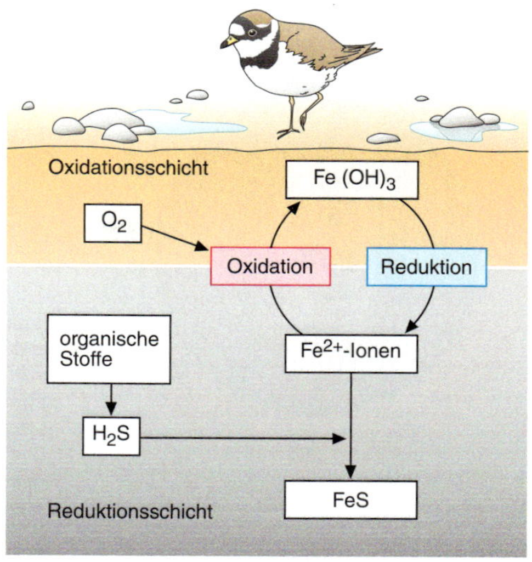

1 Chemie und Stoffwechsel des Wattbodens

Kernzone, die sich unbeeinflusst vom Menschen entwickeln soll. Sie wird umhüllt von einer Pflegezone (Naturschutzgebiet, ergänzend Landschaftsschutzgebiet), in der durch landschaftspflegerische Maßnahmen Kulturlandschaften erhalten und gepflegt werden sollen. Die Entwicklungszone ist Lebens-, Wirtschafts- und Erholungsraum der Bevölkerung, hier ist eine Ressourcen schonende, nachhaltige Entwicklung vorgesehen. Der überwiegende Teil des Biosphärenreservates soll also rechtlich geschützt sein. In Biosphärenreservaten werden – gemeinsam mit den hier lebenden und wirtschaftenden Menschen – Konzepte zu Schutz, Pflege und Entwicklung erarbeitet und umgesetzt. Biosphärenreservate dienen zugleich der Erforschung von Mensch-Umwelt-Beziehungen, der ökologischen Umweltbeobachtung und der Umweltbildung. Biosphärenreservate bedürfen der Anerkennung durch die UNESCO (United Nations Educational, Scientific and Cultural Organisation) im Rahmen des Programms „Der Mensch und die Biosphäre". Seit 1992 sind die drei deutschen Wattenmeer-Nationalparks als Biosphärenreservate anerkannt.

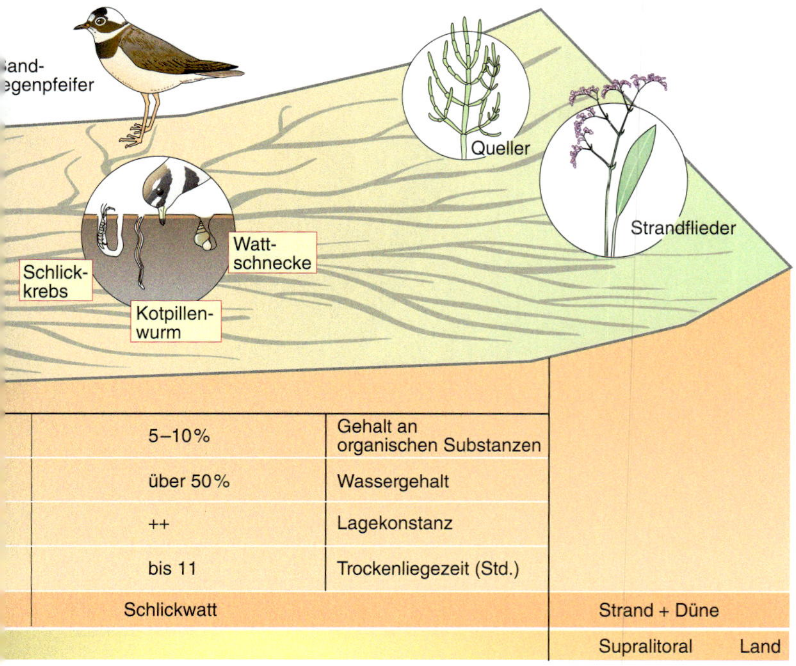

5–10 %	Gehalt an organischen Substanzen
über 50 %	Wassergehalt
++	Lagekonstanz
bis 11	Trockenliegezeit (Std.)
Schlickwatt	Strand + Düne
	Supralitoral Land

Aufgaben

① Erklären Sie die chemischen Abläufe im Wattboden (Abb. 1). Warum ist die Oxidationsschicht im Sandwatt 5 – 10 cm, im Mischwatt 1 – 2 cm und im Schlickwatt nur etwa 3 mm dick?

② Beschreiben Sie die Einnischung der Tiere im Wattenmeer und vergleichen Sie die Schnabellänge der Vögel mit der Eingrabtiefe der Beutetiere.

Die Küste ist aber nicht nur für den Menschen, sondern auch für andere Lebensformen ein attraktiver Lebensraum. Die Umweltfaktoren des Meeres gehen allmählich in Landbedingungen über. Diese abiotischen Gradienten ermöglichen vielfältige Einnischungen von Organismen und machen die Küstenzonen zu hochdiversen Lebensräumen.

Machen Sie eine Umfrage zu den beliebtesten Urlaubszielen. Werten Sie statistisch aus, welche Rolle die Meeresküsten dabei spielen und warum sie als besonders reizvoll empfunden werden.

Beschreiben Sie die Veränderungen der Umweltfaktoren vom Land zum Meer.

Küstenzonen

Bedeutung der Küsten

Sonne, Strand und Meer – Inbegriff für einen traumhaften Urlaub! Die Küste als Übergangsbereich von Meer und Land hat den Menschen schon immer angezogen und zwar nicht nur für Kurzbesuche, sondern auch für eine dauerhafte Besiedlung. Küstenregionen bieten bedeutende Nahrungs-, Rohstoff- und Energieressourcen, Handels- und Hafenstädte haben optimale Expansionsmöglichkeiten, das Hinterland eignet sich zur landwirtschaftlichen, industriellen oder urbanen Nutzung.

Schon heute leben 40 % der Weltbevölkerung weniger als 100 km von der Küste entfernt, im Jahr 2020 werden es vermutlich mehr als 75 % sein. Die meisten Mega-Citys (Städte mit mehr als 8 Millionen Einwohnern) befinden sich an der Küste. Hier leben bereits heute 220 Millionen Menschen.

Küstentypen

Die Besiedlung der Küsten weist eine charakteristische Zonierung auf. Das am weitesten landwärts gelegene *Supralitoral* kommt nur bei Springfluten oder durch Wellenspritzer mit Meerwasser in Berührung, das *Eulitoral* wird bei Ebbe und Flut regelmäßig freigelegt und überflutet, während das *Sublitoral* nur bei extremem Niedrigwasser trockenfällt.

Die Gestalt der Küsten ist ungemein vielfältig und hängt von Klima, Meeresspiegelschwankungen, Strömungen und Substratbeschaffenheit ab. Man unterscheidet Hartböden, Sandböden und schlickige Weichböden. Wichtige Hartboden-Küstentypen sind Korallenriff und Felsküste, Dünen entstehen auf Sandboden, Salzwiesen und die tropischen Mangroven auf Weichboden. Das Wattenmeer besteht aus Sand- oder Weichböden.

Die Lebensräume an der Küste lassen sich nicht nur wissenschaftlich sondern auch poetisch darstellen. Suchen Sie nach Literatur-Zitaten, in denen Dichter die genannten Küstentypen beschreiben.

Litoraltyp	Substrat-beschaffenh.	Klima	Flora (dominant)	Fauna (Bsp.)
Felsküste	Gestein, künstliches Hartsubstrat	alle Klimate	Tange, Algen, Flechten	viele festsitzende Formen, Seepocken, Schwämme, Moostiere
Wattenmeer	Sand, Schlicksand, Schlick	gemäßigt	Kieselalgen, evtl. Seegras	Ringelwürmer, Muscheln, Krebse
Düne	Sand	alle Klimate	Gräser, Salzpflanzen, Heide	Insekten, Brutvögel
Mangrove	Sand, Schlick	tropisch	Mangrovenbäume, (Rhizophora, Avicennia u. a.)	Winkerkrabben u. a. Krebse, in den Baumkronen Landtiere
Korallenriff	biogener Kalk	tropisch	symbiotische Algen	Steinkorallen, reicher Fischbestand

Fertigen Sie in Arbeitsgruppen Poster von Korallenriff, Mangrove bzw. Wattenmeer an, auf denen Sie die ökologischen Bedingungen, die Besiedlung mit Pflanzen, Tieren und Protisten darstellen. Gehen Sie dabei auch auf die Verbreitung und mögliche Gefährdung dieser Küstenlebensräume ein.

Wattenmeer

„Jetzt war es Ebbzeit, und die goldene Septembersonne glitzerte auf dem etwa hundert Schritte breiten Schlickstreifen und auf dem tiefen Priel in seiner Mitte, durch den auch jetzt das Meer noch seine Wasser trieb. ... Der Mond stand hoch am Himmel und beschien das weite Wattenmeer, das eben in der steigenden Flut seine Wasser über die glitzernden Schlickflächen zu spülen begann. Nur das leise Geräusch des Wassers, keine Tierstimme war in der ungeheuren Weite hier zu hören."

(THEODOR STORM: Der Schimmelreiter)

Gefährdung der Küsten

Industrialisierung, Urbanisierung, Landwirtschaft, Tourismus, Fischerei, Aquakulturen, Offshore-Windparks, Schifffahrt und Maßnahmen zum Küstenschutz verändern die Küsten und können ihre ökologische Vielfalt gefährden. So werden Strände mit Hotelburgen verbaut, Tankerunfälle verölen Küstenzonen, Mangrovenwälder weichen Aquakulturanlagen für die Billigproduktion von Meerestieren, häusliche und industrielle Abwässer verschmutzen das Meerwasser u. v. m. Das hat vielfältige ökologische, ökonomische und soziale Folgen, die sich oft grenzüberschreitend auswirken.

Küstenzonen werden aber nicht nur durch Aktivitäten des Menschen gefährdet, sondern sind auch besonders oft von Naturkatastrophen betroffen.

Als Folge der globalen Erwärmung ist ein Anstieg des Meeresspiegels zu erwarten. Was bedeutet das für die Küstenregionen?

Sturmfluten (z. B. die „große Manndränke" von 1362), Tsunamis (z. B. Südasienflut von 2004) oder die Klimaanomalie El Niño sind Beispiele für die natürliche Gefährdung von Küstenzonen.

Stellen Sie die Ursachen, Risikoregionen, Auswirkungen und Sicherheitsmaßnahmen in einer Präsentation dar.

Die Weltkarte zeigt, dass Wasserflächen auf der Erde dominieren. Ordnen Sie Atlantischen Ozean, Pazifischen Ozean, Indischen Ozean und Nordpolarmeer auf der nordpolorientierten Weltkarte zu. Orientieren Sie sich über die Lage der Mega-Citys.

Integriertes Küstenzonenmanagement (IKZM)

Wegen der Belastung von Küstenzonen wurde ein politisches Kontroll- und Verwaltungsinstrument entwickelt, das als *Integriertes Küstenzonen-Management (IKZM)* bezeichnet wird. Es soll nachhaltige Lösungen für die verschiedenen Nutzungen der Küsten entwickeln und schon während der Planung und Entwicklung von Küstenprojekten die sozialen, ökonomischen und ökologischen Folgen berücksichtigen.

Informieren Sie sich über die Grundzüge der „Nachhaltigkeit" (Sustainability) und die Entstehung dieser Richtlinie.

Beispiele: Im Rahmen des sanften Tourismus versucht man, Konflikte zwischen Tourismus und Naturschutz zu verringern; nachhaltige Fischerei sichert das Einkommen der Küstenfischer für weitere Generationen, ohne den Fischbestand zu gefährden; eine Meeresraumplanung kann Nutzungsbereiche besser ordnen.

Konzipieren Sie einen Naturlehrpfad, der über Entstehung, Aufbau, Bedeutung, Flora und Fauna eines Küstenlebensraumes informiert.

Von der Urlandschaft zur Agrarsteppe

Die Handhabung des *Feuers* ist untrennbar mit der kulturellen Entwicklung des Menschen verbunden. Am Feuer konnten sich unsere Vorfahren aufwärmen, bekömmliches Essen bereiten, Werkzeuge härten und waren vor Raubtieren einigermaßen sicher. Feuer ließ sich nur schwer neu entzünden; daher wurde es möglichst dauerhaft gehütet. Herdfeuer entwickelten sich zum Lebenszentrum und begünstigten die Ansiedlung der Urmenschen, die zuvor nomadisierend vom Jagen, Fischen und Sammeln gelebt hatten.

Langfristig ist eine sesshafte Lebensweise nur möglich, wenn Nahrungsmittel nachwachsen. Die Menschen nutzten und pflegten Wildpflanzen auf vorhandenen Lockerböden in Flussauen oder auf Vulkanaschen und jäteten unerwünschte Pflanzen. In Europa begannen der eigentliche *Ackerbau* und die *Nutztierhaltung* vor etwa 11 000 Jahren.

Neben dem Gebrauch von Werkzeugen spielte das Feuer dabei wieder eine große Rolle: Brandrodungen erschlossen neue Nutzflächen und durch die Verhüttung von Erzen konnten später die landwirtschaftlichen Geräte verbessert werden. Durch seine Eingriffe in die Landschaft glich der Mensch die Feuchteverhältnisse der Böden an: Trockenlandschaften wurden zur landwirtschaftlichen Nutzung bewässert, ehemalige Wälder und Sümpfe trockengelegt.

Bodenbohrungen liefern Beweise für diese Veränderungen. In Bodenprofilen der Bohrkerne findet man Ascheschichten der Brandrodungen und Pollen von Bäumen und Getreide- oder Weidegräsern. Pollenkörner eignen sich besonders zur Analyse, da sie eine arttypische Gestalt haben, lange überdauern und in großen Mengen (mehrere Tausend pro cm^3) im Boden abgelagert werden.

Regelmäßige Ernten unterbrechen den Stoffkreislauf, da sie der Anbaufläche die gebildete Biomasse entziehen und die Humus-

1 Stoffkreislauf im Buchenwald

P = Primärproduzenten (Erzeuger)

K = Konsumenten (Verbraucher)

D = Destruenten (Zersetzer)

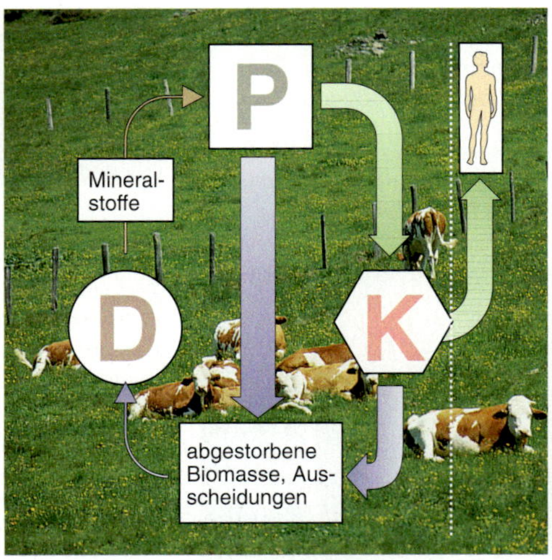

2 Stoffkreislauf auf der Viehweide

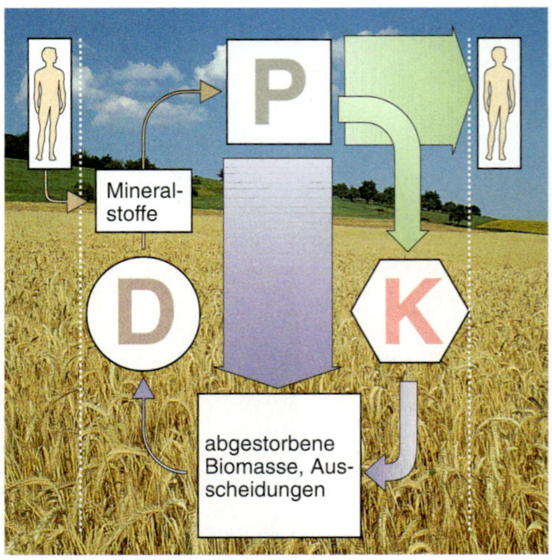

3 Stoffkreislauf im Roggenfeld

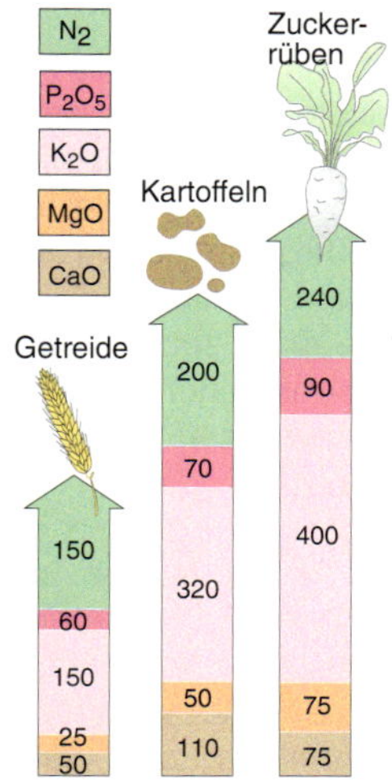

Mineralstoffentzug in kg/ha

„Als Prinzip des Ackerbaus muss angesehen werden, dass der Boden in vollem Maße wieder erhält, was ihm genommen wurde."
JUSTUS VON LIEBIG (1803 – 1873)

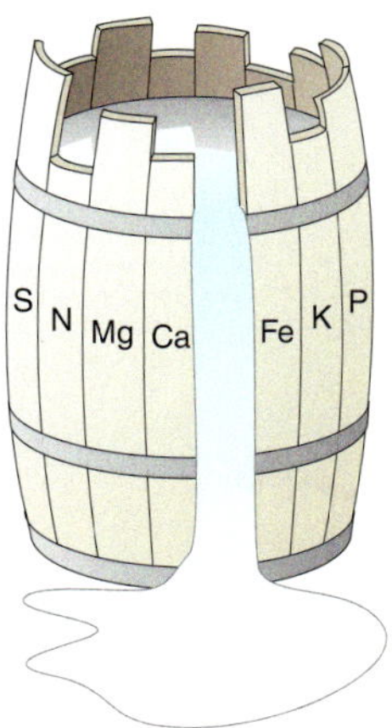

Gesetz VON LIEBIG

bildung verringern (Abb. 120.1 – 3). Der Mineralstoffvorrat der Böden erschöpft sich. Die *organische Düngung* durch Viehmist, Gülle oder Flussschlamm war wahrscheinlich eher eine zufällige Entdeckung, *Dreifelder-* und *Fruchtwechselwirtschaft* zeugen bereits von einer langfristigen Planung. Bei der Dreifelderwirtschaft folgt auf zwei Jahre Getreideanbau ein Jahr Brache. Jährlich bringt daher nur $^2/_3$ der Ackerfläche einen landwirtschaftlichen Ertrag. Bei der Fruchtwechselwirtschaft werden anstelle der Brache andere Nutzpflanzen angebaut, wie zum Beispiel Rüben oder Kartoffeln. Ein großer Teil der Stickstoffdüngung erfolgte über den Anbau von Hülsenfrüchten, wie Klee, Luzerne oder Bohnen (Abb. 1). Durch die Symbiose mit Knöllchenbakterien an den Wurzeln sind sie in der Lage, gasförmigen Stickstoff aus der Luft aufzunehmen und in Ammoniumsalze zu überführen. Trotzdem lagen die Erträge noch im Mittelalter oft nur 4 % über der Aussaat. Sie hätten die stark zunehmende Bevölkerung nicht ernähren können.

Im 19. Jahrhundert entdeckte der Chemiker JUSTUS VON LIEBIG, dass die Primärproduktion von demjenigen Mineralstoff begrenzt wird, der das Minimum des pflanzlichen Bedarfs unterschreitet (s. Seite 23). Damit war die wissenschaftliche Grundlage für eine *mineralische Düngung* gelegt. Die industrielle Synthese von Düngerstoffen sorgte für weitere Produktionssteigerungen. Heute beträgt der Ertrag beim Weizen mehr als das Zwanzigfache der Aussaat. Um den Einsatz leistungsfähiger Erntemaschinen zu ermöglichen, wichen kleine Acker- und Weideparzellen vielerorts großflächigen *Monokulturen*.

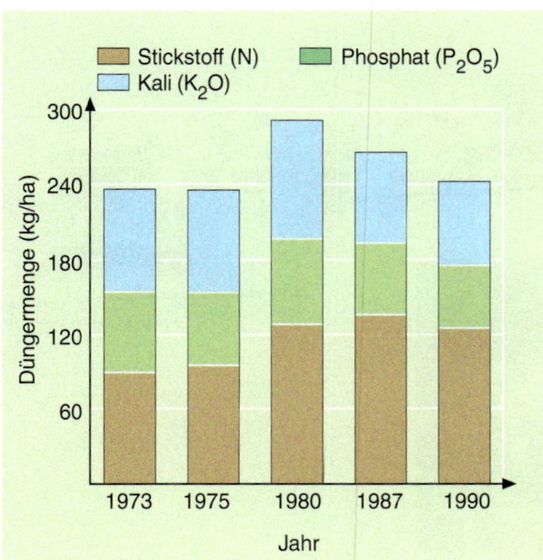

1 Mineraldüngerverbrauch

Durch die Auswahl ertragreicher Varianten wurden die Wildarten allmählich abgewandelt, unerwünschte Inhaltsstoffe verschwanden. Auf diese Weise entstanden *Kulturpflanzen*, die in der Obhut des Menschen gut gedeihen, in der Konkurrenz mit Wildarten aber unterliegen. Die Abwandlung durch Züchtung blieb auch bei Nutztieren stets im Rahmen der Artmerkmale. Hunde sind wohl die ältesten Haustiere des Menschen. Danach wurden Schafe und Ziegen domestiziert, vor etwa 9000 Jahren die Schweine und vor 5000 Jahren Pferd, Esel und Haushuhn. Die Katze schloss sich den Siedlungen an, sie folgte den Mäusen in die Kornspeicher. Andere *Kulturfolger* waren bei den Menschen weniger beliebt, denn sie entwickelten sich unter den für sie günstigen Lebensbedingungen der Agrarlandschaft zu sogenannten *Unkräutern* oder *Ernteschädlingen*.

Die Menschen bekämpften diese Nahrungskonkurrenten zunächst mechanisch, indem sie Unkräuter jäteten und Ernteschädlinge absammelten. Die *Pestizide* der chemischen Industrie brachten zwar kurzfristige Erfolge, erwiesen sich langfristig jedoch als problematisch: Es kam oft zu Anreicherungen in der Nahrungskette, Boden und Trinkwasser wurden belastet und Resistenzen traten auf. Die Entwicklung einer *ökologischen Landwirtschaft* war die Konsequenz.

Heute nehmen Agrar- und Siedlungslandschaften insgesamt 14 Mio. km² ein, das sind 11 % der Landfläche der Erde. Urlandschaften findet man höchstens noch an einigen Meeresküsten, in den tropischen Regenwäldern, Tundren, Hochgebirgen, in der Taiga und in der Wüste. Die Waldflächen Europas sind zu Restwäldern eingeengt, Lebensräume mit mineralstoffarmen Böden, wie Hochmoore und Heiden, schrumpfen.

Aufgaben

① Vergleichen Sie den Stoffkreislauf im Buchenwald und in der Agrarlandschaft. Wie verändert sich das Schema, wenn der Landwirt von Weidewirtschaft auf Stallwirtschaft umsteigt?

② Erläutern Sie die Verbesserung der Bodenfruchtbarkeit durch Dreifelderwirtschaft und Fruchtwechsel.

③ Die meisten Ackerwildkräuter sind samenreiche, einjährige Steppenpflanzen. Erklären Sie.

④ Begründen Sie, weshalb die Kultivierung der Landschaft meist zu einer Verarmung an Arten führt.

Ökologie und Ökonomie in der industriellen Landwirtschaft

Klatschmohn und Kornblumen

So weit das Auge reicht, ein riesiges Getreidefeld. Ein Mähdrescher zieht seine Bahnen. In regelmäßigen Abständen wird das Korn auf einen Anhänger befördert. Eine einzige Person bewältigt die Arbeit, für die früher viele Landarbeiter notwendig waren. Waren es 1930 in landwirtschaftlichen Betrieben noch 149 Arbeitsstunden pro Hektar, sind es heute weniger als zwei. Landwirtschaftliche Betriebe sind heute auf einem industrieähnlichen Stand der Produktionstechnik.

Verschiedene Gründe haben zu dieser Form der Landwirtschaft geführt. Die Lohnkosten stiegen wesentlich schneller als die Erzeugerpreise. Nur durch Rationalisierung und Mechanisierung konnte dieser Unterschied ausgeglichen werden. Dies führte zu einer Umstrukturierung der landwirtschaftlichen Betriebe. Die Anzahl der landwirtschaftlichen Betriebe ist den letzten Jahren gesunken, die Größe der Höfe hat sich in den Jahren von 1950 bis heute mehr als verdoppelt. Eine Leistungssteigerung war nur durch den stärkeren Einsatz von Maschinen möglich. Der zunehmende Einsatz von Maschinen war jedoch nur bei einer Vergrößerung der Nutzfläche oder Viehbestände ökonomisch sinnvoll. Die Leistungssteigerung dieser Betriebe zeigt sich in einem Produktionsvergleich der letzten Jahrzehnte. 1950 ernährte ein Landwirt durchschnittlich 10 Menschen, 1990 bereits 89. Die jährliche Nahrungsmittelmenge pro Kopf der Bevölkerung nahm im gleichen Zeitraum von 800 kg auf 1300 kg zu. Die Erzeugerpreise sanken gleichzeitig innerhalb der letzten Jahre drastisch. Solche Erzeugerpreise sind nur mit einem hohen maschinellen Aufwand realisierbar (s. Abb. 123.3).

Ein ökologisch wichtiger Aspekt ist der Anstieg des Fleischkonsums in den Industriestaaten (Abb. 123.2). Diese *Nahrungsmittelveredelung* führt dazu, dass im Vergleich mehr pflanzliche Futtermittel angebaut werden müssen, als bei vorwiegend pflanzlicher Ernährung nötig wäre. Dieser Zusammenhang lässt sich über die verschiedenen Trophiestufen erklären. Bei dem Schritt von den Produzenten über die Konsumenten 1. Ordnung, die Pflanzenfresser (Schweine, Rinder), zu den Konsumenten 2. Ordnung (Mensch) kommt nur noch ein geringer Prozentsatz der aufgenommenen Sonnenenergie bei den Menschen an (s. Seite 52).

Flurbereinigungen gingen einher mit der Bildung von Großbetrieben, was zwar zu einer ökonomisch verbesserten, aber ökologisch verarmten Landschaft führte. Aus den kleinflächig parzellierten Fluren wurden durch Zu-

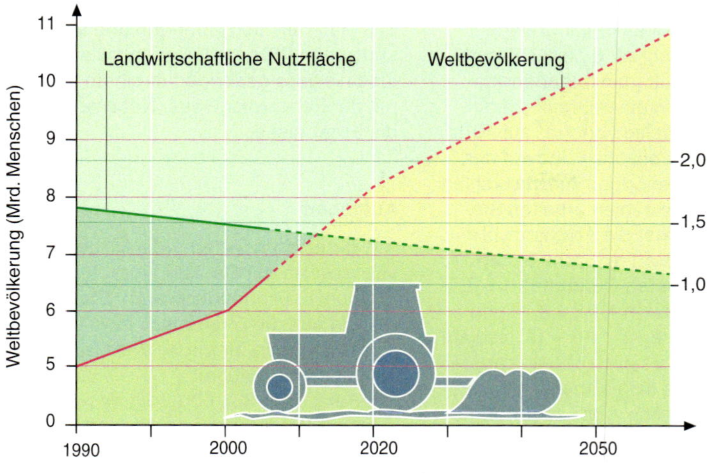

1 Farmland und Weltbevölkerung

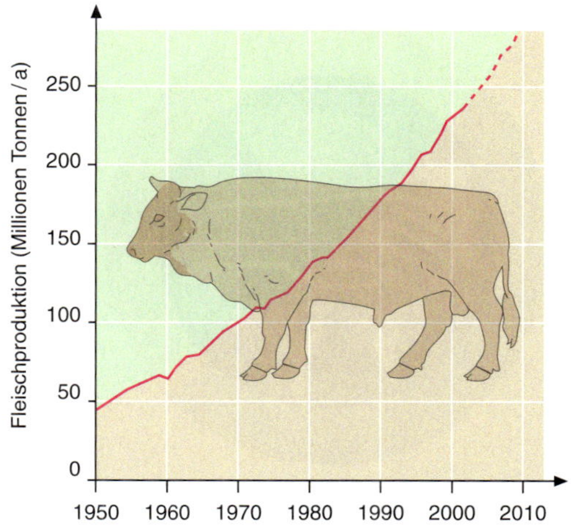

2 Fleischproduktion (weltweit)

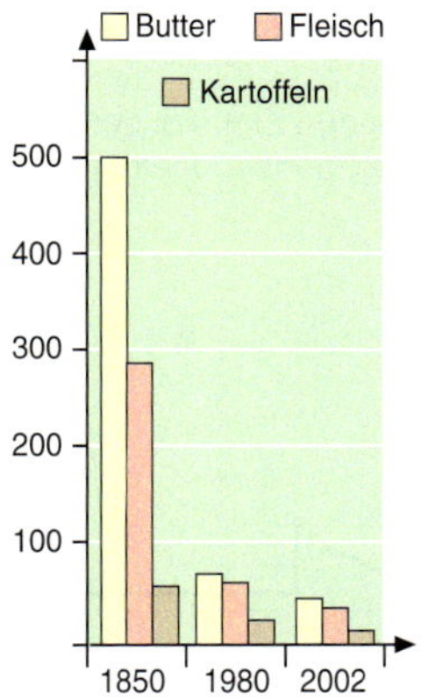

Arbeitszeit für 1 kg Nahrungsmittel in Minuten

sammenlegung von Flurstücken maschinengerechte Anbauflächen. Hecken, kleine Feldgehölze oder Feuchtgebiete mussten weichen. Die Anzahl der in den bereinigten Landschaften lebenden Tier- und Pflanzenarten ging zurück. Vögeln, Marienkäfern oder Florfliegen z. B. diente die Hecke als Lebensraum und sie verminderten die Massenvermehrung der Schadinsekten.

Die riesigen Pflanzenbestände einer Art in einem zusammenhängenden Lebensraum begünstigen die Verbreitung von Schadorganismen. Die Vernichtung von Schadinsekten, Pilzen oder den ursprünglichen Pflanzen *(Wildkräutern)* wird nicht mehr nur mechanisch oder durch Fruchtwechsel, sondern mit Giften durchgeführt.

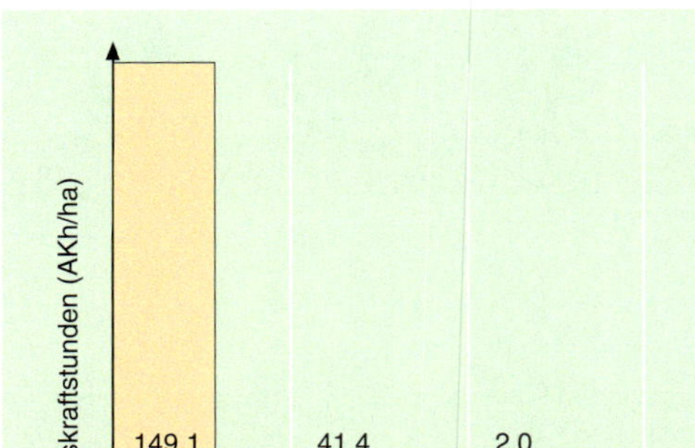

3 Arbeitsbedarf bei der Getreideernte

Dadurch werden die Produktionskosten gesenkt. *Pestizide* sind hochwirksame Substanzen, die auf den Acker ausgebracht werden. Bei der Anwendung muss auf die richtigen Schadstoffmengen und auf geeignete Schutzmaßnahmen (Atemschutz, Schutzkleidung) geachtet werden, um gesundheitliche Schäden auszuschließen. Eine weitere Gefahr ist die Anreicherung *(Bioakkumulation)* der Giftstoffe über die Nahrungsketten im Fettgewebe der Tiere und Pflanzen. Die Substanzen müssen daher schnell abbaubar sein. Eine gezielte Anwendung der jeweiligen Pestizide wird durch die exakte Beobachtung des Schädlingsbefalls ermöglicht. Eine weitere Entwicklung sind gentechnisch gezielt veränderte Pflanzen, die gegen Pilzbefall oder andere Schädlinge resistent sind. Durch die Konzentration auf wenige Sorten wird die genetische Vielfalt der Pflanzen stark eingeschränkt und der Landwirt kann nur noch ein bestimmtes Saatgut und gezielte Folgeprodukte, wie Pestizide eines Herstellers, nutzen.

Bei der Mastviehhaltung in Europa ist durch die große Anzahl der Tiere und den hohen Fleischbedarf eine Tierhaltung auf Weiden nicht möglich. Die erforderliche preiswerte Fleischmenge ist nur in Ställen mit berechneter Nahrungszufuhr und wenig Arbeitskräften zu produzieren. Viele Ställe werden geheizt, damit die in der Nahrung aufgenommene Energie nicht zu stark in Wärme, sondern in Fleisch und Fett umgewandelt wird. Bei diesen „Monokulturen" ist die Verbreitung von Seuchen leicht möglich. Durch strenge Hygienemaßnahmen und Medikamente ist dies zu verhindern.

Wiesen und Weiden

Neben Wäldern und Gewässern sind Grünflächen in unseren Breiten landschaftsprägend. Regelmäßige Mahd oder Beweidung verhindert das Aufkommen von Gehölzen und sichert die Vorherrschaft von Gräsern und Kräutern. Wiesen und Straßenrandbegrünungen werden ein- bis zweimal jährlich gemäht, Rasenflächen sehr viel häufiger.

Ausrüstung:
10 Bänder, je 4 m lang mit 4 langen Nägeln zum Abstecken von Probenquadraten, Bestimmungsliteratur, Protokollbögen, Federwaage und Netz, Gartenschere, Zollstock

Vegetationsaufnahme

Wählen Sie für Ihre vergleichenden Untersuchungen mindestens zwei deutlich verschiedene Grünflächentypen und informieren Sie sich über deren landwirtschaftliche oder gärtnerische Behandlung. Stecken Sie jeweils 10 Probenquadrate von 1 m² Größe auf der Grünfläche ab und bestimmen Sie die Pflanzen. Protokollieren Sie für jedes Quadrat die gefundenen Pflanzenarten und notieren Sie Wuchshöhe, Wuchstyp (Rosettenpflanzen, Polster) und Entwicklungsstand (keimend, blühend, fruchtend). Schätzen Sie den Flächenanteil, den die Pflanzenarten im Probenquadrat einnehmen *(Deckungsgrad)*. Die Frequenz gibt an, in wie vielen Quadraten die betreffende Art vorgefunden wurde (z. B. 10 von 20 Quadrate = 50 %).

Ermittlung des Minimalareals

Eine aussagekräftige Probe soll die wichtigsten Arten erfassen, ohne einen unvertretbar großen Arbeitsaufwand zu verursachen. Zur Bestimmung dieses *Minimalareals* gibt es umfangreiche statistische Verfahren. Eine recht gute Annäherung erhält man folgendermaßen: Tragen Sie in einer Grafik auf der x-Achse schrittweise von 1 m² auf 10 m² vergrößerte Probeflächen und auf der y-Achse die zugehörigen Artenanzahlen ab. Diese Artenanzahlen erhalten Sie, indem Sie zunächst die Artenanzahl in Quadrat 1, also auf 1 m², dann in den zusammengefassten Quadraten 1 + 2, also auf 2 m², dann in 1 + 2 + 3, ... und schließlich in 1 + 2 + ... + 9 + 10, also auf 10 m², ermitteln. Es entsteht eine ansteigende Kurve, die sich allmählich einem Sättigungswert nähert, die zugehörige Probefläche ist das gesuchte *Minimalareal.* Reichen Ihre 10 Probenquadrate für eine Erfassung der wichtigsten Arten aus? Vergrößern Sie andernfalls die Anzahl der Probenquadrate.

Bestimmung der Biomasse

Die Biomasse wird nur für kleine Flächen bestimmt, da die Pflanzen zu diesem Zweck dicht über dem Boden abgeschnitten werden müssen. Sortieren Sie das Material nach lebenden und abgestorbenen Pflanzenteilen und wiegen Sie diese jeweils gesondert in einem Netz mit der Federwaage aus. Notieren Sie die Ergebnisse.

Aufgaben

① Berechnen Sie für jede Art die Mittelwerte der Deckungsgrade aus den 10 Probenquadraten. Stellen Sie nun die Ergebnisse Ihrer Untersuchungen für die beiden Grünlandtypen gegenüber.

② Beurteilen Sie, ob durch das genannte Verfahren die gesamte Biomasse erfasst wird.

③ Analysieren Sie, inwieweit die Frequenz in den Messquadraten Rückschlüsse auf die räumliche Verteilung der Pflanzen zulässt.

④ Erörtern Sie, welche Zusammenhänge zwischen der Mahd und Artenzahl, Artenspektrum, Wuchshöhe, Wuchstyp und Biomasse vorhanden sind.

⑤ Vergleichen Sie den Einfluss der Beweidung auf die Pflanzendecke mit dem der Mahd.

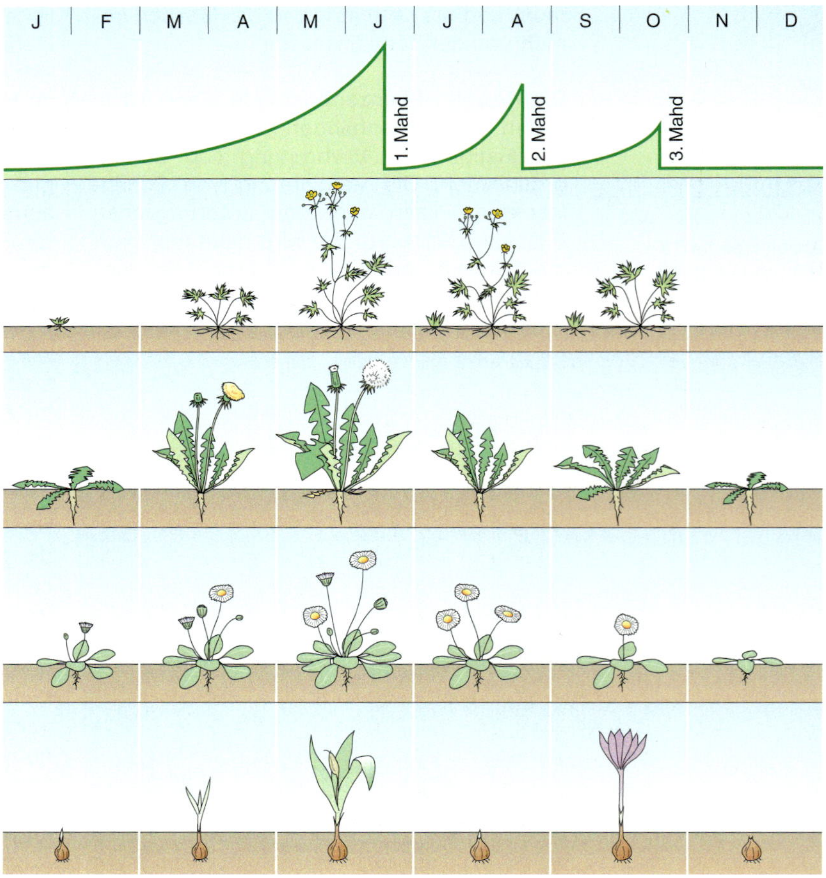

1 Jahresverlauf in einer Fettwiese

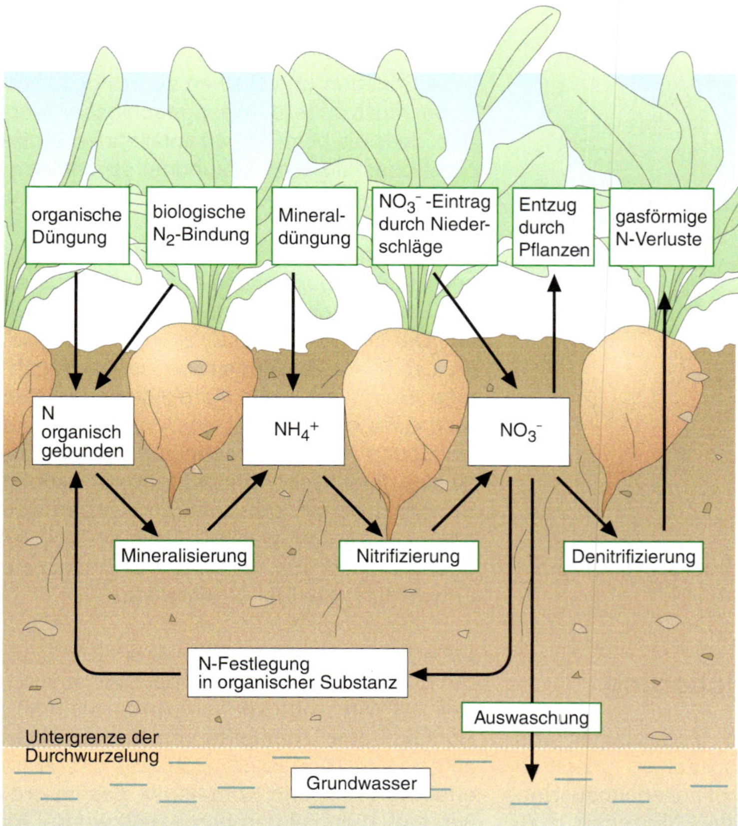

1 Stickstoffkreislauf und Düngung

Viel Ertrag — gesunde Nahrung?

Grüne Pflanzen sind *autotroph*. Ihre organischen Verbindungen bauen sie aus anorganischen Grundbausteinen auf. Kohlenstoffdioxid wird über die Luft aufgenommen, Wasser und die darin gelösten Mineralsalze über die Wurzeln.

Welche Elemente bei den Mineralsalzen für die Pflanze lebensnotwendig *(essenziell)* sind, überprüft man durch *Hydrokulturen*. Hierbei kultiviert man Pflanzen in Mineralsalzlösungen mit genau festgelegten Konzentrationen der einzelnen Elemente. Beim Weglassen eines Elementes kann man mehr oder weniger starke Mangelerscheinungen beobachten, z. B. Vergilben oder Absterben von Pflanzenteilen. Einige Elemente werden in größeren Mengen gebraucht. Dies sind vor allem N, S, P, K, Mg, Fe. Bei naturbelassenen Böden gelangen sie nach dem Absterben der Pflanze wieder in den Boden zurück. Durch die intensive Nutzung der Böden bei der modernen Landwirtschaft müssen die fehlenden Mineralstoffe wieder durch Düngung zugeführt werden. Flüssigmist aus der Tierproduktion *(Gülle)* ist von ihrer Zusammensetzung her ein wertvoller Dünger. In den landwirtschaftlichen Betrieben fällt jedoch mehr Gülle an, als auf den Anbauflächen verbraucht werden kann. Der hohe Salz- und Ammoniumgehalt führt auf Dauer zu einer Verschlechterung des Bodens. *Ammoniumsalze* werden durch im Boden lebende Bakterien zu *Nitrat* umgewandelt, wodurch es zu einer Nitratanreicherung in den Nutzpflanzen kommt. Die Pflanzen und deren Früchte sind weniger schmackhaft. Nitrate stellen im Körper ein gesundheitliches Risiko dar, da sie bei der Verdauung teilweise in *Nitrite* umgewandelt werden können. Diese beeinträchtigen die Funktion des Hämoglobins. Außerdem können Krebs fördernde *Nitrosamine* entstehen.

Die von den Pflanzen nicht aufgenommenen Verbindungen werden mit dem Regen aus dem Boden gewaschen und können in Flüsse und Grundwasser und so auch ins Trinkwasser gelangen. Die Konzentration hängt von der Sickerwassermenge, der Wasserkapazität und der Nitratkonzentration des Bodens ab. Eine Verschiebung des *Nitrates* im Boden um 30 cm benötigt bei lehmigen Boden 60 mm, bei Sandböden 30 mm Niederschlag. Für Nitratkonzentrationen in Trinkwasser und Nahrung gibt es daher gesetzlich festgelegte Grenzwerte (Trinkwasser 50 mg/kg). In den Pflanzen wird der Stickstoff der Nitrate in Proteine eingebaut oder die Nitrate werden im Spross und Blattstiel gespeichert. Eine Überdüngung führt zu einer Nitratanreicherung in diesen Geweben (Salat: 382 – 3520 mg/kg), Nach dem Richtwert der WHO ist die Nitrataufnahme von nicht mehr als 250 mg pro Tag für den Erwachsenen als unbedenklich anzusehen.

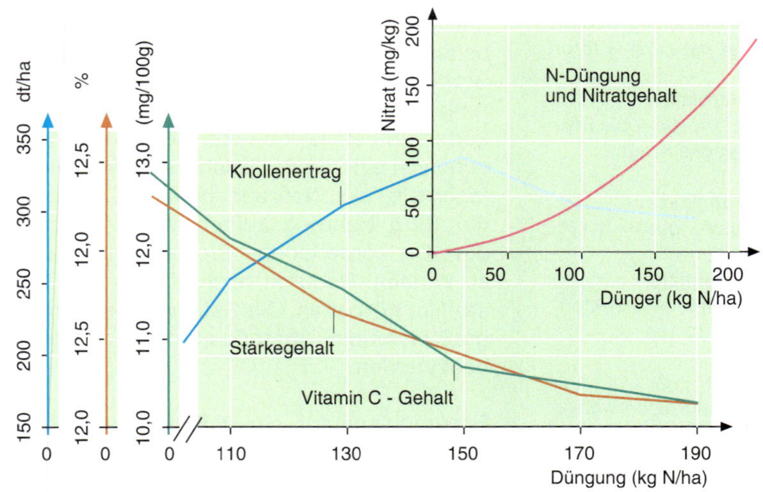

2 Nitratdüngung und Inhaltsstoffe

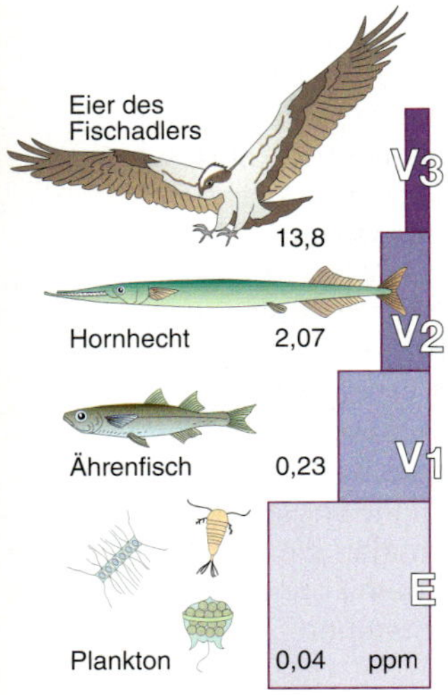

DDT in der Nahrungskette

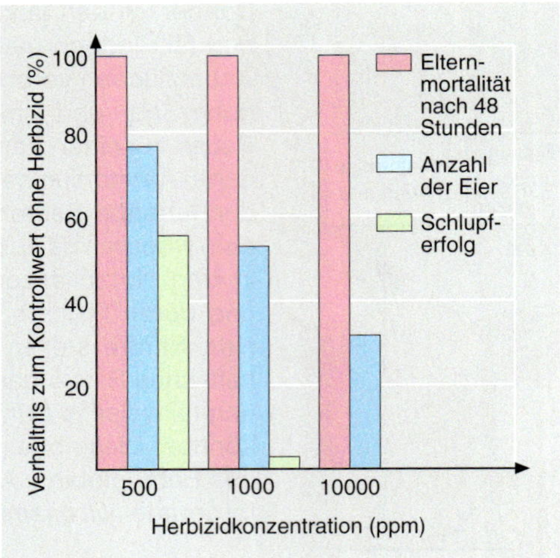

1 Einwirkung eines Herbizids auf Springschwänze

Biologische Anreicherung

Höhere Ansprüche der Verbraucher und wachsende Bevölkerungszahlen machten einen intensiven Kulturpflanzenanbau notwendig. Dazu wurde eine Pflanzenart, z. B. Getreide oder Zuckerrüben, auf immer größeren Flächen angebaut. Pflanzenschädlinge und Krankheitserreger, die auf diese Pflanzen spezialisiert sind, können sich optimal ernähren und vermehren. Bei der Zucht neuer Kulturpflanzen sank in vielen Fällen die Resistenz gegen Schädlinge oder Krankheiten, da die Züchter mehr auf die Ertragssteigerung achteten. Bei Tomatenpflanzen z. B. wurde lange Zeit nur die Größe der Früchte oder die Wuchshöhe der Pflanzen, nicht jedoch die steigende Anfälligkeit gegen Pilzkrankheiten beachtet.

Der verantwortungsvolle Einsatz von Pestiziden ist nicht nur wegen der akuten Gesundheitsrisiken notwendig. Die Wirkung dieser Stoffe auf Ökosysteme mit einer Anreicherung *(Bioakkumulation)* über die Nahrungsketten im Fettgewebe von Tieren und Menschen ist eine große Gefahr (s. Randspalte). Innerhalb der Nahrungspyramide müssen ca. 100 g Nahrung aufgenommen werden, um 10 g körpereigene Biomasse aufbauen zu können. Dadurch reichert sich ein Giftstoff im Körper an. Die Gefahr ist besonders groß, wenn die Giftstoffe nur langsam abgebaut werden.

Entscheidend für einen Einsatz von Pestiziden ist deshalb der schnelle Abbau der Giftstoffe auf oder innerhalb der Pflanzen, um einen späteren Verzehr ohne gesundheitliche Schäden und Risiken zu ermöglichen. Dabei muss außerdem ausgeschlossen werden, dass die beim Abbau anfallenden Stoffe nicht ebenfalls eine gesundheitsschädigende Wirkung haben.

Die Bewertung der *Toxizität*, d. h. der Giftigkeit, ist in Laborversuchen zwar festzustellen, kann in der Natur jedoch anders ausfallen. Die Vielfalt der Faktoren in der Natur ist im Labor nur ausschnittsweise nachzuahmen. Beim Test eines Herbizids stellte man fest, dass die Toxizität des Wirkstoffes auf im Boden lebende Regenwürmer und die zu den flügellosen Urinsekten gehörenden Springschwänze bei höheren Konzentrationen sehr gering war. Die Tiere starben jedoch trotzdem aus, weil eine Wirkung auf die Entwicklung der Eier erfolgte (Abb. 1).

Insektizide können Insekten direkt töten, deren Entwicklung hemmen oder sie sterilisieren. Die Wirkstoffe können hierbei als Fraß-, Kontakt- oder Atemgifte von den Insekten aufgenommen werden. *DDT* war das erste effektive Fraß- und Kontaktgift, das im großen Industriemaßstab hergestellt wurde. Es wirkt in den Insekten auf das Nervensystem ein. Ein Vorteil ist die gute Verträglichkeit für die behandelten Pflanzen. Nachteile des DDT sind, dass es auch bei Wirbeltieren als Nervengift wirkt und dass es nur sehr langsam abgebaut wird. Seine Toxizität ist zwar sehr gering, aber es reichert sich im Fettgewebe an. Bei Vögeln bewirkt es dünnere Eischalen.

In der Bundesrepublik und in vielen anderen Ländern ist das Ausbringen von DDT auf landwirtschaftliche Flächen seit 1972 verboten. Trotzdem wird DDT zur Malariabekämpfung in den Entwicklungsländern weiter eingesetzt. Malaria übertragende Anophelesmücken ruhen nach einem Stich an Wänden. Das Besprühen der Innenwände von Häusern und Hütten mit DDT ist ein geeignetes Mittel zur Bekämpfung. Da die Wirksamkeit des DDT mindestens ein halbes Jahr erhalten bleibt, muss die Sprühaktion nur zweimal jährlich durchgeführt werden.

Neu entwickelte Produkte wirken bereits selektiver auf ganz bestimmte Insekten und andere Gliedertiere. Spinnmilben im Weinbau können effektiv bekämpft werden, ohne dass dieser Wirkstoff Nützlinge, wie Marienkäfer oder Florfliegen, schädigt. Ein wichtiger Faktor nach den negativen Erfahrungen mit DDT ist die wesentlich geringe Abbauzeit nach dem Aufbringen auf die Pflanzen.

Pestizid
lat. *pestis* = Seuche
lat. *caedere* = töten

Herbizid
lat. *herba*= die Pflanze, das Kraut

Fungizid
lat. *fungus* = der Pilz

Insektizid
Stoffe, die Insekten vernichten

DDT
Dichlordiphenyltrichlorethan

Integrierter Pflanzenschutz

Beim *integrierten Pflanzenschutz* sollen nicht nur ökonomische, sondern auch ökologische Gesichtspunkte eine Rolle spielen.

Resistenzzucht

Bei der Zucht neuer Pflanzensorten wird auf eine verstärkte Resistenz gegenüber Krankheitserregern geachtet. Dazu kreuzte man z. B. pilzanfällige Tomatenpflanzen mit resistenten Wildformen aus den Anden. Auf diese Weise werden weniger Fungizide benötigt. Natürliche Feinde der Schädlinge, die die Schädlingspopulation klein halten, werden gefördert.

Sterilisation

Eine weitere Methode ist das Sterilisieren von Männchen der Schadinsekten im Labor. Diese werden in den Anwendungsgebieten ausgesetzt. Die Paarung mit diesen Männchen führt zu unbefruchteten Eiern und einer Reduktion der Population.

Sexuallockstoffe

Im Obst- und Weinanbau werden erfolgreich Lockstoffe (*Pheromone*) eingesetzt. Diese Duftstoffe dienen der Informationsweitergabe zwischen Insekten einer Art (z. B. Sexuallockstoffe). Sie können heute chemisch synthetisiert werden und stehen damit in großen Mengen zur Verfügung.

Für die Anwendung von Pheromonen gibt es verschiedene Methoden:

1) *Pheromonfallen* wie beim Borkenkäfer in Nadelwäldern: Die Tiere fliegen in Fallen, aus denen sie sich nicht mehr befreien können. Dadurch fehlen die Männchen für die Fortpflanzung.

2) *Desorientierungsmethode*: Der Traubenwickler ist ein Schädling im Weinanbau. Werden Ampullen mit dem Sexuallockstoff dieses Schädlings im Weinberg verteilt, sind die Männchen nicht mehr in der Lage, die Duftspuren mit den Sexuallockstoffen der Weibchen zu finden.
3) *Kontrollmethode*: Erst wenn in Kontrollfallen mit den Pheromonen entsprechend viele Schädlinge gefangen wurden und damit auf deren Gesamtzahl rückgeschlossen werden kann, werden diese bei zu hoher Dichte gezielt mit Pestiziden bekämpft.

Feinde der Schädlinge

Der Einsatz von Organismen, die gezielt spezifische Schädlinge wirksam dezimieren, stellt eine weitere Methode einer ungiftigen Bekämpfung dar. Gezüchtete Florfliegen, Marienkäferlarven und Raubmilben werden bereits in der Praxis eingesetzt. In Gewächshäusern können die Insekten als Eier auf kleinen Behältern (Eikärtchen) in den Pflanzenkulturen verteilt werden. Die Larven oder Imagos dieser Tierarten ernähren sich dann von den Schadinsekten.

Bakterien

Der *Kartoffelkäfer* kann mit spezifischen Bakterien bekämpft werden. Die Sporen dieser Bakterien werden auf die Kartoffelkulturen aufgebracht und bewirken bei der Larve und der Imago des Käfers einen Fraßstopp.

Stoffe dieser Bakterien zerstören die Darmwand der Insekten. Dies führt bei der Larve zum Absterben, bei der Imago verhindert es die Eiablage. Andere Insektenarten, wie *Florfliege* oder Marienkäfer, werden bei dieser Bekämpfungsmethode nicht beeinträchtigt.

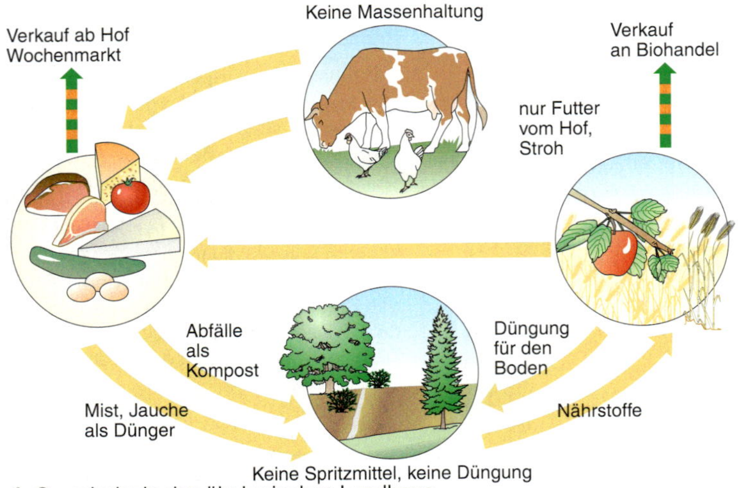

1 Grundprinzip des ökologischen Landbaus

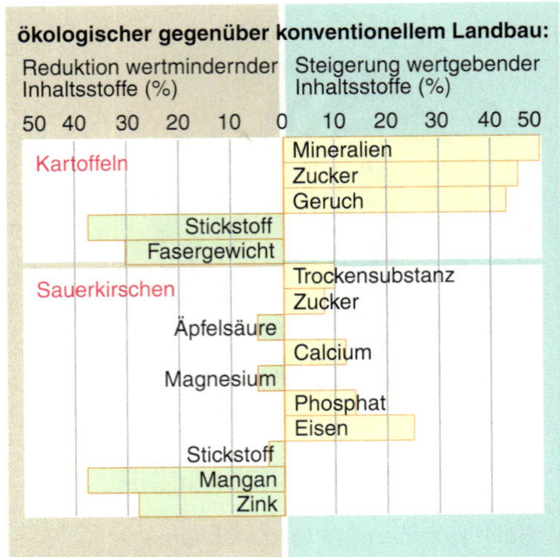

2 Qualitätsvergleich bei Kartoffeln und Kirschen

Magnesiummangel bei Getreidepflanzen

Ökologische Bewirtschaftung — eine Alternative?

Hormone und Antibiotika im Fleisch, Pestizidrückstände im Gemüse und Obst, Immer wieder erschüttern Lebensmittelskandale die Vorstellung einer gesunden Ernährung. *Biologischer Landbau* ist eine alternative Entwicklung. Bereits 1993 wurden die Begriffe „Bio" und „Öko" europaweit gesetzlich geregelt. Unabhängige Kontrollstellen überprüfen die Qualität von Anbau, Lagerung und Verarbeitung bis zum Verkauf im Geschäft. Viele der Betriebe haben sich verschiedenen Verbänden, wie Bioland, Biopark, Naturland oder Demeter, zugeordnet, um eine effektivere Vermarktung der Produkte zu erreichen.

Das Ziel eines *biologisch-ökologischen Anbaus* ist nicht die Lebensmittelquantität mit Überproduktion, sondern die Produktion gesunder, ernährungsphysiologisch guter Nahrungsmittel. Der biologisch-ökologische Landwirtschaftsbetrieb orientiert sich dabei am Leitbild eines geschlossenen Nährstoffkreislaufes. Nahrungsgrundlage für die Tiere sind hauptsächlich pflanzliche Futtermittel aus der eigenen Produktion, die pflanzlichen Abfälle und der im Betrieb anfallende tierische Dung werden den Ackerflächen wieder zugeführt. Der Zukauf an Fremdprodukten wird möglichst gering gehalten (Abb. 1). Die Tierhaltung in diesen Betrieben muss artgerecht erfolgen und orientiert sich an ökologischen und ethischen Aspekten. Futterzusätze mit Hormonen oder Antibiotika und Tierkörpermehle sind verboten. Die Größe des Tierbestandes orientiert sich an Richtwerten zum Nährstoffeintrag durch Pflanzen aus dem eigenen Anbau und dem betriebsfremden zugeführten Dünger, wie Kompost aus Kompostierungsanlagen oder organischem Handelsdünger. (→158/159)

Eine Überdüngung wird vermieden, weil hauptsächlich organische Materialien, wie aufgearbeiteter Mist und Kompost, verwendet werden. Besonders der Stickstoffhaushalt im Ackerboden wird über den Anbau von *Leguminosen* (Schmetterlingsblütler) ausgeglichen (Abb. 129.1). Lupinen, Bohnen, Erbsen oder Kleearten besitzen an ihren Wurzeln kleine Knöllchen (s. Randspalte Seite 129), in denen Bakterien symbiotisch leben. Die Wurzeln werden durch im Boden frei bewegliche *Knöllchenbakterien* infiziert. Sie finden ihren Symbionten, die Schmetterlingsblütler, chemotaktisch durch spezifische Erkennungssubstanzen, die nach dem Schlüssel-Schloss-Prinzip funktionieren.

Bei dem Kontakt zwischen den Wurzelhaaren und den Knöllchenbakterien verändern sich die Wurzelhaare, die Rindenzellen vergrößern und vermehren sich, es bilden sich die Knöllchen. In diesen wandeln die Knöllchenbakterien enzymatisch Stickstoff aus der Luft zu Ammoniumsalzen um. Diese werden an die Pflanzenzellen abgegeben und in die Aminosäuren eingebaut. Diese Fähigkeit der Stickstoffbindung ist nur im Rahmen der *Symbiose* möglich, da weder die im Boden lebenden Bakterien noch die Wurzelhaare allein dazu in der Lage wären. Zur *Gründüngung* werden die verwelkten Leguminosen untergepflügt.

Die ökologische Düngung hat mehrere Vorteile: Der Energieaufwand für die Gewinnung und den Transport des Mineraldüngers ist wesentlich höher als bei Mist und Kompost, der auf den Höfen vorhanden ist. Dies spielt auch eine Rolle bei den CO_2-Emissionen und den Abkommen zur Senkung des globalen CO_2-Ausstoßes. Die Nutzpflanzen werden mit unvollständig abgebautem organischem Material aus dem Mist oder der untergepflügten Lupine versorgt. Dieses wird durch im Boden lebende, Humus abbauende Bakterien und Pilze (Destruenten) langsam mineralisiert. Bakterien bilden aus den Eiweißen der Pflanzenrückstände anorganische Stickstoffverbindungen, die Ammoniumverbindungen und Nitrate.

Wurzelknöllchen bei der Lupine

Durch den langsamen Abbau der im pflanzlichen Material vorhandenen Stickstoffverbindungen können bei Regenfällen nicht so viele leicht löslichen Stickstoffverbindungen aus dem Boden gewaschen werden und ins Grund- sowie Trinkwasser gelangen (Abb. 2). Gleichzeitig bleiben sie für die wachsenden Pflanzen im Boden erhalten und erfordern keine zusätzlichen Düngungen. Das die Ozonschicht zerstörende *Distickstoffoxid*, das durch den mikrobiellen *Nitratabbau* im Boden entsteht, wird ebenfalls nur in geringeren Mengen freigesetzt.

Auch im Boden lebende Tiere werden durch diese Methoden geschont. Untersuchungen liegen zum Beispiel an Regenwürmern vor. In mit Mineraldüngern bearbeiteten Böden findet man pro Quadratmeter durchschnittlich 4 bis 5 Regenwürmer, in mit Mist gedüngtem Boden hingegen bis zu 100 Tiere. Die einseitige Fruchtfolge durch den ständigen Abbau der gleichen Nutzpflanzen führt dazu dass das gesamte Mineralstoffangebot im Boden sinkt. Regenwürmer haben im Boden wichtige Funktionen. Sie verbessern den Oberboden durch ihre weit verzweigten Gänge. Dies führt zu einer besseren Belüftung und erhöht die Wasserkapazität des Bodens. Im Verdauungstrakt der Regenwürmer wird über den Kot ein für den Ackerboden wertvoller Ton-Humus-Komplex bereitgestellt, der von Bodenbakterien zu freien Mineralstoffen weiterverarbeitet wird. So steigt der Mineralstoffgehalt des Bodens durch die verdauten Pflanzenreste.

Die überhöhte Stickstoffzufuhr durch Mineralstoff- oder Gülledüngung wirkt sich auch negativ auf die Qualität und Lagerungsfähigkeit der erzeugten pflanzlichen Nahrungsmittel aus (Abb. 128.2). Durch die kritischere Haltung der Verbraucher haben sich neben der konventionellen Landwirtschaft und dem rein biologischen Anbau verschiedene Zwischenstufen entwickelt, die bewusster auf die Produktion und die Umweltbelastung achten.

Aufgabe

① Suchen Sie nach verschiedenen landwirtschaftlichen Betrieben oder Verkaufsläden mit biologischen Produkten in Ihrer Umgebung und führen Sie dort Interviews mit Landwirten durch. Legen Sie hierzu in der Gesamtgruppe Aspekte fest, zu denen später kritische Artikel für die anderen Gruppen als Diskussionsgrundlage verfasst werden.

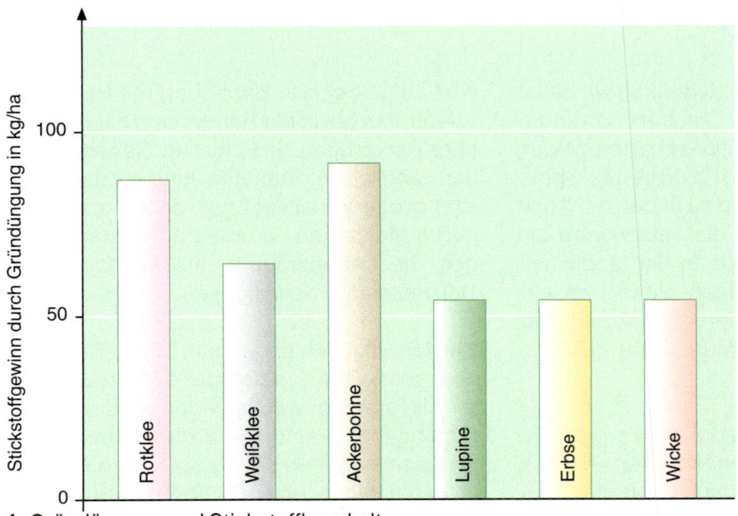

1 Gründüngung und Stickstoffhaushalt

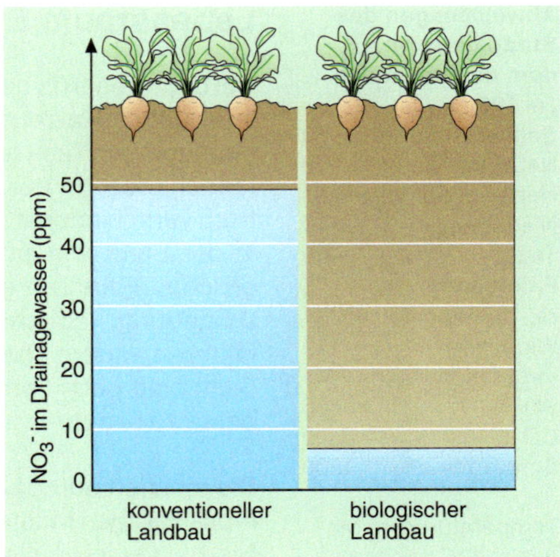

2 Nitratauswaschung ins Grundwasser

1 Leben in der Stadt (Biberach)

Abweichungen des Stadtklimas von dem des Umlandes (= 100)

Sonneneinstrahl.	80
Nebel im Winter	130
Nebel im Sommer	130
Niederschlag	110
Tau	35
Frostperiode	75
rel. Luftfeuchte	94
Windstille	113
Vegetationsfläche	40
SO_2	500
CO	2500
Schwermetalle	1500

Temperaturen im Mittel um 1 °C höher als im Umland

Lebensraum Stadt

Bei Lebewesen in der Stadt denken wir meist an Hunde, Katzen und Tauben. Untersuchungen der Tier- und Pflanzenarten zeigen jedoch, dass in der Stadt ein breites Spektrum verschiedener Arten zu finden ist. Auch in der Stadt wirken auf die Lebewesen die gleichen Faktoren ein wie in der ländlichen Umgebung, jedoch können diese Umweltfaktoren anders kombiniert sein. Aus dieser Sicht sind beim Lebensraum Stadt zwei Aspekte zu beachten:

Die meisten europäischen Städte zeigen ein mosaikartiges Muster von Biotopen (Abb. 1). Hierbei variieren die Bereiche von einer geschlossenen Bebauung im Stadtkern über eine aufgelockerte Bebauung mit Parks und Friedhöfen bis in die Randzonen mit einer oft eher parkartigen Struktur. Im Gegensatz zu den ländlichen Gebieten liegt in der Stadt eine große Variabilität vor, da die ständigen durch Menschen verursachten Veränderungen die Lebensräume des Pflanzen- und Tierbestandes beeinflussen.

Bei den Pflanzen findet man in den Stadtkernen sehr viele kurzlebige *r-Strategen*, die an die ständig wechselnden Bedingungen gut angepasst sind. Die vorhandenen Pflanzengesellschaften sind, abgesehen von den in Parkanlagen und auf Friedhöfen, wegen dieser Wechselhaftigkeit im Prinzip nie im

Schmalblättriges Greiskraut

Klimaxstadium, sondern sie befinden sich in einem ständig neu beginnenden *Sukzessionsprozess*.

Städte haben gegenüber dem umgebenden Land eine eigene klimatische Struktur. Der Wärmehaushalt einer Stadt wird durch mehrere Faktoren beeinflusst. Hier spielen Bodenoberflächen, Häuser und Heizungen in Bezug auf den Strahlungshaushalt, Wärmetransport und die Verdunstung eine wichtige Rolle. Häuser und asphaltierte Flächen können aufgrund ihrer höheren Wärmekapazität zusätzlich als Wärmeinseln fungieren. Die Wasseraufnahme und Verdunstung des Bodens ist auf versiegelten Bodenflächen gegenüber Grünflächen geringer, die Luftfeuchtigkeit ebenso. Hinzu kommen jedoch auch Verunreinigungen der Luft, die zu einer Dunstglocke über der Stadt führen. Diese Dunstglocken vermindern durch eine stärkere Absorption der Sonnenstrahlung die Erwärmung, was durch die geringere Wärmeabstrahlung *(Treibhauseffekt)* innerhalb des Tagesverlaufs wieder ausgeglichen wird.

Diese im Tages- und Jahresverlauf ausgeglichenen Temperaturen ermöglichen auch das Ansiedeln von Pflanzen und Tieren, die eigentlich in wärmeren Regionen leben. In einigen Großstädten findet man seit vielen Jahren *Halsbandsittiche*, die aus Afrika und Asien stammen, mit guten Bruterfolgen als *Neozoen*. Blütenpflanzen beginnen früher ihr Laub auszubilden und zu blühen als in der ländlichen Umgebung. Ein typischer *Neophyt* ist das *Schmalblättrige Greiskraut* aus Südafrika, das über Handels- und Verkehrswege in unsere Region gelangt ist und nun Straßenränder oder Gleisanlagen besiedelt.

Beim *Energiefluss* und *Stoffkreislauf* unterscheiden sich Stadtgebiete deutlich von denen des Umlandes. Einen geschlossenen Stoffkreislauf findet man selten. Die durch die *Produzenten* gebildete *Biomasse* ist in den Stadtkernen gering. Konsumenten können sich davon nicht ausreichend ernähren. Der Mensch und auch viele Tiere sind auf die Zufuhr energiereicher Verbindungen aus dem Umfeld angewiesen oder nutzen die nicht verwerteten Rückstände. Destruenten spielen ebenfalls nur eine untergeordnete Rolle, da sie kaum in den direkten Kreislauf einbezogen werden. Abfallstoffe werden entsorgt. Der Energiefluss ist gering, da die chemisch gebundene Energie der Produzenten kaum genutzt wird. Die Nutzung der Lebensräume ist nicht auf die land- oder forstwirtschaftliche Produktion ausgerichtet, sondern die Vegetation hat einerseits ästhetische Bedeutung bei der Stadtgestaltung und erhöht andererseits den Erholungswert.

Aufgabe

① Beschreiben Sie die unterschiedlichen Umweltbedingungen in Stadt und Land (s. Randspalte Seite 130) und nennen Sie die Ursachen.

Zettelkasten

Der Müll muss weg!

50 Milliarden Kilogramm Haushaltsabfälle fallen in Deutschland jährlich an. Berücksichtigt man davon Kompost und Wertstoffe wie Glas, Papier und Kunststoffe nicht, bleiben noch 20 Milliarden Kilogramm Hausmüll, die in Müllverbrennungsanlagen oder auf Deponien landen. Pro Person sind das jährlich 250 Kilogramm Müll.

Eine gut funktionierende Müllentsorgung ist wichtig, da es ansonsten zu hygienischen Problemen und Krankheiten kommen kann. Ein Abbau durch Destruenten ist nur bedingt möglich und würde bei den anfallenden Mengen einen zu großen Zeitraum in Anspruch nehmen, wir würden im Müll untergehen. Die Lagerung in *Deponien* muss sinnvoll geplant werden, da bei der Zersetzung des Mülls giftige Stoffe entstehen können, die ins Grundwasser oder die Luft gelangen. Deponien müssen daher wasserdicht sein, sodass Sickerwässer nur kontrolliert austreten können. Anfallende Gase wie *Methan* werden aufgefangen, unterirdisch gesammelt und abgefackelt oder für Heizzwecke genutzt. Bei der *Müllverbrennung* werden die Anlagen häufig mit Heizkraftwerken gekoppelt. Entstehende giftige Abgase werden über *Rauchgasentgiftungsanlagen* zum Teil herausgefiltert. Da kein Verfahren risikofrei ist und auch die Kosten für die Müllentsorgung immer weiter steigen, ist eine wichtige Lösung des Problems die *Müllvermeidung*.

Material

Biomüllkompostierung

In Deutschland fallen jährlich 625 kg Hausmüll pro Einwohner an. Dieser wird in seine Bestandteile getrennt. Aus Papier, Glas oder Biomüll kann sortenrein jeweils wieder Papier, Glas oder Kompost entstehen. Allein durch die Verwertung der Bioabfälle konnte die Müllmenge um ca. 30 bis 40% verringert werden. Das entlastet die Deponien nicht nur mengenmäßig, sondern unterbindet auch unvorhersehbare Reaktionen von organischen Stoffen mit anderen Bestandteilen des Mülls. Bei der *Kompostierung* steuert der Mensch den biologischen Umbauvorgang von organischen Abfällen zum humusartigen Kompost, indem er günstige abiotische Bedingungen für die Verrottung schafft. Die Kompostierung kann im Gartenkomposter oder in den Großmieten der Biokompostierungsanlagen stattfinden. Im Jahr 2004 fielen ca. 10 Millionen Tonnen Biomüll an, Tendenz steigend.

Kompostierbare Stoffe

Kompostierbar sind: Grasschnitt, Laub, Baum- und Heckenschnitt, Küchenabfälle, wie Gemüsereste, Speisereste, Kaffeesatz, unbedrucktes Knüllpapier. Wichtig ist die ausgewogene Mischung.

Regeln für guten Gartenkompost

1) Kompost braucht Luft, weil sonst die anaeroben Fäulnisbakterien gegenüber den aeroben Bakterien überwiegen. Daher nicht in Gruben oder geschlossenen Behältern anlegen.
2) Kompost braucht Feuchtigkeit, damit die Zersetzer überleben. Daher abdecken oder bei Trockenheit befeuchten.
3) Kompost verträgt keine Staunässe, weil sich dann die Durchlüftung verschlechtert. Daher auflockerndes Material untermischen, z.B. Laub und klein geschnittenes Zweigwerk.
4) Kompost braucht Bodenkontakt, damit Regenwürmer und andere Zersetzer eindringen. Daher nicht auf Betonunterlage setzen und regenwurmfördernde Pflanzen wie Holunder und Phlox in der Nähe pflanzen.

Einsatzmöglichkeiten von Kompost

Kompost hat Düngewirkung und belebt den Boden. Er erhöht die Wasser- und Mineralstoffspeicherung des Bodens, bindet schädigende Schwermetalle, lockert den Boden durch Vergrößerung des Porenvolumens auf und verbessert die Krümelstruktur. Er wird als Torfersatz oder als Zusatz von Rohböden benutzt, um die Bodenfruchtbarkeit zu erhöhen.

Aufgaben

① Beschreiben und vergleichen Sie das Kompostierwerk mit der Gartenkompostierung.
② Erklären Sie, von welchen Faktoren die Qualität eines Komposts abhängt.

Biokompostieranlage

I. Aufbereitungshalle

1. Sichtkontrolle Zerkleinerung
2. Magnetabscheider
3. Stahlschrott
4. Homogenisierung in der Mischtrommel
5. Aussiebung von Fremdstoffen
6. Containerbefüllung

II. Intensivrotteplatz

7. Belüftung mit Hallenluft
8. Intensivrotte im Container
9. Biofilter für Abluft
10. Nachbehandlung Nachrotte, Siebung

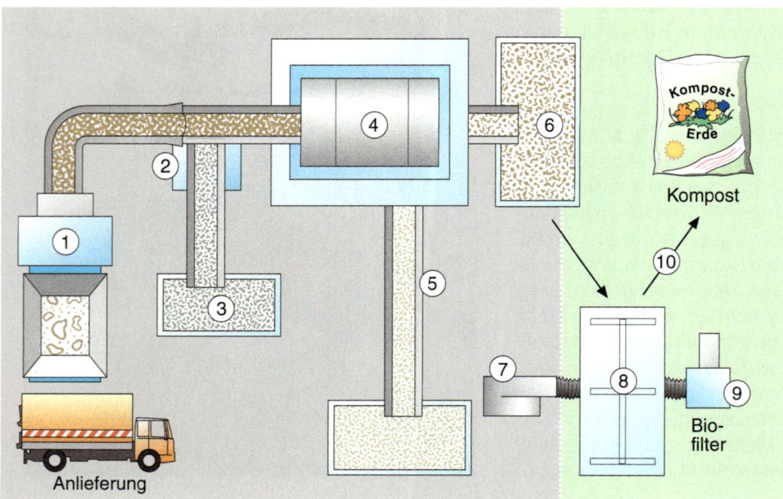

Grenzwerte für Kompost	
organische Substanz (% der Trockensubstanz)	≥ 25
C/N-Verhältnis	≤ 30
pH-Wert	≥ 5,5
Blei (mg/kg Trockensubstanz)	100
Quecksilber	1
Kupfer	75
Zink	300

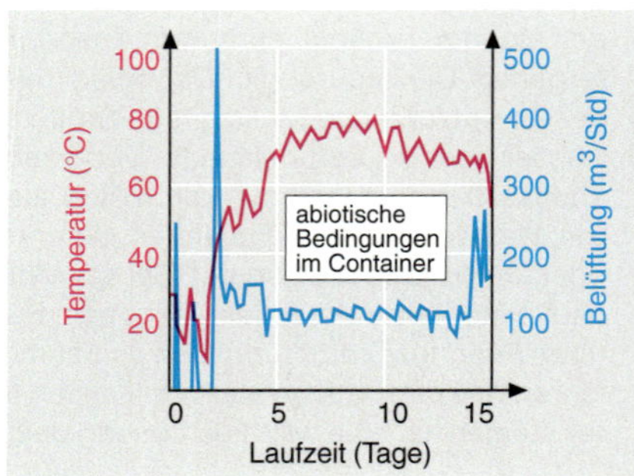

Mauern und Fassaden

Mauern und Fassaden werden vom Menschen als Abgrenzung errichtet. Für Pflanzen und Tiere können sie Besiedlungswege in und durch die Stadt bilden, vorausgesetzt ein Verzicht auf Herbizide lässt ein Gedeihen der Pflanzen zu. Wegen der aufragenden Bauweise hängt das Kleinklima einer Mauer davon ab, wie sehr sie Sonne, Wind und Niederschlägen ausgesetzt ist.

Ausrüstung:
Bestimmungsliteratur, Protokollbogen, Tapetenrollen, Zollstock, Fotoapparat, Thermometer, Luxmeter oder Belichtungsmesser vom Fotoapparat, Haarhygrometer, pH-Indikator-Papier, Schälchen, Löffel, pH-neutrales Wasser, Salzsäure [C] in einer Tropfflasche (1 Teil HCl : 3 Teile Aqua dest.)

Vegetationsaufnahme

① Untersuchen Sie arbeitsteilig einen bestimmten Mauer- oder Fassadenabschnitt. Legen Sie dazu die Tapetenrolle senkrecht an der Mauer an und zeichnen Sie die in den verschiedenen Höhen gefundenen Pflanzen ein (Bestimmungsbücher erleichtern das Benennen der Arten).

② Sammeln Sie Pflanzenmaterial für ein Herbarium und fotografieren Sie charakteristische Ausschnitte.

Abiotische Faktoren

③ Legen Sie jeweils auf der Sonnen- und Schattenseite der Mauer Messpunkte in Höhe von Mauerkrone, Mauerfugen und Mauerfuß fest. Bestimmen Sie jeweils Kontrollpunkte in einiger Entfernung von der Mauer. Fertigen Sie einen Protokollbogen für folgende Messwerte an: Luftfeuchte, Temperatur, Lichtstärke, pH-Wert (Mauerfuge), Kalkgehalt (Mauergestein).

④ Bestimmen Sie an den festgelegten Messpunkten die Temperatur mit dem Thermometer und die Luftfeuchte mit dem Hygrometer. Steht kein Luxmeter zur Verfügung, so können die Blendeneinheiten eines Fotoapparates als relative Lichtwerte verwendet werden. Nehmen Sie jeweils Kontrollmessungen vor.

⑤ Schwemmen Sie etwas Fugenmaterial in neutralem Wasser in einem Schälchen auf und bestimmen Sie den pH-Wert mithilfe des Indikatorpapiers.

⑥ Träufeln Sie etwas verdünnte Salzsäure auf das Mauergestein und schließen Sie aus der Reaktion mit der folgenden Tabelle auf den Kalkgehalt:

Aufbrausen	Kalkgehalt	Gestein
–	< 0,5%	kalkfrei, kalkarm
schwach	0,5 – 2%	gering kalkhaltig
deutlich	3 – 4%	mäßig kalkhaltig
stark	> 5%	stark kalkhaltig

Wiederholen Sie den Versuch mit dem Fugenmaterial, insbesondere wenn die Untersuchung des Gesteins kalkarm ergibt.

Auswertung

⑦ Übertragen Sie die Angaben von der Tapetenrolle auf eine verkleinerte Skizze. Vergleichen Sie den Pflanzenbestand und die Pflanzendichte der drei Mauerzonen.

⑧ Erklären Sie die beobachtbare Zonierung anhand der gemessenen abiotischen Faktoren. Machen Sie deutlich, welche Faktoren bisher nicht berücksichtigt wurden.

⑨ Vergleichen Sie Ihren Fundort mit dem in der Bestimmungsliteratur angegebenen Standort der jeweiligen Pflanze.

⑩ Erklären Sie, wie die Pflanzen in die Mauerfugen gelangen konnten. Ziehen Sie auch Literatur zu Rate.

⑪ Beurteilen Sie die ökologische Bedeutung der Mauervegetation.

⑫ Fertigen Sie einen Schaukasten an, in dem Sie die Fotos und das Herbarmaterial kombinieren und die Messergebnisse grafisch darstellen.

⑬ Naturschutz sollte sich nicht auf abgegrenzte Flächen beschränken, sondern auch ausgeräumte Agrar- und Stadtlandschaften strukturell durchdringen. Auf diese Weise können naturnahe Restflächen durch sogenannte „Korridore“ und „Trittsteine“ miteinander verbunden werden und als Wanderwege für Pflanzen und Tiere dienen.
Nennen Sie Beispiele für „Korridore“ und „Trittsteine“ in einem derartigen *Biotopverbund*.

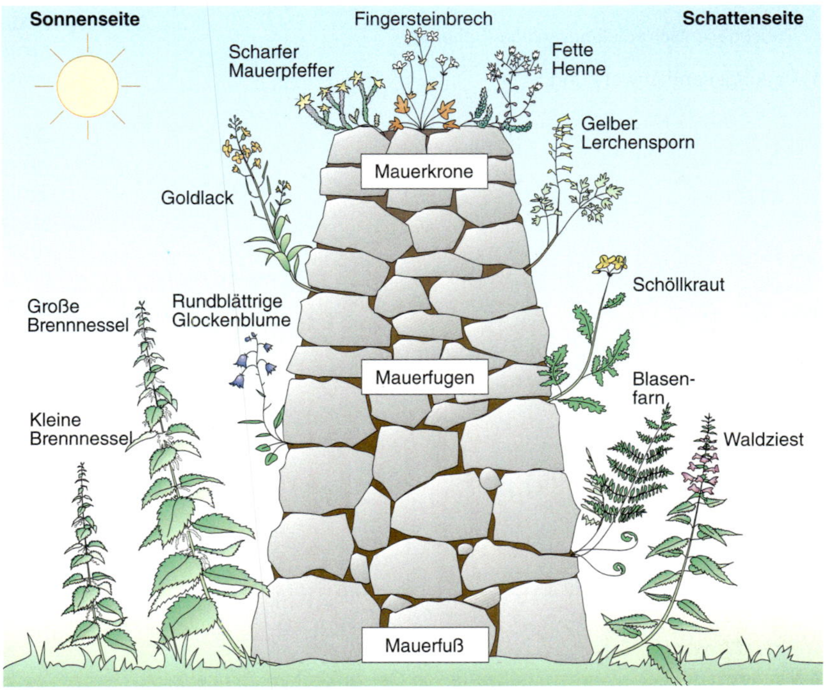

Luftqualität in Städten

Schlechte Luft in den Städten und saurer Regen haben eine gemeinsame Ursache: Emissionen von Schadstoffen, wie Schwefel- oder Stickstoffoxiden. Man glaubte zunächst, eine regional gute Luftqualität könne nur erreicht werden, wenn die gasförmigen Verunreinigungen entweder durch höhere Schornsteine weitflächiger verteilt oder durch chemische Reaktionen in feste, deponierbare Stoffe umgewandelt werden.

Als vor ca. 30 Jahren die Höhe der Schornsteine von Industrieanlagen in den Ballungszentren vergrößert wurde, führte dies zu einer Verbesserung der Luft in der direkten Umgebung, jedoch stieg die Schwefeldioxidkonzentration in ländlichen Regionen ohne Industriestandorte, z. B. in Schweden oder Schottland. Der wesentliche Schritt zu einer Luftverbesserung war daher die Senkung der Emissionen in Kraftwerken und Industrieanlagen.

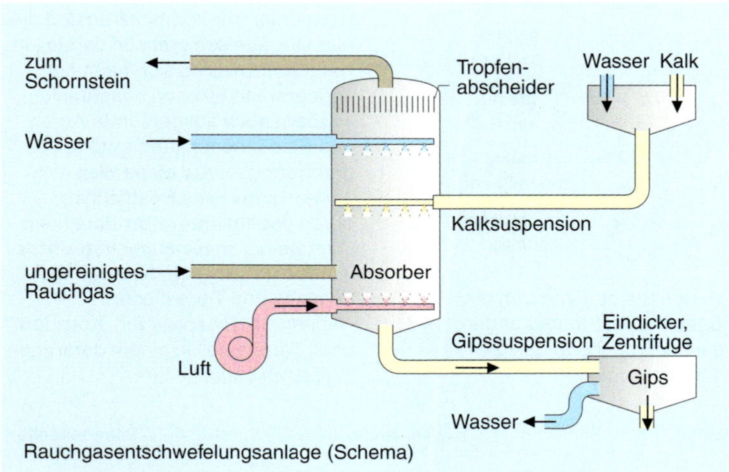

1 Rauchgasentschwefelung

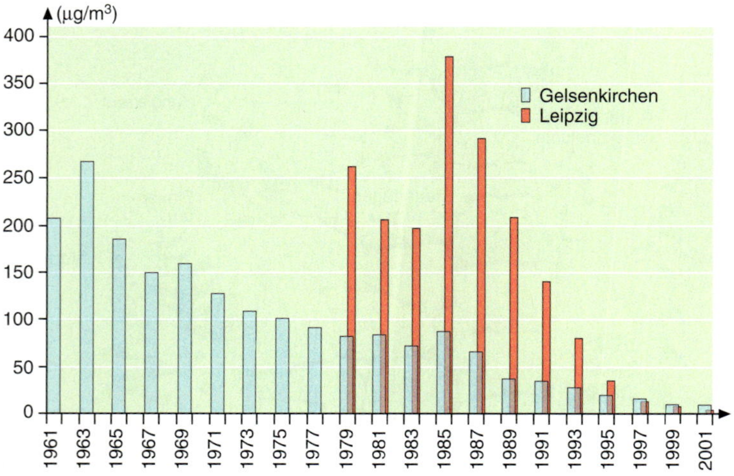

2 Vergleich der SO_2-Jahresmittelwerte von Gelsenkirchen und Leipzig

Rauchgasentschwefelungsanlagen in Heiz- und Kraftwerken konnten die Schwefeldioxidemissionen von 430 000 t im Jahre 1976 auf 23 000 t (2000) senken (Abb. 1). Der im Heizöl und in der Kohle vorhandene Schwefel reagiert bei der Verbrennung zu *Schwefeldioxid*. Die bei der Verbrennung frei werdenden Gase werden durch Absorbertürme geleitet. In diesen wird dem Rauchgas im oberen Teil eine Suspension mit gelöschtem Kalk *(Calciumhydroxid)* entgegengesprüht. Im unteren Teil wird Luft eingeblasen. So erhält man *Calciumsulfat* (Gips). Der Gips wird getrocknet und kann teilweise für Bauzwecke weiterverwendet werden.

Die *Wirbelschichtfeuerung* ist eine weitere Möglichkeit, die Schadstoffemission zu senken. Kohlestaub wird unter Beimischung von gebranntem Kalk *(Calciumoxid)* in einer durch starke Luftströme wirbelnden Schicht verbrannt. Hierbei entsteht direkt Gips. Durch die niedrigeren Brenntemperaturen entstehen deutlich weniger Stickstoffoxide. Die festgelegten Grenzwerte erfordern zusätzlich eine *Stickstoffoxid-Minderungsanlage*, in der Ammoniak eingeblasen wird, sodass katalytisch eine Reaktion von Stickstoffoxid und Ammoniak zu Stickstoff und Wasser erfolgt.

Bei Kraftfahrzeugen wurde durch den *geregelten Katalysator* eine um 90 % verringerte Emission von Kohlenstoffmonooxid, Stickstoffoxiden und Kohlenwasserstoffen erreicht. An der Katalysatoroberfläche aus Platin und Rhodium reagieren diese Schadstoffe zu Wasser, Kohlenstoffdioxid und Stickstoff. Der Ausstoß von Schwefeldioxid bei PKWs und LKWs konnte durch schwefelärmeren Kraftstoff gesenkt werden. Durch die Zunahme der Kraftfahrzeuge und steigende Kilometerleistungen wurde jedoch die Wirkung dieser Entwicklungen wieder aufgehoben.

Aufgabe

① Erläutern Sie mögliche Ursachen für die langfristigen Veränderungen bei der Schwefeldioxidemission in den beiden Städten (Abb. 2).

Stadtklima-Messungen

Das Stadtklima unterscheidet sich je nach Intensität der Bebauung, der Industrieansiedlung und Grünanlagen. Hierbei können auf engem Raum unterschiedlich warme oder feuchte Gebiete zwischen den verschiedenen Bauwerken liegen. In der Stadt lassen sich viele Faktoren messen, die das Klima beeinflussen. Aussagekräftig sind solche Messungen, wenn sie an verschiedenen Standorten, wie in der Nähe von Hochhäusern, in dichter Bebauung, in Parks und auf offenen Flächen, regelmäßig durchgeführt werden. Die Messergebnisse sind wichtig für die Planung von Wohnsiedlungen oder Hochhäusern.

Beispielhaft lassen sich im Bereich der Schule zwei unterschiedliche Zonen untersuchen: In der Nähe des Schulgebäudes und auf Grünflächen am Schulhof. Bei den Messungen in der Nähe des Schulgebäudes sollte man sowohl auf der dem Wind zugewandten als auch auf der abgewandten Seite Messungen durchführen. Eine Messung erfolgt direkt am Gebäude, eine in etwa 300 Meter Entfernung.

Lufttemperatur

Geräte und Materialien:
Alkohol-Thermometer oder elektrischer Thermofühler, Stück Pappe

Durchführung:
Messen Sie an verschiedenen Bereichen des Schulgeländes die Lufttemperatur. Bei elektronischen Thermofühlern kann die Temperatur direkt abgelesen werden, bei den Thermometern muss bei Sonnenschein ein Stück Pappe davor gehalten werden, damit keine direkte Wärmeeinwirkung durch die Sonne die Messwerte verfälscht. Messen Sie an genau festgelegten Punkten zu verschiedenen Tageszeiten und Witterungsbedingungen. Ideal ist es für eine Dokumentation, die verschiedenen Umgebungen fotografisch festzuhalten.

Aufgaben

① Stellen Sie die Versuchsergebnisse in einer Tabelle dar und vergleichen Sie die Werte der verschiedenen Standorte.
② Fertigen Sie bei mehreren Messungen im Tagesverlauf ein Diagramm an.

Windgeschwindigkeit, Luftfeuchtigkeit

Geräte und Materialien:
Selbstgebaute Windfahne, Schalenkreuz-Anemometer, Haarhygrometer

Durchführung:
Parallel zu den Lufttemperaturmessungen ermitteln Sie mithilfe des Schalenkreuz-Anemometers die Windgeschwindigkeit und notieren diese. Die Windrichtung wird mit einer Windfahne, die man selbst bauen kann, gemessen. Dabei wird mit einem Kompass die Himmelsrichtung bestimmt.

Zur Messung der Luftfeuchtigkeit werden Haarhygrometer vorsichtig ausgelegt. Man sollte mehrere Messungen pro Tag durchführen, um tageszeitliche Unterschiede vergleichen zu können.

Aufgaben

③ Tragen Sie die Messwerte in eine Tabelle ein und vergleichen Sie die verschiedenen Standorte bzw. Tageszeiten.
④ Interpretieren Sie die Messergebnisse auch im Zusammenhang mit der Lufttemperatur und stellen Sie Bezüge zu den unten dargestellten Ergebnissen dar.

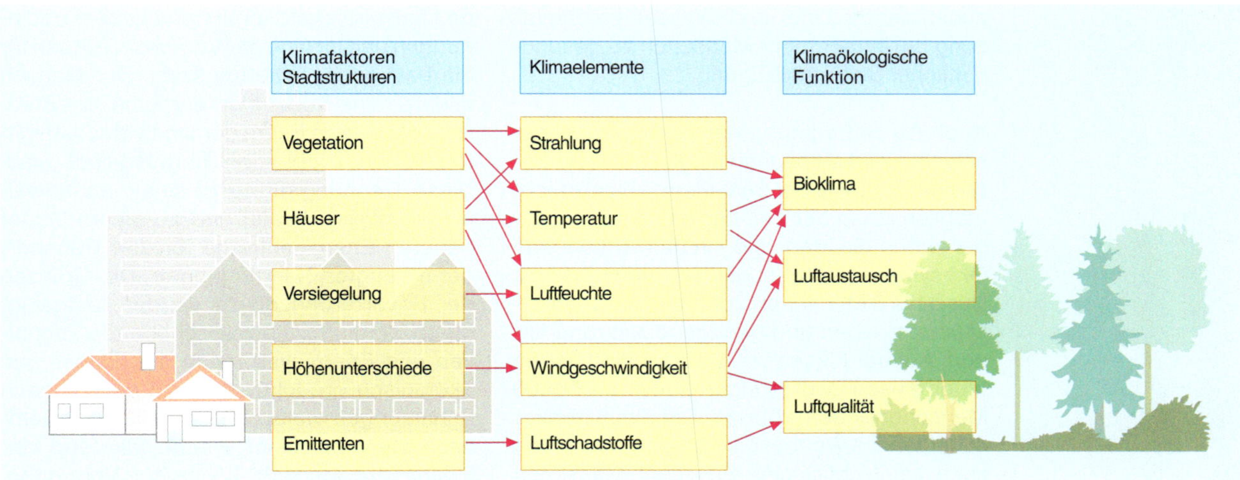

Wachstum der Weltbevölkerung

Betrachtet man die Erde aus dem Weltall, wird sofort deutlich, dass der Lebensraum auf der Erde begrenzt ist. Die Anzahl der Menschen, die auf diesem Planeten leben, nimmt jedoch ständig zu (Abb. 1). Jeden Tag benötigen ca. 250 000 zusätzliche Menschen Platz für sich, ihre Wohnungen und für eine landwirtschaftliche Nutzfläche, welche die Ernährung aller Menschen sichert. Bei diesen Wachstumsraten wird die Ernährung der Menschen langfristig kaum noch möglich sein; viele Ökosysteme werden auf Dauer zerstört. Dies führt für große Teile der Weltbevölkerung zu einer sinkenden Lebensqualität. Neben der Nahrungsknappheit führen zunehmende Luft- und Wasserverschmutzung bei immer mehr Menschen zu gesundheitlicher Beeinträchtigung.

Auch die Betrachtung der Bevölkerungsgeschichte des Menschen zeigt, dass eine beliebige Zunahme der Besiedlungsdichte nicht möglich ist. In der Zeit der Sammler und Jäger waren die Menschen in das vorhandene Ökosystem als Konsumenten eingegliedert. Nur 3 bis 5 Menschen konnten pro Quadratkilometer leben und genügend Nahrung finden. Auf der Fläche von Deutschland hätten unter diesen Bedingungen 30 000 bis 50 000 Menschen leben können. Die Prähistoriker schätzen die Weltbevölkerung zu dieser Zeit auf 1 bis 10 Millionen. Für mehr Menschen hätten zu dieser Zeit vermutlich die vorhandenen Ressourcen (Nahrung, Trinkwasser und geeignete Siedlungsplätze) nicht ausgereicht.

Mit der Einführung von Ackerbau und Viehzucht gab der Mensch die Rolle des Sammlers und Jägers auf, die Bevölkerungsdichte stieg an. Die Weiterentwicklung in der Pflanzen- und Tierzucht, die Verwendung von Düngemitteln und eine effektive Bewässerung waren weitere Voraussetzungen, durch die der Ertrag um das 1000fache gesteigert werden konnte. Diese ökonomische Umgestaltung der Landschaft durch die beginnende Landwirtschaft schuf neue Lebensbedingungen und ist eine der Voraussetzungen für die heutige Bevölkerungszahl. Der Mensch bildete reine Konsumentenräume, die Städte, die aus dem Raum der landwirtschaftlich-forstlichen Produktion herausgelöst sind. Diese Trennung führte zu einem mittlerweile weltweiten Handel und zu einem immer höheren Energieaufwand für den Transport der erzeugten Nahrungsgüter. Die Grenzen der Bevölkerungsdichte werden festgelegt durch Konsum, Umwelt schonende Techniken und Energieverbrauch. Die Fläche von ökologisch produktivem Land beträgt nach Schätzungen weltweit ca. 9 Mrd. ha. Demnach steht bei einer Weltbevölkerung von 6 Mrd. pro Mensch 1,5 ha zur Verfügung.

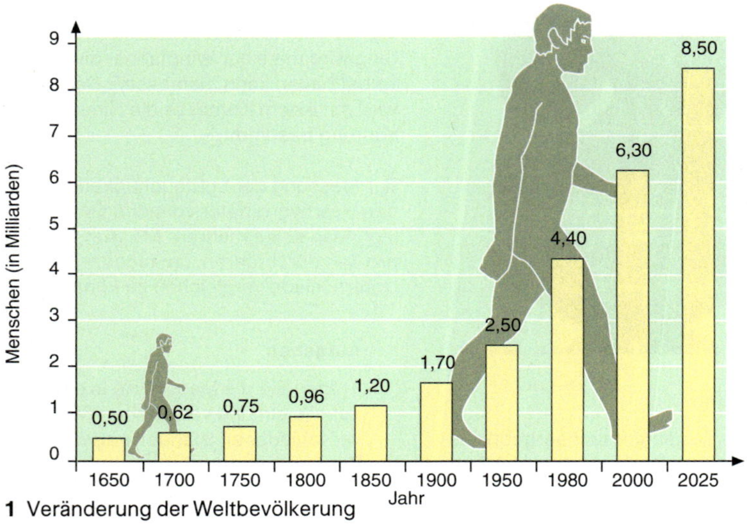

1 Veränderung der Weltbevölkerung

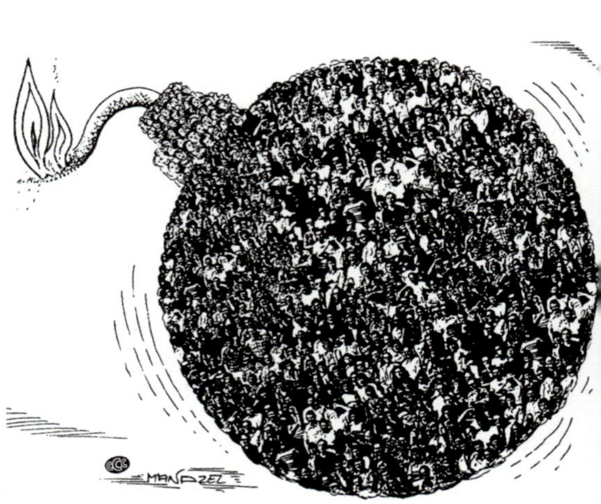

2 Problem oder Cartoon?

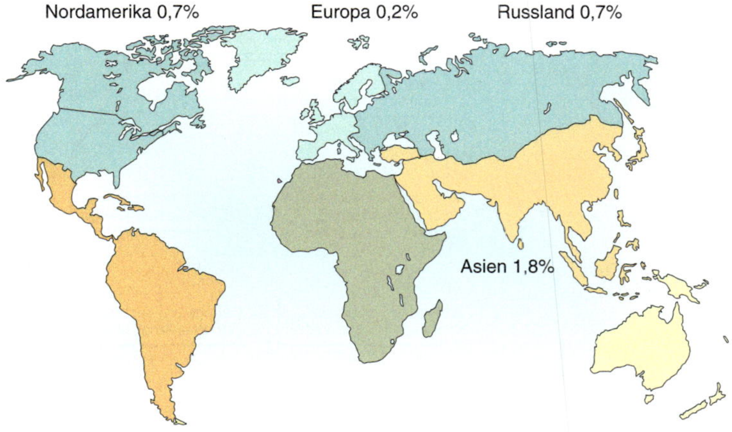

1 Jährliche Wachstumsrate der Bevölkerung

Die Verteilung ist jedoch sehr ungleich, bei einem Lebensstandard wie in Indien beträgt die notwendige Fläche 0,4 ha, in Europa 3 bis 4 ha und in den USA 5,1 ha. Nur bei deutlich reduzierten Ansprüchen und verringertem Flächenbedarf der Industriestaaten lässt sich die Weltbevölkerung auch weiterhin ernähren.

Betrachtet man die Wachstumsrate der Bevölkerung von 1990 bis 1995 in den einzelnen Regionen, so stellt man große Unterschiede fest (Abb. 1). In Europa nimmt die Bevölkerung nur um 0,2 % zu, im asiatischen Raum dagegen um 1,8 %. Geht man hierbei von den vorhandenen Einwohnern der einzelnen Regionen aus, bedeuten diese Wachstumsraten, dass im asiatischen Raum über 60 % des absoluten Neuzuwachses zu erwarten sind. Diese unterschiedliche Entwicklung hat mehrere Gründe. Die Entwicklung in den Industrienationen wird geprägt von einem relativ hohen Einkommen, besseren sozialen Leistungen, einem höheren Bildungsniveau, der Verfügbarkeit empfängnisverhütender Mittel und einer effektiven medizinischen Versorgung. Die Sterberate sank insbesondere durch Fortschritte in der Medizin. Das bessere Einkommen und soziale Leistungen, wie zum Beispiel die Renten, gewährleisten für die meisten Menschen eine sichere Altersversorgung. Die Geburtenraten sanken. Bessere Schulbildung und verbesserte Ausbildungschancen, zusammen mit technischen Veränderungen im Haushalt, brachten für viele Frauen die Möglichkeit, berufstätig zu sein und wirtschaftlich unabhängiger zu werden.

In den *Entwicklungsländern* sieht die Situation jedoch anders aus. Der größte Teil der Menschen ist arm, eine Altersversorgung ist nicht vorhanden. Der Zeitraum, in dem die Frauen Kinder gebären, wird durch frühe Eheschließungen deutlich verlängert. Die Werbung für Familienplanung und Empfängnisverhütung bleibt daher gerade in den Teilen der Erde erfolglos, in denen die Kindersterblichkeit hoch und keine soziale Altersversorgung vorhanden ist. Die Bevölkerung ist im Durchschnitt sehr jung, die unter 15-Jährigen machen ein Drittel aus. Wird die Geburtenrate in den kommenden Jahren effektiv gesenkt, wird die Bevölkerung weltweit trotzdem noch für einige Jahrzehnte weiter ansteigen, weil viele junge Menschen ins zeugungsfähige Alter aufrücken.

Es lässt sich nachweisen, dass bei steigender Qualität der Bildung und Ausbildung der Frauen in den Entwicklungsländern diese aufgeschlossener gegenüber einer bewussten Familienplanung werden. Parallel zu einer Aufklärung zur Empfängnisverhütung müssen Wege zu kinderunabhängiger Absicherung gefunden werden, um den Bevölkerungszuwachs zu reduzieren.

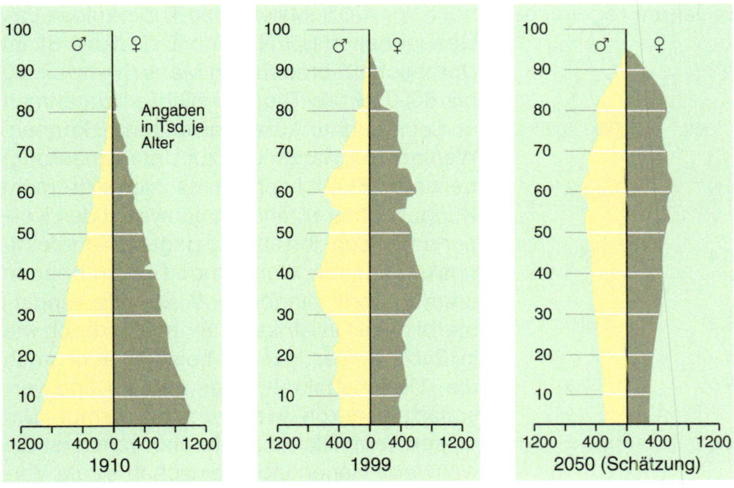

2 Bevölkerungspyramiden (Deutschland)

Aufgabe

① Erstellen Sie anhand des Textes drei kurze Zeitungsartikel unter folgenden Aspekten:
   a) Weltbevölkerung gestern — heute — morgen;
   b) Voraussetzungen für die Zunahme der Weltbevölkerung;
   c) Problematik der Entwicklungsländer.

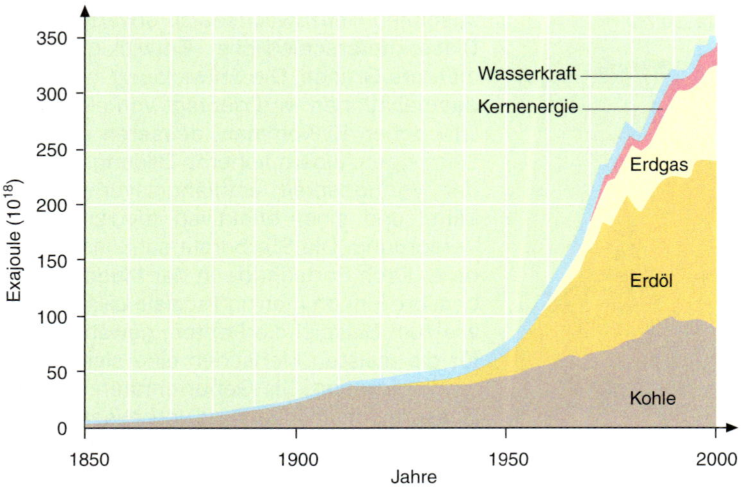

1 Entwicklung des Energiekonsums weltweit

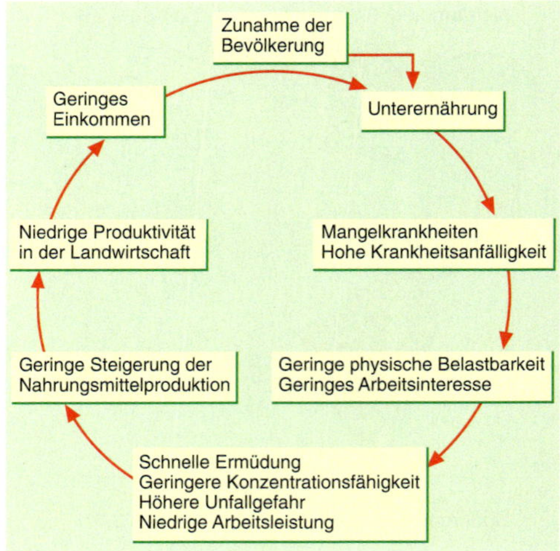

2 Teufelkreis der Armut

Versorgung der Weltbevölkerung

physiologischer Brennwert
1 kJ *(Kilojoule)*
= 0,2338 kcal

1 kcal *(Kilokalorie)*
= 4,1868 kJ

Seit Oktober 1999 teilen sich 6 Milliarden Menschen den Platz auf der Erdkugel. Entscheidend für die Zukunft ist ihre Versorgung mit Nahrung, Trinkwasser, Rohstoffen und Energie. Rein rechnerisch können die globalen Erträge für alle Menschen ausreichen, es gibt aber deutliche Unterschiede zwischen Industrie- und Entwicklungsländern. Die gerechte Verteilung der vorhandenen Ressourcen wird weiterhin letztlich auch den Weltfrieden beeinflussen.

In den Industrieländern leben nur 25 % der Weltbevölkerung, sie verbrauchen aber 80 % der Energie, wahrend sich die übrigen 75 % der Weltbevölkerung mit nur 20 % der Energie begnügen (müssen). 1,4 Milliarden Menschen steht überhaupt kein Strom zur Verfügung. Trotzdem ist der weltweite *Energiekonsum* in den letzten Jahren regelrecht explodiert (Abb. 1). Bis zum Jahr 2030 wird er sich voraussichtlich noch einmal mindestens verdoppeln, zumal die Energienachfrage in den bevölkerungsreichen Ländern China und Indien enorm steigt.

Land	1969 – 1971	1979 – 1981	1990 – 1992	2000 – 2002
Afrika	112,4	134,9	175,8	209,6
Nahost	23,3	13,1	19,4	33,1
Asien, Pazifik	770,1	731,1	569,2	519,0
Lateinamerika	55,2	46,1	59,5	52,9
Welt	961	925,2	823,8	814,6

3 Anzahl chronisch unterernährter Personen (in Millionen, Daten der FAO)

In vielen ärmeren Ländern mangelt es aber nicht nur an Energie für Konsumgüter, hier können oft nicht einmal die lebensnotwendigen Bedürfnisse erfüllt werden. Fast ein Sechstel der Weltbevölkerung (ca. 800 Millionen) lebt in bitterer Armut und leidet unter *Nahrungs-* und *Trinkwassermangel.* Wasser ist im Nahen Osten, in Indien und in Afrika schon seit Jahrzehnten knapp (s. Seite 146).

Täglich sterben weltweit etwa 25 000 Menschen an den Folgen von *Unterernährung*, über die Hälfte sind Kinder. Damit ist Hunger noch vor AIDS, Malaria und Tuberkulose das Gesundheitsrisiko Nummer Eins (Abb. 3). Im Durchschnitt braucht ein Mensch etwa 7500 bis 8000 kJ pro Tag, um nicht abzunehmen und eine leichte Arbeit verrichten zu können. Weniger führt langfristig zur Unterernährung, bei unter 5900 kJ spricht man von extremem Hunger. Unterernährung schwächt den Körper und macht ihn anfällig gegenüber Infektionskrankheiten. Hungernde Frauen bringen unterernährte Kinder zur Welt – die Kindersterblichkeit in Afrika ist achtmal so hoch wie in Europa. Der Hunger belastet aber auch die Wirtschaftskraft eines Landes und verschärft dadurch wiederum die Armut. Um diesen Teufelskreis zu durchbrechen ist die weltweite Nationengemeinschaft in die Verantwortung genommen (Abb. 2).

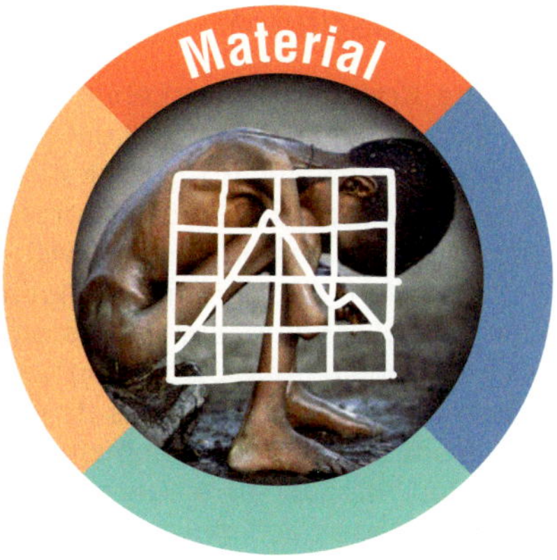

Welternährung

Weltweit gibt es genug Nahrung, um alle Menschen zu ernähren. Allein die Getreideernte von jährlich 1,9 Milliarden Tonnen würde ausreichen, um jeden der über 6 Milliarden Menschen mit den täglich empfohlenen 10 500 kJ und etwa 80 g Eiweiß zu versorgen. Trotzdem wird in vielen Regionen der Erde gehungert, in anderen hat sich Überernährung zu einer Volkskrankheit entwickelt. Etwa 800 000 000 Hungernden stehen ebenso viele Überernährte gegenüber.

Aufgaben

① Benennen Sie in Abbildung 1 die Regionen, in denen Menschen zu viel bzw. zu wenig Nahrung aufnehmen.

② Pflanzliche Produkte können direkt als Lebensmittel von Menschen verzehrt werden *(Primärkalorien)* oder zur „Veredelung" an Tiere verfüttert werden und dann gegessen werden *(Sekundärkalorien)*. Um ein Kilojoule tierische Nahrung zu erhalten müssen bis zu sieben Kilojoule Getreide verfüttert werden. Berechnen Sie in Abbildung 2, wie viele Primärkalorien ein Deutscher und ein Inder durchschnittlich verzehren.

③ Erläutern Sie anhand Abbildung 3, wie sich Wohlstand auf die Ernährung auswirkt.

④ Für eine gesunde Ernährung ist nicht nur die Menge, sondern auch die Qualität der Nahrung wichtig. Vergleichen Sie die Zusammensetzung der Kost in Abbildung 3 mit der empfohlenen Nahrungszusammensetzung (> 50 % Kohlenhydrate, wenig Zucker, < 30 % Fett, davon gesättigte Fettsäuren < 10 %, 9 – 11 % Eiweiß).

⑤ Interpretieren Sie die Aussage „In den Industrieländern herrscht zwar anders als in den Entwicklungsländern Nahrungssicherheit, aber keine Ernährungssicherheit."

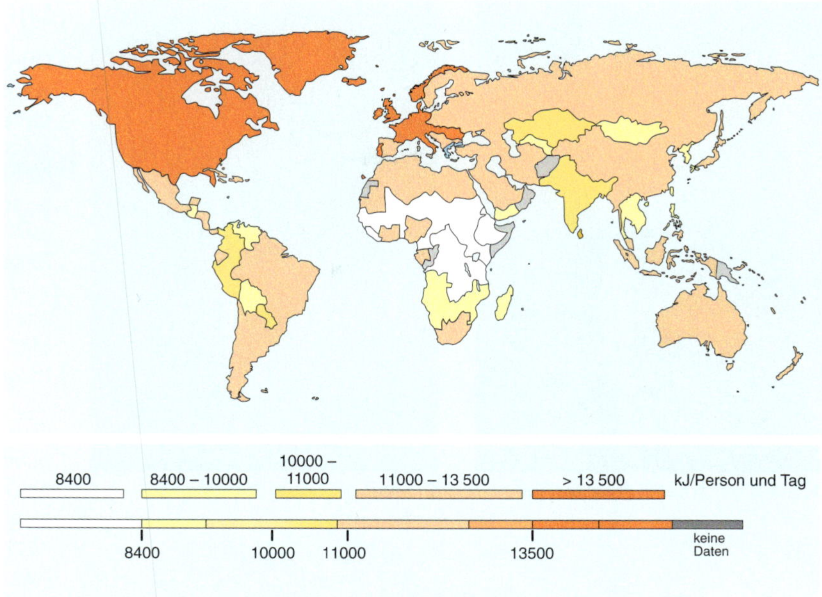

1 Tägliche Nahrungsenergieaufnahme pro Person und Tag (2000 – 2002)

Land	kJ (gesamt)	kJ (pflanzlich)	kJ (tierisch)	Prim r-kJ (tierisch)	Prim r-kJ (gesamt)
Deutschland	14 700	9 450	5 250	?	?
Indien	9 450	8 820	630	?	?

2 Nahrungsenergieaufnahme in Deutschland und Indien

Nährstoffe		Anteil der Nahrungsenergie in %	
		Reiche	Arme
Kohlenhydrate	ohne Zucker	30	75
	Zucker	12	4
Fette	in pflanzlicher Kost	5	2
	in tierischer Kost	18	8
	als isolierte Produkte	15	2
Eiweiß	in pflanzlicher Kost	4	9
	in tierischer Kost	8	1
Alkohol		7	3
kJ		14 700	8 820

3 Einfluss des Wohlstands auf die Zusammensetzung der Kost

1 Stadt bei guter Luftwetterlage

2 Stadt bei Smog-Wetterlage

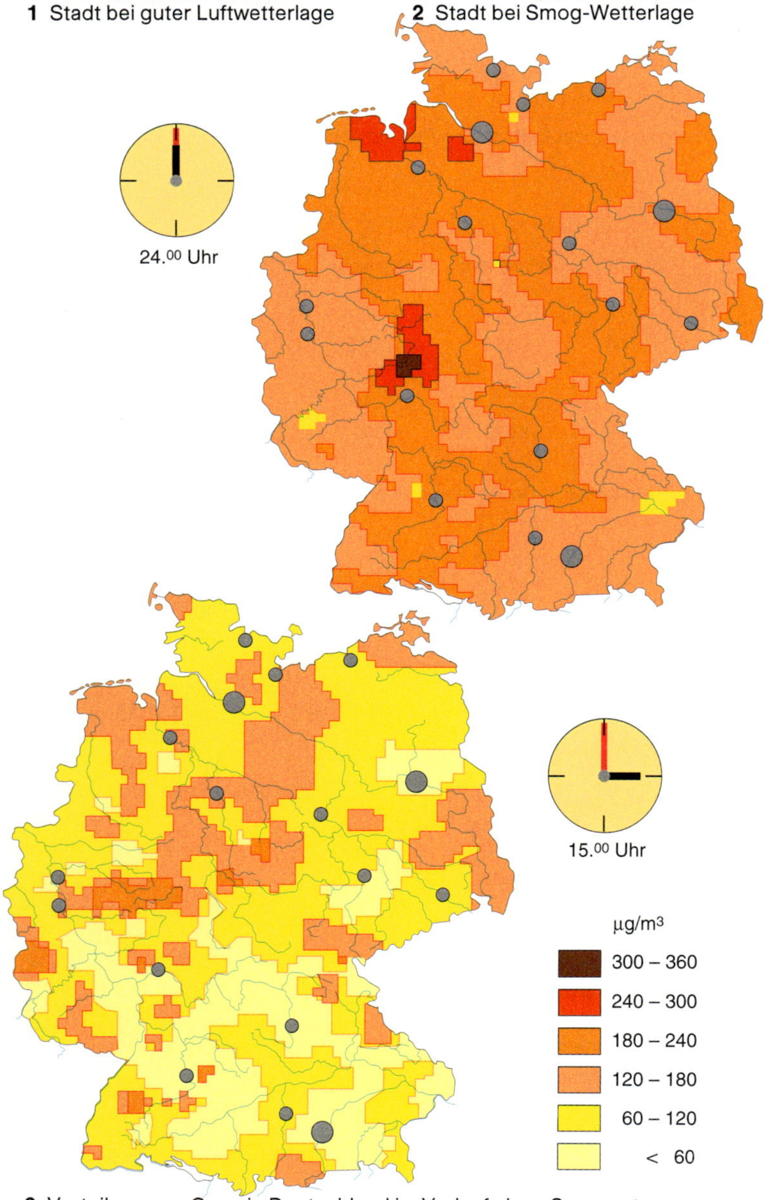

3 Verteilung von Ozon in Deutschland im Verlauf eines Sommertages

Luft und Atmosphäre

Durch Industrie, Kraftfahrzeugverkehr, Kraftwerke und Heizungsanlagen ist die Lufthülle der Erde belastet. Schwefeldioxid, Stickstoffoxide, Kohlenstoffmonooxid, Staub und organische Verbindungen zählen zu den wichtigsten Schadstoffen. Auch Veränderungen der Konzentration der Luftgase Stickstoff, Sauerstoff und Kohlenstoffdioxid beeinflussen Ökosysteme. Die Zusammensetzung der Erdatmosphäre wird in zunehmendem Maße durch vom Menschen erzeugte (anthropogene) Einflüsse bestimmt.

Die Lufthülle der Erde, die *Atmosphäre*, gliedert sich in mehrere Stockwerke. Diese sind durch ihre jeweilige Temperatur klar unterscheidbar. Die *Troposphäre* ist die erdnächste Schicht (s. Randspalte Seite 141). Sie prägt das Klima der Erde. Nach außen schließt sich die wolkenfreie, kalte Stratosphäre an. Hier bildet sich unter der Einwirkung des ultravioletten Sonnenlichtes atomarer Sauerstoff (O), der sich mit molekularem Sauerstoff (O_2) zu Ozon (O_3) verbindet. Da die Konzentration vom Ozon in dieser Schicht höher ist als in den anderen Schichten, bezeichnet man diese als *Ozonschicht*. Die Konzentration des Ozons ist nicht nur abhängig von der fotochemischen Reaktion, sondern auch von chemischen Abbaureaktionen. Durch ständigen Auf- und Abbau entsteht ein Fließgleichgewicht.

Direkte Einwirkungen der Luftschadstoffe wirken in der Troposphäre. Über Großstädten und in Tallagen kommt es bei geringem Luftaustausch und hoher Fahrzeugdichte zu einer Smogglocke (Abb. 2). *Smog* ist eine englische Wortkombination aus *smoke* (Rauch) und *fog* (Nebel). Die Smogglocke enthält hohe Anteile von Autoabgasen, wie Kohlenstoffmonooxid, Stickoxide und Kohlenwasserstoffen. Durch Sonneneinstrahlung kommt es zu einem weiteren Problem. In Bodennähe bildet sich das Gas *Ozon* durch die fotochemischen Reaktionen. Die Konzentrationen schwanken zwischen den Nacht- und Tagesstunden (Abb. 3). Ozon entsteht jedoch auch durch elektrische Entladungen bei Gewittern oder durch Duftstoffe aus Tannennadeln oder Blüten. Deshalb findet man im Sommer bei starker Sonneneinstrahlung auch über Wäldern eine erhöhte Ozonkonzentration.

Beim Menschen führt Ozon zu Kopfschmerzen, Tränenreizung oder bei höherer Konzentration zur Schädigung der Atemwege

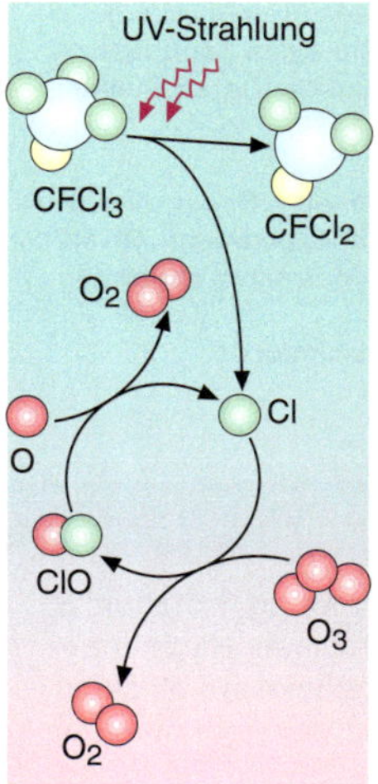

O_3-Abbau durch CFKW

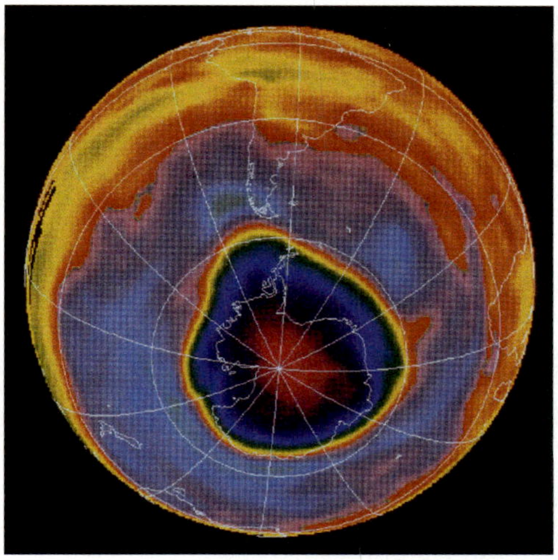
1 Satellitenaufnahme der Ozonschicht

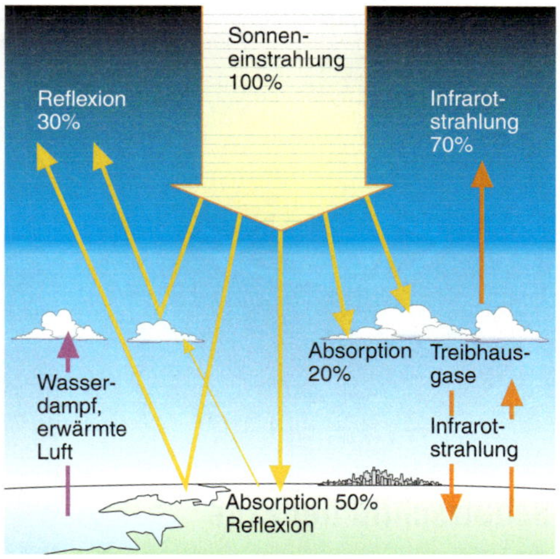

2 Einfallende und reflektierte Strahlung

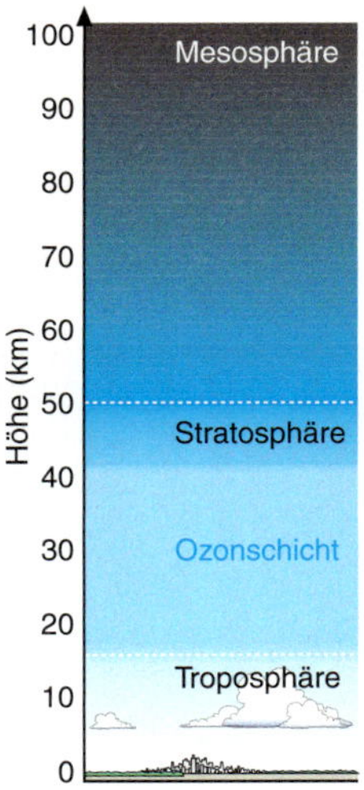

Schichten der Atmosphäre

und des Lungengewebes. Besonders bei Kindern, alten Menschen oder Kranken lassen sich die Auswirkungen nachweisen.

Ist in der Troposphäre die Zunahme der Ozonkonzentration das Problem, so ist es in der Stratosphäre die Abnahme der Ozonkonzentration. Die Abnahme der Ozonkonzentration wird durch die vom Menschen produzierten Gase, wie *Chlorkohlenwasserstoffe (CFKW)*, *Halone*, *Distickstoffmonooxid (N_2O)* sowie *Methan,* beeinflusst. CFKW-Verbindungen sind Bestandteile von Schaumstoffen, Kühl- und Reinigungsmitteln sowie Treibmittel in Spraydosen. Halone fanden Verwendung bei der Brandbekämpfung. Distickstoffoxid entsteht verstärkt in überdüngten Böden. Unter anaeroben Bedingungen wird das im Dünger enthaltene Nitrat durch Bakterien zu Distickstoffoxid und Stickstoff abgebaut, die aus dem Boden in die Luft entweichen. Diese Stoffe werden in der Troposphäre kaum abgebaut und gelangen langsam in die Stratosphäre. Bei einer Lebensdauer von über 100 Jahren reichern sie sich hier immer stärker an.

UV-Licht setzt aus den CFKW-Verbindungen Chlor frei, welches das Ozon besonders bei kalten Temperaturen katalytisch abbaut (s. Randspalte). Die sinkende Ozonkonzentration verringert die Filterwirkung gegen das von der Sonne einfallende UV-Licht. Die UV-Strahlung macht zwar nur einige Prozent der einfallenden Sonnenstrahlung aus, ist jedoch so energiereich, dass sie chemische Verbindungen spalten kann. In lebenden Zellen kann die UV-Strahlung die DNA oder Proteine zerstören. Folgen dieser chemischen Veränderungen sind Hautkrebs, Schwächung des Immunsystems und Schädigungen der Augenhornhaut. Bei Pflanzen kann das Chlorophyll zerstört werden, die Fotosyntheseleistung sinkt.

Neben der UV-Strahlung kann auch die Wärmestrahlung der Sonne durch diese Gase beeinflusst werden (Abb. 2). Dies führt zu einer Erwärmung der Atmosphäre und dadurch zu veränderten Klimabedingungen *(Treibhauseffekt,* s. Seite 143). Besonders wirksame Gase sind das Kohlenstoffdioxid, Methan, Distickstoffoxid und CFKW-Verbindungen. Letztere haben eine hohe Wirkung, da die Absorption 14 000-mal höher ist als bei einem Kohlenstoffdioxidmolekül.

Hauttyp	Beschreibung	Reaktion auf die Sonne		Bestrahlungsdauer für Hautrötung
		Sonnenbrand	Bräunung	
I	Haut: auffallend hell Haare: rötlich Augen: blau, selten braun Brustwarzen: sehr hell	immer schwer, schmerzhaft	keine, Rötung, Haut schält sich	5 bis 10 Minuten
II	Haut: etwas dunkler Haare: blond bis braun Augen: blau, grün, grau Brustwarzen: hell	immer schwer; schmerzhaft	kaum, Haut schält sich	10 bis 20 Minuten
III	Haut: hell bis hellbraun Haare: dunkelblond, braun Augen: grau, braun Brustwarzen: dunkler	mäßig	Durchschnitt	20 bis 30 Minuten
IV	Haut: hellbraun, oliv Haare: dunkelbraun Augen: dunkel Brustwarzen: dunkel	kaum	schnell und tief	40 Minuten

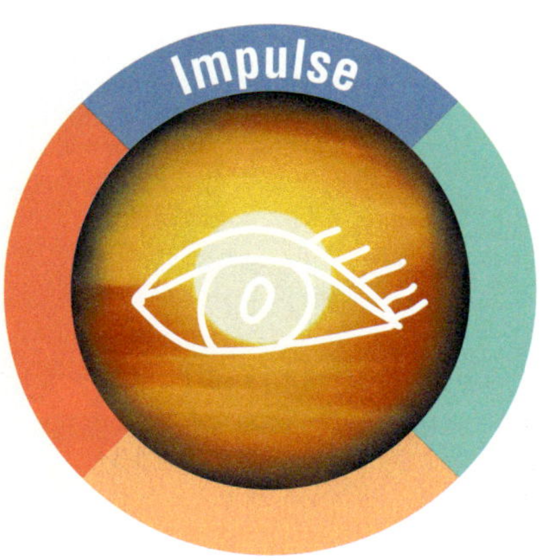

Schutzschild der Erde

Unsere Erde hat einen Schutzschild, die *Atmosphäre*. Sie umgibt die Erde wie eine Hülle und ist 100 km mächtig. In der erdnächsten Schicht der Atmosphäre, der 10 km messenden Troposphäre, sind die Wolken. Sie prägt das Klima der Erdoberfläche. Eine wesentliche Bedeutung der Atmosphäre für Pflanzen und Tiere ist der Schutz vor der kosmischen Strahlung. Hier hat das *Ozon* eine besondere Bedeutung, da es die UV-Strahlung absorbiert. Außerdem wird die von der Erdoberfläche abgestrahlte Wärmestrahlung teilweise zurückgehalten. Durch Freisetzung verschiedener Gase wie Kohlenstoffdioxid verändert sich die Zusammensetzung der Atmosphäre. Dabei spielen auch Gase, die in technischen Vorgängen entstehen, eine Rolle.

Ozon in der Stratosphäre

„Between eleven and three, slip under a tree."

Die Ozonschicht in der Stratosphäre wirkt wie ein Filter und schirmt die Erdoberfläche vom kurzwelligen Spektralbereich der Sonnenstrahlung, z. B. dem UV-Licht, ab. Eine verstärkte UV-Strahlung auf der Erde kann zur Schädigung von DNA und Proteinen bei allen Lebewesen führen.

Die stärkste Verringerung der Ozonkonzentration findet man über der Antarktis. Dieses „Ozonloch" erstreckt sich bis Australien. Die Hautkrebshäufigkeit bei den Einwohnern Australiens und Neuseelands ist parallel dazu gestiegen.

Fassen Sie die chemischen Verbindungen, die beim Ozonabbau eine Rolle spielen, zusammen. Informieren Sie sich, wo diese in der Technik oder Natur gebildet werden und welche Rolle sie beim Abbau des Ozons spielen.

Sind wir in Europa auch gefährdet? Gibt es über der Arktis auch ein Ozonloch?

Sammeln Sie zu diesen Fragen Informationen und schreiben Sie einen Zeitungsartikel, in dem Sie anhand der Daten Stellung nehmen.

Neue Ozondaten können z. B. aus dem Global Ozone Monitoring Experiment (GOME) über die Universität in Bremen abgerufen werden:
www.iup.physik.uni-bremen.de

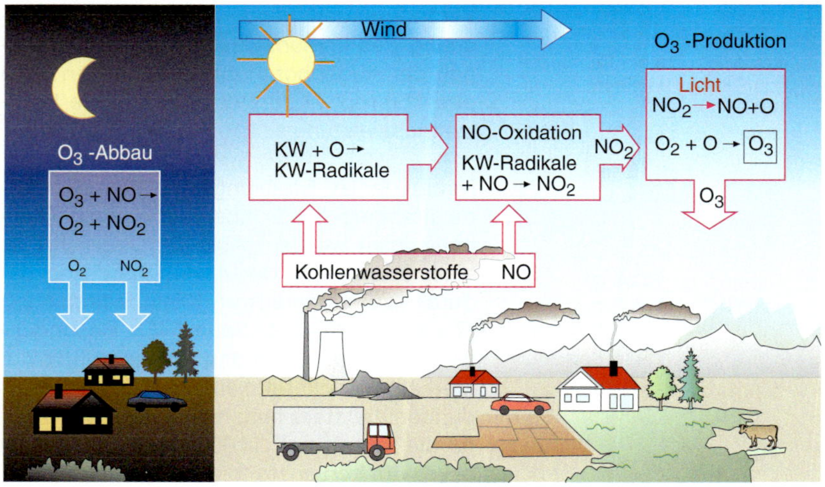

Ozon in Bodennähe

Ein herrlicher Sommertag, trotzdem ist über der Stadt kein blauer Himmel zu sehen. Eine Dunstglocke aus Stickoxiden, Abgasen und Ozon liegt über der Stadt *(Smog)*.

Den Ausstoß von Schadstoffen in die Atmosphäre bezeichnet man als *Emission*. Der Anteil der Emissionen, der auf Lebewesen oder Bauwerke einwirkt, wird als *Immission* bezeichnet.

Die höchstzulässige Schadstoffkonzentration MIK *(Maximale Immissionskonzentration)* beträgt in bodennahen Schichten für Ozon 120 µg pro m^3 Luft.

Unterhalb dieses Grenzwertes soll es selbst bei langfristiger Einwirkung auch bei empfindlichen Menschen keine Gesundheitsbeeinträchtigung geben. Smogalarm wird bei 240 µg pro m^3 Luft ausgelöst.

Welche konkreten gesundheitlichen Schäden können durch Ozon verursacht werden?

Inwieweit haben technische Veränderungen in der Autotechnik zu einer Verringerung der Smoggefahr geführt?

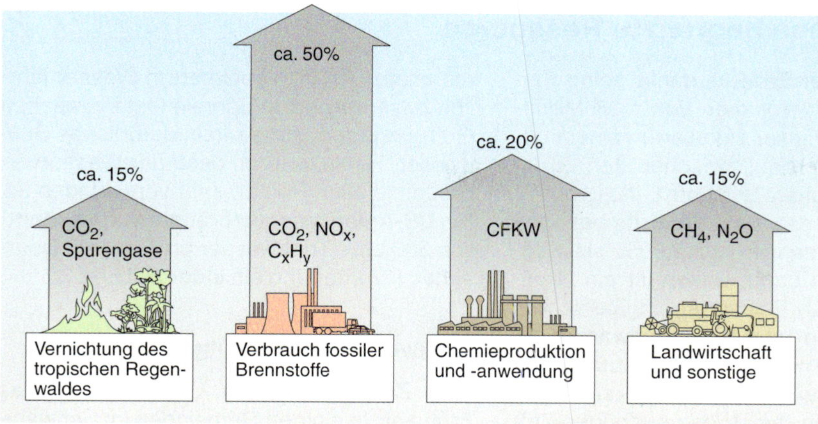

Der Treibhauseffekt

Jeder kennt den Hitzestau im geschlossenen Auto, wenn die Sonne durch die Scheiben ins Wageninnere scheint. Dieser Effekt zeigt sich auch in Treibhäusern, daher der Name *Treibhauseffekt*. Es wird mehr Energie eingestrahlt als abgegeben. Erst wenn die eingestrahlte Energie gleich der abgegebenen ist, bleibt die Temperatur konstant.

Globale Methanemission in Mio. Tonnen pro Jahr	
Sümpfe	121 – 205
Reisfelder	70 – 170
Viehhaltung	80 – 100
Termiten	25 – 150
Industrie	5 – 25

Die Erdatmosphäre entspricht den Glasscheiben. Die Absorption erfolgt hauptsächlich über den Wasserdampf, Kohlenstoffdioxid sowie Methan. Der natürliche *Treibhauseffekt* hält die mittlere Atmosphärentemperatur der Erde auf derzeit + 15 °C. Ohne Treibhauseffekt läge die Temperatur bei -18 °C.

Anthropogene Einflüsse verändern die Zusammensetzung der Erdatmosphäre. Die Konzentration von Kohlenstoffdioxid hat in den letzten 200 Jahren um ca. 25 % zugenommen. Durch die Erwärmung der Erde tauen die Permafrostböden, die gefrorenen Sumpfböden in Sibirien und darin enthaltenes Methangas entweicht.

Die Auswirkungen auf das Erdklima sind nicht genau voraussagbar. Anhand von Modellrechnungen und Simulationen versucht man Vorhersagen zu treffen: Stärkere Stürme, Anstieg der Meeresspiegel, Verlagerungen der Wüstengebiete und Verschiebungen der Klimazonen werden prognostiziert.

Der Treibhauseffekt wird von den Wissenschaftlern unterschiedlich eingeschätzt. Sammeln Sie zu den verschiedenen Aspekten Informationen und stellen Sie diese gewichtet einander gegenüber.

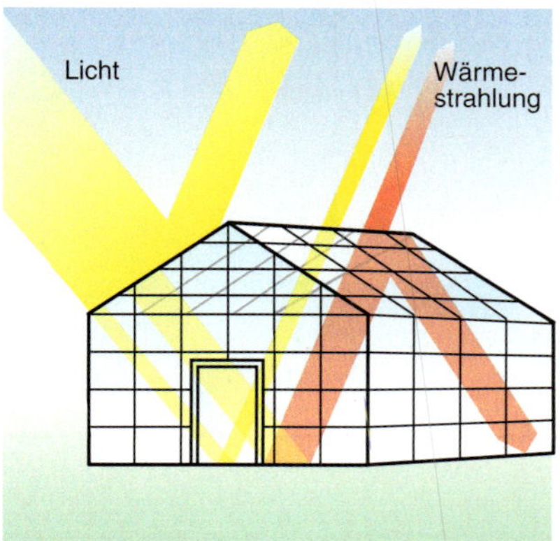

Nachwachsende Rohstoffe

Biodiesel ist eine direkte Verwendungsmöglichkeit eines von Pflanzen produzierten Rohstoffes, des *Rapsöls*, für die Verbrennung in Dieselmotoren. Dazu wird es in Glycerin und Fettsäuren getrennt. Die Fettsäuren werden mit Methanol zu Methylester umgewandelt. Das Produkt hat ähnliche Eigenschaften wie herkömmlicher Diesel aus Erdöl und lässt sich in Dieselmotoren verbrennen.

Im Biodiesel ist etwa dreimal so viel Energie enthalten wie für dessen Produktion aufgewendet werden muss. Um den CO_2-Ausstoß in Deutschland um 1,4 % zu senken, müsste auf 10 000 km^2 Fläche Raps angebaut werden.

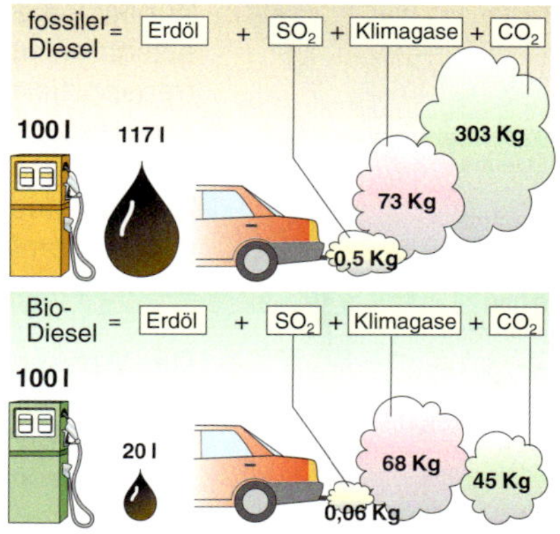

Das in der Raffinerie anfallende Glycerin ist ein begehrter Rohstoff für die chemische Industrie, z. B. zur Herstellung von Kosmetika.

Beim Herauspressen des Öls bleibt der sog. Rapskuchen zurück. Er enthält neben Zellulose ca. 9 % Restfett und 34 % Protein. Er stellt ein hochwertiges Futtermittel für die Tiermästung dar.

Suchen Sie nach zusätzlichen Informationen und schreiben Sie ein Gutachten für oder gegen den Einsatz von Biodiesel.

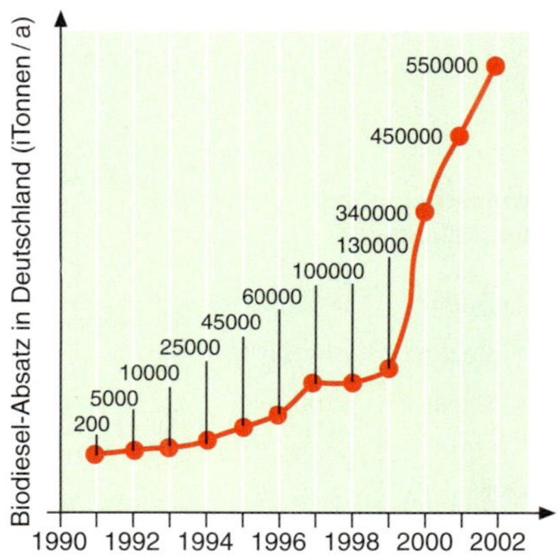

Wasser – eine begrenzte Ressource

Der blaue Planet Erde verdankt seine Farbe einem Wasservolumen von 1,38 Milliarden km³. Das Wasser zirkuliert in einem geschlossenen Kreislauf zwischen den Ozeanen, der Atmosphäre und dem Land (Abb. 1). Ca. 97 % des Wassers auf der Erde befinden sich in den Ozeanen, nur 2,59 % als Süßwasser auf dem Land. Davon ist ein Großteil in Eis auf den Polkappen, in Gletschern in den Gebirgen und als Grundwasser für die Organismen nicht einfach zu nutzen. Nur 0,014 % der Gesamtwassermenge ist in Flüssen, Seen und in der Bodenfeuchtigkeit für die Landlebewesen leicht zugänglich. Rund 425 000 Kubikkilometer Wasser verdunsten jährlich über den Ozeanen. Etwa 40 000 Kubikkilometer davon werden von den Luftschichten über den Ozeanen zum Festland transportiert und gehen dort in Form von Tau, Regen oder Schnee nieder. Der jährliche Rücktransport des Wassers vom Festland ins Meer beträgt auch 40 000 Kubikkilometer, womit ein riesiger, dauernd strömender Wasserkreislauf geschlossen ist.

Der Wasserabfluss in unbewohnten Gebieten und der schnelle oberflächliche Abfluss machen etwa 31 000 Kubikkilometer Wasser aus, die vom Menschen nicht genutzt werden können. Es bleiben 9000 Kubikkilometer Süßwasser, die dem Menschen direkt zur Verfügung stehen. Bei einem durchschnittlichen Wasserverbrauch von 500 Kubikmetern pro Kopf und Jahr würde diese Wassermenge für 20 Milliarden Menschen ausreichen. Das Wasser ist jedoch ungleichmäßig verteilt. In Island wäre jeder Einwohner leicht mit knapp 70 000 Kubikmetern Wasser jährlich zu versorgen, in Bahrain (am Persischen Golf) dagegen gibt es kein natürliches Süßwasser. Hinzu kommt, dass der Wasserverbrauch je nach Region sehr verschieden ist. Ein US-Amerikaner verbraucht durchschnittlich 300 Liter Trinkwasser pro Tag, ein Deutscher 127 Liter und ein Inder 25 Liter.

Trinkwasseraufbereitung

Eine Zeitungsmeldung: „Ein regenreiches Frühjahr: In einigen Gemeinden im Schwäbischen Wald ist das Trinkwasser verunreinigt. Die zu hohen Nitratmengen veranlassen die Gemeinden, vor dem Genuss des Wassers zu warnen. Nitrate können im Körper eine gefährliche Verminderung der Sauerstoffversorgung bewirken."

Das Beispiel zeigt die Problematik der Wasserversorgung in Deutschland. Obwohl die Niederschlagsmenge normalerweise ausreicht, um den Bedarf an Süßwasser zu decken, treten Versorgungsschwierigkeiten auf. Diese beruhen jedoch meist nicht auf der Wassermenge, sondern auf der Wasserqualität. Die Verschmutzungen des Wassers kommen aus der Landwirtschaft, der Industrie, den Haushalten und aus der Luft. Zur Trinkwassergewinnung ist deshalb oft eine mit hohem Aufwand verbundene Aufbereitung notwendig.

Die Entnahme von Grundwasser war bisher meistens die einfachste Form der Bereitstellung von Trinkwasser, da das Oberflä-

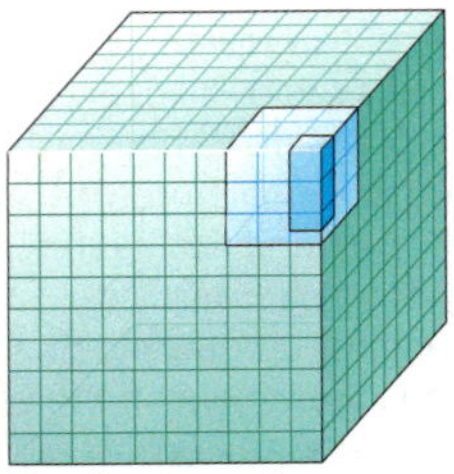

Von den gesamten Wasservorräten auf der Erde sind:

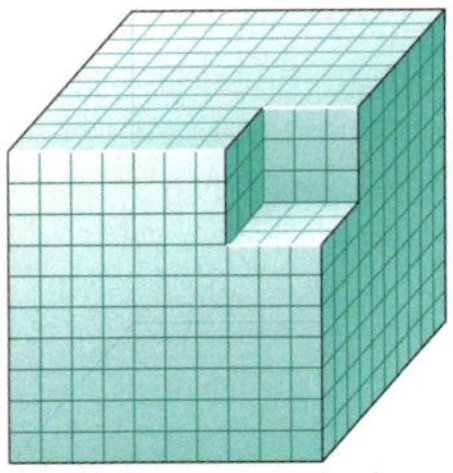

97,4% Salzwasser in den Ozeanen

2,6% Süßwasser

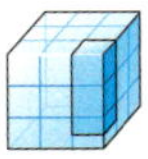

0,26 % Trinkwasser

$1\,km^3 = 10^9\,m^3 = 10^{12}$ Liter

Der Bodensee enthält rund 50 km³ Wasser.

Wasserbedarf zur Herstellung von:

1 t Stahl	18 000 l
1 t Zucker	120 000 l
1 t Papier	40 000 l
1 t Zellwolle	600 00 l

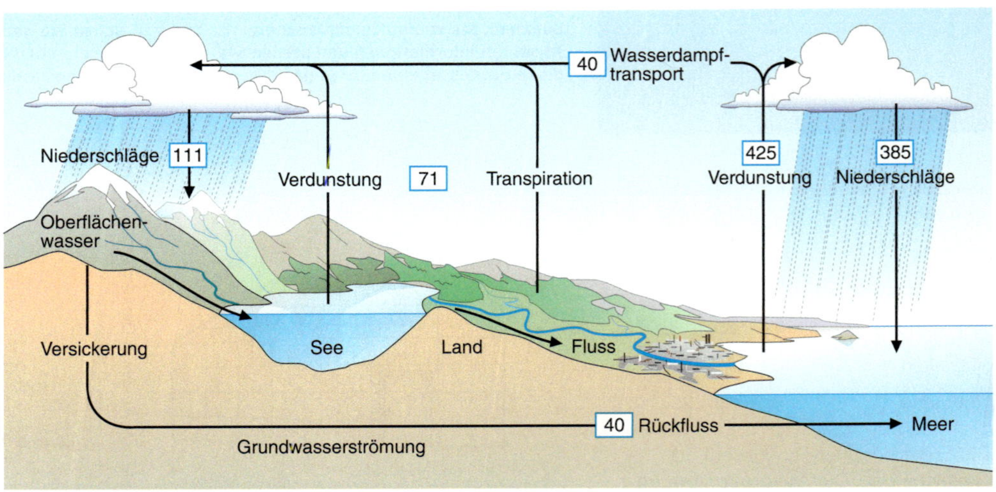

1 Wasserkreislauf (Angaben in 1000 km³/Jahr)

chenwasser beim Sickern durch zahlreiche Bodenschichten gut gereinigt wurde. Es gibt allerdings immer mehr Brunnen, deren Wasser erhöhte Mengen an Nitrat und Pflanzenschutzmitteln enthält. Das Nitrat wird in Form von Kunstdünger, Gülle oder Mist aus der Rinder- und Schweinezucht auf die Felder ausgebracht. Das von den Pflanzen nicht aufgenommene Nitrat wird vom Regen ausgewaschen und gelangt ins Grundwasser.

Der hohe Wasserverbrauch zwingt in einigen Regionen dazu, Trinkwasser auch aus Flüssen und Seen zu gewinnen. Dazu wird die Filterwirkung des Bodens genutzt, durch den das Oberflächenwasser in die in Ufernähe errichteten Brunnenanlagen sickert. Im Wasserwerk werden Krankheitserreger mit Chlor oder Ozon abgetötet, noch vorhandene Verunreinigungen werden ausgefällt und das Wasser wird mit Aktivkohle gefiltert. Zuviel Nitrat kann durch bakterielle Denitrifizierung vermindert werden. Dabei wird Nitrat zu Stickstoff umgesetzt.

Aufgaben

① Warum kann man bei der Trinkwassergewinnung aus Uferfiltrat von „künstlicher Grundwasserproduktion" sprechen?
② „Jeder Teelöffel Zucker und jedes Blatt Papier, das verschwendet wird, ist gleichzeitig eine Vergeudung von Süßwasser." Erklären Sie, warum.
③ Weshalb sind wilde Müllhalden eine Gefährdung für das Grundwasser?

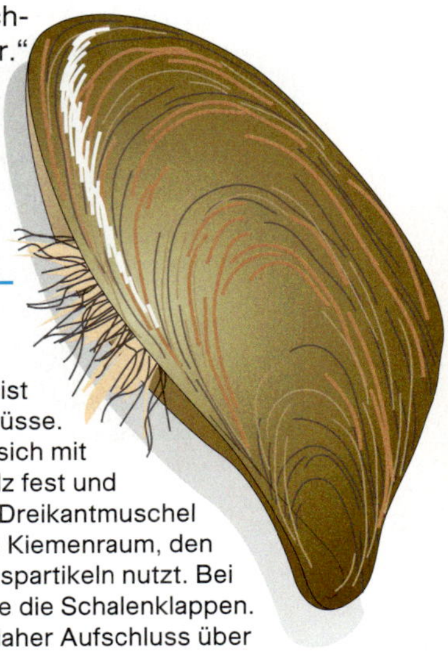

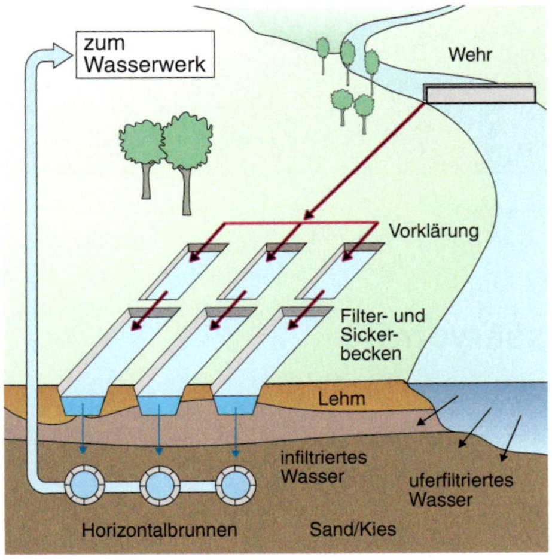

1 Trinkwassergewinnung aus Uferfiltrat

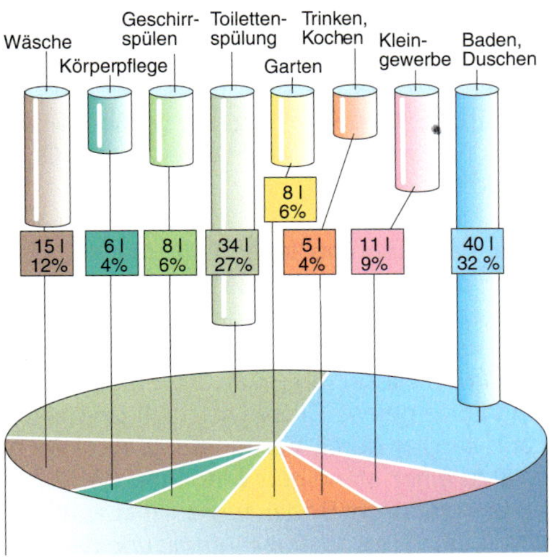

2 Verwendung von Trinkwasser pro Person u. Tag

Zettelkasten

Der Dreissena-Monitor

Die Dreikantmuschel *Dreissena polymorpha* ist eine häufige Muschelart unserer Seen und Flüsse. Ähnlich der marinen Miesmuschel heftet sie sich mit seideartigen Fäden an Schiffen oder Treibholz fest und wird so über weite Strecken verfrachtet. Die Dreikantmuschel erzeugt einen Atemwasserstrom durch ihren Kiemenraum, den sie gleichzeitig zum Abfiltrieren von Nahrungspartikeln nutzt. Bei ungünstigen Umweltbedingungen schließt sie die Schalenklappen. Das Öffnen und Schließen der Schalen gibt daher Aufschluss über die Wasserqualität. Befestigt man an der Schalenspitze einen kleinen Magneten, durch dessen Einfluss sich ein Schalter öffnet oder schließt, so lässt sich auf diese Weise die Muschelschalenstellung registrieren (s. Abb.). Ordnet man je 42 Muschel-Messeinheiten in einer Durchflussrinne mit Testwasser und einer Rinne mit Kontrollwasser an, so lassen sich die Klappenstellungen fortlaufend elektronisch überwachen. In Form dieses *Dreissena-Monitors* ist ein biologisches Frühwarnsystem entstanden, das giftige Einleitungen in ein Gewässer frühzeitig anzeigen soll.

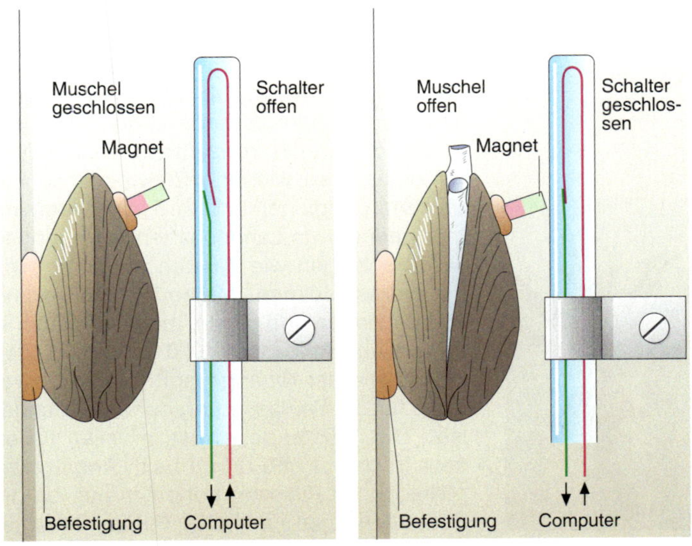

1 Alte und neue Oasen in der Wüste

Bewässerung: Umverteilung der Wasservorräte

Aus dem Weltall, 308 km von der Erde entfernt, entdeckt man in der Wüste grüne Kreise. Jeder dieser Kreise ist Farmland und hat eine Größe von ca. 1 km^2. Im Zentrum der Kreise fördert eine Pumpe Grundwasser aus einer Tiefe von 300 bis 1200 Metern und verteilt dieses über eine rotierende Bewässerungsanlage.

Jährlich fallen von dem über den Ozeanen verdunsteten Wasser $4 \cdot 10^{14}$ Liter in Form von Regen oder Schnee wieder auf das Festland. Jedoch konzentriert sich dieses für das Leben wichtige Süßwasser in bestimmten Regionen und wird in anderen immer geringer. In Landschaften mit geringen Niederschlägen wie Wüsten versucht man, mit verschiedenen Methoden Süßwasser zu beschaffen und dieses möglichst effektiv zu nutzen. Schon vor 4000 Jahren wurden Flüsse wie der Nil angezapft und Kanalsysteme für die Bewässerung der Felder angelegt. Der Wüstenboden ist in vielen Fällen sehr fruchtbar und bringt beim Anbau wärmeliebender Pflanzen hohe Erträge, da die Sonnenenergie für hohe Fotosyntheseraten genutzt werden kann. Voraussetzung ist jedoch das Vorhandensein ausreichender Wassermengen für eine gleichmäßige Versorgung der Pflanzen.

Dattelpalme

In den alten Oasen wurden Pflanzen wie die Dattelpalme, Orangen, Zitronen, Mandeln, Wein, Gemüse und Getreide angebaut. Diese gartenartigen Strukturen waren stockwerkartig aufgebaut: Die sonneliebende Dattelpalme konnte Schatten bieten für die Obstbäume und diese wiederum für den Bodenbewuchs. Heutige Oasen nutzen die künstliche Bewässerung im großen Maßstab. Weltweit wird eine Fläche von der Größe Indiens bewässert.

Eine Bewässerung in großem Maßstab ist nicht problemlos, da das Wasser auf den Feldern verdunstet und das im Wasser gelöste Salz im Boden zurückbleibt. Sowohl im Grundwasser als auch im Flusswasser sind Salze gelöst. Dieses salzhaltige Wasser kann kapillar durch Verdunstung aufsteigen und zu einer ständigen Erhöhung der Salzkonzentration im Boden führen. Im Laufe der Jahre führt dies zu einer *Versalzung* der Böden. Verstärkt wird dieser Prozess dadurch, dass ein Teil des Wassers bereits verdunstet, bevor es an die Wurzeln der Pflanzen gelangt. Diese Böden werden dadurch für den landwirtschaftlichen Anbau unbrauchbar. Die für die Einwohner verfügbare Ackerfläche ist in den letzten 20 Jahren um ca. 20 % gesunken.

Aus osmotischen Gründen können Pflanzen kein Wasser aus dem salzhaltigen Boden aufnehmen. Nur Salzpflanzen, die *Halophyten* (s. Seite 112), sind in der Lage, hier auf Dauer zu überleben. Aus diesem Grund werden in Forschungsprogrammen auch Ansätze untersucht, Halophyten in diesen versalzten Gebieten zu züchten. Diese Pflanzen können als Viehfutter genutzt werden. Es sind ähnliche Pflanzen, wie sie auch an der Nordsee in den *Salzwiesen* vorkommen, die *Salzmelde* und die *Salzakazie*. Diese Pflanzen haben auch die wichtige Funktion, mit ihrem Wurzelwerk den Boden zu halten, sodass er nicht verweht werden kann.

Eine Pflanze, die zurzeit erprobt wird, ist *Quinoa* (Reismelde). Die Samen erinnern an Hirse und werden wie Reis zubereitet oder als Mehl verarbeitet. Diese aus den Anden stammende Pflanze kann auf Böden mit bis zu 3 % Salzgehalt leben, da sie über Mechanismen verfügt, das Salz in blasenförmigen Haaren auf der Blattoberfläche abzulagern, die abfallen (s. Seite 112).

Staaten, die am Meer liegen, nutzen neben dem Grundwasser eine andere Möglichkeit, die *Entsalzung des Meerwassers*. Dies hat in diesen Staaten eine besondere Bedeutung, da in Meeresnähe das Salzwasser in den Boden sickert und dadurch das Grundwasser salzhaltiger wird. Eine häufig angewendete Methode zur Umwandlung von Meerwasser in Trinkwasser ist die *Umkehrosmose*. Hierbei wird Wasser unter hohem Druck durch Membranfilter gepumpt. Diese sind für die Wasserteilchen durchlässig – nicht aber für geladene Salzionen mit ihrer Hydrathülle (s. Seite 112). Das zweite angewendete Verfahren ist die *Destillation von Meerwasser*. Dabei wird das Meerwasser verdampft, der salzfreie Wasserdampf aufgefangen und kondensiert. Ein Nachteil beider Methoden ist, dass sie großtechnische Anlagen erfordern und energieaufwändig sind. In Saudi-Arabien begann man sehr massiv, in die Meerwasserentsalzung zu investieren. Allein eine Anlage für eine Kapazität von 160 Millionen Kubikmeter Wasser pro Jahr kostete den Wüstenstaat 1990 rund 1,4 Milliarden Dollar. Saudi-Arabien gewinnt heute mit seinen Meerwasserentsalzungsanlagen mehr Trinkwasser als jede andere Nation der Welt.

Quinoa

Der Zugang und die Verfügbarkeit von Wasser wird von vielen Wissenschaftlern als eins der größten Zukunftsprobleme angesehen. Diese Ressource Wasser wird gerade in den Entwicklungs- und Schwellenländern zu einem großen Machtfaktor.

Aufgaben

① Erläutern Sie, weshalb die Böden in den trockenen Landschaften versalzen, in unseren Regionen jedoch nicht.

② Wiederholen Sie den Vorgang der Osmose und erklären Sie, weshalb Pflanzen in Salzwasser „verdursten".

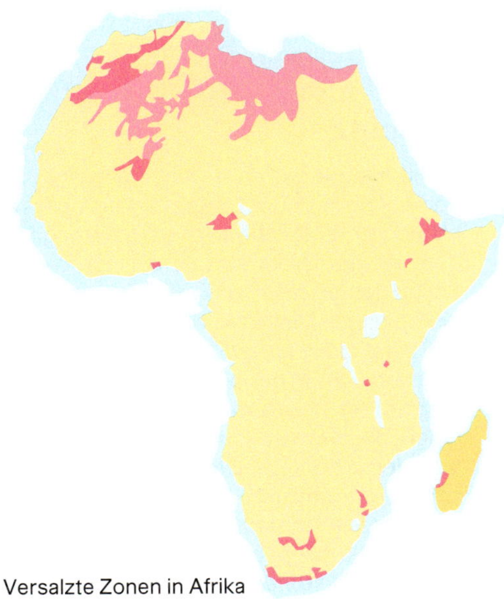

1 Versalzte Zonen in Afrika

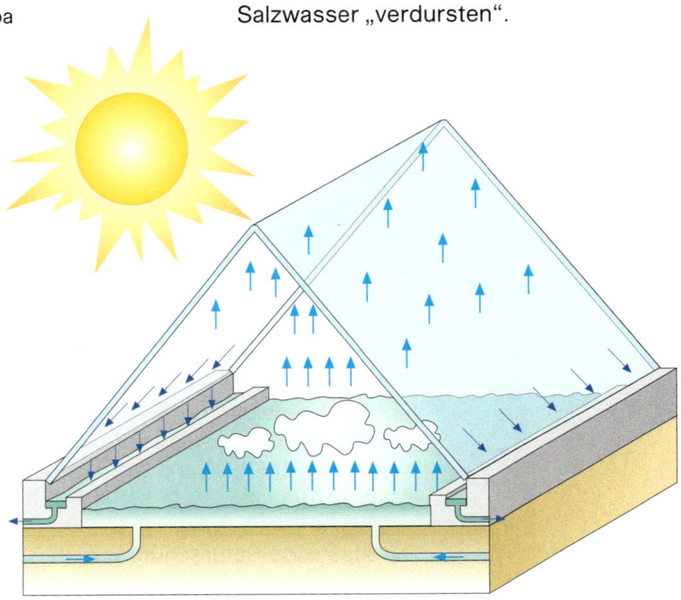

2 Meerwasserentsalzungsanlage

Nationalparks (N)

01 Schleswig-Holsteinisches Wattenmeer (B, N)
02 Hamburgisches Wattenmeer (B, N)
03 Niedersächsisches Wattenmeer (B, N)
04 Vorpommersche Boddenlandschaft
05 Jasmund
06 Müritz
07 Unteres Odertal
08 Harz
09 Hochharz
10 Hainich
11 Sächsische Schweiz
12 Bayerischer Wald (B, N)
13 Berchtesgaden (B, N)
14 Eifel
15 Kellerwald-Edersee

Biosphärenreservate (B)

01 Schleswig-Holsteinisches Wattenmeer (B, N)
02 Hamburgisches Wattenmeer (B, N)
03 Niedersächsisches Wattenmeer (B, N)
04 Südost-Rügen
05 Schaalsee
06 Flusslandschaft Elbe
07 Schorfheide-Chorin
08 Spreewald
09 Oberlausitzer Heide- und Teichlandschaft
10 Rhön
11 Vessertal
12 Bayerischer Wald (B, N)
13 Berchtesgaden (B, N)
14 Pfälzer Wald

1 Nationalparks, Biosphärenreservate und Naturparks in Deutschland

Nationaler und internationaler Naturschutz

Nur in intakten Lebensräumen können Arten vor dem Aussterben geschützt werden: Den bedrohten Schmetterlingen ist wenig geholfen, wenn man ihre Raupen mit Insektiziden verfolgt oder ihre Futterpflanzen ausrottet. Fledermäuse brauchen nicht nur Insektennahrung, sondern auch geeignete Höhlen für die Überwinterung. Artenschutz heißt immer auch Biotopschutz. Von den 500 Biotoptypen in Deutschland werden zwei Drittel als gefährdet eingestuft (s. Seite 66).

Der staatliche Naturschutz wird in Deutschland durch das *Bundesnaturschutzgesetz* (BNatschG) geregelt. Dieses liefert die Rahmenbedingungen für den Naturschutz in den Ländern und ist selbst an europarechtliche und internationale Vorgaben gebunden. *Natura 2000* ist z.B. ein europaweites Schutzgebietsnetz, das den Rückgang der biologischen Vielfalt in der EU stoppen soll. Ihm liegt die *Fauna-Flora-Habitat-Richtlinie* zugrunde, nach der sich jedes Mitgliedsland verpflichtet, repräsentative Lebensraumtypen auszuweisen und zu schützen. Auf globaler Ebene entwickelte die UNESCO bereits im Jahre 1970 das *MAB (Man and Biosphere)*-Programm. Dieses internationale Schutzkonzept regelt weltweit die Gründung von *Biosphärenreservaten*.

Convention on Biological Diversity (CBD)	Rio, 1992	Übereinkommen über die biologische Vielfalt
Washingtoner Artenschutzabkommen (CITES)	Washington, 1973	Übereinkommen über den internationalen Handel mit gefährdeten Arten freilebender Tiere und Pflanzen
„Der Mensch und die Biosphäre“ (MAB)	UNESCO, 1971	Schaffung eines Weltnetzes der Biosphärenreservate
Welterbe-Konvention	UNESCO, 1972	Übereinkommen zum Schutz des Kultur- und Naturerbes
Ramsar-Konvention	Ramsar, 1971	Übereinkommen über Feuchtgebiete, insbesondere als Lebensraum für Wat- und Wasservögel, von internationaler Bedeutung
Fauna-Flora-Habitat-Richtlinie	EU, 1992	Richtlinie zur Erhaltung der natürlichen Lebensräume sowie der wildlebenden Tiere und Pflanzen
EG-Vogelschutzrichtlinie	EG, 1979	Richtlinie über die Erhaltung der wildlebenden Vogelarten
Alpenkonvention	1991	Übereinkommen zum Schutz der Alpen
neue Helsinki-Konvention	Helsinki, 1992	Übereinkommen zum Schutz der Meeresumwelt des Ostseegebietes
OSPAR-Übereinkommen	Oslo, Paris, 1992	Übereinkommen zum Schutz der Meeresumwelt des Nord-Ost-Atlantiks

1 Wichtige internationale Übereinkommen im Naturschutz

Biosphärenreservate sind national wie international bedeutsame Regionen, in denen das Miteinander von Mensch und Natur beispielhaft bewahrt und gefördert wird. Sie dienen dazu, gewachsene Kulturlandschaften zu schützen und zu entwickeln. Im Rahmen von Umweltbildung und Forschung lassen sich in ihnen Erkenntnisse über die Wechselwirkungen von wirtschaftlicher Nutzung und der Entwicklung von natürlichen Lebensräumen gewinnen. Die Kernzonen von Biosphärenreservaten sind von jeglicher Nutzung ausgenommen und entsprechen oft Nationalparks.

Nationalparks sind großräumig geschützte Naturlandschaften von besonderer Eigenart. Sie befinden sich in einem von Menschen möglichst unbeeinflussten Zustand, sind also frei von Nutzungen. In einem Nationalpark soll die Natur weitestgehend sich selbst überlassen bleiben. Nationalparks dienen in erster Linie der Erhaltung eines vielfältigen Tier- und Pflanzenbestandes. Nationalparks haben sich als überaus attraktiv für einen naturverträglichen Tourismus erwiesen.

Naturparks sind dagegen großräumig geschützte Kulturlandschaften, in denen eine schonende Nutzung erlaubt ist, der Erholungswert aber im Vordergrund steht. Sie nehmen in Deutschland 24 % der Landesfläche ein.

Landschaftsschutzgebiete sind naturnahe Flächen, die nicht überbaut oder verändert, aber standortgemäß genutzt werden dürfen. Hier soll vor allem die Schönheit des Landschaftsbildes und der Erholungsraum für den Menschen erhalten werden. Sie sind relativ kleinflächig und können zu Naturparks zusammengefasst werden.

Vernetzungen von Naturschutzgebieten finden nicht nur auf organisatorischer Ebene statt, sondern auch in der Natur selbst. Unter einem *Biotopverbund* versteht man gleiche oder ähnliche Lebensräume, die räumlich miteinander verbunden werden, z. B. indem man zwischen Feldgehölzen eine Hecke anlegt. Das ist besonders in solchen Regionen wichtig, in denen durch Siedlungen und Verkehrswege ursprünglich zusammenhängende Lebensräume fragmentiert wurden. Die Restbiotope sind ohne einen Biotopverbund oft nicht mehr groß genug, um das Überleben von Arten zu sichern. Naturbelassene Uferrandstreifen können Tiere wie *Korridore* von einem Feuchtbiotop zum nächsten führen. Für mobile Tiere, Pflanzensamen und -früchte genügen oft *Biotop-Trittsteine* in einem Abstand, der ihrer Bewegungsfähigkeit entspricht und über die sie den nächsten angemessenen Lebensraum erreichen können.

Aufgaben

① Tiere und Pflanzen kennen keine Staatsgrenzen. Erläutern Sie vor diesem Hintergrund die Bedeutung der einzelnen Übereinkommen in Abbildung 1.

② Nennen Sie Faktoren, die den Raumanspruch einer Art beeinflussen, und einen Biotopverbund sinnvoll machen. Berücksichtigen Sie dabei Ernährung, Schutz, Sozialverhalten und genetischen Austausch.

Umweltschutz – unsere Verantwortung?

Werde ich nicht mehr glücklich leben, wenn der Pandabär ausstirbt? Wird die Antarktis hinwegschmelzen, wenn ich Autos mit einem hohen Benzinverbrauch fahre? Schreckensszenarien und Einzelfälle werden hochgespielt und die Frage nach dem Ausmaß unserer persönlichen Handlungsweisen stellt sich immer deutlicher. Sollen wir nicht lieber die Beurteilung dieser Probleme den Experten überlassen?

Die persönliche Verantwortung für uns, unsere Freunde und Familie können wir nicht anderen überlassen, da erst die Vielfalt und Summe aller wohlüberlegten Handlungen zu einer lebenswerten globalen Zukunft führen kann. Gehen wir von dem Rat der Expertenausschüsse aus, implizieren wir eine neutrale wissenschaftliche Haltung. Jedoch gibt es auch bei den Experten kulturelle Unterschiede und verschiedene Fachansätze, die zu einem unterschiedlichen Verständnis der Natur führen. Dies bedeutet, dass auch scheinbar neutrale Beurteilungen immer Bewertungen beinhalten.

anthros (gr.) = Mensch

Der *Anthropozentrismus* geht davon aus, dass der Mensch das Zentrum ist und sich daher die ganze Natur nur auf den Menschen bezieht. Menschen und Natur stehen sich gegenüber. Alle Lebewesen haben sich in diesem Weltbild den Zwecken des Menschen unterzuordnen. Aber auch beim Anthropozentrismus gibt es neben der Sichtweise von Herrschafts- und Verfügbarkeitsansprüchen auch den Aspekt der Achtung der Natur. Andere Lebewesen können daher nicht nur als bloße Sachen betrachtet werden, das Recht auf den willkürlichen Umgang mit anderen Lebewesen wird eingeschränkt. Der Mensch verwaltet die Ökosysteme auf nachhaltige Weise. Der Panda darf aus „wissenschaftlichen Gründen" überleben, um den Genpool und die Diversität zu erhalten.

Der *Biozentrismus* besagt, dass alle Lebewesen in der Natur – Pflanzen, Tiere und Menschen – einen eigenen Wert haben. Bei dieser Vorstellung steht der Mensch gleichwertig in der Natur. Immer mehr Menschen erkennen die Wechselwirkungen im Ökosystem und akzeptieren den Menschen als Teil dieses Systems. Hierbei geht es nicht darum, dass die Natur wunderbar und unberührbar ist, was jedes menschliche Handeln und Eingreifen in die Natur unmöglich machen würde. Für viele Entscheidungen wird es Kompromisse zwischen diesen beiden Sichtweisen geben müssen.

Die Eingriffe des Menschen in die Natur werden durch die hohe Technisierung und die extreme Zunahme der Weltbevölkerung immer intensiver. Die *Umweltethik* versucht Fragen nach dem moralisch vertretbaren und verantwortungsvollen Umgang mit der Natur zu finden.

Aufgabe

① Reflektieren Sie Ihren Standpunkt zu einem aktuellen Thema und überlegen Sie, inwiefern persönliche Sichtweisen hierdurch beeinflusst werden.

1 Wohin geht unsere Zukunft?

Ökobilanzen

Um die Umweltverträglichkeit verschiedener Produkte und Verfahren vergleichen zu können, müssen Schadstoffemission, Rohstoff- und Energiebedarf von der Herstellung über den Transport bis zur Entsorgung des Produktes quantifiziert und verglichen werden.

Aufgaben

① Vergleichen Sie die Emissionsbelastung pro Person bei einer Fahrtstrecke von 1000 km bei Bahn und PKW mit geregeltem Katalysator.

② Erklären Sie, warum Mehrwegflaschen im Nahbereich, Dosen jedoch im Fernbereich geringere Emissionen verursachen.

③ Entwickeln Sie anhand der Angaben einen Maßnahmenkatalog für umweltbewusstes Verhalten im Straßenverkehr, im Haushalt, beim Einkauf und bei der Ernährung.

④ Nehmen Sie Stellung zu den Texten zur Nutzung der Moore. Erörtern Sie hierbei die Sichtweise des Biozentrismus und Anthropozentrismus.

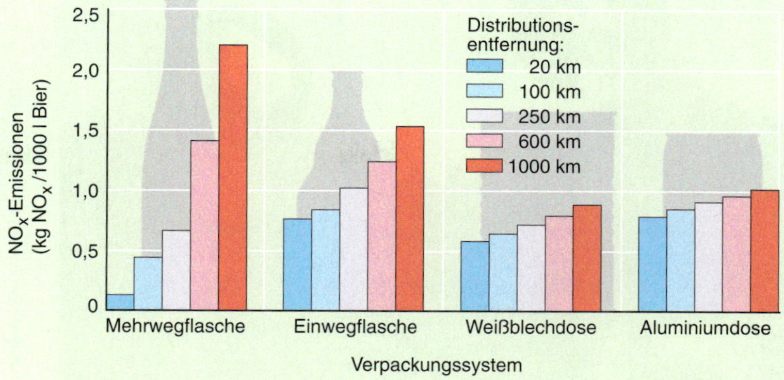

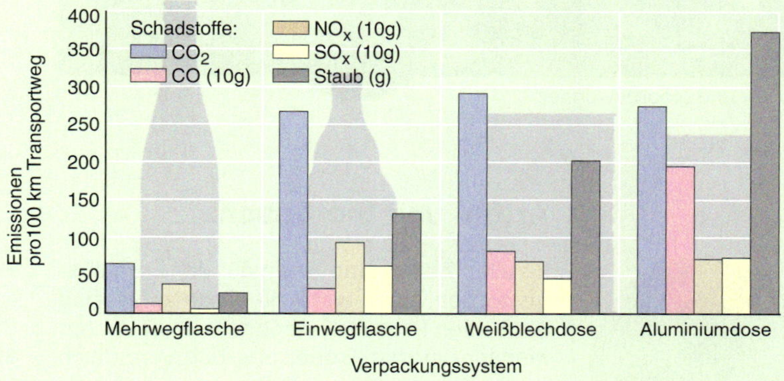

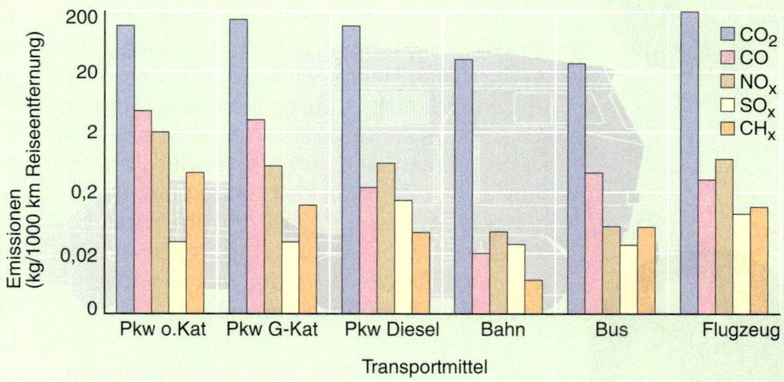

Stellungnahmen zum Schutz der Moore

Text 1: „Lebende Hochmoore sind extreme Lebensräume! Sie sind äußerst nährstoffarm und bestehen zu über 90 % aus Wasser, das zudem sauerstoffarm und stark sauer ist. Tier- und Pflanzenarten, die von Natur aus im Hochmoor vorkommen, sind an diese extremen Verhältnisse angepasst. Für diese Arten gibt es kaum andere Rückzugsgebiete oder Ersatzlebensräume. Sie sind auf nasse Hochmoore angewiesen; werden sie zerstört, sterben diese Arten aus." (Niedersächsisches Ministerium für Ernährung, Landwirtschaft und Forsten, 1982)

Text 2: **„**Moore sind die Lagerstätten des Torfes. Die heimische Torfindustrie ist eine vornehmlich mittelständige bis Kleinindustrie. Auch wenn die Torfindustrie gesamtwirtschaftlich keinen überragenden Stellenwert besitzt, so darf doch nicht übersehen werden, dass Torfwerke in strukturschwachen Gebieten liegen. Sie sind dort oftmals die einzigen Anbieter von Arbeitsplätzen. Für manche Gemeinde stellt das Gewerbesteueraufkommen von Torfwerken den gewichtigsten Aktiv-Posten der Gemeindefinanzen dar." (Bundesministerium für Wirtschaft, 1979)

Ernährung

1 kg Freilandtomaten benötigt 1000 kJ Primärenergie und erzeugt 98 g CO_2. 1 kg Treibhaustomaten benötigt 50 000 kJ Primärenergie und erzeugt 3 190 g CO_2.

1 kg Erdbeeren aus Israel verbraucht für den Transport 1,3 l Kerosin und erzeugt 3 200 g CO_2.

1 kg Keniabohnen verbraucht für den Transport 3,1 l Kerosin und erzeugt 7 600 g CO_2.

1 kg Spargel aus Südafrika verbraucht für den Transport 4,3 l Kerosin und erzeugt 10 600 g CO_2.

1 Moor und Moorbewohner

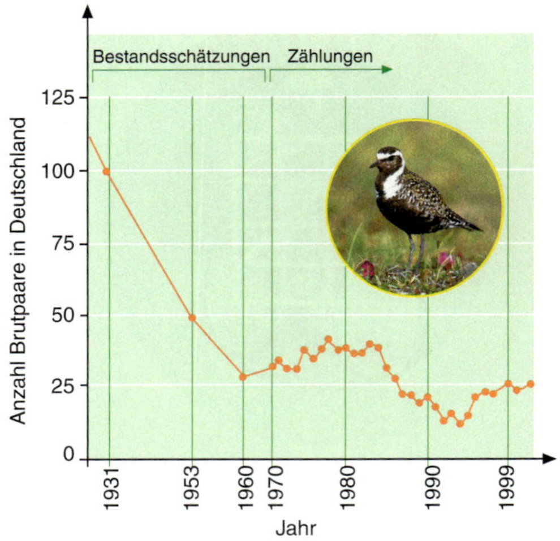

2 Goldregenpfeifer-Bestand

Arten- und Biotopschutz

Rundblättriger Sonnentau

Schmalblättriges Wollgras

Gemeines Fettkraut

Zu allen Zeiten sind Arten auf der Erde ausgestorben, doch wohl nie verursachte eine Art diesen Prozess so schnell wie heute der Mensch. In den Tropen sterben vermutlich jeden Tag Arten aus, bevor sie überhaupt entdeckt worden sind. In früheren Jahrhunderten war zumeist die Jagd Ursache der *Ausrottung*. Heute sind die meisten Tier- und Pflanzenarten durch die Zerstörung ihrer Lebensräume bedroht. Der Schutz von Ökosystemen und ihrer Artenvielfalt steht deshalb im Zentrum der Naturschutzbemühungen. *Naturschutzgesetze* regeln den Lebensraumschutz durch *Betretungsverbote* und Einschränkungen der landwirtschaftlichen sowie der Freizeitnutzung.

Unter-Schutz-Stellen allein reicht sehr häufig aber nicht, wie das Beispiel der mitteleuropäischen *Moore* zeigt. Diese Lebensräume zeichnen sich durch das Fehlen von Bäumen, hohe Feuchtigkeit, niedrigen pH-Wert und Mineralstoffarmut aus. Um das Umland landwirtschaftlich nutzen zu können, sind dort Entwässerungsmaßnahmen üblich. Damit sinkt aber auch der Grundwasserspiegel im Moor. Als Folge können sich erste Birken und Weiden ansiedeln. Empfindliche Arten wie *Birkhuhn* oder *Goldregenpfeifer* meiden solche Flächen, da sie nun Deckung für Räuber bieten. Die großen Verdunstungsflächen der erstbesiedelnden Bäume führen zu weiterem Wasserverlust, sodass der Wasserspiegel weiter sinkt und noch mehr Bäume wachsen können. Der entstehende Wald ist für die typischen Moorbewohner als Habitat ungeeignet, sie sterben aus (s. Seite 97).

Eine besondere Gefährdung mineralstoffarmer Standorte geht von der *Eutrophierung* (Mineralstoffanreicherung) aus der Luft und über das Grundwasser aus: Konkurrenzstärkere Pflanzen wie Gräser und Löwenzahn verdrängen schwachwüchsige, aber an Mineralstoffmangel angepasste Arten, wie den *Sonnentau* oder den *Lungenenzian*. Als Folge können auch Insekten wie der auf den Lungenenzian als Futterpflanze angewiesene *Kleine Moorbläuling* nicht mehr existieren. Der biologisch unerfahrene Spaziergänger nimmt diese Veränderungen zumeist gar nicht wahr, dazu sind die Arten zu unauffällig und versteckt. Nur die Aufklärung über die ökologischen Zusammenhänge und die verborgene Artenvielfalt gefährdeter Ökosysteme können auch in der Öffentlichkeit und bei Politikern Verständnis für Naturschutzprobleme wecken. (→162/163)

Viele der Habitate und Lebensräume, die wir heute schützen wollen, sind allerdings erst durch Inkulturnahme entstanden. So konnte die *Feldlerche* erst aus Asien einwandern, als für den Ackerbau große Flächen gerodet wurden. Kiesgruben und Steinbrüche beherbergen als *sekundäre Lebensräume* eine Vielzahl bedrohter Arten. Viele dieser Ökosysteme sind instabil und nur durch intensive *Pflegemaßnahmen* zu bewahren. Ein Beispiel dafür sind *Orchideenwiesen,* die nur durch extensive landwirtschaftliche Nutzung vor dem unerwünschten Bewuchs mit Sträuchern bewahrt werden können. So ist der Naturschutz auf die Zusammenarbeit mit der Landwirtschaft angewiesen.

Schutz von Watvögeln

Watvögel sind Arten der offenen Landschaft. Während der *Rotschenkel* überwiegend die Salzwiesen der Nordseeküste besiedelt, die fast nur von Schafen beweidet werden, bevorzugen die übrigen Arten feuchte und nasse Wiesen im Binnenland. Alle hier genannten Watvögel sind in ihrem Bestand in Mitteleuropa hochgradig bedroht. Die Bestände sind in den letzten 50 Jahren dramatisch zurückgegangen. Das gilt insbesondere für die *Uferschnepfe* und den *Kampfläufer*. Untersuchungen zum *Artenschwund* zeigten vor allem Zusammenhänge zur Landwirtschaft auf.

Ansprüche der Watvögel

1. Die Vegetation darf nicht zu hoch sein, da sie wie die meisten Wiesenvögel Übersicht über potenzielle Räuber (Fuchs, Habicht) brauchen. Das gilt besonders für den kurzbeinigen Kiebitz.
2. Die Vegetation darf nicht zu dicht sein, da sonst die Jungtiere im dichten Gras nicht vorwärts kommen. Die Nahrungssuche wird dann unmöglich.
3. Der Boden darf nicht zu hart sein, da sonst ihre Nahrung (kleine im Boden lebende Wirbellose wie Insektenlarven und Würmer) nicht mehr zugänglich ist.

1 Feuchtwiese

Aufgaben

① Intensive Düngung der Wiesen, gleich ob mit Mineraldünger oder mit Gülle, führt zum Abwandern der Watvögel. Das gilt auch für lehmhaltige Böden, die im Winter und Vorfrühling überflutet sind, im Frühling aber durch künstliche Entwässerung *(Drainage)* trockenfallen. Erklären Sie diese Abwanderung.

② Kiebitze brüten zunehmend auf Äckern, doch ist der Bruterfolg dort extrem gering. Ökologen sprechen von der „Ackerfalle“. Erklären Sie.

Bruterfolg und Rinderdichte

Der Bruterfolg von Vögeln kann definiert werden als Anteil der Gelege, aus denen Jungtiere hervorgehen. Für einige auf Feuchtwiesen brütende Arten wurde er in Abhängigkeit von der *Rinderdichte* auf der Wiese und dem Termin des Auftriebs der Rinder ermittelt (Abb. 3).

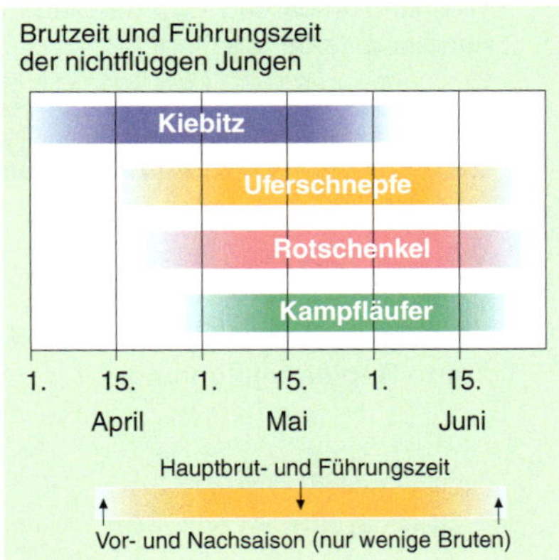

2 Brutzeiten einiger Watvögel

Aufgaben

③ Analysieren Sie vergleichend die Abhängigkeit des Bruterfolges der einzelnen Watvogelarten von der Rinderdichte und vom Auftriebtermin.

④ Begründen Sie, weshalb gerade die Uferschnepfe und der Kampfläufer hochgradig gefährdet sind.

⑤ Zeigen Sie am Beispiel der genannten Arten den Konflikt auf, der zwischen Landwirtschaft und Naturschutz besteht. Skizzieren Sie Lösungsmöglichkeiten.

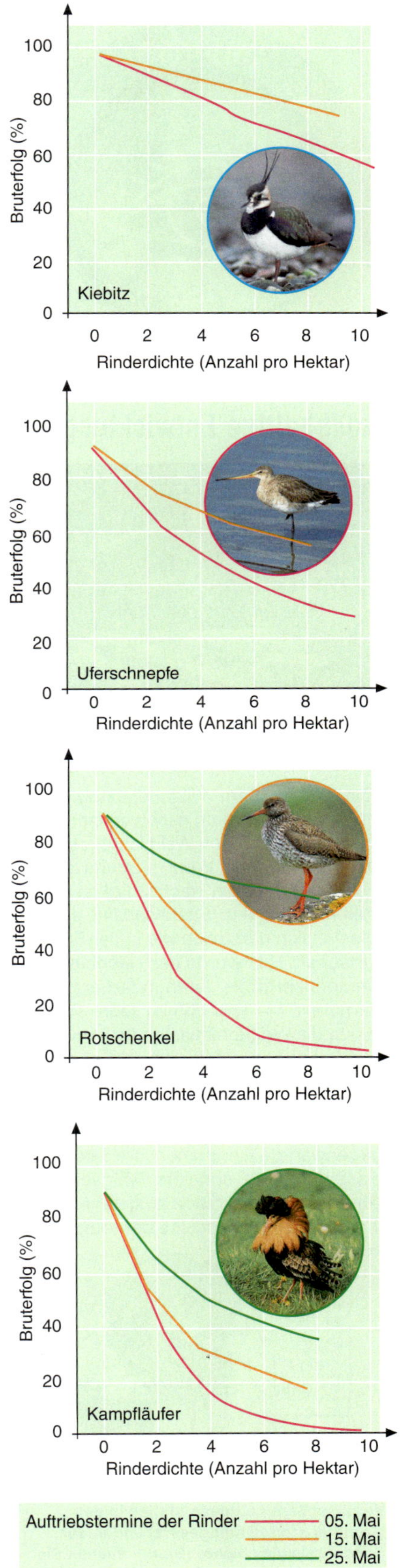

3 Bruterfolg der Watvögel

Nachhaltige Entwicklung

Leitidee Nachhaltigkeit

Fällt man in einem Wald mehr Holz als im gleichen Zeitraum nachwachsen kann, wird es diesen Wald langfristig nicht mehr geben. Wohl nirgends lässt sich der Begriff der Nachhaltigkeit oder Zukunftsfähigkeit *(Sustainability)* so anschaulich darstellen wie in der Forstwirtschaft. Hier wurde das Nachhaltigkeitsprinzip im 19. Jahrhundert erstmals formuliert. (→ 158/159) Im Jahre 1987 fasste die Weltkommission für Umwelt und Entwicklung (Brundtland-Bericht) den Begriff „nachhaltige Entwicklung" sehr viel weiter: „Entwicklung zukunftsfähig zu machen, heißt, dass die gegenwärtige Generation ihre Bedürfnisse befriedigt, ohne die Fähigkeit der zukünftigen Generation zu gefährden, ihre eigenen Bedürfnisse befriedigen zu können".

Vergleichbare Leitideen stehen in den Grundrechten (Grundgesetz) und in der Schöpfungsgeschichte (Bibel). Suchen Sie nach entsprechenden Zitaten und erklären Sie die Parallelen.

Rio-Deklaration

Die Vereinten Nationen trafen sich 1992 in Rio de Janeiro/ Brasilien zu einer Konferenz für Umwelt und Entwicklung (United Nations Conference on Environment and Development, UNCED). In den 27 Grundsätzen der Rio-Deklaration wurde erstmals global das Recht auf nachhaltige Entwicklung verankert.

Principle 1: Human beings are at the centre of concerns for sustainable development. They are entitled to a healthy and productive life in harmony with nature.

Principle 4: In order to achieve sustainable development, environmental protection shall constitute an integral part of the development process and cannot be considered in isolation from it.

Principle 8: To achieve sustainable development and a higher quality of life for all people, states should reduce and eliminate unsustainable patterns of production and consumption and promote appropriate demographic policies.

Principle 9: States should cooperate to strengthen endogenous capacity-building for sustainable development by improving scientific understanding through exchanges of scientific and technological knowledge, and by enhancing the development, adaptation, diffusion and transfer of technologies, including new and innovative technologies.

Principle 20: Women have a vital role in environmental management and development. Their full participation is therefore essential to achieve sustainable development.

Zum Jahrtausendwechsel wurden in der Milleniumserklärung folgende zentrale Handlungsfelder benannt:

Schutz der gemeinsamen Umwelt

Frieden, Sicherheit und Abrüstung

Entwicklung und Armutsbekämpfung

Menschenrechte, Demokratie und gute Regierungsführung

Inwieweit lassen sich die drei Säulen der Nachhaltigkeit (Ökologie, Soziales, Ökonomie) in den Prinzipien und Handlungsfeldern wiederfinden?

Lokale Agenda 21

Begleitend zur Deklaration wurde die *Agenda 21* auf der Konferenz in Rio entwickelt *(agenda*, lat. = was zu tun ist). Es handelt sich um einen Aktionsplan für die nachhaltige Entwicklung im 21. Jahrhundert. Die Agenda 21 gliedert sich in 40 Kapitel. Darin werden die wichtigsten Aufgaben aller gesellschaftlichen Kräfte behandelt.

Dies sind zum Beispiel:
- Armutsbekämpfung und Entwicklungsmöglichkeiten in den Entwicklungsländern
- Gesundheitsfürsorge
- nachhaltige Siedlungsentwicklung
- Veränderung von Konsumgewohnheiten
- zukunftssichere Arbeitsplätze
- Umweltbildung
- ökologisch orientierte Wirtschaft
- soziale Gerechtigkeit
- Klimaschutz
- Energieeinsparungen
- Schutz der Naturressourcen
- Abfallvermeidung und -beseitigung

Für die Umsetzung auf kommunaler Ebene steht das Schlagwort „Global denken – lokal handeln". Das heißt, wie kann jede Stadt oder Gemeinde lokal zu einer weltweiten nachhaltigen Entwicklung beitragen? Dazu wird die örtliche Bevölkerung informiert, es werden Arbeitsgruppen zu Agenda-relevanten Themen gebildet und die Arbeitsergebnisse den kommunalen politischen Gremien zur Umsetzung vorgelegt.

Informieren Sie sich über die Lokale Agenda in Ihrer Gemeinde und laden Sie ggf. Referenten ein.

Öko-Audit

Während sich die Umweltverträglichkeitsprüfung auf geplante Vorhaben bezieht, prüft das *Öko-Audit* existierende Betriebe auf ihre Umweltauswirkungen (*audit*, engl. = Rechnungsprüfung). Es handelt sich um eine umwelttechnische und umweltrechtliche Betriebsprüfung. Geprüfte Betriebe und Produkte können sich zertifizieren lassen und Verbraucher durch ein entsprechendes Logo auf ihre nachhaltige Betriebsphilosophie hinweisen.

Suchen Sie z. B. im Supermarkt nach Produkten mit einem Logo, das auf ihre nachhaltige Entwicklung hinweist.

Bitten Sie um eine Besichtigung in einem vom Öko-Audit zertifizierten Betrieb Ihrer Region und informieren Sie sich vor Ort über die Gründe für die Beantragung der Prüfung.

Führen Sie an Ihrer Schule ein Öko-Audit durch: Erheben Sie in einer ersten Umweltprüfung den Energiekonsum, Rohstoffverbrauch (z. B. Papier, Wasser usw.) und das Abfallaufkommen. Formulieren Sie anschließend ein Programm, wie man das Ergebnis verbessern könnte, und nennen Sie entsprechende Maßnahmen zur Energie- und Rohstoffeinsparung sowie zur Müllvermeidung. Prüfen Sie nach der Umsetzung der Maßnahmen die erreichten Ziele in regelmäßigen Abständen.

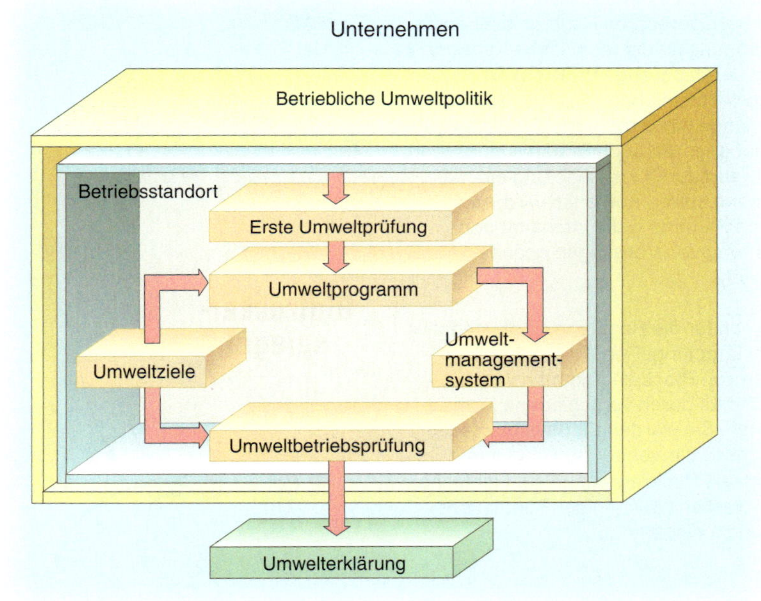

Umweltverträglichkeitsprüfung

Principle 17: Environmental impact assessment, as a national instrument, shall be undertaken for proposed activities that are likely to have a significant adverse impact on the environment and are subject to a decision of a competent national authority.

Von der Genehmigung eines Bauvorhabens wird durch die zuständige Behörde zunächst die Umwelterheblichkeit geprüft und gegebenenfalls eine *Umweltverträglichkeitsprüfung (UVP)*, veranlasst. Die UVP wird vom Vorhabensträger bezahlt und von Gutachtern durchgeführt, eine Beteiligung der Öffentlichkeit ist vorgeschrieben. Die UVP legt den Untersuchungsrahmen fest und stellt eine Prognose über die Umweltauswirkungen während der Bauphase, der Betriebsphase und im Falle eines Unfalles auf die verschiedenen Sektoren der Umwelt (Mensch, Flora, Fauna, Wasser, Luft, Boden, Landschaft, ...). Außerdem nennt sie mögliche Alternativen, Vermeidungs- und Ausgleichsmaßnahmen.

Informieren Sie sich über ein Bauvorhaben in Ihrer Region. Legen Sie in einer Diskussion mit verteilten Rollen (Vorhabensträger, Behörde, Gutachter, Öffentlichkeit) den Rahmen für die zugehörige UVP fest.

MARINE STEWARDSHIP COUNCIL

EG-System für das Umweltmanagement und die Umweltbetriebsprüfung

EMAS
GEPRÜFTE INFORMATION
REG.NR.DE-S-130-2400002

Welche Institutionen verbergen sich hinter diesen Logos? Womit befassen sie sich?

Basis Konzepte

Steuerung und Regelung

Organismen und Lebensgemeinschaften halten viele Zustandsgrößen in engen Grenzen, auch wenn innere oder äußere Faktoren sich kurzfristig erheblich ändern. Durch Regelung wird erreicht, dass diese Zustandsgrößen in einem funktionsgerechten Rahmen bleiben. In Anlehnung an die technische Kybernetik wird der dabei angestrebte Wert als *Sollwert* bezeichnet. Für bestimmte Vorgänge ist es möglich, diesen Sollwert gegebenen Veränderungen anzupassen. Während durch die Regelung ein Zustand aufrechterhalten wird, kann durch Steuerung die Intensität oder Richtung von Vorgängen geändert werden.

Typisch für die Regelung ist die negative Rückkopplung. Regelkreismodelle in Form von Blockdiagrammen verdeutlichen dies durch verschiedene Komponenten. Sie werden für physiologische Prozesse verwendet und sind meist komplex. Pfeildiagramme sind einfacher und werden häufig in der Populationsökologie eingesetzt.

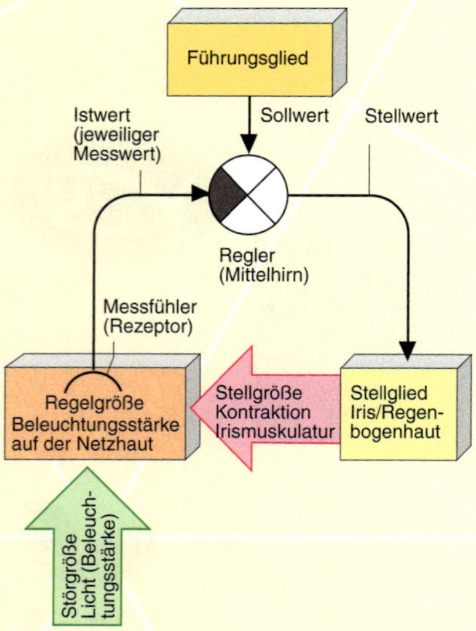

Pupillenreaktion

Pupillenreaktion

Der Pupillenreflex ist ein Beispiel einer Proportionalregelung: Bei verstärktem Lichteinfall verkleinert sich die Pupille, bei vermindertem Lichteinfall vergrößert sie sich jeweils entsprechend der augenblicklichen Regelabweichung.

Im Unterschied zur einfachsten Form des Regelkreises enthält dieses System bereits ein Führungsglied. Es ermöglicht eine Verstellung des Sollwerts. Vereinfachend lässt sich dies mit einer Wasserstandsregelung vergleichen.

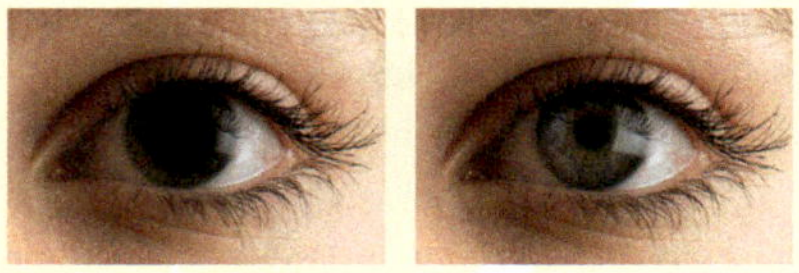

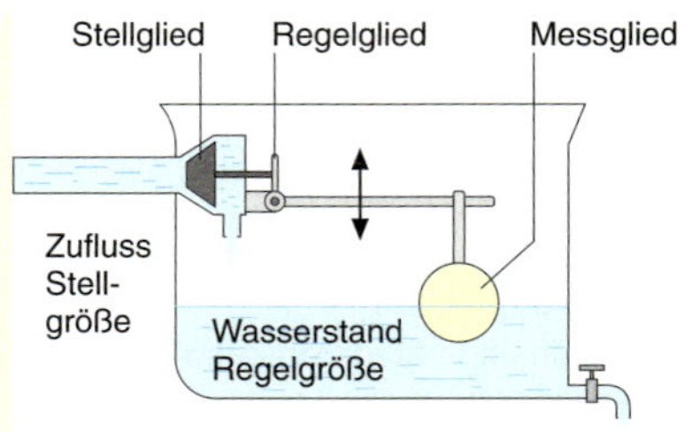

Automatische Wasserstandsregelung

Blutzuckerspiegel

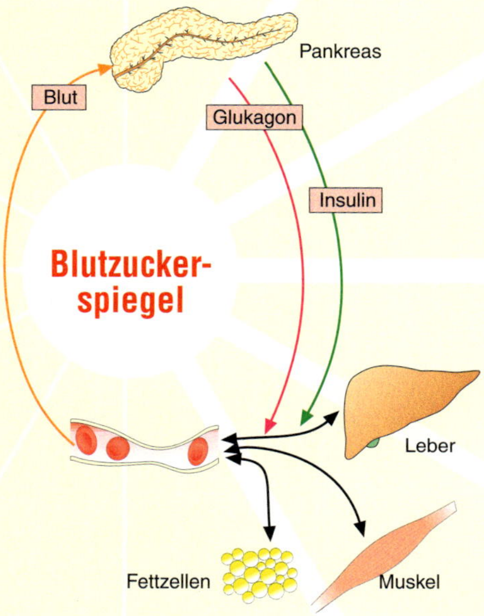

Blutzuckerspiegel

Zur Regelung des Blutzuckerspiegels greifen mehrere Regelkreise ineinander (vernetzte Systeme). Der Zuckergehalt des Blutes wird ständig gemessen und in einem Bereich von 60 – 120 mg Glucose pro 100 ml Blut gehalten. Daran sind zwei Hormone der Bauchspeicheldrüse (Insulin, Glukagon) beteiligt. Deren Aktivität wird wiederum von weiteren Organen, Nervensignalen und Hormonen beeinflusst. Faktoren wie Stress, Nahrungsaufnahme, Muskeltätigkeit oder Ruhe wirken als Störgrößen.

Körpertemperatur

Körpertemperatur

Vögel und Säugetiere sind in der Lage, ihre Körpertemperatur in engen Grenzen konstant zu halten. An dieser Regelung sind zwei ganz verschiedene Stellglieder beteiligt: Die Muskulatur zur aktiven Erwärmung und Schwitzen bzw. Hecheln zur aktiven Abkühlung.

Bei wechselwarmen Tieren übernehmen Verhaltensänderungen teilweise die Stellgliedfunktion: Reptilien im Hochgebirge oder in der Steppe regulieren ihre Körperwärme durch Sonnenbäder am Tag bzw. das Aufsuchen geschützter Höhlen in der Nacht.

● Zusammenhänge denken ● Zusammenhänge erkennen ● Zusammenhänge erarbeiten

Technische Beispiele

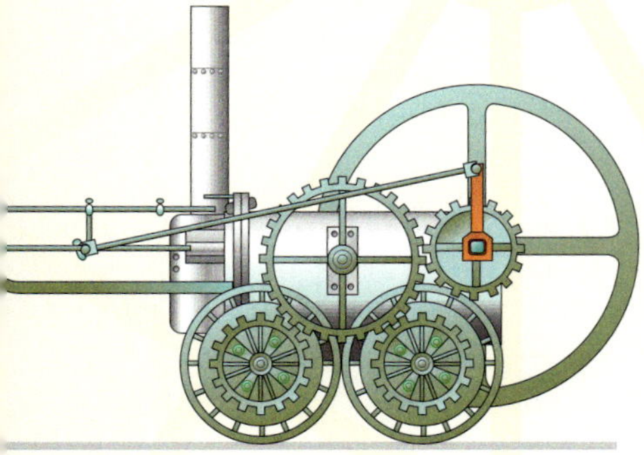

Technische Beispiele

Regelkreismodelle orientieren sich an der Technik: Heizkörper- bzw. Kühlschrankthermostate oder Regler am Bügeleisen halten voreingestellte Temperaturen konstant. In Industrie und Technik spielen aber auch andere Regelungsprinzipien seit dem Bau der ersten Dampfmaschine eine Rolle: Der 1788 von JAMES WATT (1736 – 1819) entwickelte Fliehkraftregler ermöglichte eine gleichmäßige Leistung der durch heißen Wasserdampf angetriebenen Maschinen. Kühlwasserregelsysteme in Kraftfahrzeugen sind z. B. mit Rohrsystemen gekoppelt, die eine möglichst große Austauschfläche besitzen.

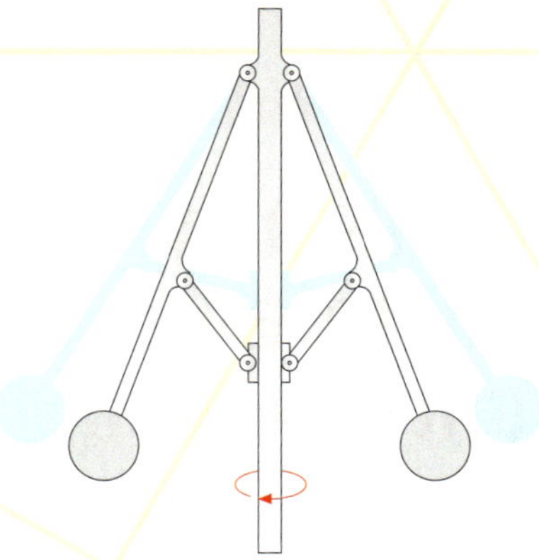

Populationsgrößen

Populationsgröße

Die Populationsgrößen verschiedener Arten einer Lebensgemeinschaft stehen miteinander in Wechselbeziehungen. Durch Rückkopplungen werden nur vorübergehend stabile Verhältnisse erreicht, die sich aber schnell entsprechend neuer Umweltbedingungen ändern können. Einen festgelegten Sollwert gibt es nicht.

Eine Zunahme der Individuenzahl verstärkt z. B. die innerartliche Konkurrenz um Ressourcen, führt zu einem Überangebot für Räuber oder Parasiten und zu einer erhöhten Gefahr der Ausbreitung von Infektionskrankheiten.

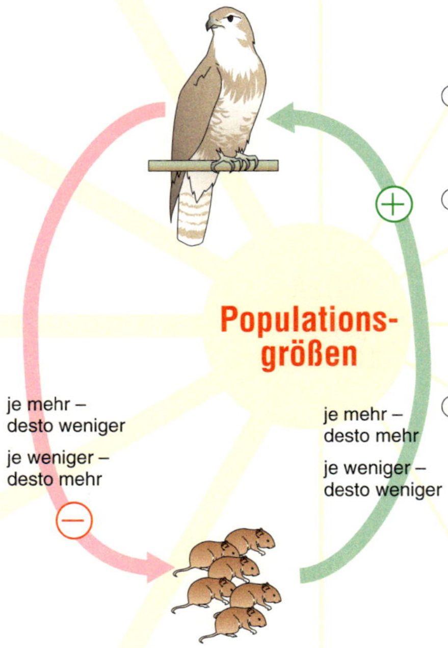

Gen- und Enzymaktivität

Gen- und Enzymaktivität

Endproduktrepression und Substratinduktion sind Beispiele für eine negative Genregulation, da sie durch Rückkopplung der Repressorproteine gesteuert werden. Positive Genregulation wird durch die Anlagerung von Aktivatorproteinen an eine Kontrollregion vermittelt. Bei beiden Vorgängen spielen allosterische Proteine eine Rolle. Diese können ihre räumliche Struktur durch Anlagerung von Effektoren ändern *(Konformationsänderung)*.

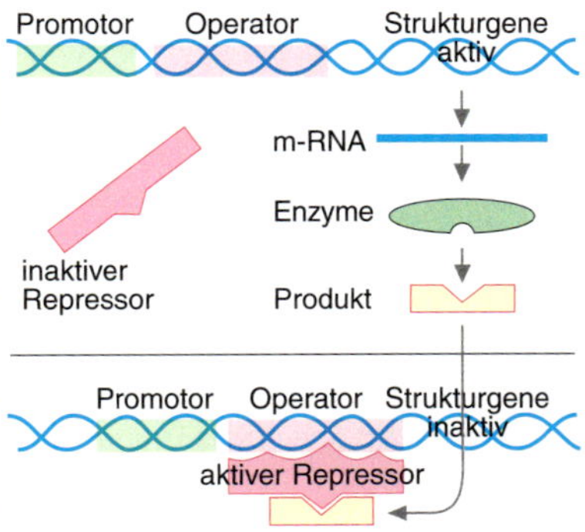

Aufgaben

① Verdeutlichen Sie die Unterschiede zwischen Steuerung und Regelung an einem Elektro-Spielzeugboot mit und ohne Fernbedienung.

② Die Regelung des Blutdrucks ist im Gegensatz zur Pupillenreaktion ein Beispiel für eine sogenannte „zeitliche Integralregelung“: Der Regelprozess erreicht trotz anhaltender Störgröße einen Sollwert und hält ihn ein. Erläutern Sie dies für Blutverluste infolge einer Verletzung.

③ Das Prinzip der negativen Rückkopplung beruht darauf, Abweichungen von einem Sollwert durch Gegenwirkungen zu verringern oder vollständig zu kompensieren. Andere Modelle sind mechanische Gleichgewichte, Überlaufsysteme, chemische Pufferung oder „feedforward-Systeme“. Informieren Sie sich darüber und erläutern Sie die Unterschiede.

④ Erläutern Sie die dargestellten technischen Regelsysteme und vergleichen Sie ihren Aufbau und ihre Funktion mit ausgewählten biologischen Systemen.

⑤ Positive Rückkopplung verstärkt sich selbstständig. Suchen Sie nach je einem Beispiel in Biologie und Technik. Erläutern Sie jeweils die Zusammenhänge.

⑥ Muskeln erhalten den Befehl, sich zu verkürzen, sowohl über α-Motoneurone als auch über γ-Fasern, die zu den Muskelspindeln führen. Bereiten Sie ein Kurzreferat zur gegenseitigen Beeinflussung von Muskelspindel und Muskel bei Kontraktion und Dehnung vor.

Basis Konzepte

Stoff- und Energieumwandlung

Lebewesen können nur existieren, indem sie ihrer Umwelt ständig Stoffe und Energie entnehmen, diese umwandeln und in anderer Form wieder abgeben. Es sind offene Systeme in einem Fließgleichgewicht. Dabei sind die meisten natürlichen Prozesse darauf abgestimmt, keinen „Abfall“ zu erzeugen und — angetrieben durch die Energie der Sonne — „rückstandsfrei“ zu arbeiten. Viele Produktionsverfahren der Menschen bauen mit Energieaufwand Rohstofflager ab und setzen sie — wiederum unter großem Energieaufwand — in Konsumgüter um, die dann zumindest teilweise auf Müllhalden landen.

Nachhaltigkeit

Nachhaltigkeit

Das „Prinzip der Nachhaltigkeit“ bezog sich im 19. Jahrhundert nur auf die Forstwirtschaft. Es bedeutete, dass nur soviel Holz geerntet werden sollte, wie in dem jeweiligen Anbaugebiet nachwächst. Der Begriff steht heute für die Nutzung eines Ökosystems, ohne dessen Ressourcen zu erschöpfen. Da der Mensch dieses Prinzip häufig in bedrohlicher Weise verletzt, wurde erstmals 1992 auf der Umweltkonferenz in Rio de Janeiro eine „nachhaltige Entwicklung“ *(sustainable development)* eingefordert. Entsprechend der später formulierten Agenda 21 werden damit Produktionsmethoden bezeichnet, die neben sozialen und ökonomischen Aspekten auch an einem schonenden Umgang mit den Ressourcen der Erde orientiert sind, wozu auch die Vielfalt der Arten gehört.

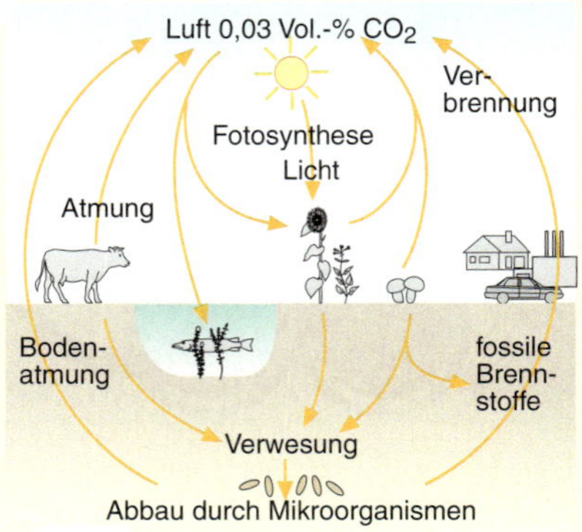

Fließgleichgewichte

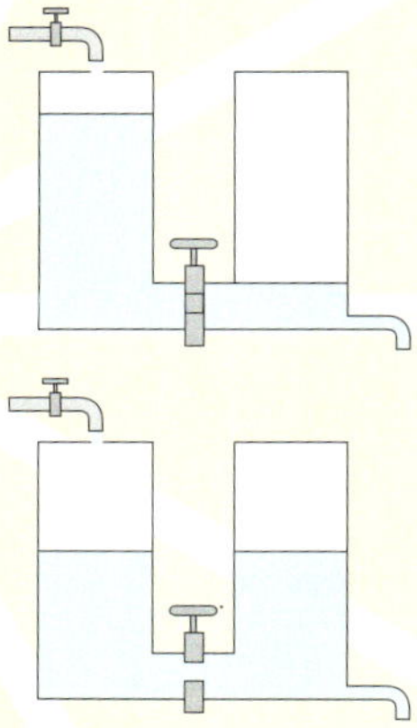

Fließgleichgewichte

Organismen zeigen Fließgleichgewichte in Bau- und Energiestoffwechsel. Auch ein ausgewachsener Mensch benötigt eine fortwährende Nährstoffzufuhr. Durch die Energieaufnahme stellen sich dann Fließgleichgewichte ein, denen Energie zur Verrichtung von Arbeit entnommen werden kann und die steuerbar sind. Seine Masse bleibt konstant. Fließgleichgewichte gibt es auf molekularer, zellulärer und organismischer Ebene und auf der Ebene von Ökosystemen.

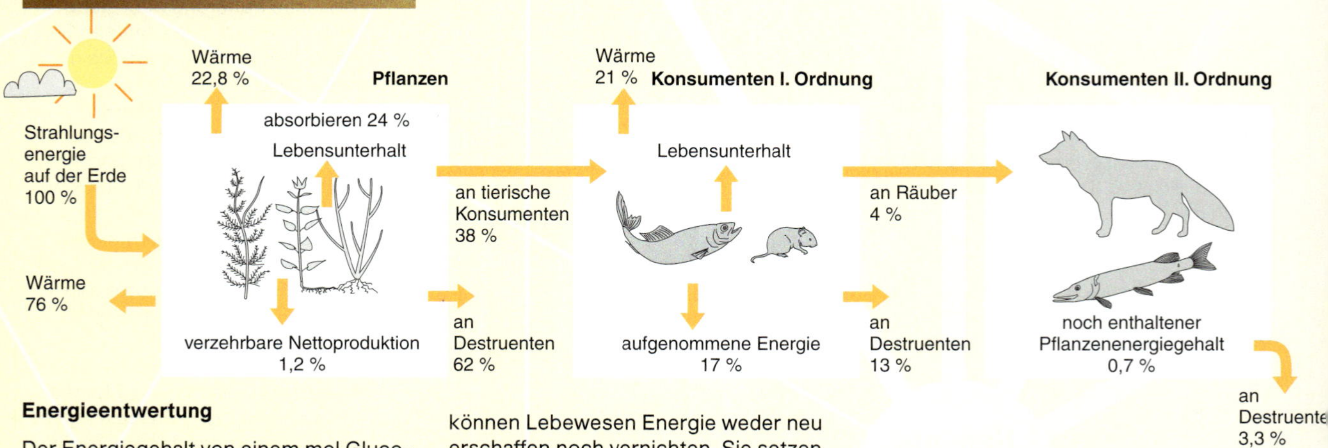

Energieentwertung

Energieentwertung

Der Energiegehalt von einem mol Glucose kann in der Zelle maximal zu 40 % genutzt werden. Ein Benzinmotor arbeitet mit einem Wirkungsgrad von 20 %. Nach den Hauptsätzen der Thermodynamik können Lebewesen Energie weder neu erschaffen noch vernichten. Sie setzen eine Energieform nur in eine andere um. Da stets Wärme an die Umgebung abgegeben wird, ist der Wirkungsgrad deutlich kleiner als 100 %.

● Zusammenhänge denken ● Zusammenhänge erkennen ● Zusammenhänge erarbeiten

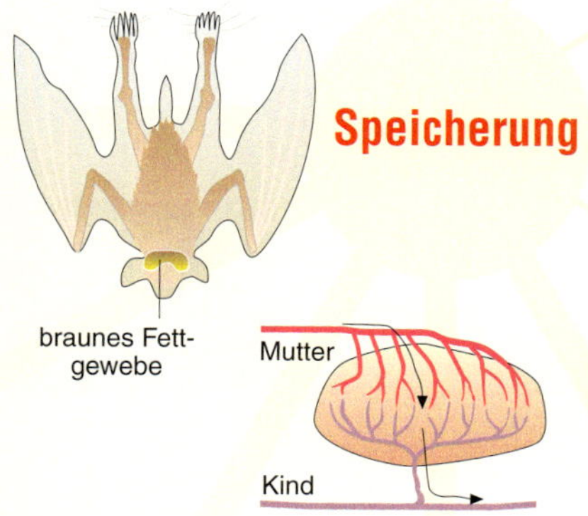

Speicherung

Wird mehr Energie bereitgestellt als verbraucht wird, kann der Organismus energiereiche Verbindungen als Vorrat für schlechte Zeiten anhäufen. ATP als die „universelle Energiewährung" im Zellstoffwechsel gewährleistet dabei die Übertragung zwischen Energie bereitstellenden und Energie benötigenden Reaktionen. Fette stellen häufig die Speicherform dar. Sie ermöglichen beispielsweise verschiedene Strategien zum Überleben kalter Jahreszeiten: Winterschläfer besitzen braunes Fettgewebe. Pflanzenkeimlinge nutzen Vorratsstoffe im Samen, Frühblüher die Vorräte in Wurzelstock und Zwiebel. Die Embryonalstadien von Tieren, die sich noch nicht selbstständig ernähren können, sind auf Reservestoffe der Eier oder die unmittelbare Versorgung über den Mutterkuchen angewiesen.

Assimilation und Dissimilation

Ohne die Fotosynthese gäbe es auf der Erde kein Leben in der uns bekannten Form. Der Aufbau energiereicher organischer Verbindungen aus energiearmen anorganischen Molekülen mithilfe des Sonnenlichts ist aber nur eine Form der Assimilation. Hierunter versteht man allgemein die Überführung körperfremder Ausgangsstoffe in körpereigene Substanzen. Alle Lebewesen beziehen die für die Lebensprozesse notwendige Energie aus der Dissimilation, die durch den schrittweisen Abbau der organischen Verbindungen mithilfe von Enzymen gekennzeichnet ist. „Baustoffwechsel" und „Betriebsstoffwechsel" sind durch gemeinsame Zwischenprodukte vernetzt.

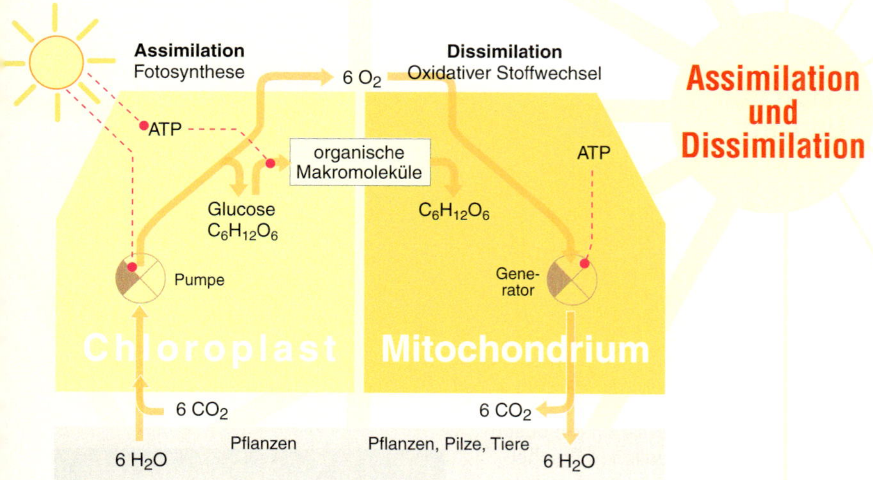

Aufgaben

① Die Reaktionsgeschwindigkeit-Temperatur-Regel (RGT-Regel) besagt, dass durch eine Temperaturerhöhung um 10 °C die Reaktionsgeschwindigkeit um das 2- bis 4-fache steigt. Belegen Sie die Gültigkeit dieser Regel an Beispielen aus der Biologie.

② Die Zellatmung hat für die Energiegewinnung aerober Organismen eine zentrale Bedeutung. Welche Stoffwechselwege münden in die Glykolyse, den Tricarbonsäurezyklus und die Atmungskette? Vergleichen Sie diese Vernetzungen mit einem geeigneten technischen Beispiel.

③ Auf den ersten Blick erscheint es energetisch günstiger, ein Konformer zu sein. Auch in die ungeschlechtliche Fortpflanzung scheinen Organismen weniger Energie investieren zu müssen. Trotzdem sind zahlreiche Tierarten Regulierer bzw. pflanzen sich erst nach aufwändiger Partnersuche fort. Beurteilen Sie dies.

④ Je höher die Körpertemperatur eines Tieres ist, desto schneller kann es sich bewegen. Analysieren Sie die begrenzenden Faktoren.

⑤ Manche Samen und Dauerstadien von Tieren können sehr lange Zeiträume überdauern. Wie gelingt das?

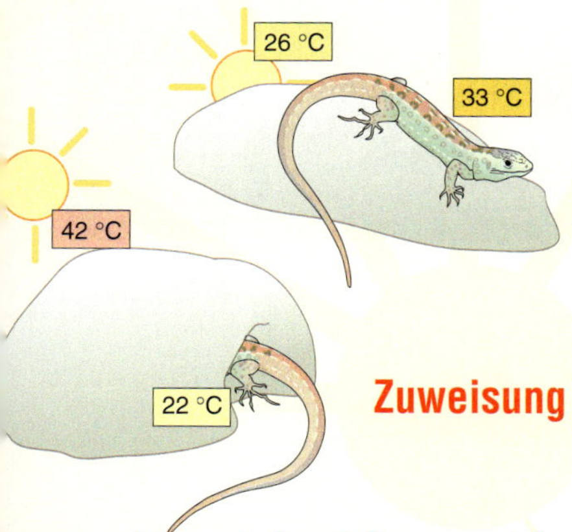

Prinzip der Zuweisung

Jedem Organismus steht nur eine beschränkte Energiemenge zur Verfügung, die er in verschiedene Prozesse oder Verhaltensweisen investieren kann. *Konformer* wie Heuschrecken, Krabben oder Amphibien können mehr Energie in Wachstum und Reproduktion investieren als *Regulierer*, die hohe Energieanteile zur Aufrechterhaltung der individuellen Anpassungsprozesse nutzen. Offensichtlich lohnt sich aber diese Investition und ermöglicht die Besiedlung klimatisch ungünstiger Bereiche.

usammenhänge denken ● Zusammenhänge erkennen ● Zusammenhänge erarbeiten ●

Basis Konzepte

Variabilität und Angepasstheit

Betrachtet man die Gliedmaßen der Wirbeltiere und ihren Körperbau, so ergeben sich meist eindeutige Hinweise auf Lebensraum und Lebensweise. Eine derartige Beziehung zwischen Bau, Funktion und Umwelt gilt für alle Lebewesen. Als *Angepasstheit* wird sie dann bezeichnet, wenn eine Struktur und die damit verbundene Funktion das Überleben der Organismen fördert. Ein Beispiel ist der Hase, der sich eng an den Boden drückt und durch seine Fellfarbe gut getarnt ist. Dieser im Verlauf der Evolution erreichte Zustand wird häufig von dem Prozess der *Anpassung* unterschieden. Damit ist nicht eine schrittweise genetische Veränderung über mehrere Generationen gemeint, sondern die individuelle Anpassung, wie sie z. B. das Chamäleon demonstriert bzw. wie sie durch Modifikationen hervorgerufen wird.

Angepasstheit wird durch *Variabilität* ermöglicht und durch Selektion bewirkt. Variabilität bedeutet, dass sich Individuen, Zellen, Programme, Funktionen, Strukturen oder Strategien unterscheiden. Einige dieser Varianten erfüllen die Anforderungen der Lebensbedingungen besser als andere. Ist dies genetisch fixiert, unterliegen sie der Selektion und bleiben bevorzugt erhalten oder sterben aus. Dadurch entsteht – im Verlauf vieler Schritte bzw. Generationen – die *Angepasstheit* bezüglich der augenblicklichen Umwelt.

Plastizität

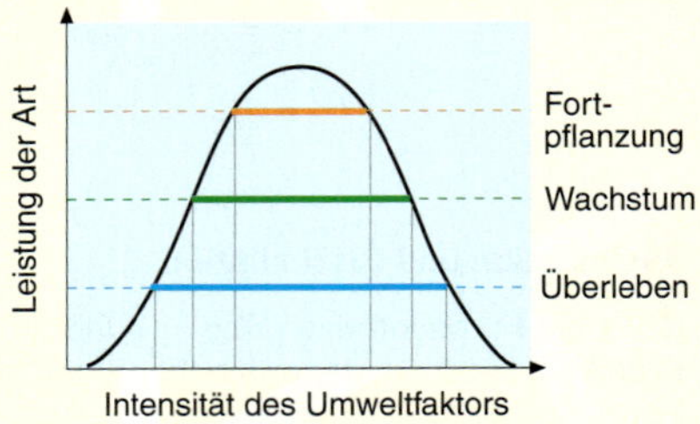

Plastizität

Der Fähigkeit von Lebewesen zur individuellen Anpassung liegen Genotypen zugrunde, die abhängig von der Umwelt unterschiedliche Phänotypen entstehen lassen (im Gegensatz zum genetisch fixierten Polymorphismus). Dadurch entstehen sichtbare *Modifikationen*. Auch das Nervensystem passt sich anatomisch an gemachte Erfahrungen an *(Neuroplastizität)*. Unter ökologischen Gesichtspunkten ist die Plastizität die Fähigkeit der Organismen, in bestimmten Bereichen eines oder mehrerer Umweltfaktoren über längere Zeit zu existieren *(Reaktionskurve)*.

Gestalt und Umwelt

Gestalt und Umwelt

Durch eine ähnliche Lebensweise können unabhängig von der Verwandtschaft der Arten weitgehende Übereinstimmungen in der Form und Gestalt des Körpers oder einzelner Organe entstehen. Ein bekanntes Beispiel für diese *Konvergenz* ist die strömungsgünstige Körperform verschiedener Wirbeltierarten. Umgekehrt können sich aber auch – wie die Darwinfinken zeigen – Gründerpopulationen in zahlreiche neue Arten auffächern, wenn die Umwelt dies zulässt *(adaptive Radiation)*. Frösche oder Insekten verändern sich im Verlauf der Individualentwicklung *(Metamorphose)*.

Polymorphismus

Polymorphismus bedeutet, dass die Individuen in einer Population genetisch bedingt ein unterschiedliches Erscheinungsbild zeigen, aber keine Unterarten oder Rassen darstellen. Zwischen den verschiedenen Phänotypen muss es keine kontinuierlichen Übergänge geben, wie z. B. der Saisondimorphismus des Landkärtchens zeigt. Einige Pflanzen des Weißklees setzen z. B. Blausäure als Reaktion auf Pflanzenfresser frei, schützen sich aber dort nicht, wo wenig Schnecken vorkommen. Blausäure freisetzende Pflanzen sind empfindlicher gegenüber Frost und Infektionen.

Polymorphismus

● Zusammenhänge denken ● Zusammenhänge erkennen ● Zusammenhänge erarbeiten

Biochemische Anpassung

Biochemische Anpassung

Organismen können die meisten Stoffwechselprozesse veränderten Umweltbedingungen anpassen und dann auf dieser Basis durch Regulation wieder konstant halten. Menschen, die in großer Höhe leben, sind z. B. an ein vermindertes Sauerstoffangebot durch *erhöhte Hämoglobinkonzentrationen* angepasst. Insekten und Amphibien produzieren bei extrem niedrigen Temperaturen *Gefrierschutzproteine*, die Eisbildung in der Körperflüssigkeit verhindern. Im Gehirn der Regenbogenforelle variiert die Acetylcholinesterase in Abhängigkeit von der Temperatur. Auch die verstärkte Ausbildung von Muskeln bei häufigem Gebrauch kann auf biochemische Prozesse zurückgeführt werden.

Klonselektion im Immunsystem

Klonselektion im Immunsystem

Das Immunsystem stellt unermesslich viele B-Zellen her, von denen jede einen anderen Antikörper bilden kann. Nur die Zelle, die ein Antigen erkannt hat, vermehrt sich und stellt als Plasmazelle den passenden Antikörper in großen Mengen her. Dadurch findet eine selektive Produktion von jenen Antikörpern statt, die der Bekämpfung der Eindringlinge dienen.

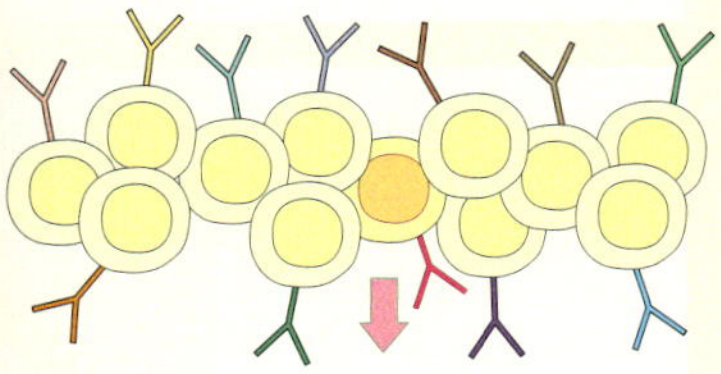

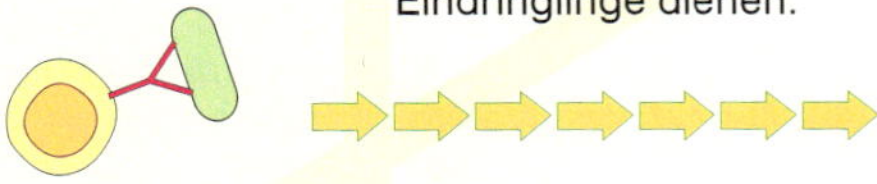

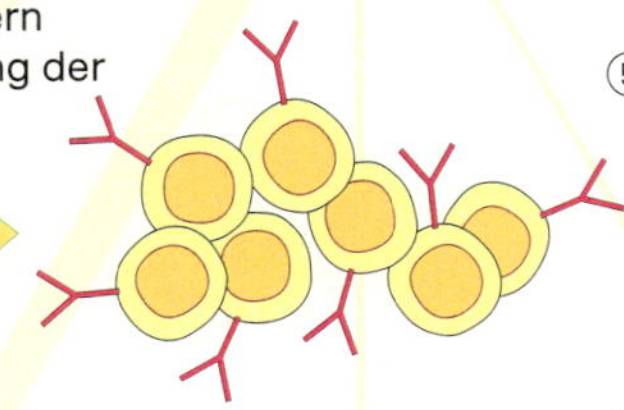

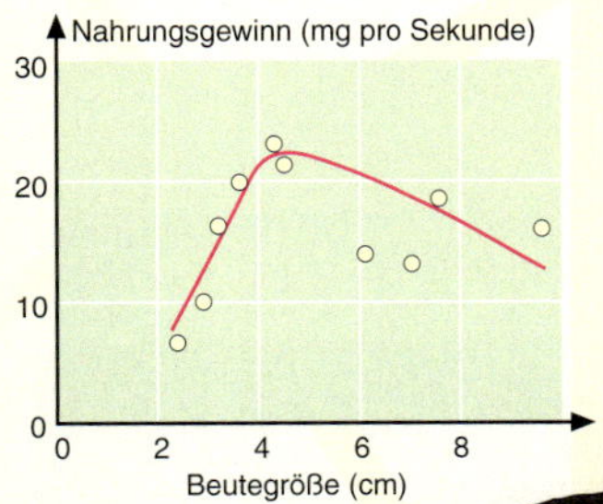

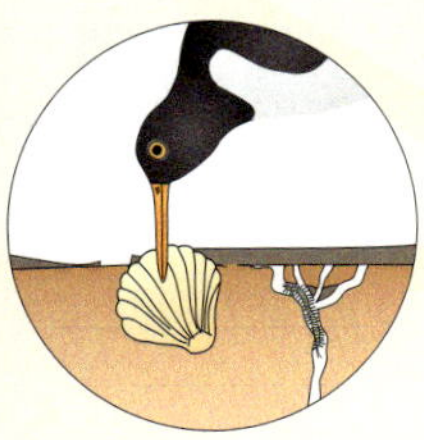

Optimierung

Optimierung

Ziel einer Optimierung kann es sein, mit einem Minimum an Aufwand äußerst komplexe Leistungen zu erreichen und unter dem Aspekt der Wirtschaftlichkeit die Ressourcen zu schonen. Biologen untersuchen ähnlich wie Wirtschaftswissenschaftler Gewinn und Verlust, in der Biologie aber bezogen auf Kosten und Nutzen der in der Evolution entstandenen Angepasstheiten. Als Kosten gelten die Energiemengen, die investiert werden; der Nutzen bezieht sich z. B. auf das Verhalten im Sinne von Fitnessmaximierung *(Adaptationswert)*.

Aufgaben

① Man sagt, die Selektion arbeitet nach dem Schrotschussprinzip. Erläutern Sie dies.

② Suchen Sie nach je einem Beispiel für genetisch fixierten Polymorphismus, balancierten Polymorphismus sowie Plastizität und vergleichen Sie die Beispiele.

③ Nach Hirnverletzungen können Betroffene unter entsprechender Therapie bestimmte Tätigkeiten wieder erlernen oder vollständig gesund werden. Worauf beruht das und wie lässt es sich erklären?

④ Biochemische Anpassungen können auf Veränderung der Genexpression oder der Enzymaktivität beruhen. Erläutern Sie dies.

⑤ Durch die Evolution lässt sich einerseits die hohe Diversität der Lebensformen erklären, andererseits aber auch die Tatsche, dass alle Organismen gemeinsame Kennzeichen des Lebendigen aufweisen. Begründen Sie dies.

⑥ Prüfen Sie die Eignung des Begriffs „Überleben des Stärkeren" zur Beschreibung der Selektion.

⑦ Viele Krankheitserreger lassen sich durch Antibiotika nicht mehr bekämpfen. Beschreiben Sie den Prozess der Resistenzbildung und ermitteln Sie den Bezug zu Variabilität und Angepasstheit.

⑧ In der medizinischen oder industriellen Forschung wird ein Ausgangsstoff in kleinen Schritten gezielt oder zufällig verändert und dann auf Wirksamkeit geprüft. Vergleichen Sie dies mit der biologischen Evolution.

⑨ Vergleichen Sie die Umfärbung der Scholle, eines Hermelins im Winter und die Tarnfarbe eines Feldhasen unter dem Aspekt von Anpassung und Angepasstheit.

Basis Konzepte

Geschichte und Verwandtschaft

"Nothing in biology makes sense except in the light of evolution." Dieser Satz von THEODOSIUS DOBZHANSKY (1900 – 1975) verdeutlicht, dass alle Beobachtungen in der Biologie letztlich durch die Evolutionsprozesse erklärt werden können. Alle heute existierenden Arten einschließlich des Menschen haben einen gemeinsamen Ursprung. Über die Zeit betrachtet ist nur die Dauer der gemeinsamen Entwicklung unterschiedlich. Das Maß für diese gemeinsame Geschichte ist der Verwandtschaftsgrad.

Die heute zu beobachtende Vielfalt der Lebewesen lässt sich aus der Geschichte und Verwandtschaft erklären, die wiederum in enger Verbindung zu den Konzepten von „Variabilität und Angepasstheit" und „Reproduktion" stehen.

Kennzeichen des Lebendigen

Kennzeichen des Lebendigen

Stoffwechsel, zelluläre Organisation, Wachstum, Fortpflanzung, Reizbarkeit, Regulationsfähigkeit, Bewegung und Angepasstheit sind Kennzeichen des Lebendigen. Diese wenigen Kriterien charakterisieren – wenn alle zusammen zutreffen – ein Lebewesen. Sie sind seit der Entstehung der Organismen stabil. Daraus hat sich eine hohe Diversität der Lebensformen auf allen Organisationsebenen entwickelt.

Zufallsprinzip

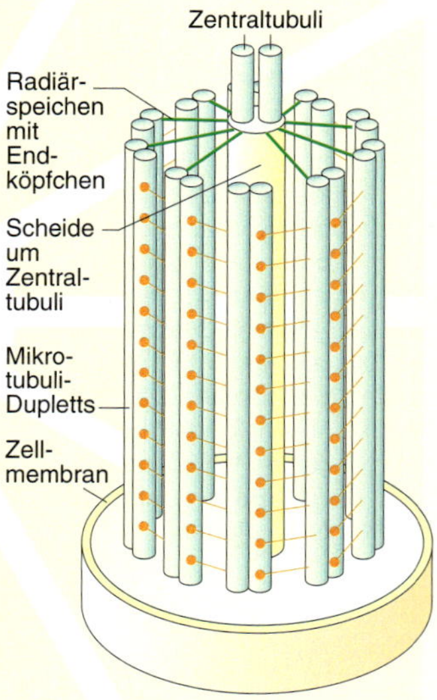

Zufallsprinzip

Mutationen sind ebenso zufällig wie die Tatsache, dass sich ausgerechnet fünf Finger oder sieben Halswirbel entwickelt haben. Trotzdem unterschieden sich diese „Zufälle": Für einige – die objektiv zufälligen Entwicklungen – lassen sich keine Ursachen und für andere – subjektiv zufälligen – keine Erklärungen in Form von Angepasstheiten finden. Die Zahl der Mikrotubuli bei Geißeln und Wimpern in einer 9 x 2 + 2-Anordnung an sich scheint zufällig, das Vorhandensein bei allen Eukaryoten wird aber durch Abstammung von einer gemeinsamen Urform erklärt.

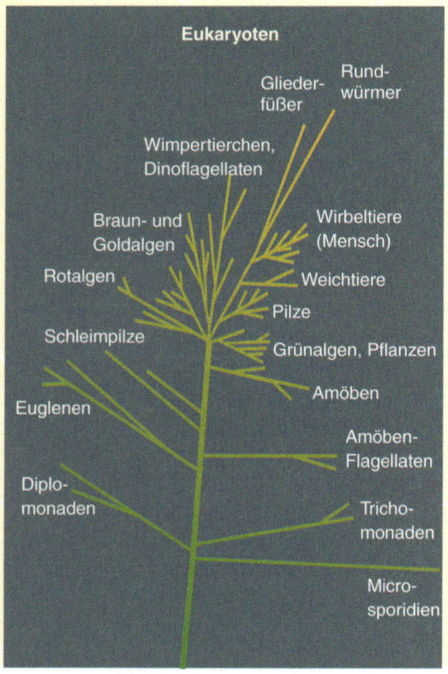

Systematik

Systematik

Verwandtschaften können z. B. in Form eines Stammbaums aufgezeigt werden. Bei jeder neuen Erkenntnis müssen diese Stammbäume angepasst werden. So rücken zur Zeit Archaebakterien aus heißen Quellen oder schwarzen Rauchern – das sind Minivulkane am Grund der Tiefsee – zunehmend ins Zentrum der Forschung. Diese Extremophilen bevorzugen hohe Temperaturen oder Schwefelkonzentrationen, Erdöl oder Salzseen. Der innere Aufbau der Archaebakterien stellt sie zwar in die Nähe der bisher bekannten Bakterien, ihre Biochemie weist aber so viele Besonderheiten auf, dass Systematiker ihnen eine Sonderstellung geben.

● Zusammenhänge denken ● Zusammenhänge erkennen ● Zusammenhänge erarbeite

Einmaligkeit

Einmaligkeit

Ein naturwissenschaftliches Experiment führt im Allgemeinen unter gleichen Voraussetzungen bei einer Wiederholung zum gleichen Ergebnis. Der Ablauf der Evolution des Lebens auf der Erde ist hingegen ein historisch einmaliger Prozess, der sich selbst bei gleichartigen Anfangsbedingungen nicht identisch wiederholen könnte. Da er nicht reproduzierbar ist und sich gängigen experimentellen Methoden verschließt, sind nur indirekte Schlüsse, etwa aus *Fossilien,* möglich. Obwohl Arten und Individuen als solche einmalig sind, zeichnen sie sich durch gemeinsame Bau- und Funktionsprinzipien bei allen Lebewesen aus.

Funktionale Fragen

Die Angepasstheiten der Lebewesen an ihre Umwelt sehen so auffällig nach gezielter Gestaltung aus, dass sie bis zur Formulierung des Prinzips der natürlichen Selektion als Beweis für die Existenz Gottes galten. Während in anderen Naturwissenschaften die Fragen „Was?“, „Wie?“ und „Warum?“ bearbeitet werden, auf die es nur beschreibende und kausal begründende Antworten gibt, stellt die Biologie auch die funktionale Frage nach der biologischen Bedeutung: „Wozu?“. Ohne Antwort auf diese Frage sind die Eigenschaften der Lebewesen nicht zu verstehen. In allen anderen Naturwissenschaften ist diese Frage sinnlos.

Funktionale Fragen

Wechselseitige Beziehungen

Blüten und ihre Bestäuber zeigen, dass der Bau einer Blüte genau an die Tierart angepasst sein kann, welche die Pollen transportiert. Derartige wechselseitige Beziehungen zwischen verschiedenen Arten führen zu Spezialisierungen auf beiden Seiten. Diese *Koevolution* gilt für Symbiosen, Räuber-Beute-Systeme oder Parasit-Wirt-Beziehungen. Dringen Arten in fremde Ökosysteme vor, fehlt der wechselseitige Anpassungsprozess. Aussterben oder Massenvermehrung der Eindringlinge kann die Folge sein. Werden einzelne Gruppen wie z. B. Inselpopulationen vom Prozess abgeschnitten, können neue Arten entstehen.

Wechselseitige Beziehungen

Aufgaben

① „Der genetische Code ist universell und redundant.“ Erläutern Sie diese Behauptung und den Bezug zum vorliegenden Thema.

② Gilt das Zufallsprinzip auch für die Koevolution? Diskutieren Sie mögliche Zusammenhänge.

③ Suchen Sie nach je einem Beispiel für „Zweckmäßigkeit“ aus den Bereichen Biologie, Medizin und Technik. Welche Kriterien liegen der Auswahl zugrunde?

④ Lebewesen besitzen im Unterschied zu nicht lebenden Systemen ihr eigenes, über Millionen Jahre optimiertes, genetisches Programm. Betrachten Sie mögliche Auswirkungen der Gentechnik unter evolutionären Gesichtspunkten.

⑤ Analysieren Sie die besonderen Einflüsse, denen Inselpopulationen ausgesetzt sind, unter genetischen und evolutionsbiologischen Aspekten.

⑥ Das Aktualitätsprinzip wurde von C. LYELL (1797 – 1875) formuliert. Er versuchte, in der Vergangenheit abgelaufene Prozesse nur durch solche Kausalfaktoren zu erklären, die auch heute wirksam und daher analysierbar sind. Welche Evolutionsfaktoren könnten demgemäß zur biologischen Vielfalt geführt haben?

abiotisch
durch die unbelebte Natur bedingte physikalische und chemische Einflüsse (siehe *Umweltfaktor)*

Abyssal (Tiefsee)
Tiefenbereich der Ozeane, der durch absolute Dunkelheit und hohen hydrostatischen Druck geprägt ist

aerob
werden Stoffwechselprozesse genannt, die nur in Gegenwart von Sauerstoff ablaufen bzw. die Lebensweise in sauerstoffhaltiger Umgebung (vgl. *anaerob)*

Algenblüte (Planktonblüte)
Massenentwicklung von Phytoplankton

Allen-Regel
Abstehende Körperteile sind bei gleichwarmen Tieren kalter Gebiete häufig kleiner entwickelt als bei nahe verwandten Formen in wärmeren Klimazonen.

anaerob
werden Energiestoffwechselprozesse genannt, die ohne Beteiligung von Sauerstoff ablaufen bzw. die Lebensweise von Organismen in sauerstofffreier Umgebung (vgl. *aerob)*

Angepasstheit
Eigenschaft eines Lebewesens, die sein Überleben in einer bestimmten Umwelt fördert

Anpassung
Prozess, in dessen Verlauf Individuen Eigenschaften aufweisen, die für das Überleben förderlich sind

Antibiose
Wechselbeziehung zwischen zwei Arten, von der ein Partner Vorteile, der andere Nachteile hat (z. B. Parasit / Wirt, Räuber/ Beute, Pflanzenfresser / Pflanze)

Antikörper
Proteinmoleküle in den Körperflüssigkeiten der Wirbeltiere, die spezifisch andere Moleküle *(Antigene)* binden können

Art
Man unterscheidet zwei verschiedene Definitionen, je nach Zusammenhang:
morphologische Art: eine Gruppe von Lebewesen, die in wesentlichen Merkmalen übereinstimmen
genetische bzw. biologische Art: alle Individuen, die unter natürlichen Bedingungen derselben Fortpflanzungsgemeinschaft angehören, deren Gene damit demselben Genpool angehören, der von anderen Genpools isoliert ist.

Arten-Areal-Kurve
Die grafische Darstellung der Beziehung zwischen Probenflächen (x-Achse) und Artenanzahl (y-Achse) ergibt eine zunächst steil ansteigende Kurve, die sich dann asymptotisch einem Maximalwert nähert; dient zur Ermittlung der repräsentativen Probengröße (Minimalareal) für die Artenanzahl.

Assimilation
Energiestoffwechsel: Aufbau organischer Substanzen aus anorganischen Ausgangsstoffen; auch Umbau aufgenommener Nährstoffe in körpereigene Stoffe

Atmung
äußere Atmung: Sauerstoff- und Kohlenstoffdioxidaustausch zwischen Organismen und der Umgebung;
innere Atmung bzw. Zellatmung: Reaktionen in den Zellen, bei denen aus energiereichen Stoffen und Sauerstoff die chemisch gebundene Energie in andere Energieformen umgesetzt wird

ATP (Adenosintriphosphat)
molekularer Energiespeicher und -überträger in allen Zellen

Auftriebszone
Meereszone in Küstennähe, in der durch ablandige Winde kaltes, mineralstoffreiches Tiefenwasser an die Wasseroberfläche gelangt und die Produktion anregt

Autökologie
Teilbereich der Ökologie, der sich mit den Beziehungen einer Art zu seiner Umwelt beschäftigt (vgl. *Synökologie, Populationsökologie)*

Autotrophie
Ernährungsweise, bei der nur anorganische Stoffe für den Baustoffwechsel benötigt werden. Die notwendige Energie stammt aus dem Licht *(Fotosynthese)* oder anorganischen Reaktionen *(Chemosynthese);* vgl. *Heterotrophie*

Bathyal (Dämmerlichtzone)
Tiefenbereich der Ozeane, der durch sehr schwaches Licht gekennzeichnet ist, das zwar für die Orientierung, aber nicht für die Fotosynthese ausreicht

Benthal
Bodenzone von Gewässern; Organismen (Benthos) leben in und auf dem Bodengrund

Bergmann-Regel
Bei nahe verwandten, gleichwarmen Tierarten ist die Körpergröße in kalten Lebensräumen größer als in warmen Lebensräumen.

Bioakkumulation
Anreicherung von Substanzen im Körper durch die Aufnahme mit der Nahrung; besonders wichtig bei Schadstoffen

Biodiversität (Mannigfaltigkeit)
Begriff für die Vielfalt des Lebens; umfasst genetische Vielfalt, Artenvielfalt (Diversität im engeren Sinne) und Lebensraumvielfalt. Die Erhaltung der Biodiversität ist ein Leitbild im Naturschutz.

Bioindikator *(Indikatororganismus)*
Zeigerart, die durch ihr Vorkommen auf bestimmte Umweltbelastungen schließen lässt

Biomasse
die gesamte Masse (bzw. Trockenmasse) aller Lebewesen in einem Lebensraum; wird oft nur auf bestimmte Teilbereiche (Populationen, Trophiestufen etc.) bezogen

Biosphäre
der vom Leben erfüllte Raum des Planeten Erde

Biosphärenreservat
größere naturnahe Kulturlandschaft, die im Rahmen des weltweiten UNESCO-Programmes Mensch und Biosphäre (Man and Biosphere) geschützt wird

biotisch
durch Lebewesen bedingt oder beeinflusst (siehe *Umweltfaktor)*

Biotop
Lebensraum einer Lebensgemeinschaft

Biotopverbund
Naturschutzmaßnahme, bei der Einzelbiotope durch Korridore (z. B. Hecken) und Trittsteine (z. B. Feldgehölze) verknüpft werden

Biozönose
Lebensgemeinschaft aller Organismen in einem Lebensraum

biozönotische Grundprinzipien
In Lebensräumen mit vielseitigen Lebensbedingungen leben viele Arten mit jeweils geringer Dichte, in einseitigen oder extremen Lebensräumen leben wenige Arten mit hohen Dichten.

Bottom up — Top down
Schlagworte für die Dichteregulation in einer Biozönose; diese kann entweder von den unteren Trophiestufen und der Bereitstellung von Nahrung ausgehen oder durch die oberen Trophiestufen und deren Fressaktivität erfolgen

Brackwasser
Wasser mit einem mittleren Salzgehalt zwischen dem von Meerwasser (> 30‰) und dem von Süßwasser ($< 0{,}5$‰)

Bruttoprimärproduktion
die gesamte durch *Fotosynthese* oder *Chemosynthese* gebildete Biomasse in einer bestimmten Zeit (siehe *Nettoprimärproduktion)*

BSB
biologischer Sauerstoffbedarf; er gibt an, wie viel im Wasser gelöster Sauerstoff in einer festgelegten Zeit für den biologischen Abbau der organischen Abwasserinhaltsstoffe notwendig ist

chemoautotroph
Ernährungsweise, bei der nur anorganische Stoffe für den Baustoffwechsel benötigt werden. Die notwendige Energie stammt aus anorganischen Reaktionen (Chemosynthese).

Chloroplast
chlorophyllhaltiges Organell pflanzlicher Zellen, in dem die Fotosynthese abläuft

Denaturierung
durch Hitze, organische Lösungsmittel, pH-Wert-Änderungen oder Salze verursachte Konformationsänderung von *Nucleinsäuren* oder *Proteinen (Enzymen)*; Denaturierung ist in der Regel mit Funktions- oder Aktivitätsverlust verbunden

Destruent (Reduzent)
Organismus, der sich von totem organischem Material ernährt und es zu anorganischer Substanz abbaut

Detritus
organische Reststoffe, die beim Zerfall von Organismen entstehen und sich z. B. als flockige Masse auf dem Grund von Gewässern ablagern

Dichteanomalie
Bei Flüssigkeiten nimmt die Dichte normalerweise mit fallender Temperatur bis zum Erstarrungspunkt zu. Süßwasser jedoch besitzt seine höchste Dichte nicht am Gefrierpunkt (0 °C), sondern darüber (4 °C).

Diffusion
Konzentrationsausgleich durch Vermischung verschiedener Teilchen aufgrund der Brown'schen Molekularbewegung

Dissimilation
Gesamtheit aller abbauenden Stoffwechselwege, bei denen chemisch gebundene Energie energiereicher Stoffe in andere Energieformen umgewandelt wird

Diversität
Arten-Mannigfaltigkeit in einem Ökosystem; bei gleicher Artenanzahl haben solche Biozönosen eine geringere Diversität, bei denen einzelne Arten gegenüber anderen stark dominieren (vgl. *Biodiversität)*.

Diversitätsindex
Maßeinheit für die Diversität in einer Biozönose, die einen Vergleich von Biozönosen ermöglicht. Der Zahlenwert berücksichtigt sowohl die Anzahl der Arten als auch die Verteilung der Dichteanteile (Häufigkeitsverteilung). Ein gängiger *Diversitätsindex* ist der Diversitätsindex nach SHANNON.

Elastizität
Aspekt der Stabilität eines Ökosystems; bezeichnet die Fähigkeit, nach einer äußeren Störung den ursprünglichen Zustand von Biomasse und Artenzusammensetzung wiederherzustellen (vgl. *Konstanz, Resistenz)*

Elterninvestment
Fürsorgeaufwand, den Eltern in die Aufzucht von Nachkommen investieren, der dessen Überlebenswahrscheinlichkeit erhöht, aber die Eltern teilweise daran hindert, weitere Nachkommen zu produzieren

Emission
Abgabe von (Schad-) Stoffen oder Strahlung an die Umgebung

Endoxidation
im aeroben Stoffwechsel in den Mitochondrien: Übertragung von Elektronen von wasserstoffhaltigen Verbindungen auf Sauerstoff unter Bildung von Wasser. Die bei dieser Reaktion frei werdende Energie wird für die ATP-Bildung benötigt.

Energie
Fähigkeit eines Systems Arbeit zu verrichten; Energie entsteht oder verschwindet nicht, sondern verschiedene Energieformen werden ineinander umgewandelt

Energiefluss
Weitergabe von Energie in Form energiereicher Stoffe in einer Nahrungskette

Enzym
Protein, das als Biokatalysator die Aktivierungsenergie einer chemischen Reaktion herabsenkt und dadurch Stoffwechselprozesse bei Körpertemperatur effektiv ermöglicht

Epilimnion
obere warme Wasserschicht in Gewässern, die durch eine deutliche Temperaturdifferenz vom Tiefenwasser abgegrenzt ist (siehe *Hypolimnion)*

Epiphyt (Aufsiedler)
Pflanze, die auf anderen Pflanzen wächst; sie nutzt die günstigeren Lichtverhältnisse und ist in spezieller Weise an den Mineralstoff- und Wassermangel in diesem Lebensraum angepasst; besonders häufig im tropischen Regenwald (Bromelien, einige Orchideen, Moose, Farne, Flechten)

Ernährungsstrategie
auf die Bedürfnisse und Möglichkeiten abgestimmte Form der Auswahl und Beschaffung von Nahrung

Eulitoral
mittlere Zone des Ufer- bzw. Küstenbereiches *(Litoral)*, die Wasserstandsschwankungen bzw. Gezeiten ausgesetzt ist

eurypotent
Eigenschaft eines Lebewesens, starke Schwankungen eines bestimmten Umwelteinflusses zu tolerieren

eutroph
reich an Mineralstoffen, besonders Phosphat- und Stickstoffverbindungen (vgl. *oligotroph)*

Eutrophierung
Veränderung eines Ökosystems durch Eintrag von Mineralstoffen (v. a. Phosphat und Stickstoffverbindungen), die die Produktivität steigern

Fitness, reproduktive
Maß für den reproduktiven Lebensfortpflanzungserfolg eines Individuums, d. h. die Fähigkeit, seine Gene in den Folgegenerationen zu verbreiten

Flechten
systematische Gruppe von Organismen, die aus einer Symbiose von Pilz und Grünalgen oder Cyanobakterien bestehen

Fließgleichgewicht
Zustand gleicher Konzentrationen von Stoffen in einem offenen System bei dauerndem Zu- und Abfluss von Stoffen und Energie

Fluktuation
unregelmäßige Dichteschwankung der Populationsgröße aufgrund dichteunabhängiger Faktoren (siehe *Umweltfaktor)*

Forst
Waldfläche mit einer durch den Menschen geregelten Bewirtschaftung

Fortpflanzungsstrategie
Lebewesen können neue Biomasse in eigenes Wachstum oder in die Fortpflanzung investieren. Je nach Anteil für die Fortpflanzung unterscheidet man *K-Strategen* und *r-Strategen*.

Fotosynthese
wichtigste Form der *autotrophen Assimilation*, bei der mithilfe des Chlorophylls unter Einwirkung des Sonnenlichtes aus CO_2 und Wasser der energiereiche Stoff Glucose und Sauerstoff entstehen

Frühjahrszirkulation
siehe *Zirkulationsphasen*

Fundamentalnische
Ansprüche einer Art an ihre Umwelt unter Laborbedingungen ohne Einfluss von biotischen Faktoren wie Konkurrenz oder Räuberdruck (siehe *Realnische; Nische, ökologische)*

Fungizid
das Wachstum von Pilzen hemmender Stoff, der zur Bekämpfung von unerwünschtem Pilzwachstum eingesetzt wird (siehe *Pestizid)*

Gärung
anaerobe Form des Energiestoffwechsels; je nach Gärungstyp entstehen Endprodukte wie Ethanol oder Milchsäure. Der Tricarbonsäurezyklus läuft nicht ab.

Geburtenrate (b)
das Verhältnis von Geburtenanzahl zur Gesamtanzahl der Individuen in einer Population (Populationsgröße); ihr Wert wird pro Zeiteinheit als Quotient „Geburtenanzahl / Individuenanzahl“ angegeben

Generalist
Organismus, der an keine Umweltbedingungen besonders gut angepasst ist, aber mit vielen Bedingungen zurechtkommt; auch: Nutzer vielfältiger Ressourcen, keine Spezialisierung (vgl. *Spezialist)*

Gleichgewicht, ökologisches
idealisierte Vorstellung vom Ausgleich und Fortbestand in der Natur; war früher ein wichtiges Leitbild im Naturschutz, ist aber schwer definierbar und messbar

Grundumsatz
minimaler Energieumsatz eines homoiothermen Tieres in Ruhe; setzt sich zusammen aus dem Erhaltungsumsatz für die Lebensvorgänge in Zellen und der Energie für die Tätigkeitsbereitschaft des Organismus

Habitat
von einer einzelnen Art bevorzugter beziehungsweise besiedelter Lebensraum

Hadal
tiefster Bereich der Ozeane (Tiefseegräben), der durch absolute Dunkelheit und sehr hohen hydrostatischen Druck geprägt ist

Halophyt
an das Leben auf salzhaltigem Boden angepasste Gefäßpflanze; man unterscheidet Salzspeicherer und Salzausschließer

Herbivore
Lebewesen, die sich hauptsächlich von Pflanzen ernähren

Herbizid
alle oder bestimmte Pflanzen schädigende Substanz, die spezifisch zur Unkrautvernichtung eingesetzt wird (siehe *Pestizid)*

Herbstzirkulation
siehe *Zirkulationsphasen*

Heterotrophie
Ernährungsweise, bei der energiereiche organische Nahrungsstoffe als Energie- und Kohlenstoffquellen aufgenommen und in körpereigene Verbindungen umgewandelt bzw. abgebaut werden *(Autotrophie)*

Hochmoor
vom Grundwasser unabhängiger, mineralstoffarmer Feuchtlebensraum, der nur durch Niederschläge bewässert wird; Torfmoose saugen das Wasser schwammartig auf, abgestorbene Pflanzenteile bilden Torf. Hochmoore werden von einer besonders schützenswerten Fauna und Flora besiedelt (vgl. *Niedermoor)*.

homoiosmotisch
Eigenschaft von Organismen, die den Salzgehalt in ihrem Körper innerhalb enger Grenzen regeln

homoiotherm (gleichwarm)
Eigenschaft von Organismen, die ihre Körpertemperatur unabhängig von den Außenbedingungen stoffwechselphysiologisch innerhalb enger Grenzen regeln; homoiotherm sind Säugetiere und Vögel

Humanökologie
Teilgebiet der Ökologie, das sich mit der Beziehung von Mensch und Umwelt befasst

Humus
organische Substanz des Bodens; besteht vor allem aus abgestorbenen Pflanzenteilen in unterschiedlichem Zersetzungsgrad: Rohhumus (grob) → Moder (mittel) → Mull (stark)

Hydrophyt (Wasserpflanze)
an das Leben im Wasser angepasste Gefäßpflanze

Hygrophyt (Feuchtpflanze)
an das Leben in Feuchtlebensräumen angepasste Gefäßpflanze

hypertonisch
Die Konzentration der gelösten Teilchen in der Lösung ist höher als in einer Vergleichslösung (siehe *Osmose)*.

Hypolimnion
Tiefenwasser eines Gewässers, das durch eine deutliche Temperaturdifferenz vom Oberflächenwasser

abgegrenzt ist (vgl. *Epilimnion).* Der Begriff *Hypolimnial* ist dem älteren Begriff *Hypolimnion* vorzuziehen, da die Endung -on für die Lebewelt reserviert ist (z. B. Plankton)

hypotonisch
Die Konzentration der gelösten Teilchen in der Lösung ist geringer als in einer Vergleichslösung (siehe *Osmose).*

Immission
Einwirkung von Schadstoffen in der Luft *(Emission)* auf Lebewesen und Bauwerke (vgl. *Emission)*

Indikatororganismus
siehe *Bioindikator* (vgl. *Zeigerart)*

Initialphase
Anfangsphase einer *Sukzession*

Insektizid
Insekten schädigendes bzw. abtötendes Gift (siehe *Pestizid)*; wird z. B. als Pflanzenschutzmittel eingesetzt

Kapazität (K, Umweltkapazität)
maximale Individuenanzahl, die in einem Lebensraum vorkommen kann; bei Anzahlen unter der Kapazität nehmen Populationen zu, bei Überschreiten ab. Populationen erreichen daher auf längere Sicht immer einen Maximalwert; wichtige Größe beim *logistischen Wachstum.*

Kartierung
Darstellung der räumlichen Verteilung bestimmter Organismenarten in einem definierten Gebiet

Klimaxphase
bestimmter Reifezustand eines Ökosystems; Abschluss einer *Sukzession* vor der Zerfallsphase

Kohlenhydrat
stickstofffreier, weit verbreiteter biologischer Bau-, Gerüst- und Reservestoff der allgemeinen chemischen Zusammensetzung $C_n(H_2O)_n$; Beispiele: Zucker, Stärke, Zellulose

Kompensationstiefe
siehe *Zone, trophogene / tropholytische*

Konformer
Lebewesen, bei dem das innere Milieu mit den wechselnden Umweltbedingungen übereinstimmt (vgl. *Regulierer)*

Konkurrenz
gegenseitige Einschränkung von Lebewesen durch die Nutzung gleicher begrenzter Ressourcen; Konkurrenz kann innerhalb einer Art (innerartlich) oder zwischen verschiedenen Arten (zwischenartlich) vorliegen

Konkurrenzausschlussprinzip
Verschiedene Arten in einem Lebensraum können auf Dauer nicht koexistieren, wenn sich ihre ökologischen Nischen bezüglich der genutzten knappen Ressourcen ähnlich sind.

Konkurrenzvermeidung
Nutzung von Ressourcen derart, dass keine bzw. nur geringe Überschneidungen mit möglichen Konkurrenten auftreten

Konstanz
Aspekt der Stabilität eines Ökosystems: Ohne äußere Störung bleiben Biomasse und Artenzusammensetzung unverändert (vgl. *Elastizität, Resistenz).*

Konsument
Organismus, der bereits vorliegende Biomasse als Ressource nutzt (vgl. *Produzent)*

Kosten-Nutzen-Bilanz
das Verhältnis von Aufwand und Nutzen einer Eigenschaft oder Verhaltensweise; Organismen leben bzw. verhalten sich in der Regel so, dass geringstmögliche Kosten und höchstmöglicher Nutzen vorhanden sind

K-Stratege
Lebewesen, das aufgenommene Ressourcen vorwiegend in die eigene Entwicklung investiert; es ist konkurrenzstark und hat nur wenige Nachkommen (vgl. *r-Stratege).*

Kulturfolger
Lebewesen, das durch anthropogene landschaftliche Veränderungen Vorteile hat und dadurch häufig in den vom Menschen geformten Kulturlandschaften zu finden ist

Kutikula
von Epidermiszellen der Pflanze nach außen abgesonderte, meist wenig durchlässige Schutzschicht aus wachsartigen Substanzen

Landschaftsschutzgebiet
Gebiet, das besonderen Nutzungsbeschränkungen unterliegt; diese beziehen sich vor allem auf ein Bebauungsverbot und Einschränkungen in der Veränderung der Landschaft. So dürfen etwa Wiesen in der Regel nicht in Ackerland umgewandelt werden (siehe *Naturschutzgebiet).*

Landwirtschaft, ökologische
Landwirtschaft, die von der Produktion gesunder, nachhaltiger Nahrungsmittel ausgeht und möglichst wenig schädliche Umweltauswirkungen hat

Liebig'sches Minimumgesetz
Das Gedeihen von Pflanzen wird maßgeblich von dem Mineralstoff bestimmt, der im Vergleich zum Bedarf in der geringsten Konzentration vorliegt.

Litoral
flacher Uferbereich eines Gewässers

Lotka-Volterra-Regeln
drei aus dem Lotka-Volterra-Modell abgeleitete Regeln über die Interaktion von Räuber- und Beutepopulation:
1. periodische Schwankungen der Bestandsdichten
2. langfristige Konstanz der Mittelwerte
3. schnellere Erholung der Beutepopulation nach einer Dezimierung

Mesophyt
an periodisch trockene oder winterkalte Lebensräume angepasste Gefäßpflanze

Mineralstoffe (auch Mineralsalze)
anorganische Verbindungen, die vom pflanzlichen und tierischen Organismus für den Aufbau von Körpersubstanz und für einen geregelten Stoffwechsel aufgenommen werden müssen

Minimalareal (Minimalfläche)
Mindestgröße einer Probenfläche, um alle wichtigen Arten eines Lebensraumes zu erfassen; lässt sich mithilfe einer *Arten-Areal-Kurve* ermitteln

Mitochondrium
in der eukaryotischen Zelle vielfach vorhandenes Organell mit einer Doppelmembran, in dem die *Zellatmung* abläuft

Monokultur
landwirtschaftliche oder forstwirtschaftliche Nutzfläche, die hauptsächlich für eine Sorte von Nutzpflanzen genutzt wird; auch Plantagen sind meist Monokulturen

Mosaikzyklus
Die Phasen einer Sukzession wiederholen sich auf lange Sicht zyklisch. In einem Ökosystem gibt es oft ein kleinräumiges Modell aus Systemabschnitten, die sich in unterschiedlichen Stadien der Sukzession befinden.

Mykorrhiza
Pilze, die eine Symbiose mit den Wurzeln bestimmter Pflanzen eingehen

Nachhaltigkeit (Sustainability)
Konzept der dauerhaft umweltgerechten Entwicklung, bei dem soziale, ökologische und ökonomische Belange berücksichtigt werden

Nährschicht
siehe *Zone, trophogene / tropholytische*

Nahrungsveredelung
Verfütterung pflanzlicher Nahrungsmittel an das Vieh zur Fleischproduktion

Nahrungskette
Abfolge von Organismen, die sich jeweils voneinander ernähren und damit Biomasse und Energie an das folgende Glied weitergeben; sie beginnt vielfach mit Pflanzen als *Produzenten* und führt weiter zu *Konsumenten* und *Destruenten*

Nahrungsnetz
netzartige Verknüpfung von Nahrungsbeziehungen *(Nahrungsketten)* in einem *Ökosystem*

Nahrungspyramide
Darstellung der *Trophieebenen* eines *Ökosystems*; oft sind in tiefer liegenden Trophieebenen mehr oder produktivere Organismen vorhanden, die den Organismen höherer Ebenen als Nahrung dienen; die Abfolge lässt sich daher als Pyramide darstellen

Nationalpark
großräumig geschützte Naturlandschaft besonderer Eigenart, in der die Natur weitgehend sich selbst überlassen wird

Naturschutzgebiet
geschützte Naturlandschaft, in der allenfalls erhaltende Eingriffe zur Pflege der Fauna und Flora erlaubt sind; es unterliegt aufgrund einer Naturschutzverordnung besonderen Nutzungsbeschränkungen. Diese können z. B. Einschränkungen der landwirtschaftlichen Nutzung, aber auch der Freizeitnutzung (Betretungsverbot) umfassen (vgl. *Landschaftsschutzgebiet)*.

Nekton
im Wasser lebende Organismen, die sich aktiv auch gegen Strömungen fortbewegen können (vgl. *Plankton)*

Nettoprimärproduktion
die durch Foto- oder Chemosynthese gebildete Biomasse in einer bestimmten Zeit nach Abzug des von den Lebewesen selbst verbrauchten Anteils (siehe *Bruttoprimärproduktion)*

Niedermoor
Feuchtlebensraum mit Kontakt zum Grundwasser, der durch die Verlandung eines Sees oder durch Versumpfung von Bodensenken entstanden ist

Nische, ökologische
Gesamtheit der Ansprüche, die eine Art an ihre Umwelt stellt; die Ansprüche werden durch den Einfluss von Umweltfaktoren und durch die Nutzung von lebensnotwendigen Ressourcen bestimmt

Ökobilanz
Analyse der Umweltbelastungen durch Produkte bzw. Prozesse

Ökofaktor
siehe *Umweltfaktor*

Ökologie
ERNST HAECKEL (1866): Wissenschaft vom Haushalt der Natur (unterteilbar in Autökologie, Populationsökologie, Synökologie und Humanökologie)

Ökosystem
dynamisches Beziehungsgefüge aus *Biozönose* (Lebensgemeinschaft) und *Biotop* (Lebensraum), das durch Stoffkreisläufe und Energiefluss gebildet wird

Ökosystemforschung
interdisziplinäre Untersuchung von Ökosystemen, bei der Biomasse, Dichte, Artenzusammensetzung, Wechselbeziehungen, Stoffkreislauf und Energiefluss erfasst werden und oft in mathematische Modelle einfließen

oligotroph
arm an Mineralstoffen (besonders Phosphat), geht bei Stillgewässern meist mit hohem Sauerstoffgehalt einher (vgl. *eutroph)*

Optimum
für das Überleben eines Organismus günstigster Bereich eines Umweltfaktors

Osmose
Diffusion von zwei durch eine *semipermeable Membran* getrennten Lösungen, bei denen nur die Lösungsmittelteilchen, nicht aber die Teilchen des gelösten Stoffes die Membran passieren können

Oszillation
regelmäßige Dichteschwankung der Populationsgröße aufgrund dichteabhängiger Faktoren (siehe *Umweltfaktor)*, z. B. wegen periodisch schwankender Ressourcen, durch Einwirkungen der eigenen oder anderer Populationen (z. B. Räuber)

Ozon
kurzlebiges und reaktionsfreudiges Sauerstoffmolekül aus drei Sauerstoffatomen

Parabiose
Wechselbeziehung zwischen zwei Arten, von der ein Partner Vorteile, der andere weder Vor- noch Nachteile hat

Parasit
spezialisierte Tiere, Pflanzen, Bakterien und Viren, die sich von der Körpersubstanz ihres Wirtes ernähren und ihn dadurch schwächen, aber nicht unmittelbar töten

Parasitismus
Wechselbeziehung zwischen zwei Arten, von der ein Partner (der *Parasit)* Vorteile, der andere (der *Wirt)* Nachteile hat *(Antibiose)*. Im Gegensatz zum Räuber tötet der Parasit seinen Wirt nicht unmittelbar.

Pelagial
Freiwasserzone von Gewässern

Pestizid
Giftstoff zur Bekämpfung von unerwünschten Insekten *(Insektizid)*, Pilzen *(Fungizid)* oder Pflanzen *(Herbizid)*, der vorwiegend in Landwirtschaft, Forstwirtschaft und Gartenbau eingesetzt wird

photoautotroph
Ernährungsweise, bei der nur anorganische Stoffe für den Baustoffwechsel benötigt werden. Die für den Stoffwechsel notwendige Energie stammt aus der Sonnenenergie.

Phototropismus
durch einen Lichtreiz hervorgerufene Wachstumsbewegung bei Pflanzen. Wachstum in Richtung Lichtquelle bezeichnet man als *positiven*, von der Lichtquelle weg als *negativen Phototropismus.*

Phytoplankton
fotosynthetisch aktive Kleinstlebewesen in Gewässern (siehe *Plankton)*

Plankton
im Wasser lebende, meist kleine Organismen, die sich nur in geringem Maße aktiv fortbewegen können und vorwiegend von Strömungen verdriftet werden; man unterscheidet fotosynthetisch aktives „pflanzliches" *(Phytoplankton)* und tierisches Plankton *(Zooplankton)*

Planstelle, ökologische
Struktur eines Ökosystems, die für bestimmte Arten Lebensmöglichkeiten bietet; Arten mit gleichen oder sehr ähnlichen *ökologischen Nischen* nutzen in verschiedenen Regionen gleiche ökologische Planstellen

poikilosmotisch
Eigenschaft von Organismen, deren Salzgehalt im Körper weitgehend vom Salzgehalt der Umgebung abhängt; sie sind diesbezüglich *Konformer*

poikilotherm (wechselwarm)
Eigenschaft von Organismen, deren Körpertemperatur weitgehend von der Umgebungstemperatur abhängt; sie sind diesbezüglich *Konformer*

Population
Gruppe von Individuen einer Art in einem bestimmten Gebiet, die eine Fortpflanzungsgemeinschaft bilden

Populationsökologie
Teilgebiet der Ökologie, das sich mit der Struktur und Dynamik von Populationen befasst (vgl. *Synökologie, Autökologie)*

Populationswachstum
Zunahme (auch Abnahme) der Individuenanzahl (Dichte) einer Population; man unterscheidet *exponentielles Wachstum* und *logistisches Wachstum*

Potenz, ökologische (Toleranz)
Reaktionsbreite einer Art gegenüber einem Umweltfaktor; sie wird quantitativ als Vitalität (Überlebensfähigkeit, etwa Biomassenzuwachs, Überlebensrate etc.) in Abhängigkeit von diesem Umweltfaktor beschrieben. In Anlehnung an den englischen Sprachgebrauch oft kurz „Toleranz" genannt.

Präferenz
Bevorzugung eines bestimmten Bereiches des Gradienten eines Umweltfaktors durch einen Organismus bzw. eine Art

Präferenzbereich
Bereich eines Umweltfaktors, der von einem Organismus bei freier Wahl bevorzugt wird

Primärproduzent
siehe *Produzent*

Primärproduktion
von *Produzenten* am Anfang einer *Nahrungskette* bzw. an der Basis von *Nahrungspyramiden* hergestellte organische Biomasse; bezieht sich auf einen bestimmten Zeitraum; man unterscheidet die gesamte durch Fotosynthese und Chemosynthese hergestellte Biomasse *(Bruttoprimärproduktion)* von jener Biomasse, die nach Abzug des Eigenverbrauchs übrig bleibt *(Nettoprimärproduktion)*

Produktion
Biomasse, die in einer bestimmten Zeit von *Produzenten* gebildet wird

Produzent *(Primär-, Sekundärproduzent)*
Organismus, der zu einer Zunahme an Biomasse in einem Ökosystem führt. Primärproduzenten erzeugen die benötigte organische Biomasse durch *Fotosynthese* oder *Chemosynthese* selbst; größte Gruppe sind die autotrophen Pflanzen. Aber auch ein Konsument *(Sekundärproduzent)* trägt durch Wachstum und Vermehrung zum Biomassezuwachs bei, denn er ist oft langlebiger als die Primärproduzenten.

Räuber-Beute-Beziehung
Wechselbeziehung zwischen zwei Arten, von der ein Partner (der *Räuber*) Vorteile, der andere (die *Beute*) Nachteile hat *(Antibiose)*. Im Gegensatz zum Parasiten tötet ein Räuber seine Beute.

Realnische
Ansprüche einer Art an ihre Umwelt unter Freilandbedingungen (vgl. *Fundamentalnische; Nische, ökologische)*

Reduzent (Destruent)
Bakterien und Pilze, die organische Substanzen mineralisieren

Regulierer
Lebewesen, bei denen trotz wechselnder Umweltbedingungen das innere Milieu weitgehend konstant bleibt (vgl. *Konformer)*

Regenwald
immergrüner Wald feuchtwarmer Klimazonen

Renaturierung
Wiederherstellung eines naturnahen Zustandes von Ökosystemen durch Naturschutz- und Landschaftspflegemaßnahmen

Resistenz
erblich bedingte Widerstandsfähigkeit gegenüber Krankheiten, Klima, Giften, Medikamenten u. a.; Aspekt der Stabilität eines Ökosystems, bezeichnet die Unempfindlichkeit eines Ökosystems gegenüber Störungen (vgl. *Konstanz, Elastizität)*

Ressource
Bestandteil der Umwelt, den ein Organismus braucht bzw. verbraucht und der dadurch anderen Organismen nicht mehr zur Verfügung steht (Nahrung, Wasser, Raumbedarf); ist die Ressource knapp, führt das zu *Konkurrenz*

RGT-Regel
Zusammenhang zwischen Reaktionsgeschwindigkeit einer chemischen Reaktion und der Umgebungstemperatur; im Allgemeinen steigt die Reaktionsgeschwindigkeit bei einer Temperaturerhöhung um 10 °C auf das Doppelte bis Dreifache

Rote Liste
regionale und überregionale Listen, in die vom Aussterben bedrohte oder im Bestand gefährdete Arten aufgenommen werden

r-Stratege
Lebewesen, das aufgenommene Ressourcen vorwiegend in Fortpflanzungsprodukte investiert; es ist konkurrenzschwach und hat zahlreiche Nachkommen (vgl. *K-Stratege)*

Salzdrüse
Drüse, die aktiv Salze aus dem Körper ausscheidet. Hierzu ist Stoffwechselenergie notwendig.

Saprobiensystem
Indikatorsystem für Gewässerverschmutzung auf der Basis des Vorkommens bestimmter Lebewesen *(Indikatororganismen)*

Sedimentation
das Absetzen von Partikeln aus Flüssigkeiten oder Gasen aufgrund der Dichte

See
größeres natürliches Binnengewässer mit lichtloser Tiefenregion

Sekundärproduktion
von *Konsumenten* mithilfe aufgenommener Nahrung produzierte Biomasse

Selbstreinigung
Abbau von Verunreinigungen in Fließgewässern; die Stufe der Reinigung lässt sich oft am Auftreten bestimmter Zeigerarten ablesen *(Saprobiensystem)*

Smog
starke Luftverschmutzung; Wortspiel aus *smoke* und *fog*

Sommerstagnation
siehe *Stagnationsphasen*

Spezialist
Lebewesen, das an bestimmte Bedingungen besonders gut angepasst ist; dies kann sich auf besondere Umweltbedingungen beziehen (Kälte, Trockenheit etc.) oder z. B. auf eine besondere Art des Nahrungserwerbs (Jäger fliegender Insekten, Umgang mit sperrigen Früchten etc.); dadurch ist er möglichen Konkurrenten überlegen (vgl. *Generalist*)

Sprungschicht
Wasserschicht im See zwischen warmem Oberflächenwasser und kaltem Tiefenwasser mit kleinräumig starker Temperaturänderung; auch durch unterschiedliche Salzgehalte möglich

Stagnationsphasen
Zeiten, in denen der Wasserkörper eines Sees geschichtet ist und nicht durchmischt werden kann. Dies ist in unseren Breiten mindestens im Sommer der Fall *(Sommerstagnation)*, häufig auch im Winter *(Winterstagnation)*; vgl. *Zirkulationsphasen.*

Stellenäquivalenz
In verschiedenen Gebieten kommen in ähnlichen Lebensräumen vergleichbare Lebewesen mit ähnlicher Lebensweise vor (beispielsweise große Pflanzenfresser in Steppen, dazu rasch laufende Räuber); (vgl. *Planstelle, ökologische).*

stenopotent
Eigenschaft eines Lebewesens, das nur in einem engen Bereich eines Umweltfaktors überlebt (vgl. *eurypotent)*; wenig tolerant gegenüber einem Umwelteinfluss

Sterberate (d)
das Verhältnis von Sterbefällen zur Gesamtanzahl der Individuen in einer Population (Populationsgröße); sein Wert wird pro Zeiteinheit als Quotient „Sterbefälle / Individuenanzahl" angegeben

Stoffkreislauf
Zirkulation von Stoffen bzw. chemischen Elementen, wie Kohlenstoff oder Stickstoff, in einem Ökosystem; ein Kreislauf besteht aus Speichern (z. B. Biomasse, Atmosphäre, Ozeane, Gesteine) und Zu- und Abflüssen (z. B. Assimilation, Zersetzung, Fossilisierung). *Produzenten* binden in ihrer Biomasse Elemente aus den Speichern, *Konsumenten* bzw. *Destruenten* setzen sie meist in die gleichen Speicher wieder frei.

Stress
Summe der Reaktionen eines Organismus auf erhöhte Anforderungen aus der Umwelt

Sublitoral
untere Zone des Ufer- bzw. Küstenbereiches *(Litoral)*, die nur bei extrem niedrigem Wasserstand freiliegt

Sukkulenz
Fähigkeit von Pflanzen, Wasser in spezifischen Geweben zu speichern, z. B. im Spross und / oder in Blättern; tritt besonders bei Pflanzen in Trockenlebensräumen und auf salzhaltigen Böden auf

Sukzession
natürliche Abfolge von Ökosystemen; autotrophe Sukzessionen entwickeln sich zu einem neuen Ökosystem oder stellen ein Ökosystem wieder her (z. B. Wiederbewaldung einer Brachfläche oder Verlandung eines Gewässers); heterotrophe Sukzessionen enden mit dem Verbrauch des Ökosystems (z. B. Verrottung eines Baumstumpfes, Zerfall einer Leiche)

Supralitoral
obere Zone des Ufer- bzw. Küstenbereiches *(Litoral)*, die nur bei extrem hohem Wasserstand von Wasser befeuchtet wird

Sustainability
siehe *Nachhaltigkeit*

Symbiose
Abhängigkeit zwischen zwei Arten mit gegenseitigem Nutzen

Synökologie
Teilbereich der Ökologie, der sich mit den Beziehungen der Lebewesen in einer *Biozönose* (Lebensgemeinschaft) beschäftigt (z. B. Räuber-Beute-Beziehungen, Parasitismus etc.)

System
Einheit aus bestimmten Komponenten mit festgelegten Grenzen und deren Beziehungen (meist Stoff- bzw. Energieaustausch) zur Umgebung

Teich
künstlich angelegtes kleines Binnengewässer, das keine Tiefenregionen aufweist

Toleranz
siehe *Potenz, ökologische*

Toleranzbereich
Bereich eines bestimmten Umweltfaktors, in dem ein Lebewesen längerfristig existieren kann

Toxizität
schädigende Giftwirkung einer Substanz bei einmaliger oder langfristiger Verabreichung

transgene Lebewesen
Lebewesen, denen mit gentechnischen Methoden artfremde Gene übertragen wurden, und deren Nachkommen

Transmission
Wärmeausgleich zwischen zwei Systemen mit unterschiedlichen Temperaturen

Transpiration
bei Pflanzen: die regulierbare Wasserdampfabgabe über die Spaltöffnungen *(stomatäre Transpiration)* und die nicht regulierbare Wasserdampfabgabe über die Kutikula *(kutikuläre Transpiration)*
bei Tieren: Abgabe von Schweiß zur Thermoregulation

Treibhauseffekt
globale Temperaturerhöhung in der Erdatmosphäre aufgrund einer höheren Konzentration bestimmter Gase, die zu einer verminderten Wärmeabstrahlung der Erde führt

Trockenpflanze (Xerophyt)
an das Leben in Trockenheit angepasste Gefäßpflanze; man unterscheidet Pflanzen mit dickfleischigen Teilen *(Sukkulenten)* und hartblättrige Pflanzen.

Trophieebene, trophische Ebene
Stellung von Lebewesen im *Nahrungsnetz* (in der *Nahrungskette)*: Auf *Primärproduzenten* folgen *Konsumenten* aufsteigender Ordnung, daneben gibt es *Destruenten* und ihre Konsumenten.

Trophiestufe (Trophie)
Ausmaß des Mineralstoffangebots in Gewässern und Böden: oligo-, meso-, poly- oder eutroph (siehe *Eutrophierung)*

Troposphäre
die unterste erdnahe Schicht der Atmosphäre, in der die Wetterprozesse ablaufen

Tümpel
kleines natürliches Binnengewässer, das trockenfallen kann

Umweltfaktor
Faktor, der von außen auf ein Lebewesen wirkt und der das Wachstum von Populationen beeinflussen kann. Man kann unterscheiden:
abiotische Faktoren: gehen von der unbelebten Umwelt (physikalisch, chemisch) aus
biotische Faktoren: gehen von der belebten Umwelt aus. Biotische Faktoren sind nicht unbedingt mit Wechselbeziehungen (etwa Beute / Räuber, Konkurrenten) gleichzusetzen, denn Faktoren wirken einseitig auf Lebewesen und werden umgekehrt kaum vom Lebewesen beeinflusst. Ein biotischer Faktor ist z. B. das Holz für die Larve eines Bockkäfers oder der Kothaufen für einen Mistkäfer.
oder:
dichteabhängige Faktoren: Ihre Wirkung hängt davon ab, wie viele Individuen bereits vorhanden sind (z. B. bei der Konkurrenz um Ressourcen).
dichteunabhängige Faktoren: Ihre Wirkung ist unabhängig von der Populationsgröße (z. B. Winter).

Umweltkapazität
siehe *Kapazität*

Unkraut
auf bewirtschafteteten Flächen als störend empfundene Wildpflanze

Variabilität
Veränderlichkeit eines Merkmals, die dazu führt, dass die Individuen einer Population ungleich sind; dies kann genetisch bedingt *(genetische Variabilität, Polymorphismus)* oder durch Umwelteinflüsse hervorgerufen sein *(modifikatorische Variabilität)*

Vergeilung
verstärktes Sprosswachstum bei Pflanzen, die bei Lichtmangel keimen bzw. wachsen, Blätter meist klein und hellgrün

Verhaltensökologie
Wissenschaft von der Angepasstheit von Verhaltensweisen – nicht nur des Sozialverhaltens – an die ökologischen Rahmenbedingungen

Versalzung
Anreicherung von Salzen in Böden, meist durch Eintrag von Salzwasser und Verdunstung

Versauerung
Absenkung des pH-Wertes (Zunahme des Säuregehaltes) in einem Ökosystem durch natürliche Vorgänge (Humusbildung) oder durch Abwässer oder Abgase („Saurer Regen")

Wachstum
Begriff mit zwei Bedeutungen:
individuelles Wachstum: Massenzunahme eines Organismus (incl. Volumen- oder Größenzunahme) durch Vermehrung der eigenen Biomasse;
Wachstum von Populationen: Zunahme der Individuenanzahl einer Population; man unterscheidet *exponentielles* und *logistisches Wachstum* (siehe *Populationswachstum)*

Wachstum, exponentielles
Wachstum einer Population ohne Obergrenze bzw. *Kapazität*; die Population nimmt stetig um einen durch die konstante Wachstumsrate (r) beschriebenen Anteil zu.

Wachstum, logistisches
Wachstum einer Population, das durch die Kapazität eine Obergrenze besitzt; die Wachstumsrate ist von der aktuellen Individuendichte abhängig

Wachstumsrate
Wert, der die relative Veränderung einer Populationsgröße angibt; Differenz aus *Geburtenrate* und *Sterberate*

Weiher
mittleres, natürliches, stehendes Binnengewässer ohne lichtlose Tiefenregion

Winterstagnation
siehe *Stagnationsphasen*

Wirt
Lebewesen, das einen anderen Organismus *(Parasit)* zeitweise ohne Gegenleistung mit Nahrung versorgt; ein Zwischenwirt beherbergt nur bestimmte Entwicklungsstadien des Parasiten, im Endwirt erlangt der Parasit die Geschlechtsreife

Xerophyt
siehe *Trockenpflanze*

Zehrschicht
siehe *Zone, trophogene / tropholytische*

Zeigerart
Art, die durch ihr Vorkommen auf bestimmte Umweltfaktoren des Standortes schließen lässt (vgl. *Bioindiaktor)*

Zirkulationsphasen
Der gesamte Wasserkörper eines Sees wird bei ähnlichen Dichten in allen Tiefen komplett durchmischt. Dies ist in unseren Breiten vor allem im Frühjahr *(Frühjahrszirkulation)* und im Herbst *(Herbstzirkulation)* der Fall (vgl. *Stagnationsphasen)*.

Zone, trophogene / tropholytische
Die obere Schicht in Gewässern enthält genügend Licht, sodass eine Nettoproduktion der Pflanzen vorhanden ist (trophogene Zone, *Nährschicht)*. Mit zunehmender Tiefe nimmt das Licht ab, bis die Kompensationstiefe erreicht ist. Darunter beginnt die tropholytische Zone *(Zehrschicht)*.

Zonierung
räumliches Nebeneinander von Biozönosen, das bestimmten Umweltgradienten folgt (z. B. Höhenzonen eines Berges, Uferzonen eines Sees)

Zooplankton
tierische Kleinstlebewesen eines Gewässers, die im Wasser schweben und überwiegend passiv fortbewegt werden (siehe *Plankton)*

Register

Abwasser 104
Abwasserbelastung 104
Abwasserreinigung 106
Abyssal 110
Ackerbau 120
Ackerfalle 153
Adaptationswert 161
aerob 93
Agenda, Lokale 155
Agenda 21 155
Agrarsteppe 120
Aktionsraum 75
Alge 46
Algenblüte 104
ALLEN, J. A. 26
Allen-Regel 26
Alpenkonvention 149
Alpenrose 20
Altersstruktur 69
Ameise 82
Ammoniak 92, 93
Ammonium 92
Ammoniumsalz 125
anaerob 93
Anaerober, fakultativer 59
Anaerobiose 12
Anbau, biologisch-ökologischer 128
Angepasstheit 12, 160
Anlandung 108
Anpassung 160
Anpassung, biochemische 161
Anreicherung, biologische 126
anthropogen 93
Anthropozentrismus 150
Apfelwickler 23
Arten-Areal-Kurve 67
Artenfülle 69
Artenschutz 152
Artenschwund 153
Äschenregion 99
Assel 25
Assimilation 159
Atmosphäre 140, 142
ATP 58
Aue 108, 109
Auftriebstermin 153
Auftriebszone 54, 110
Aufwuchsorganismus 85, 89
Ausrottung 152
Austauschkapazität 21
Autökologie 4
autotroph 54, 58, 59, 125

Bach 98
Bacillus thuringiensis 50
Bakterium 127
Barbenregion 99
Barberfalle 71
Bathyal 110
Baumwollpflanze 50
Baumwollwurm 50
Belebtschlammverfahren 106
Benthal 85, 110
Bergmann-Regel 26
Besenheide 16
Betretungsverbot 152
Beute 36
Beutelmull 23
Beutespezifität 51
Beutewahl 42
Beutewechsel 40, 47
Bevölkerungswachstum 136
Bewässerung 146
Bewirtschaftung, ökologische 128
Bioakkumulation 123, 126
Biodiversität 64, 66
Bioindikator 20
Biomanipulation 95
Biomasse 52, 81, 124, 131
Biomassenpyramide 53
Biomüllkompostierung 132
Biosphäre 6, 7
Biosphärenreservat 116, 117, 149
Biotop 6, 52
Biotop-Trittstein 149
Biotopschutz 152
Biotopverbund 133, 149
Bioturbation 103
Biozentrismus 150
Biozönose 6, 52
Birkhuhn 152
Black Smoker 59
Blutzuckerspiegel 156
Boden 21, 70
Bodenverschmutzung 46
Boiga irregularis 37
Bottom up 41
Brachland 51
Brachsenregion 99
Brackwasser 115
Brennnessel 20
Brennwert, physiologischer 138
Bromelie 80
Bruterfolg 153
Brutnische 22, 29
Brutpflege 82
Bruttoprimärproduktion 54
Brutzeit 153
BSB 89, 100
Bt-Mais 50
Buchenwald 69
Bulten 97
Bundesnaturschutzgesetz 148

Calciumhydroxid 134
Calciumoxid 134
Calciumsulfat 134
Calvinzyklus 59
Carnivoren 72
Chaoborus 94
chemoautotroph 59
Chemosynthese 59
Chironomus 91
Chlorella 46
Chlorkohlenwasserstoffe (CFKW) 141
Cladoceren 94
Convention on Biological Diversity (CBD) 149
Cyanobakterium 46

Daphnia 33, 85
Daphnia hyalina 94
DDT 126
Denitrifikation 93
Desorientierungsmethode 127
Destruent 6, 55, 72
Detritus 46, 55, 87, 92
Dichte 30
Dichteanomalie 87
Diffusion 112
Dipodomys merriami 19
Dissimilation 59, 159
Distickstoffmonooxid (N_2O) 141
Distickstoffoxid 129
Diversität 64, 67, 69
Diversitäts-Stabilitäts-Hypothese 65
Diversitätsindex 64, 67
DOBZHANSKY, THEODOSIUS 162
Douglasie 79
Drainage 153
Dreifelderwirtschaft 121
Dreissena-Monitor 145
Dreissena polymorpha 145
Druck, osmotischer 112
Düngung 153
Düngung, mineralische 121
Düngung, organische 121

Echse 9
EG-Vogelschutzrichtlinie 149
Eichhörnchen 35
Eigenbeschattung 86
Ektomykorrhiza 48
Ektoparasit 44
Elastizität 65
Emission 78, 142
Endomykorrhiza 48
Endoparasit 44
Endoxidation 59
Energie 9, 58
Energieentwertung 158
Energiefluss 56, 57, 102, 131
Energiekonsum 138
Energieumwandlung 158
Entwicklung, nachhaltige 154
Entwicklungsland 137
Entwicklungszone 117
Enzymaktivität 157
Ephippien 94
Epilimnion 86, 87
Epiphyt 80, 81
Erft 107
Ernteschädling 121
Erstkonsument 72
Eselhase 26
essenziell 125
Eukalyptus 47
Eulenfalter 50
Eulitoral 111, 118
Eurypotenz 10, 13
Eutrophierung 93, 104, 152

Faktor, abiotischer 70, 88, 133
Faktor, biotischer 7
Faktor, dichteabhängiger 32
Faktor, dichteunabhängiger 32
Fangquote 114
Farn 45
Fauna-Flora-Habitat-Richtlinie 148, 149
Feinsand 116
Feldlerche 152
Fennek 26
Feuchtpflanze 17
Feuchtwiese 153
Feuer 120
Fischregion 99
Fitness 75
Flaschengarten 6
Flechte 46, 48, 49
Fließgeschwindigkeit 98
Fließgewässer 98, 99, 100, 102, 109
Fließgleichgewicht 158
Floh 44
Florfliege 127
Florigen 14
Fluktuation 32
Flunderregion 99
Flurbereinigung 122
Fluss 98
Flussaue 108
Flussnapfschnecke 45
Flussschwimmschnecke 22
Folgephase 62
Forellenregion 99
Forst 68
Fossil 163
Fotomorphogenese 14
Fotosynthese 58, 72
Freilandökologie 88
Fressrate 51
Frischmasse 70
Fruchtwechselwirtschaft 121
Frühblüher 69
Frühjahrszirkulation 86
Frühsommermeningoencephalitis (FSME) 45
Fundamentalnische 29
Fungizid 50, 51, 126

Gärung 59
GAUSE, GEORGIJ F. 34
Gefrierschutzprotein 161
Genaktivität 157
Generalist 47
Geschlechtsbestimmung, genotypische 21
Gezeiten 111
Gleichgewicht, ökologisches 66
Gleithang 98
Gliederung, jahreszeitliche 69
Glockentierchen 85
Goldmull 23
Goldregenpfeifer 152
Grauhörnchen 35
Greiskraut, Schmalblättriges 131
Grundprinzip, biozönotisches 66
Gründüngung 128
Gryllteiste 29
Gülle 125

Habitat 8, 22, 74
Habitatwahl 74
Hadal 110
HAECKEL, ERNST 6
Halone 141
Halophyt 112, 147
Halsbandsittich 131
Hämoglobin 13
Hämoglobinkonzentration 161
Hartholzaue 108
Hecke 51
Helsinki-Konvention 149
Herbarium 73
Herbivoren 72
Herbizid 50, 51, 126
Herbstzirkulation 86
heterotroph 59
Heuaufguss 63
Hochmoor 96
Höhenzonierung 27
Holzbock 45
homoiohydrisch 16
homoiosmotisch 113
homoiotherm 8
Humanökologie 5
Hydra 85
Hydrokultur 125
Hydrophyt 17
Hygrophyt 17
hygroskopisch 19
Hypolimnion 86

IES 15
Imago 85
Immission 78, 142
Immissionskonzentration, maximale (MIK) 142
Immunsystem 161
Indikatorart 20
Indikatororganismus 46
Individuendichte 52
Individuenzahl 52
Initialphase 62
Insektizid 50, 51, 126

Jahresperiodik 80

Kaiserpinguin 8
Kampfgleichgewicht 46
Kampfläufer 153
Känguruuratte 19
Kaninchenplage 51
Karibu 40
Kartierung, aktive 49
Kartierung, passive 49
Kartoffelkäfer 127
Katalysator, geregelter 134
Kaulbarschregion 99
Kernzone 117
Kiefer 29
Kieselalge 22
Kiesgrube 152
Kilojoule 138
Kilokalorie 138
Kläranlage 106
Klarwasserstadium 86
Klatschmohn 122
Klimax 62
Klimaxstadium 131
Klonselektion 161
Knöllchenbakterium 56, 128
Koala 47
Koevolution 163
Koexistenz 29, 34
Kohlenstoffkreislauf 56
Kolibri 9
Kompensationstiefe 85, 86
Kompost 132
Kompostierung 132
Konformationsänderung 157
Konformer 8, 111, 113, 159
Konkurrenz 34, 50
Konkurrenz, innerartliche 28
Konkurrenz, zwischenartliche 29, 34
Konkurrenzausschlussprinzip 29, 34
Konkurrenzstärke 29
Konkurrenzvermeidung 29
Konstanz 65
Konsument 6, 52, 72
Kontinuum 99
Konvergenz 160
Konzentrationsausgleich 112
Kopflaus 44
Körpertemperatur 156
Korridor 149
Kosten-Nutzen-Analyse 42
Krähenscharbe 29
Krautschicht 69
K-Stratege 42, 43, 68
Kulturfolger 121
Kulturpflanze 121
Kulturwald 68
Kurztagpflanze 14
Küste 118
Küstenzonen-Management, integriertes 119

Landbau, biologischer 128
Landbau, ökologischer 51
Landschaftsschutzgebiet 149
Landwirtschaft 152
Landwirtschaft, industrielle 122
Landwirtschaft, ökologische 121
Langtagpflanze 14
Laubwald 68, 81
Lebensraum, sekundärer 152
Lebensweise 9
Leberegel, Kleiner 44
Leguminose 128
Licht 14, 70, 110
Liebig'sches Minimumgesetz 23, 54, 87, 90
LIEBIG, JUSTUS VON 121
Linien-Vegetationsaufnahme 88
Litoral 84
LOTKA, ALFRED 38, 39
Lotka-Volterra-Regel 39
Luchs 40
Luft 140
Luftqualität 134
Luftverschmutzung 46
Lungenenzian 152
LYELL, C. 163

Macaranga 82
Man and Biosphere-Programm (MAB) 148, 149
Mauer 133
Mauerpfeffer 20
Maus 9
Mäusebussard 28
Mauswiesel 47
Maximum 10
Meeresströmung 110
Meeresvogel 28
Meerwasserdestillation 147
Meerwasserentsalzung 147
Membran, semipermeable 112
Mesophyt 17
Metamorphose 160
Methan 131, 141
Miesmuschel 45
Mikroorganismus 70
Milbe 45
Mineralien 92
Minierer 50
Minimalareal 67, 124
Minimum 10
Mistkäfer 45
Mitochondrium 59
Mittellauf 98
Modell 7, 38
Modell, deskriptives 39
Modell, konzeptionelles 39
Moder 76
Modifikation 160
Monokultur 121
Moor 152
Moorbläuling, Kleiner 152
Mosaikstruktur 69
Mosaikzyklus 63
Mull 76
Müll 131
Mülldeponie 131
Müllverbrennung 131
Müllvermeidung 131
Muschelwächter 45
Mykorrhiza 48, 80
Mykorrhiza, arbuskuläre 48
Myxomatosevirus 51

Nachhaltigkeit 154, 158
Nachtbaumnatter 37
Nacktschnecke 25
NAD^+ 59
Nadelwald 68
Nährschicht 85
Nahrung 125
Nahrungsbeziehung 86
Nahrungskette 87
Nahrungsmangel 138
Nahrungsmittelveredelung 122
Nahrungsnetz 102, 111
Nahrungsnische 22
Nahrungsspezialist 47
Nashornvogel 82
Nationalpark 117, 149
Natura 2000 148
Naturpark 149
Naturschutz 148
Naturschutzgesetz 152
Nekton 85
Neophyt 131
Neozoen 131
Nettoprimärproduktion 54
NEUMANN, DIETRICH 22
Neuroplastizität 160
Niedermoor 96
Nippflut 111
Nische, ökologische 22, 24, 25
Nitrat 92, 125
Nitratabbau 129
Nitratammonifikation 93
Nitratatmung 93
Nitrifikation 93
Nitrit 93, 125
Nitrosamine 125
Nordsee 114
Nutztierhaltung 120

Oberboden 70
Oberflächenhäutchen 85
Oberflächentemperatur 110
Oberlauf 98, 99
Öko-Audit 155
Ökobilanz 151
Ökofaktor 28
Ökologie 4, 6
Ökosystem 7, 52, 60
Ökosystemforschung 5
oligotroph 93
opportunistisch 47
Optimierung 161
Optimum 10

Orchideenwiese 152
Osmose 112
OSPAR-Übereinkommen 149
Ostsee 114
Oszillation 32, 33, 37
Oxidationsschicht 116
Ozean 110
Ozon 140, 142
Ozonschicht 140, 142

Paläolimnologie 103
Palisadengewebe 58
Parabiose 45
Paramecium aurelia 34
Paramecium bursaria 34, 46
Paramecium caudatum 34
Parapox-Virus 35
Parasit 44, 51
Parasitoid 44, 45
Parthenogenese 94
Pelagial 85, 110
Pessimum 10
Pestizid 121, 123, 126
Pfeilgiftfrosch 82
Pflanzen-Weidegänger-Beziehung 36
Pflanzenerfassung 71
Pflanzenschutz 50
Pflanzenschutz, integrierter 51, 127
Pflegemaßnahme 152
Pflegezone 117
pH-Toleranz 24
Pheromonfalle 127
Phosphatkreislauf 92
Phosphor 92
photoautotroph 59
Phototaxis 14
Phototropismus 15
Phytoplankton 85
Pilz 46, 69
Pilzsymbiose 48
Plankton 85
Planstelle, ökologische 23
Plastizität 160
poikilohydrisch 16
poikilosmotisch 113
poikilotherm 8
Pollendiagramm 77
Polycelis felina 24
Polymorphismus 160
Population 30, 37
Populationsgröße 32, 157
Populationsökologie 4, 50
Potenz, ökologische 10
Präferenz 11
Präferenzbereich 10
Prallhang 98
Primärkalorien 139
Primärproduktion 52, 54, 81
Primärproduzent 6, 52, 116
Produktion 52, 102
Produktionseffizienz 53
Produzent 72, 131
Pupillenreaktion 156
Pyramide, ökologische 52

Queller 112
Quinoa 147

Radiation, adaptive 160
Radula 22
Ramsar-Konvention 149
Rang-Häufigkeitskurve 67
Rapsöl 143
Räuber 36, 37
Räuber-Beute-Beziehung 36, 38
Raubinsekt 50
Rauchgasentgiftungsanlage 131
Rauchgasentschwefelungsanlage 134
Reaktionsdistanz 94
Realnische 29
Rebhuhn 41
Reduktionsschicht 116
Reduzent 72
Regelung 156
Regeneration 65, 97
Regenwald, tropischer 80, 81, 82, 83
Regulierer 8, 159
Reinigungsstufe, biologische 106
Reinigungsstufe, chemische 106
Reinigungsstufe, mechanische 106
REMANE, A. 115
Renaturierung 97, 109
Reproduktion 43, 53
Resistenz 50, 65
Resistenzzucht 127
Ressource 28, 42
Revier 42, 74, 75
Revierbildung 28
Reviergröße 42
RGT-Regel 8, 12
Rinderdichte 153
Ringelwurm 45
Rio-Deklaration 154
Rio-Konvention 66
Rohhumus 76
Röhrichtzone 84
Rohstoff, nachwachsender 143
Rotbuche 29
Rote Liste 66
Rotschenkel 153
r-Stratege 42, 43, 130

Salzakazie 147
Salzausscheider 112
Salzausschließer 112, 113
Salzboden 112
Salzdrüse 113
Salzgehalt 111
Salzmelde 112, 147
Salzspeicherer 112
Salzsukkulenz 112
Salzwasser 112
Salzwiese 147
Saprobiensystem 20, 101
Sauerstoff 12
Sauerstoffbedarf, biochemischer (BSB) 89, 100
Sauerstoffgehalt 98, 110
Sauerstoffverbrauch 24
Schadinsekt 50
Schädling 50
Schädlingsbekämpfung, biologische 51
Schädlingsbekämpfung, chemische 51
Schaf 153
Schattenblatt 15
Schildlaus 51
Schlenken 97
Schluff 116
Schlupfwespe 44
Schnecke 25
Schneehase 40
Schneeschuhhase 40
Schutznische 22
Schwammgewebe 58
Schwammspinner 51
Schwefeldioxid 134
Schwefelwasserstoff 93
Schwermetallablagerung 103
Schwermetallbelastung 105
Schwimmblattzone 84
Secchi-Scheibe 88
Sediment 103
Sedimentation 103
See 84, 86
See, eutropher 91
See, oligotropher 90
Seehund 9
Sekundärkalorien 139
Sekundärproduktion 52
Sekundärwald 81
Selbstreinigung 104
Sexuallockstoff 127
SHANNON 67
Smog 140, 142
Sollwert 156
Sommerstagnation 86
Sonnenblatt 15
Sonnentau, Rundblättriger 152
Speicherung 159
Spezialist 47
Spezifität 50
Spinne 50
Springflut 111
Springkraut, Drüsiges 29
Sprungschicht 111
Staatenbildung 82
Stabilität 64, 65
Stadt 130
Stadtklima 135
Stagnation 86
Steckbrief 41
Stellenäquivalenz 23, 82
Stenopotenz 10
Sterilisation 127
Sternmull 23
Steuerung 156
Stickstoff 92
Stickstoffkreislauf 56, 92
Stickstoffoxid-Minderungsanlage 134
Stockwerkbau 68
Stoffabbau 55
Stoffkreislauf 56, 120, 131
Stoffumwandlung 158
Stomata 58
Strandflieder 113
Strandgrasnelke 112, 113
Streuschicht 70
Strömungsgeschwindigkeit 22
Strudelwurm 24
Struktur, räumliche 60
Struktur, zeitliche 60
Sublitoral 111, 118
Sukkulente 16
Sukkulenz 112
Sukzession 62, 63, 96
Sukzession, autotrophe 62
Sukzession, heterotrophe 63
Sukzessionsphase 62
Sukzessionsprozess 131
Supralitoral 111, 118
Süßwasserpolyp 85
Sustainability 154
Symbiose 46, 82, 128
Synökologie 4
System 58
System, offenes 7
Systematik 162

Tagesperiodik 80
Tauchblattzone 85
Teich 84
Temperatur 8
Temperaturorgel 25
Temperaturtoleranz 24
Termiten 82
Territorium 75
Thermofotografie 78
Tiden 111
Tiererfassung 71
Tiger 26
Toleranz 10, 11
Toleranzbereich 10
Ton 116
Top down 41
Torf 96
Torfmoos 97
Torpor 9
Totholz 69
Toxizität 126
Transmission 78
Transpiration 58
Treibhauseffekt 81, 131, 141, 143
Trinkwasseraufbereitung 144
Trinkwassermangel 138
Trockenmasse 70
Trockenpflanze 16
Trophiestufe 52, 72
Troposphäre 140
Trottellumme 29
Tubifex 13
Tukan 82
Tümpel 84

Uferschnepfe 153
Umgebung 58
Umkehrosmose 147
Umweltethik 150
Umweltfaktor 28
Umweltfaktor, abiotischer 7
Umweltkapazität 31
Umweltschutz 150
Umweltverträglichkeitsprüfung (UVP) 155
Unkraut 50, 121
Unterboden 70
Unterernährung 138
Unterlauf 98
Urlandschaft 120

Variabilität 160
Vegetationsaufnahme 124, 133
Verdunstung 68
Vergeilung 14
Verhaltensökologie 5, 74
Verlandung 108
Vermehrungszyklus, ungeschlechtlicher 44
Versalzung 146
Versauerung 105
Verwandtschaft 162
Vitalität 10
VOLTERRA, VITO 38, 39

Wachstum, exponentielles 30
Wachstum, logistisches 31
Wachstumsrate 30
Wald 68, 70, 72, 77, 78
Waldbaum 45
Waldkiefer 29
Waldsterben 78
Waldstreu 76
Waldzustandsbericht 78
Wanderratte 19
Wärmebelastung 105
Wärmehaushalt 26
Warntracht 82
Washingtoner Artenschutzabkommen (CITES) 149
Wasser 87, 144
Wasserbilanz 19
Wasserfloh 33
Wasserpflanze 17
Wasserschichtung 110
Wassertemperatur 98
WATT, JAMES 157
Wattenmeer 116
Watvogel 153
Weichholzaue 108
Weide 124
Weiher 84
Weltbevölkerung 138
Welterbe-Konvention 149
Welternährung 139
Wiese 124
Wiesenschaumkraut 20
Wildkräuter 123
Winterstagnation 86
Wirbelschichtfeuerung 134
Wirkungsgesetz der Umweltfaktoren 22
Wirt 44
Wirt-Parasit-Beziehung 36
Wirtsspezifität 51
Wirtswechsel 44
Wollgras, Schmalblättriges 152
Wühlmaus 47
Wüstenbewohner 19

Xerophyt 17

Zecke 44
Zeckenborreliose 45
Zehrschicht 85
Zeigerart 20, 91, 101
Zellatmung 59
Zeolith 104
Zersetzer 55
Zirkulation 86
Zone, trophogene 85
Zone, tropholytische 85
Zonierung 84
Zooplankton 85, 87
Zufallsprinzip 162
Zweitkonsument 72
Zwischenwirt 44

Bildnachweis

Fotos: 4.1 Getty Images (Stone/ Laurie Campbell), München — 4.2 Getty Images (Taxi/ Neil McIntyre), München — 4.3 Getty Images (Stone/ Bruno Dittrich), München — 4.4 Corbis (Jim Craigmyle), Düsseldorf — 4.5 Angermayer (Ernst Elfner), Holzkirchen — 5.1 CSIRO Publishing, Collingwood — 5.2 Okapia (Manfred Danegger), Frankfurt — 5.3 Reinhard-Tierfoto, Heiligkreuzsteinach — 5.4 Corbis (Joe Bator), Düsseldorf — 6.K Inge Kronberg, Hohenwestedt — 7.1 Silvestris (Telegraph Colour Library), Dießen — 8.1 Angermayer (Hans Reinhard), Holzkirchen — 8.2 Okapia (Barbara Rics/NAS), Frankfurt — 9.S Picture-Alliance (Okapia/ Joe McDonald), Frankfurt — 9.1 IFA (BCI), Ottobrunn — 9.2 Blickwinkel (W. Layer), Witten — 11.S Angermayer (Hans Pfletschinger), Holzkirchen — 12.3 Okapia (R. Jackman, OSF), Frankfurt — 13.2 Inge Kronberg, Hohenwestedt — 14.S Klett-Archiv (Nature + Science AG), Stuttgart — 14.1 Corbis (Lester V. Bergman), Düsseldorf — 14.2 Prof. Jürgen Wirth, Dreieich — 14.3 Klett-Archiv (Aribert Jung), Stuttgart — 14.4 Corbis (Lukasseck/zefa), Düsseldorf — 15.1 Blickwinkel (G. Ewald), Witten — 15.2 Okapia (Kjeldal), Frankfurt — 16.1 Werner und Kerstin Layer, Mannheim — 16.2 a/b Dr. Eckart Pott, Stuttgart — 17.Rd. Okapia (Frith Hanneforth), Frankfurt — 18.S Mauritius (Hackenberg), Mittenwald — 19.1 Okapia (Joe McDonald), Frankfurt — 19.2a Okapia (Joe McDonald), Frankfurt — 20.1 Picture-Alliance (Okapia/ Büttner), Frankfurt — 21.S Okapia (Harald Lange), Frankfurt — 21.1 Prof. Dr. Manfred Keil, Neckargemünd — 22.1 Dr. Rudolf König, Preetz — 22.Rd. FOCUS (SPL), Hamburg — 23.Rd. Dr. Heiko Bellmann, Lonsee — 24.S Prof. Dr. Ulrich Heitkamp, Gleichen-Diemarden — 25.S Silvestris (Walter Rohdich), Dießen — 27.S, 3 Okapia (Stefan Meyers), Frankfurt — 27.1 Harald Lange Naturbild, Bad Lausick — 27.2 Okapia (Eric A. Soder), Frankfurt — 27.4 Okapia (Dr. Eric Dragesco), Frankfurt — 27.5 Okapia (Patrick Da-Costa), Frankfurt — 28.1a Okapia (Erich Thielscher), Frankfurt — 29.1 Reinhard-Tierfoto, Heiligkreuzsteinach — 31.1 Angermayer (Hans Pfletschinger), Holzkirchen — 32.Rd. Reinhard-Tierfoto, Heiligkreuzsteinach — 34.1 Okapia (NAS/M.I.Walker), Frankfurt — 34.2 Okapia (Roland Birke), Frankfurt — 34.3 Okapia (Roland Birke), Frankfurt — 35.S Fotosearch RF (Digital Vision), Waukesha, WI — 35.1 Okapia (Regis Cavignaux, BIOS), Frankfurt — 35.2 Fotosearch RF (Photodisc), Waukesha, WI — 36.1 Okapia (Robert Groß), Frankfurt — 36.2a Angermayer (Hans Reinhard), Holzkirchen — 36.2b Okapia (Lutz C. Marigo), Frankfurt — 36.2c FOCUS (Andrew Syred, Science Photo Library), Hamburg — 36.2d Okapia (Stouffer), Frankfurt — 36.2e Okapia (Robert Henno, Wildlife Pict.), Frankfurt — 36.2f Klett-Archiv, Stuttgart — 37.1 aus „David Attenborough, The atlas of the living world“, Houghton Mifflin Company, Boston 1989, S. 124/125 (Giani Tortoli) — 37.Rd. Angermayer (Hans Reinhard), Holzkirchen — 38.1 Okapia (Stouffer), Frankfurt — 41.S Silvestris (Wilmshurst), Dießen — 43.1a Corbis (Steve Terrill), Düsseldorf — 43.1b Creativ Collection Verlag GmbH, Freiburg — 44.2b Naturfotografie Frank Hecker (F. Sauer), Panten-Hammer — 45.K Klett-Archiv (Aribert Jung), Stuttgart — 46.1 Naturfotografie Frank Hecker (F. Sauer), Panten-Hammer — 47.1 Okapia (Sven Halling, Naturbild), Frankfurt — 47.2 Angermayer (Hans Reinhard), Holzkirchen — 48.S Klett-Archiv (Aribert Jung), Stuttgart— 48.1 Okapia (Lothar Lenz), Frankfurt — 48.2 Look (Jan Greune), München — 49.1 Prof. Jürgen Wirth, Dreieich — 49.2 Manfred Pforr, Langenpreising — 49.3 Helga Lade (M. Ruckszio), Frankfurt — 49.4 Picture-Alliance (Okapia/Reinhard), Frankfurt — 50.Rd. Okapia (Cattlin, Holt Studios), Frankfurt — 51.Rd. Angermayer (Hans Reinhard), Holzkirchen — 55.2 Okapia (Hans Reinhard), Frankfurt — 55.Rd. Dieter Schmidtke, Schorndorf — 58.S Klett-Archiv (Nature + Science AG), Stuttgart — 58.2a Dr. Bruno P. Kremer, Wachtberg — 58.2b Klett-Archiv (Aribert Jung), Stuttgart — 59.1 R. R. Hessler, Scripps Institution of Oceanography, La Jolla, California — 59.3 Okapia (R.Jackman/OSF), Frankfurt — 60.S Fotosearch RF, Waukesha, WI — 60.1 Angermayer (Hans Pfletschinger), Holzkirchen — 60.2 Reinhard-Tierfoto, Heiligkreuzsteinach — 60.3 Corbis (ZEFA, Manfred Mehlig), Düsseldorf — 60.4 Okapia (Cyril Ruoso, BIOS), Frankfurt — 60.5 Mauritius (Nakumara), Mittenwald — 60.6 IFA (BCI/Bob & Clara Calboom), Ottobrunn — 60.7 Picture-Alliance (dpa/Axel Häsler), Frankfurt — 60.8 Picture-Alliance (HB Verlag/Hans Zaglitsch), Frankfurt

– 61.1-7 Okapia (Clyde H. Smith), Frankfurt – 61.8 Okapia (Wolfgang Lummer), Frankfurt – 62.1 Corbis (Yann Arthus-Bertrand), Düsseldorf – 64.1a Corbis (Benser), Düsseldorf – 64.1b Corel Corporation, Unterschleissheim – 66.Rd. Fotosearch RF (Digital Vision), Waukesha, WI – 67.S Ingram Publishing, Tattenhall Chester – 68.1a Corbis (Francesc Muntada), Düsseldorf – 68.1b Corbis (Royalty-Free), Düsseldorf – 70.S Tilman Wischuf,Cleebronn – 70.1 Prof. Dr. Karl Eugen Rehfuess, Pöcking – 71.3 Uwe Lochstampfer, Langenhagen – 72.1 Dieter Schmidtke, Schorndorf – 72.2 Okapia (Regis Cavignaux), Frankfurt – 72.3 Okapia (Denis Bringard), Frankfurt – 72.4 Angermayer (Rudolf Schmidt), Holzkirchen – 72.5 Reinhard-Tierfoto, Heiligkreuzsteinach – 72.6 Prof. Dr. Ulrich Heitkamp, Gleichen-Diemarden – 72.7 Prof. Dr. Manfred Keil, Neckargemünd – 73.1-3, 8, 15 Prof. Dr. Horst Müller, Dortmund – 73.4 Silvestris (De Cuveland), Dießen – 73.5 Reinhard-Tierfoto, Heiligkreuzsteinach – 73.6 Okapia (H. Reinhard), Frankfurt – 73.7 Silvestris (F. Hecker), Dießen – 73.9 Okapia (Ernst Schacke), Frankfurt – 73.10 Okapia (Jürgen Vogt), Frankfurt – 73.11, 14 Klett-Archiv (Aribert Jung), Stuttgart – 73.12 Botanik-Bildarchiv Laux (H. E. Laux), Biberach an der Riß – 73.13 Dr. Bruno P. Kremer, Wachtberg –74.1a/b Angermayer (Rudolf Schmidt), Holzkirchen – 76.S Reinhard-Tierfoto, Heiligkreuzsteinach – 77.S Klett-Archiv (Aribert Jung), Stuttgart – 78.1 Schlosser, Fluterschen – 78.Rd. Okapia (Kjell-Arne Larsson), Frankfurt – 79.1, 2 aus „Die Düngung von Waldbäumen“ (Baule, Fricker), BLV, München – 79.3, 4 ZELMI (Prof. Hafner), Berlin – 79.5, 6 Prof. Dr. Ingrid Kottke, Tübingen – 79.7-9 Horst Hooge, Gleichen-Benniehausen – 79.Rd. Klett-Archiv (Aribert Jung), Stuttgart – 80.1 Natural History Phot. Agency (Stephen Dalton), Ardingly Sussex – 81.Rd. Okapia (NAS, Gary Retherford), Frankfurt – 82.S Okapia (Ingo Arndt), Frankfurt –82.1 Okapia (NAS, T. McHugh), Frankfurt – 82.2 Angermayer (Günter Ziesler), Holzkirchen – 82.3 Brigitte Fiala, Zoologisches Institut der Universität Würzburg – 82.4, 83.S Reinhard-Tierfoto, Heiligkreuzsteinach – 84.1 Picture-Alliance (Axel Häsler), Frankfurt – 85.2a Silvestris (W. Hoffmann), Dießen – 85.2b Okapia (T. Brauch), Frankfurt – 85.2c Silvestris (K. Wothe), Dießen– 85.2d FOCUS (James Bell), Hamburg – 85.2e Dr. Eckart Pott, Stuttgart – 85.2f Wildlife (Delpho), Hamburg – 88.S Getty Images RF (Photodisc), München – 88.1 Helmut Schwab, Künzelsau – 89.1 Prof. Dr. Heinz Schneider, Landau – 90.3 Getty Images (Zen Seki Zawa), München – 91.3 Klett-Archiv (Aribert Jung), Stuttgart – 93.Rd. Reinhard-Tierfoto, Heiligkreuzsteinach – 94.S Dr. Eckart Pott, Stuttgart – 94.1 Silvestris (K. Wothe), Dießen – 96.1 Okapia (M. Wendler), Frankfurt – 96.2, 97.1, 97.Rd.2 Reinhard-Tierfoto, Heiligkreuzsteinach – 97.Rd.1 Dr. Joachim Wygasch, Paderborn – 98.Rd.1 Okapia (Hans Reinhard), Frankfurt – 98.Rd.2 Wildlife, Hamburg – 100.S Angermayer (Hans Pfletschinger), Holzkirchen – 103.S Klett-Archiv (Nature + Science AG), Stuttgart – 103.3 Silvestris (Cramm), Dießen – 104.2 Okapia Erich Geduldig/Naturbild), Frankfurt – 104.Rd. Okapia (G. Büttner, Naturbild), Frankfurt – 107.S Klett-Archiv (Nature + Science AG), Stuttgart – 107.3 Erftverband, Bergheim/Erft – 108.2 Silvestris (Norbert Rosing), Dießen – 109.1 Okapia (Hans Reinhard), Frankfurt – 109.2 Angermayer (Ernst Elfner), Holzkirchen – 110.2 creativ collection, Freiburg – 112.1 MEV, Augsburg – 112.K1, K2 Klett-Archiv (Mangler), Stuttgart – 113.2 Wildlife (B. Lightfoot), Hamburg – 113.Rd. Dr. Ralf Stelzer, Hannover – 115.S Claus Kaiser, Rantum/Sylt – 115.1a Wildlife (D. Burton), Hamburg – 115.1b Wildlife (F. Graner), Hamburg – 115.1d Picture-Alliance (KPA/Zuckerstätter), Frankfurt – 118.S, 1 MEV, Augsburg – 118.2, 119.1, 3 Inge Kronberg,Hohenwestedt – 119.2 Mediacolor's (Peters), Zürich – 119.4 MEV, Augsburg – 120.1 Dr. Eckart Pott, Stuttgart – 120.2 Silvestris (Walter Geiersperger), Dießen – 120.3 Hans-Peter Oetelshofen, Wolfersdorf – 122.1a Okapia (Falck), Frankfurt – 122.1b Helga Lade (D. Rose), Frankfurt – 122.Rd. Okapia (Hans Reinhard), Frankfurt – 124.S Angermayer (Hans Reinhard), Holzkirchen – 127.S Dr. Eckart Pott, Stuttgart – 127.1 BASF AG, Ludwigshafen – 127.4 Angermayer (H. Pfletschinger), Holzkirchen – 127.5 Roland Herdtfelder, Reutlingen – 128.Rd. BASF AG, Limburgerhof – 129.Rd. Klett-Archiv (Aribert Jung), Stuttgart – 130.1a Stadtplanungsamt Biberach – 130.1b Reinhard-Tierfoto, Heiligkreuzsteinach – 130.1c Okapia (Manfred Danegger), Frankfurt – 130.1d, f Okapia (Konrad Wothe), Frankfurt – 130.1e Reinhard-Tierfoto, Heiligkreuzsteinach – 131.K Vario-Press (Hans-Günther Oed), Bonn – 131.Rd. Prof. Dr. Horst Müller, Dortmund – 132.S Okapia (Harald Lange), Frankfurt – 132.1 agrimedia, Eisenberg (U. Kröner), Eisenberg – 133.S Silvestris (Gebhard), Dießen – 135.S Dr. Helmut Länge, Stuttgart – 135.1, 2 G. Lufft, Fellbach – 136.2 CCC/www.c5.net (Mandzel), Pfaffenhofen – 139.S FOCUS (David Burnett), Hamburg – 140.1 a/b Prof. Dr. Jürgen Baumüller, Stuttgart – 141.1 Okapia (NASA/ScienceSource), Frankfurt – 142.1, 3 Astrofoto (NASA), Sörth – 142.2 Silvestris, Dießen – 146.1a Fotofinder (GREUNE, JAN/LOOK GmbH), Berlin – 146.1b Look (Jan Greune), München – 146.1c Corbis (Kazuyoshi Nomachi), Düsseldorf – 146.1d Corbis (Phil Banko), Düsseldorf – 146.Rd. F1 online (Deganck/picture online), Frankfurt – 147.Rd. Wildlife (D. Harms), Hamburg – 150.1a Corbis (zefa/J. Raga), Düsseldorf – 150.1b FOCUS (SPL), Hamburg – 151.S IVB-Report, Kappelrodeck – 152.1a Okapia (Detlef Lämmel), Frankfurt – 152.1b Okapia (Skip Moody), Frankfurt – 152.1c Okapia (Eduard Schäfer), Frankfurt – 152.1d Okapia (Winfried Wisniewski), Frankfurt – 152.1e Okapia (Dr. Peter Wernicke), Frankfurt – 152.2 Okapia (Jeffrey Rich), Frankfurt – 152.Rd.1 Okapia (L. Martinez), Frankfurt – 152.Rd.2 Okapia (Fritz Pölking), Frankfurt – 152.Rd.3 Okapia (Johan de Meester), Frankfurt – 153.S Corbis (Niall Benvie), Düsseldorf – 153.1 Okapia (G. Büttner, Naturbild), Frankfurt – 153.3a Corbis (Niall Benvie), Düsseldorf – 153.3b Okapia (Manfred Danegger), Frankfurt – 153.3c Okapia (Bernard Castelein), Frankfurt – 153.3d Angermayer (Günter Ziesler), Holzkirchen – 154.S Arnold Barmettler (EUMETSAT), Albis – 154.1 F1 online (Johnér Images), Frankfurt – 154.2 CCC/www.c5.net (Haitzinger), Pfaffenhofen – 154.3 Fotosearch RF (Corel), Waukesha, WI – 154.4 Klett-Archiv (Aribert Jung), Stuttgart – 154.5 Picture-Alliance (ZB), Frankfurt – 156.1 Okapia (G.I. Bernard), Frankfurt – 156.2 Tilman Wischuf, Cleebronn – 158.1 Okapia (Thomas D.W. Friedmann), Frankfurt – 160.1a Silvestris (J. & Ch. Sohns), Dießen – 160.1b Okapia (Konrad Wothe), Frankfurt – 160.2 Silvestris (Gerhard Kalden), Dießen – 160.3 IFA (The National History), Ottobrunn – 161.1 Corbis (Michael Kevin Daly), Düsseldorf – 162.1 IFA (Index Stock), Ottobrunn – 163.1 Okapia (Fritz Haneforth), Frankfurt

Grafiken: Prof. Jürgen Wirth, Visuelle Kommunikation, Dreieich unter Mitarbeit von Eveline Junqueira, Matthias Balonier und Nora Wirth

Nicht in allen Fällen war es möglich, den uns bekannnten Rechteinhaber der Abbildungen ausfindig zu machen. Berechtigte Ansprüche werden selbstverständlich im Rahmen der üblichen Vereinbarungen abgegolten.